Inhaltsverzeichnis

Wichtige Sternkarten

Einleitung

Die folgenden Kapitel sind für den Neuling der Astronomie bestimmt. Wer schon über einschlägige Kenntnisse verfügt, kann diese Kapitel überblättern. Die in diesen Kapiteln beschriebenen und im folgenden Werk benutzten Einstellungen werden kurz zusammengefasst:

Äquinoktium in Sternkarten: 2000
Konjunktionen zwischen Mond, Planeten, Asteroiden und Fixsternen: Wert in Rektaszension
Konjunktionen zwischen Planeten und Asteroiden mit der Sonne: Wert in ekliptikaler Länge

Alle Angaben in diesem Werk wurden mit größtmöglicher Sorgfalt zusammengestellt, doch können fehlerhafte Angaben niemals gänzlich ausgeschlossen werden. Der Autor übernimmt keine Haftung für Personen- oder Sachschäden, insbesondere nicht durch solche, die durch unvorsichtige Sonnenbeobachtung entstehen.

Sterne und Sternbilder

In einer klaren Nacht kann man etwa 2000 – 3000 Sterne sehen. Um in diese Vielzahl von Sternen Ordnung zu bringen, hat man markanten Gruppen von Sternen Namen gegeben, die man als Sternbilder bezeichnet. Jeder Kulturkreis hat im Laufe der Geschichte eigene Sternbilder kreiert. Heutzutage verwendet man 88 Sternbilder. Die meisten, der in Mitteleuropa sichtbaren Sternbilder gehen auf die griechische Sagenwelt zurück, in der die Beteiligten oft am Ende in den Himmel versetzt wurden. Es gibt aber – nicht nur am südlichsten Teil des Himmels, der den antiken Griechen unbekannt war – auch zahlreiche Sternbilder, die erst in der Neuzeit geschaffen wurden.
Die heute verwendeten 88 Sternbilder decken den kompletten Himmel ab und haben eindeutig definierte Grenzen. Die Sterne der Sternbilder bilden in der Regel keine echten Sterngruppen und befinden sich oft in unterschiedlicher Entfernung zur Erde. In den Sternkarten dieses Buches sind die Sternbilder als durch Linien verbundene Sterngruppen dargestellt. Diese Form der Darstellung ermöglicht eine relativ leichte Identifizierung. Natürlich existieren diese Linien am Himmel nicht. Diese Darstellungsform ist nicht genormt. Man kann auch Sternkarten finden, in denen die Sterne der Sternbilder auf andere Weise, wie in diesem Buch, mit Linien verbunden sind.

Liste der Sternbilder

Name des Sternbildes	Lateinischer Name	Genitiv des lateinischen Namens	Abkürzung
Adler	Aquila	Aquilae	Aql
Altar	Ara	Arae	Ara
Andromeda	Andromeda	Andromedae	And
Bärenhüter	Bootes	Bootis	Boo
Becher	Crater	Crateris	Crt
Bildhauer	Sculptor	Sculptoris	Scl
Chamäleon	Chamaeleon	Chamaeleontis	Cha
Chemischer Ofen	Fornax	Fornacis	For
Delphin	Delphinus	Delphini	Del
Drache	Draco	Draconis	Dra
Dreieck	Triangulum	Trianguli	Tri
Eidechse	Lacerta	Lacertae	Lac
Einhorn	Monoceros	Monocerotis	Mon
Eridanus	Eridanus	Eridani	Eri
Fische	Pisces	Piscium	Psc
Fliege	Musca	Muscae	Mus
Fliegender Fisch	Volans	Volantis	Vol
Fuchs	Vulpecula	Vulpeculae	Vul

Name des Sternbildes	Lateinischer Name	Genitiv des lateinischen Namens	Abkürzung
Fuhrmann	Auriga	Aurigae	Aur
Füllen	Equuleus	Equulei	Equ
Giraffe	Camelopardalis	Camelopardalis	Cam
Grabstichel	Caelum	Caeli	Cae
Großer Bär	Ursa Major	Ursae Majoris	UMa
Großer Hund	Canis Major	Canis Majoris	CMa
Haar der Berenike	Coma Berenices	Comae Berenices	Com
Hase	Lepus	Leporis	Lep
Herkules	Hercules	Herculis	Her
Inder	Indus	Indi	Ind
Jagdhunde	Canes Venatici	Canum Venaticorum	CVn
Jungfrau	Virgo	Virginis	Vir
Kassiopeia	Cassiopeia	Cassiopeiae	Cas
Kepheus	Cepheus	Cephei	Cep
Kleine Wasserschlange	Hydrus	Hydri	Hyi
Kleiner Bär	Ursa Minor	Ursae Minoris	UMi
Kleiner Hund	Canis Minor	Canis Minoris	CMi
Kleiner Löwe	Leo Minor	Leonis Minoris	LMi
Kompass	Pyxis	Pyxidis	Pyx
Kranich	Grus	Gruis	Gru
Krebs	Cancer	Cancri	Cnc
Kreuz des Südens	Crux	Crucis	Cru
Leier	Lyra	Lyrae	Lyr
Löwe	Leo	Leonis	Leo
Luchs	Lynx	Lyncis	Lyn
Luftpumpe	Antlia	Antliae	Ant
Maler	Pictor	Pictoris	Pic
Mikroskop	Microscopium	Microscopii	Mic
Netz	Reticulum	Reticuli	Ret
Nördliche Krone	Corona Borealis	Coronae Borealis	CrB
Oktant	Octans	Octantis	Oct
Orion	Orion	Orionis	Ori
Paradiesvogel	Apus	Apodis	Aps
Pegasus	Pegasus	Pegasi	Peg
Pendeluhr	Horologium	Horologii	Hor
Perseus	Perseus	Persei	Per
Pfau	Pavo	Pavonis	Pav
Pfeil	Sagitta	Sagittae	Sge
Phönix	Phönix	Phoenicis	Phe
Rabe	Corvus	Corvi	Crv
Schiffsheck	Puppis	Puppis	Pup

Name des Sternbildes	Lateinischer Name	Genitiv des lateinischen Namens	Abkürzung
Schiffskiel	Carina	Carinae	Car
Schild	Scutum	Scuti	Sct
Schlange	Serpens	Serpentis	Ser
Schlangenträger	Ophiuchus	Ophiuchi	Oph
Schütze	Sagittarius	Sagittarii	Sgr
Schwan	Cygnus	Cygni	Cyg
Schwertfisch	Dorado	Doradus	Dor
Segel	Vela	Velorum	Vel
Sextant	Sextans	Sextantis	Sex
Skorpion	Scorpius	Scorpii	Sco
Steinbock	Capricornus	Capricorni	Cap
Stier	Taurus	Tauri	Tau
Südliche Krone	Corona Australis	Coronae Australis	CrA
Südlicher Fisch	Piscis Austrinus	Piscis Austrini	PsA
Südliches Dreieck	Triangulum Australe	Trianguli Australis	TrA
Tafelberg	Mensa	Mensae	Men
Taube	Columba	Columbae	Col
Teleskop	Telescopium	Telescopii	Tel
Tukan	Tucana	Tucanae	Tuc
Waage	Libra	Librae	Lib
Walfisch	Cetus	Ceti	Cet
Wassermann	Aquarius	Aquarii	Aqr
Wasserschlange	Hydra	Hydrae	Hya
Widder	Aries	Arietis	Ari
Winkelmaß	Norma	Normae	Nor
Wolf	Lupus	Lupi	Lup
Zentaur	Centaurus	Centauri	Cen
Zirkel	Circinus	Circini	Cir
Zwillinge	Gemini	Geminorum	Gem

Sternhaufen und Nebel

Neben den Sternen gibt es auch noch nebelhaft erscheinende Objekte am Himmel. Diese sind zum Teil Sternhaufen, die nicht aufgelöst werden können, Gaswolken im Kosmos, aus denen sich entweder neue Sterne bilden oder die beim Tod von Sternen entstanden sind oder auch andere Galaxien, also Sternsysteme ähnlich der Milchstraße. Im Unterschied zu Sternbildern sind Sternhaufen echte Gruppierungen von Sternen. Es gibt 2 Typen von Sternhaufen: offene Sternhaufen und Kugelsternhaufen. Letztere sind dichter gepackt und erscheinen, wie der Name sagt, kugelförmig.

Bezeichnung von Sternen, Sternhaufen und Nebeln

Die hellsten Sterne eines Sternbildes werden, seitdem Johannes Bayer im Jahr 1603 den Sternatlas „Uranometria" herausbrachte, im Regelfall mit einem kleinen Buchstaben des griechischen Alphabets bezeichnet, den man dem Genitiv des lateinischen Sternbildnamens (siehe Liste auf Seite 6) anhängt. Hierbei trägt meist, aber nicht immer, der hellste Stern eines Sternbildes den Buchstaben α (Alpha), der zweithellste den Buchstaben β (Beta), der dritthellste den Buchstaben γ (Gamma), usw.

Die Kleinbuchstaben des griechischen Alphabets

α	Alpha
β	Beta
γ	Gamma
δ	Delta
ε	Epsilon
ζ	Zeta
η	Eta
θ	Theta
ι	Iota
κ	Kappa
λ	Lambda
μ	Mü
ν	Nü
ξ	Xi
ο	Omikron
π	Pi
ρ	Rho
σ	Sigma
τ	Tau
υ	Ypsilon
φ	Phi
χ	Chi
ψ	Psi
ω	Omega

Natürlich reichen die 24 Buchstaben des griechischen Alphabets nicht aus, um alle Sterne eines Sternbildes zu bezeichnen, weshalb der Astronom John Flamsteed im Jahr 1712 die Sterne der Sternbilder durchnummerierte, wobei auch die Sterne, die schon mit einem griechischen Buchstaben bezeichnet wurden, mitgezählt wurden. Noch heute wird dieses Nummerierungssystem genutzt, wobei die Sternennummer in Verbindung mit dem lateinischen Genitiv des Sternbildnamens verwendet wird.

Jedes Sternbild hat zudem noch eine Abkürzung, die aus 3 Buchstaben des lateinischen Sternbildnamens besteht.

Selbstverständlich reichte auch dies noch nicht aus und so wurden in den folgenden Jahrhunderten zahlreiche weitere Sternverzeichnisse, sogenannte Sternkataloge, geschaffen. In diesen erfolgt meist die Bezeichnung ohne Angabe des Sternbildes mit fortlaufender Nummerierung, wie HD 128974, welches den Stern mit der Nummer 128974 im Henry-Draper-Katalog bezeichnet.

Helligkeitsveränderliche Sterne werden, sofern sie nicht mit einem Buchstaben des griechischen Alphabets versehen sind, mit einem oder zwei lateinischen Großbuchstaben zwischen R und Z in Verbindung mit dem lateinischen Genitiv des Sternbildes gekennzeichnet.

Die hellsten Sterne und auch einige lichtschwächere Sterne an markanten Positionen besitzen zudem noch Eigennamen, die meist aus dem Arabischen stammen. Typische Beispiele hierfür sind Sirius für α Canum Majoris oder Pollux für β Geminorum.

Nebel, Galaxien und Sternhaufen werden unabhängig von ihrer Natur mit einer fortlaufenden Nummer aus einem entsprechenden Verzeichnis bezeichnet. Die am häufigsten verwendeten Verzeichnisse, sind der „Messier-Katalog" in dem Objekte mit einem M und der fortlaufenden Nummer bezeichnet werden, der „New General Catalogue", dessen Objekte mit „NGC" und der fortlaufenden Nummer benannt werden und der „Index Catalogue" (Objektbezeichnung: „IC" + fortlaufende Nummer).

Veränderliche Sterne

Manche Sterne zeigen eine mehr oder minder große Schwankung ihrer Helligkeit. Ursache hierfür können gegenseitige Bedeckungen von Sternen in Doppelsternsystemen (Bedeckungsveränderliche), die Rotation deformierter oder ungleichmäßig beschaffener Sternkörper (Rotationsveränderliche) oder physikalische Veränderungen des Sterns sein. Rotationsveränderliche zeigen meist nur geringe Helligkeitsschwankungen und sind deshalb für die meisten Amateurbeobachter uninteressant, weshalb sie in diesem Werk nicht näher behandelt werden.

Bedeckungsveränderliche

Bedeckungsveränderliche sind Doppelsterne, bei denen sich die beiden Komponenten während eines Umlaufs gegenseitig bedecken, wobei die Helligkeit des Sternsystems abnimmt, da jeweils nur das Licht einer Komponente die Erde erreicht.

Während eines Umlaufs treten zwei Minima auf, diese fallen je nachdem, wie groß der Unterschied zwischen beiden Sternen ist, verschieden stark aus.

Zwischen den Minima ist bei Bedeckungsveränderlichen mit nicht deformierten Sternen die Helligkeit mehr oder minder konstant, während sie bei Systemen, deren

Komponenten durch ihre gegenseitige Schwerkraft deformiert ist, in Folge der
Eigenrotation der Sternkomponenten schwanken kann. Ein
Bedeckungsveränderlicher der ersten Sorte ist Algol, einer der letzten ist β Lyrae.

Physikalisch-veränderliche Sterne

Physikalisch-veränderliche Sterne sind Sterne, deren
Helligkeit aufgrund physikalischer Veränderungen des Sterns schwanken. Hierbei
gibt es zwei Grundtypen: eruptive Veränderliche und Pulsationsveränderliche. Der
Helligkeitsverlauf eruptiv-veränderlicher Sterne kann nicht vorausberechnet werden,
weshalb auf sie nicht näher eingegangen wird.
Die für Amateurbeobachter wichtigsten Typen von Pulsationsveränderlichen sind
die Cepheiden und die Mirasterne. Cepheiden zeigen einen streng periodischen
Lichtwechsel mit einer Periode von wenigen Tagen und einer Helligkeitsschwankung
von 0,5 mag bis 1 mag. Mirasterne haben eine Periode von 80 bis 1000 Tagen, die
nicht immer streng eingehalten wird. Die Amplitude ihres Lichtwechsels ist
beträchtlich und kann bei einigen Objekten mehr als 10 mag betragen.

Ab Seite 262 werden einige gut beobachtbare veränderliche Sterne mit Angaben zu
den Zeitpunkten ihrer Helligkeitsmaxima oder Helligkeitsminima vorgestellt.

Astronomische Koordinatensysteme und Sternzeit

Um die Position eines Objekts am Himmel festzulegen, ist die Angabe des
Sternbildes häufig zu ungenau. Es muss ein Koordinatensystem her. Da der Himmel
von der Erde aus wie das Innere einer Kugel erscheint, kommt man mit zwei
Winkelkoordinaten aus, die man wie üblich in Grad, abgekürzt mit ° angibt. Für sehr
kleine Werte unterteilt man das Grad in 60 Bogenminuten (abgekürzt: ') und diese
wieder in 60 Bogensekunden (abgekürzt: "). Der naheliegendste Gedanke für ein
derartiges System ist das Horizontsystem, bei dem der Horizont als Bezugsebene
dient und man die Position des Objekts durch seine Höhe über dem Horizont und
dem Winkel zwischen Südlinie und der Linie zwischen Objekt und Scheitelpunkt des
Himmelgewölbes, den sogenannten Azimut bestimmt. Dieses System hat den
Nachteil, dass sich wegen der Erdrotation alle Koordinaten rasch ändern.
Ein Koordinatensystem, welches dieses Problem überwindet, ist das äquatoriale
Koordinatensystem. Bei ihm dient der Himmelsäquator als Bezugsebene und als
Koordinaten dienen die Winkel des Objekts zwischen dem Objekt und dem
Himmelsäquator und dem Objekt und dem Frühlingspunkt. Der Frühlingspunkt ist die
Stelle, an der sich die Sonne aufhält, wenn sie den Himmelsäquator in nördlicher
Richtung passiert und mit dessen Sonnenpassage der astronomische Frühling
beginnt.
Es ist üblich, den Winkel zwischen Objekt und Frühlingspunkt, den sogenannten
Rektaszensionswinkel in Stunden, Minuten und Sekunden anzugeben. Hierbei
entsprechen 1 Stunde 60 Minuten, 1 Minute 60 Sekunden und 24 Stunden einen

kompletten Umlauf um den Himmel. Im üblichen Winkelmaß ausgedrückt, entspricht somit 1 Stunde einen Winkel von 15°, 1 Minute einen Winkel von 15' und 1 Sekunde einen Winkel von 15".

Diese Bezeichnung rührt daher, weil in 24 Stunden sich die Erde einmal um sich selbst gedreht hat, sodass dann wieder der gleiche Punkt seinen höchsten Stand am Himmel erreicht.

Allerdings darf man hierzu nicht unsere normalen Stunden nehmen, denn diese sind von dem im Alltag gebräuchliche Tag abgeleitet, welcher als zeitliche Differenz zwischen zwei Höchstständen der Sonne definiert ist. Da die Erde um die Sonne wandert, hat sich die Sonne nach einem Tag am Himmel etwas in Richtung höherer Rektaszensionswerte verschoben, sodass sich dann etwas mehr als der komplette Himmel scheinbar um die Erde gedreht hat.

Man muss deshalb eine andere Tagesdefinition verwenden, den sogenannten Sterntag, der die zeitliche Differenz zwischen zwei Höchstständen des Frühlingspunkts darstellt. Er ist mit einer Länge von 23h56m4s etwas kürzer.

Von diesen können analog zum Sonnentag Stunden, Minuten und Sekunden abgeleitet werden, die um den Faktor 0,997268, ungefähr 365/366 mal kürzer sind als die im Alltagsgebrauch üblichen entsprechenden Zeiteinheiten.

Wenn an einen bestimmten Tag der Frühlingspunkt um 21.30 Uhr kulminiert, das heißt seinen höchsten Stand im Süden erreicht, dann kulminiert ein Objekt mit der Rektaszension 1h30m 1h29m45s später, also um 22h59m45s.

Die Deklination hingegen wird – wie allgemein üblich – in Grad (°), Bogenminute (') und Bogensekunden (") angegeben.

Ein korrekt aufgestelltes, parallaktisch montiertes Fernrohr, dessen Achsen mit Teilkreisen ausgestattet sind, kann mit Hilfe der Sternzeit blind auf ein Himmelsobjekt bekannter Rektaszension und Deklination eingestellt werden. Hierzu muss vom Rektaszensionswert der zur Beobachtungszeit gültige Sternzeitwert subtrahiert werden. Der erhaltene Winkel, der sogenannte Stundenwinkel ist an der Polachse und an der Deklinationsachse der Deklinationswert einzustellen.

Wenn die Montierung korrekt ausgerichtet ist, sieht man jetzt das Objekt im Fernrohr. Zur Bestimmung der Sternzeit gibt es auf der Seite 255 eine Tabelle mit der Sternzeit für jeden Tag des Jahres 2021.

Leider ist auch der Himmelspol nicht fest am Himmel, sondern beschreibt durch die Kreiselbewegung der Erde, die sogenannte Präzession im Zeitraum von 25800 Jahren einen Kreis mit 47° Durchmesser am Himmel.

Dies mag auf den ersten Blick vernachlässigbar klein erscheinen, wenn man Zeiträume von wenigen Jahren und Jahrzehnten betrachtet, ist es aber nicht, weil man oft Koordinatenangaben mit hoher Genauigkeit im Bogensekundenbereich in der Astronomie macht. Deshalb muss man bei äquatorialen Koordinaten stets angeben, für welchen Zeitpunkt, den man als Epoche bezeichnet, die Position des Frühlingspunktes angibt. In diesem Werk wird für Sternkarten die Epoche 2000 verwendet, während in den Ephemeriden, das sind die Listen mit den Positionen der Himmelsobjekte die aktuelle Epoche verwendet.

Ein weiteres astronomisches Koordinatensystem ist das ekliptikale System. Es verwendet die Erdbahnebene als Bezugsebene mit dem Frühlingspunkt als Nullpunkt.

Es wird in diesem Werk nicht verwendet, wie auch das galaktische System, welches die Ebene unseres Milchstraßensystems als Bezugsebene mit dem Zentrum der Milchstraße als Nullpunkt verwendet.

Uhrzeit

Alle Uhrzeiten in diesem Buch sind, sofern nicht anders angegeben, als mitteleuropäische Zeit (MEZ) angegeben. Herrscht Sommerzeit (MESZ) so ist zu diesen Angaben 1 Stunde zu addieren, wobei sich für Zeitangaben zwischen 23 Uhr und 24 Uhr MEZ, auch das Datum des Ereignisses auf den nächsten Tag verschiebt. Sind in der Liste der Sternbedeckungen durch den Mond bei einem Ereignis für manche Orte Zeitangaben mit Werten vor 24 Uhr zugeordnet und bei anderen welche mit Werten nach 0 Uhr zu finden so heißt dies das in letzteren Orten das Ereignis kurz nach Mitternacht am folgenden Tag stattfindet.

Helligkeit

Die Helligkeit von Himmelsobjekten wird in Größenklassen angegeben, wobei es üblich ist für ein Objekt mit der Helligkeit der Größenklasse 2,1 2,1 mag zu schreiben.
Je größer der Wert der Helligkeit eines Objektes ist, umso lichtschwächer ist es. Mit bloßem Auge kann man Objekte beobachten, deren Größenklassenwert kleiner gleich 6 ist, mit einem Feldstecher kommt man bis zur 9. Größe und einem 6 Zentimeter Fernrohr bis zu 11 mag.
Großteleskope können Objekte bis zu 28 mag detektieren.
Die Größenwerte sehr heller Objekte sind kleiner als 0. So hat Sirius, der hellste Fixstern, eine Helligkeit von −1,47 mag, die Venus eine von etwa − 4 mag, der Vollmond von −12,7 mag und die Sonne von −26,7 mag.
Die Größenklassenskala ist eine logarithmische Skala: ein Objekt, dessen Größenklassenwert um 5 Werte niedriger ist, als die eines anderen ist 100 mal heller als dieses, folglich ist ein Objekt, welches um 1 Größenklasse heller ist als ein anderes um den Faktor der 5. Wurzel aus 100 (ungefähr: 2,512 mal) heller als dieses.

Konjunktion und Opposition

Wenn von der Erde aus betrachtet, zwei Himmelskörper in der gleichen Richtung zu sehen sind, dann sagt man, sie sind in Konjunktion zueinander.
Das präzisere Kriterium für gleiche Richtung ist der gleiche Rektaszensionswert (Konjunktion in Rektaszension) oder der gleiche Wert der ekliptikalen Länge (Konjunktion in Länge).
Für Konjunktionen zwischen Mond, Planeten und Fixsternen werden in diesem Buch in der Liste „Astronomische Ereignisse" stets die Werte der Konjunktion in

Rektaszension angegeben, während bei Konjunktionen mit der Sonne immer der Wert der Konjunktion in ekliptikaler Länge angegeben ist.

Zum Zeitpunkt der Konjunktion erreichen zwei Himmelskörper ihren kleinsten gegenseitigen Winkelabstand. Es ist möglich, dass dieser Winkelabstand so klein ist, dass der eine Körper den anderen bedeckt oder vor diesen vorbeizieht. Da die Himmelskörper hierbei sehr unterschiedlich weit von der Erde entfernt sein können, ist es möglich, dass ein solches Ereignis nicht überall dort sichtbar ist, wo beide Himmelskörper zum fraglichen Zeitpunkt über dem Horizont stehen.

Stehen am Himmel zwei Objekte einander gegenüber, so stehen sie in Opposition zueinander. Dies ist insbesondere in Bezug auf die Sonne von großer Bedeutung, weil dann ein Objekt am besten beobachtet werden kann. Als Zeitpunkt wird hierbei stets der Zeitpunkt der Opposition in ekliptikaler Länge angegeben.

Sonnenuntergang und Dämmerung

In dieser Tabelle sind für jeden Tag des Jahres der Zeitpunkt des Sonnenaufgangs, des Sonnenuntergangs, des höchsten Standes der Sonne, des Anfangs und des Endes der Dämmerung sowie der Wert der Zeitgleichung angegeben. Es wird hierbei zwischen 3 Arten der Dämmerung unterschieden:

- bürgerliche Dämmerung: Sonne 6° unter dem Horizont. Die hellsten Sterne sind sichtbar und man kann nicht mehr ohne künstliche Beleuchtung lesen
- nautische Dämmerung: Sonne 12° unter dem Horizont. Sterne bis zur 3. Größe sind sichtbar und man kann nicht mehr die exakte Lage des Horizonts bestimmen
- astronomische Dämmerung: Sonne 18° unter dem Horizont. Es ist vollkommen dunkel.

Die Zeitgleichung beschreibt die Differenz zwischen der Kulmination der Sonne und dem Mittagszeitpunkt, der in dieser Tabelle nicht 12 Uhr, sondern 12.24 Uhr ist. Dies ist auf dem Umstand zurückzuführen, dass die Zeitangaben in MEZ angegeben sind, sich aber auf den Ort mit 50° nördlicher Breite und 9° östlicher Länge beziehen. Die Längendifferenz von 6° führt zu einer Verspätung der Sonnenkulmination von 24 Minuten.

Mond

Der Mond durchwandert in 27,5 Tagen den kompletten Tierkreis, weshalb für jeden Tag seine Position angegeben ist. Da der von der Sonne beleuchtete Teil des Mondes, den wir als Mondphase bezeichnen, innerhalb von etwa 29,5 Tagen einen kompletten Zyklus durchläuft, ist auch der sogenannte Phasenwinkel angegeben, wobei 0 nicht beleuchtet (Neumond), 0,5 (halb beleuchtet) und 1 (Vollmond) bedeutet.

Die exakten Zeitpunkte der Hauptmondphasen Neumond, Erstes Viertel (zunehmender Mond halb beleuchtet), Vollmond und Letztes Viertel (abnehmender

Mond halb beleuchtet), die in der Tabelle mit den Mondpositionen durch
entsprechende Symbole gekennzeichnet sind, können der Tabelle „Astronomische
Ereignisse" entnommen werden, ebenso die Konjunktionen des Mondes mit
Planeten und hellen Fixsternen.
In dieser Rubrik findet man auch die Zeitpunkte der größten Erdnähe und Erdferne
des Mondes und auch die Zeitpunkte, zu denen der Mond die Ekliptikebene
durchwandert (den Durchgang des aufsteigenden bzw. absteigenden Knotens) und
des maximalen Abstandes von der Ekliptikebene, der sogenannten größten Nord-
oder Südbreite.

Sternbedeckungen durch den Mond

Bei seiner Wanderung durch den Tierkreis bedeckt der Mond auch gelegentlich
Fixsterne und Planeten, was mit einem Fernrohr verfolgt werden kann. Da der Mond
keine Atmosphäre hat, verschwinden Fixsterne bei Bedeckungen schlagartig und
tauchen auch unvermittelt wieder auf. Im Anhang befindet sich auf Seite 174 eine
Tabelle mit derartigen Ereignissen. Die Ein- und Austrittszeitpunkte sind hierbei stark
ortsabhängig, weshalb diese für verschiedene Orte im deutschsprachigen Raum
angegeben sind. Bedeckungen von Himmelskörpern durch den Mond sind auch
nicht überall sichtbar. Aus diesem Grund enthält diese Tabelle auch für manche Orte
keine Werte.

Finsternisse

Wenn der Neumond vor der Sonne vorbeizieht, ereignet sich eine Sonnenfinsternis
und wenn der Vollmond durch den Erdschatten wandert, eine Mondfinsternis. Diese
Ereignisse werden in der Rubrik „Astronomische Ereignisse" und speziellen Kapiteln
beschrieben. Mondfinsternisse sind überall dort sichtbar, wo der Mond während der
Finsternis über dem Horizont steht, während Sonnenfinsternisse nur in bestimmten
Gebieten mit unterschiedlicher Ausprägung zu sehen sind.

Planeten

Die Sterne verändern innerhalb „überschaubarer" Zeiträume von einigen
Jahrtausenden ihre Position untereinander am Himmel praktisch nicht und
erscheinen „fix", weshalb man auch von Fixsternen spricht. Daneben gibt es auch
einige Objekte, die den Beobachter mit bloßem Auge zwar als Sterne erscheinen,
aber ihre Position in Bezug zu den anderen Sternen relativ rasch ändern. Man
bezeichnet diese Objekte als Wandelsterne oder Planeten. Sie sind allesamt Objekte
des Sonnensystems, die wie die Erde um die Sonne laufen.
Im Fernrohr sieht man Planeten als mehr oder minder große Scheibchen, während
Fixsterne selbst in größten Fernrohren punktförmig erscheinen.

Die Beobachtung dieser Objekte ist besonders interessant, weshalb der größte Teil des Werkes den Planeten gewidmet ist.

Man unterscheidet zwischen äußeren und inneren Planeten. Innere Planeten laufen innerhalb der Erdbahn um die Sonne, äußere außerhalb.

Da wir uns auch auf einem Planeten befinden, der um die Sonne läuft, erscheinen uns manchmal die Bahnen der Planeten am Himmel etwas verworren. So sehen wir, wenn die Erde einen äußeren Planeten überholt oder sie von einem inneren Planeten überholt wird, dass dieser am Himmel langsamer wird, stillzustehen scheint, sich am Himmel rückläufig bewegt, wieder stillzustehen scheint und sich dann wieder rechtläufig bewegt. Man spricht hierbei von der Oppositionsschleife (bei äußeren Planeten) bzw. Konjunktionsschleife (bei inneren Planeten).

Innere Planeten können nur am Abendhimmel nach Sonnenuntergang und am Morgenhimmel vor Sonnenaufgang beobachtet werden. Sie sind im Regelfall am günstigsten zum Zeitpunkt ihres größten Winkelabstandes von der Sonne, der größten Elongation zu sehen. Diese Planeten können auf zwei Arten mit der Sonne in Konjunktion stehen und zwar in dem sie „hinter" oder „vor" der Sonne stehen. (Da Planetenbahnen gegen die Erdbahnebene geneigt sind, stehen sie meist nördlich oder südlich der Sonne). Im ersteren Fall spricht man von der oberen, im letzteren Fall von der unteren Konjunktion.

In beiden Fällen ist der Planet im Regelfall unbeobachtbar. Allerdings kann die Venus bei einer unteren Konjunktion in so großem Abstand an der Sonne vorbei-ziehen, dass sie kurzzeitig sowohl am Abendhimmel kurz nach Sonnenuntergang als auch am Morgenhimmel kurz vor Sonnenaufgang gesehen werden kann. Ein innerer Planet kann, wenn er zum Zeitpunkt der unteren Konjunktion sehr nahe an der Erdbahnebene steht, vor der Sonne vorbeiziehen, was mit geeigneten Vorsichts-maßnahmen beobachtbar ist. Man spricht hierbei von einem Durchgang oder Transit.

Es gibt nur zwei innere Planeten: Merkur und Venus. Alle anderen Planeten sind äußere Planeten. Auch die Zwergplaneten und die meisten der sogenannten Asteroiden benehmen sich wie äußere Planeten.

Äußere Planeten kann man am besten zur Zeit der Opposition sehen. Sie stehen dann gegenüber von der Sonne am Himmel und gehen bei Sonnenuntergang auf und bei Sonnenuntergang auf und können die ganze Nacht über beobachtet werden. Wenn sie mit der Sonne in Konjunktion stehen, sind sie natürlich im Regelfall unbeobachtbar, da sie mit der Sonne auf und untergehen.

Alle Planeten halten sich, wie der Mond, stets in der Nähe der Ekliptik auf. Die Ekliptik ist die Linie, auf der sich die Sonne im Laufe eines Jahres durch die Sternbilder scheinbar bewegt. Sie verläuft durch die Sternbilder Fische, Waage, Stier, Zwillinge, Krebs, Löwe, Jungfrau, Waage, Skorpion, Schlangenträger, Schütze, Steinbock und Wassermann. Mit Ausnahme des Schlangenträgers werden diese Konstellationen als Tierkreissternbilder bezeichnet. Sie sind trotz Namensgleichheit nicht identisch mit den Tierkreiszeichen. Letztere teilen die Ekliptik in 12 gleich lange Teile, während die Länge der Ekliptik in den Tierkreissternbildern unterschiedlich ist. Außerdem sind die Tierkreiszeichen gegenüber den Sternbildern, in Folge der Präzession, welche eine Wanderung des Frühlingspunktes, an den die Tierkreiszeichen gekoppelt sind, um ca. 1° in 72 Jahren in westlicher Richtung bewirkt, um etwa 30° in westlicher Richtung verschoben, sodass eine Position in einem bestimmten Sternbild meist identisch ist mit einer Position im nächsten Tierkreiszeichen.

Identifizierung der Planeten

Merkur: nur während der Abenddämmerung in geringer Höhe über dem Westhorizont oder während der Morgendämmerung tief über dem Osthorizont zu sehen. Orangenes Licht. Helligkeit: 6,2 mag bis –2,3 mag, Symbol: ☿.

Venus: nur am Abendhimmel oder am Morgenhimmel zu sehen. Sie ist nach Sonne und Mond das hellste Objekt am Himmel. Gelbes Licht. Helligkeit: –3,7 mag bis –4,7 mag, Symbol: ♀.

Mars: Orangerotes Licht („Der rote Planet"). Helligkeit: 1,8 mag bis –2,9 mag, Symbol: ♂.

Jupiter: Gelbes Licht. Meist das vierthellste Gestirn. Helligkeit: –1,7 mag bis –2,9 mag, Symbol: ♃.

Saturn: Weißes Licht, Helligkeit: 1,3 mag bis –0,5 mag. Die berühmten Ringe sind nur in einem Fernrohr von mindestens 5 cm Durchmesser bei 30facher Vergrößerung sichtbar, Symbol: ♄.

Uranus: Grünliches Licht. Mit bloßem Auge nur bei sehr dunklen Himmel als schwacher Stern sichtbar. Helligkeit: 5,3 mag bis 5,9 mag, Symbol: ♅.

Neptun: Bläuliches Licht. Nur mit Ferngläsern oder Fernrohren beobachtbar. Helligkeit: 7,8 mag bis 8,0 mag, Symbol: ♆.

Asteroiden und Zwergplaneten

Die Planeten sind nicht die einzigen sternförmigen Objekte, die am Himmel relativ rasch ihre Position verändern. Auch die sogenannten Zwergplaneten und Asteroiden zeigen ein derartiges Verhalten.
Sie sind wie die Planeten Objekte des Sonnensystems, aber kleiner als diese. Mit Ausnahme von Vesta, die bei günstiger Opposition mit freiem Auge als Stern 6. Größe gesehen werden kann, ist zu ihrer Beobachtung optisches Gerät notwendig. Im Unterschied zu Planeten erscheinen Asteroiden und Zwergplaneten auch in größeren Fernrohren punktförmig.

Es gibt 5 Zwergplaneten (Ceres, Pluto, Eris, Makemake und Haumea) sowie einige tausend Asteroiden. In diesem Werk werden nur für Amateurastronomen interessante Objekte dieser Kategorien berücksichtigt.

Manche Asteroiden und Zwergplaneten haben Umlaufbahnen mit großer Neigung gegenüber der Erdbahn, sodass nicht alle dieser Objekte immer in unmittelbarer Nähe der Ekliptik zu finden sind.

Monde anderer Planeten

Schon mit einem Feldstecher sind die 4 hellsten Monde des Planeten Jupiter, Io, Europa, Ganymed und Kallisto zu sehen. Für alle Monate, in denen Jupiter beobachtet werden kann, ist ein Diagramm mit den Stellungen dieser Monde bezüglich des Planeten vorhanden.

Auf diesem Diagramm erscheint Jupiter als schwarzer Strich in der Mitte und die Monde sind mit I für Io, II für Europa, III für Ganymed und IV für Kallisto gekennzeichnet.

Diese Monde treten manchmal in den Schatten Jupiters ein, werden von ihm bedeckt, werfen ihren Schatten auf Jupiter oder ziehen vor ihn vorbei. Derartige Ereignisse können mit Fernrohren verfolgt werden und sind in einer Tabelle in den Monatsübersichten angegeben.

Mit einem Fernrohr können auch die Saturnmonde Titan, Rhea, Thethys, Japetus und Enceladus beobachtet werden. Während Titan schon mit einem lichtstarken Fernglas gesehen werden kann, ist für Rhea und Japetus ein Fernrohr mit 6 cm Objektivöffnung und für weitere Monde ein noch größeres Instrument erforderlich.

Diagramme mit der Sichtbarkeit der Saturnmonde finden sich im Anhang auf Seite 246.

Die Helligkeit des Mondes Japetus schwankt stark während eines Umlaufs: in westlicher Elongation ist er 10,5 mag hell, während in östlicher Elongation seine Helligkeit auf 11,9 mag zurückgeht.

Astronomische Ereignisse

Diese Tabelle enthält alle wichtigen astronomischen Ereignisse, außer Sternbedeckungen durch den Mond und Ereignisse bei denen Monde anderer Planeten involviert sind. Man findet dort:

- Wichtige Stellungen der Planeten (Opposition, Konjunktion zur Sonne, größte Elongationen zur Sonne bei Merkur und Venus, Beginn und Ende von Oppositions- und Konjunktionsschleifen)
- Mondphasen
- Erdnähe und Erdferne des Mondes
- Passage des Perihels (sonnennächster Punkt) und Aphels (sonnenfernster Punkt) von Planeten und Zwergplaneten

- Passage der Ekliptikebene von Mond, Planeten, Zwergplaneten und Asteroiden
(absteigender Knoten, wenn von Nord nach Süd, aufsteigender Knoten, wenn von
Süd nach Nord)
- Maximaler Abstand von Mond, Planeten, Zwergplaneten und Asteroiden zur Ekliptik
(Größte Nordbreite bzw. Größte Südbreite)
- Mond- und Sonnenfinsternisse
- Konjunktionen des Mondes, der Planeten und Zwergplaneten untereinander und
mit hellen ekliptiknahen Sternen. Der angegebene Winkelwert bezeichnet den
Winkelabstand zwischen den Mittelpunkten beider, an der Konjunktion beteiligten
Himmelskörper.
Bei allen Konjunktionen ist auch ein Elongationswinkel zur Sonne angegeben,
welcher den Winkel zwischen dem Sonnenmittelpunkt und dem Mittelpunkt des an
diesem Ereignis beteiligten Himmelskörpers mit der kleinsten Elongation bezeichnet.
Je größer dieser ist, umso besser ist es im Regelfall beobachtbar. Der
Elongationswert kann für Konjunktionen mit der Sonne, unter die auch bekanntlich
der Neumond fällt, einen negativen Wert annehmen. In diesem Fall wandert der
entsprechende Himmelskörper im angegebenen Abstand südlich an der Sonne
vorbei.

Ephemeriden

Ephemeriden sind Tabellen der Position beweglicher Himmelsobjekte. Im Anhang
finden sich derartige Ephemeriden für die Sonne, die Planeten und in diesem Werk
erwähnten Zwergplaneten. Sie enthalten neben den Rektaszensions- und
Deklinationswerten für das aktuelle Äquinoktium noch den Zeitpunkt des Auf- oder
Untergangs, wobei der Aufgang angegeben ist, falls dieser vor der Sonne erfolgt und
der Untergang, wenn dieser erst nach Sonnenuntergang stattfindet. Aufgangszeiten
sind mit „A", Untergangszeiten mit „U" gekennzeichnet.

Benutzung der Monatssternkarten

Um mit den Sternkarten die Sterne zu bestimmen, muss man zuerst einmal am
Beobachtungsort die Himmelsrichtungen festlegen. In erster Näherung kann dies mit
einem Kompass erfolgen, allerdings können in und in der Nähe von größeren
Objekten aus Eisen, wie Stahlbetonbauten, Missweisungen auftreten.
Daher empfiehlt es sich, als Erstes den Polarstern aufzusuchen. Er steht fast genau
über dem Punkt der Nordrichtung und bietet den Bewohnern der Nordhalbkugel die
genaueste einfache Bestimmung der Nordrichtung. Um dies zu tun, gibt es zwei
Möglichkeiten:

    1.)   Man sucht den sogenannten Großen Wagen, das sind die hellsten Sterne
des Großen Bären, die eine Sterngruppe bilden, welche an einen Wagen
mit einer Deichsel erinnern, auf und verlängert in Gedanken die
Verbindungslinie der beiden hintersten Kastensterne, welche die Namen

Dubhe und Merak tragen, um etwa den Faktor 5. Dann trifft man auf einen auffälligen Stern 2. Größe, den Polarstern.

2.) Man sucht das Sternbild Kassiopeia auf, welches auch „Himmels-W" genannt wird, weil die hellsten Sterne dieses Sternbildes die Form eines Buchstaben „W" bilden. Die Spitze dieses „W" zeigt ungefähr in Richtung Polarstern.

Welche Methode gewählt wird, sei dem Leser überlassen. Die Sternbilder Kassiopeia und Großer Bär liegen in entgegengesetzter Richtung vom Polarstern, somit kann, wenn eines dieser Bilder durch irdische Hindernisse verdeckt wird, das andere zum Aufsuchen des Polarsterns genutzt werden.

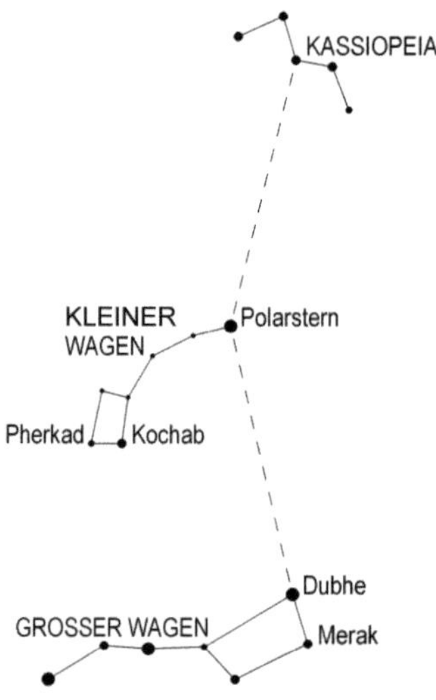

Die Sternbilder Großer Wagen, Kleiner Wagen und Kassiopeia mit Polarstern und anderen im Text erwähnten Sternen

Der Polarstern ist der hellste Stern des Sternbildes Kleiner Bär, das auch als Kleiner Wagen bezeichnet wird. Dieses Sternbild besteht sonst überwiegend aus lichtschwachen Sternen, die nur bei dunklem Himmel freiäugig sichtbar sind. Einzig die beiden hintersten Kastensterne des Kleinen Bären, welche die Namen Kochab und Pherkad tragen, sind 2. und 3. Größe und damit auch bei aufgehelltem Himmel sichtbar.

Nachdem man die Himmelsrichtungen für den Beobachtungsort bestimmt hat und wissen möchte, welche Sterne in einer bestimmten Richtung stehen, nimmt man die Monatskarte, die den gewünschten Zeitpunkt am nächsten kommt und dreht das Buch so, dass diese Richtung auf der Monatskarte nach unten weist. Ein Vergleich

der Sterne am Himmel mit denen auf der Karte ermöglicht dann die Identifizierung
dieser.
Die Position der in den Monatskarten eingezeichneten Planeten gilt nur für den 1.
des jeweiligen Monats. Sie können zum gewählten Beobachtungszeitpunkt ganz
woanders am Himmel stehen.

Planetenkarte

Diese Sternkarte, die man am Anfang des Kapitels „Planeten" des jeweiligen Monats
findet, veranschaulicht den Weg der Sonne und der hellen Planeten Merkur, Venus,
Mars, Jupiter und Saturn im jeweiligen Monat. Aus Platzgründen werden in diesen
Karten die Sternbilder mit den international üblichen Abkürzungen (siehe „Liste der
Sternbilder", auf Seite 6 und die Planeten mit den entsprechenden Symbolen (siehe
„Identifizierung der Planeten" auf Seite 17) bezeichnet. Der Buchstabe neben den
Planeten ist der Anfangsbuchstabe des jeweiligen Monats. Der entsprechende
Planet steht dort am 1. Tag dieses Monats. Da die aufeinander folgenden Monate
Juni und Juli beide mit dem gleichen Buchstaben anfangen, wird der Juni in diesen
Karten mit 6 und der Juli mit 7 bezeichnet.

Jahreszeitensternkarten

In den Monaten Januar, April, Juli und Oktober findet man zusätzliche
Jahreszeitensternkarten, welche die Sternbilder der jeweiligen Jahreszeit inklusive
aller in den Beschreibungen des monatlichen Sternenhimmels erwähnten Objekte
zeigen. Auch die Fixsterne, deren Konjunktionen mit Mond und Planeten in den
Monatslisten der astronomischen Ereignisse vermerkt sind, wurden markiert.
Planeten sind in diesen Karten nicht eingetragen.
Eine Karte der sogenannten Zirkumpolarsterne, das sind die Sterne, die nicht
untergehen, mit in diesem Werk erwähnten Objekten folgt am Ende dieses Kapitels.

Korrektur der Auf- und Untergangszeiten

Die in diesem Buch angegebenen Auf- und Untergangszeiten gelten für einen Punkt
bei 9° östlicher Länge und 50° nördlicher Breite. Für andere Orte ergeben sich
abweichende Zeiten. Allerdings sind die Zeitdifferenzen im deutschsprachigen Raum
so gering, dass eher die Beschaffenheit des lokalen Horizonts die größere Rolle
spielt. Wer aber dennoch für seinen Beobachtungsort genaue Werte ermitteln
möchte, findet auf Seite 259 die nötigen Informationen.

Meteorströme

Neben einzeln auftretenden Meteoren gibt es auch Meteorströme, das sind
Häufungen von Sternschnuppen, welche zu gewissen Zeiten auftreten und aus den
Resten von Kometen stammen. Ihre Bahnen verlaufen im Raum
annähernd parallel und sie scheinen, wenn sie in die Erdatmosphäre eintreten, von
einem Fluchtpunkt, dem Radianten, herzukommen. Ein Meteorstrom wird in der
Regel nach dem lateinischen Namen des Sternbildes, in dem sich der Radiant
befindet, bezeichnet. Wenn mehrere Meteorströme ihren Radianten in einem
Sternbild besitzen, wird zusätzlich meist entweder der Maximumsmonat oder der
dem Radianten nächstgelegene hellere Stern zur Bezeichnung herangezogen.

Die sichere Sonnenbeobachtung

Immer wieder besteht der Wunsch, die Sonne zu beobachten oder zu fotografieren.
Während die freiäugige Beobachtung der tief stehenden oder von Dunst
geschwächten, nicht blendenden Sonne ohne Filter gefahrlos möglich ist, muss für
die freiäugige Beobachtung der hochstehenden blendenden Sonne ein geeigneter
Filter verwendet werden. Berußte Gläser oder Rettungsfolien sind hierfür nicht zu
empfehlen, weil sie die für das Auge gefährliche Infrarot- oder UV-Strahlung nicht im
nötigen Umfang blockieren. Sicher sind nur für visuelle Beobachtungen bestimmte
Sonnenfilter, Schutzbrillen mit Mylarfolien oder Schweißergläser nach DIN EN 169
mit mindestens Filterstufe 14. Mit derartigen Gerätschaften ist auch ein längerer
freiäugiger Blick in die hochstehende, blendende Sonne möglich, ohne
Augenschäden befürchten zu müssen.
Wenn für die Sonnenbeobachtung ein Fernglas oder ein Fernrohr eingesetzt werden
soll, erfordert dies besondere Vorsichtsmaßnahmen, weil derartige optische
Instrumente wie ein Brennglas Licht bündeln. **Schon ein kurzer Blick durch ein
optisches Instrument ohne geeignete Filter zerstört das Auge des
Beobachters!**
**Auch eine oben genannte Gerätschaft zur freiäugigen Beobachtung der Sonne
würde keinen Schutz bieten, weil sie durch die Hitze im Brennpunkt binnen
kürzester Zeit zerstört würde!**
Um mit einem Fernrohr oder Fernglas die Sonne gefahrlos zu beobachten, gibt es
prinzipiell zwei Möglichkeiten: die Verwendung von Filtern oder die
Projektionsmethode.
Letzteres Verfahren, dass schon Gallileo 1610 anwandte, besteht darin, hinter dem
Okular einen Schirm anzubringen, auf dem das Sonnenbild projiziert wird. Es ist für
Beobachter absolut gefahrlos und bietet die Möglichkeit, das Sonnenbild
abzuzeichnen und ist, wenn mehrere Personen gleichzeitig das Ereignis verfolgen
wollen, das Mittel der Wahl.
Allerdings können insbesondere bei größeren Fernrohren durch die Hitzeentwicklung
verkittete Okulare beschädigt werden, weshalb es sich empfiehlt, vor dem Gerät eine
Blende anzubringen.

Da man nicht durch das Fernrohr blicken darf, wird das Gerät anhand seines Schattenwurfes auf die Sonne ausgerichtet. Sucherfernrohre müssen hierbei verschlossen oder abmontiert werden, um eine versehentliche Benutzung zu vermeiden.

Ein mit einem Projektionsschirm versehenes Fernrohr soll, während es auf die Sonne ausgerichtet ist, nicht unbeaufsichtigt gelassen werden.

Die andere Möglichkeit der gefahrlosen teleskopischen Sonnenbeobachtung besteht in der Verwendung geeigneter Filter, die in Optikfachgeschäften erhältlich sind.

Allerdings sollten nicht, den zahlreichen Fernrohren als Zubehör beiliegenden Okularfilter verwendet werden, weil sich diese stark erhitzen und platzen können. Die menschliche Reaktionszeit reicht nicht aus, das Auge rechtzeitig aus der Gefahrenzone zu bringen.

Filter, die vor dem Objektiv angebracht werden, sind sicher, weil sie sich kaum erwärmen und deshalb nicht platzen können. Es müssen optische Filter mit einer optischen Dichte von mindestens 5, was einer Lichtabschwächung um den Faktor 100000 entspricht, verwendet werden. Da auch die im Sonnenlicht vorhandenen unsichtbaren Infrarot- und UV-Strahlung die Augen schädigen können, dürfen für visuelle Beobachtung nur Filter verwendet werden, die auch diese Strahlung ausreichend stark unterdrücken.

Aus diesem Grund sollte man keine Sonnenfilter aus Materialien basteln, deren Absorptionsvermögen für Infrarot und UV-Strahlung nicht spezifiziert ist, wie dies zum Beispiel bei Rettungsfolien der Fall ist.

Grundsätzlich ist darauf zu achten, dass Sonnenfilter so gelagert werden, dass sie nicht beschädigt werden, weil sonst nicht das Lichtabsorptionsverhalten sichergestellt werden kann. Insbesondere bei Folienfiltern ist die Gefahr der Beschädigung durch Kratzer und Alterung gegeben.

Filter für fotografische Zwecke unterdrücken nicht immer schädliche UV- und Infrarotstrahlung in ausreichendem Masse, weshalb man durch diese nur zum Ein- und Scharfstellen des Sonnenbildes verwenden soll.

Eine Alternative zu Objektivsonnenfiltern stellen Herschelkeile dar. Sie werden am Okular befestigt und bestehen aus einem Prisma an dessen Oberfläche ein kleiner Teil des einfallenden Lichtes (etwa 4 %) reflektiert wird, während der Rest in eine Lichtfalle umgelenkt wird.

Da sie kaum Licht absorbieren erhitzen sie sich nur wenig und können deshalb nicht platzen.

Die Intensität des am Herschelkeils reflektierten Lichtes ist immer noch für eine direkte Beobachtung zu groß, aber nicht mehr so groß, um Okularfilter, die für diese Anwendung eine optische Dichte von 3 (Filterfaktor: 1000) haben müssen, zu zerstören. Herschelkeile sind teurer als Objektivfilter, liefern allerdings bessere Bilder. Herschelkeile sollen nicht bei Spiegelteleskopen eingesetzt werden, weil es durch Überhitzung des Fangspiegels zu Schäden am Teleskop kommen kann. **Bei Herschelkeilen mit offener Lichtfalle ist darauf zu achten, dass in diese keine brennbaren Gegenstände geraten können und auch niemand hineinsehen oder hineingreifen kann.**

Wenn Sucherfernrohre verwendet werden, müssen diese ebenfalls mit einem Sonnenfilter ausgestattet sein.

Detaillierte Fotografien der Sonne sind mit einem, mit einem Objektivsonnenfilter
ausgerüsteten Teleobjektiv problemlos möglich. Da für fotografische Zwecke
vorgesehene Filter oft nicht die schädliche UV- und Infrarotstrahlung ausreichend
unterdrücken, sollte man die visuelle Beobachtung nur auf das Einstellen und
Scharfstellen des Sonnenbildes beschränken.

Zirkumpolarsterne

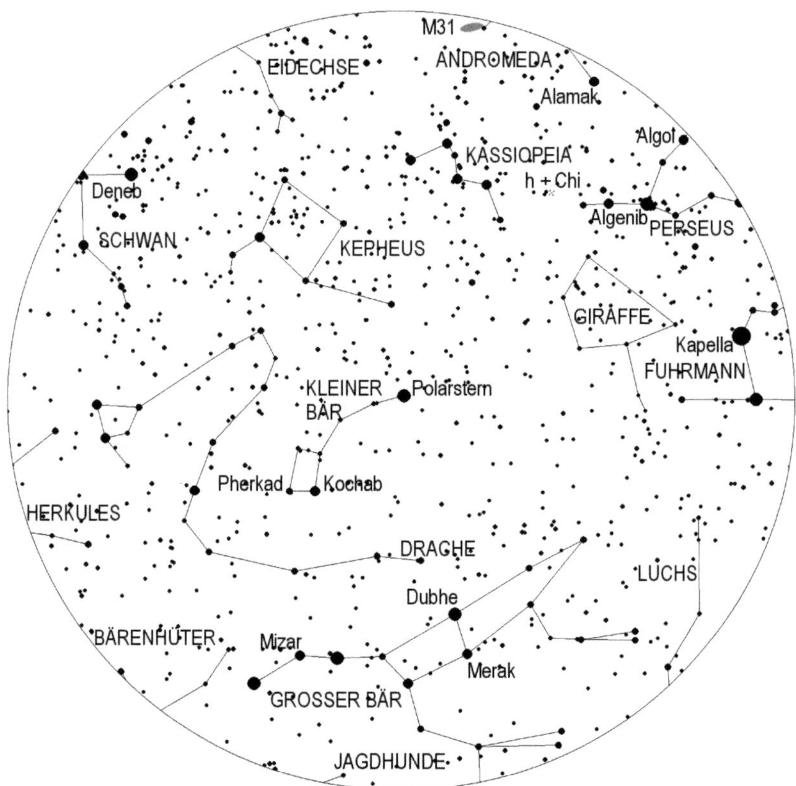

24

Der Sternenhimmel im Lauf des Jahres 2021

Januar

Sternenhimmel

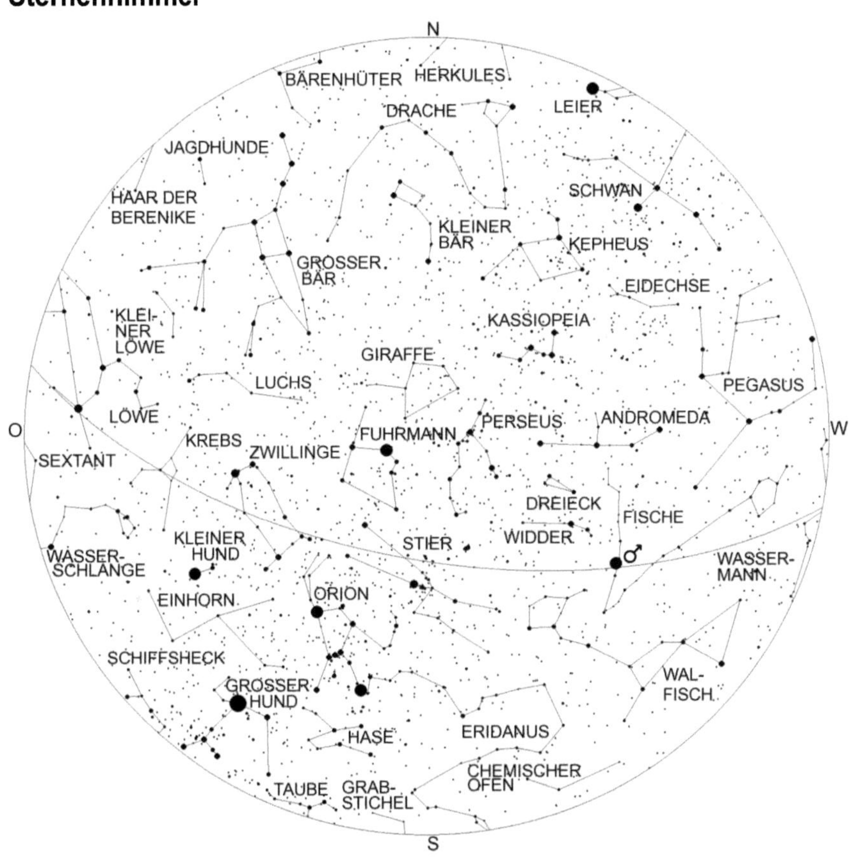

Gültig für

1.10. 4 Uhr	15.10. 3 Uhr
1.11. 2 Uhr	15.11. 1 Uhr
1.12. 0 Uhr	15.12. 23 Uhr
1.1. 22 Uhr	15.1. 21 Uhr
1.2. 20 Uhr	15.2. 19 Uhr

Im Januar dominieren erwartungsgemäß die Wintersternbilder den Himmel. So steht der Orion, eines der bekanntesten Sternbilder kurz vor seiner Kulmination im Süden. Die beiden hellsten Sterne im Orion sind Beteigeuze, der rötliche Stern am nordöstlichen Ende dieser Sternfigur und der bläulich-weiße Rigel an seinem südwestlichen Ende.

Die drei mittleren Sterne des Orion weisen in südöstliche Richtung auf Sirius im Großen Hund, den hellsten Stern des Himmels. Sirius ist nicht deshalb der hellste Stern, weil er extrem leuchtstark ist, sondern weil er mit einer Entfernung von 8,8 Lichtjahren zu den sonnennächsten Sternen gehört. Würden die anderen Sterne, welche die Figur des Sternbildes Großer Hund bilden, in der gleichen Entfernung zur Sonne stehen, so erschienen sie viel heller. Nordöstlich vom Großem Hund erkennt man einen weiteren hellen Stern, Prokion, den Hauptstern des Kleinen Hundes, der ebenfalls zu den sonnennahen Sternen zählt. Zwischen dem Großem Hund und dem Kleinem Hund befindet sich das lichtschwache Sternbild Einhorn.

Hoch im Südosten über dem Kleinem Hund erkennt man das Sternbild Zwillinge, mit seinen beiden hellen Sternen Kastor und Pollux. Für Fernrohrbeobachter ist Kastor interessant, denn er entpuppt sich schon in kleinen Fernrohren als Doppelstern. Seine beiden Komponenten, die 1,9 mag und 3,0 mag hell sind, befinden sich in einem Winkelabstand von 6", was eine Trennung schon in einem Fernrohr von 5 cm Objektivöffnung erlaubt. Westlich der Zwillinge befindet sich das Sternbild Stier, in dem es zwei, schon mit bloßem Auge auflösbare Sternhäufen gibt, die Plejaden und die Hyaden. Letztere sind um den rötlichen Hauptstern Aldebaran platziert, der aber nur ein Vordergrundstern ist. Beide Sternbilder bekommen als Ekliptiksternbilder hin und wieder Besuch vom Mond und den Planeten.

Über dem Stier, fast im Zenit steht das Sternbild Fuhrmann mit dem hellen Stern Kapella. Kapella, Aldebaran, Rigel, Sirius, Prokion und Pollux bilden das Wintersechseck, eine markante Konstellation.

Im Osten erkennt man das aufgehende Sternbild Löwe, ein Frühlingssternbild, dessen hellster Stern Regulus sich sehr nahe an der Ekliptik befindet. Zwischen dem Löwen und den Zwillingen befindet sich der Krebs, der nur aus lichtschwachen Sternen besteht, aber über einen markanten Sternhaufen verfügt, der als Krippe, Praesepe oder M44 bezeichnet wird und schon mit bloßem Auge als Nebelfleckchen erkennbar ist.

Westlich des Fuhrmanns erkennt man den Perseus, in dessen nördlichen Teil es den bekannten Doppelsternhaufen h + Chi Persei gibt, der ein schönes Feldstecherobjekt darstellt und mit bloßem Auge als Nebelfleckchen erkennbar ist. In diesem Sternbild befindet sich auch Algol, der bekannteste bedeckungsveränderliche Stern. Südwestlich des Perseus erkennt man das Tierkreissternbild Widder, der wie das Sternbild Walfisch im Südwesten zu den Herbststernbildern gerechnet wird. Der bekannteste Stern des Walfisches ist der veränderliche Stern Mira, der im Maximum ein auffälliges Objekt 2. Größe sein kann (mitunter aber lichtschwächer ist) und im Minimum so lichtschwach ist, dass es schon ein Fernrohr bedarf, um ihn zu sehen. Mira ist ein pulsationsveränderlicher Riesenstern, der einer ganzen Klasse von veränderlichen Sternen seinen Namen gab. Zwischen Walfisch und Widder befindet sich das Tierkreissternbild Fische, das nur aus lichtschwachen Sternen besteht, welche nur an ausreichend dunklen Beobachtungsorten mit bloßem Auge sichtbar sein dürften. Allerdings erblickt man zur Zeit in den Fischen einen hellen orangeroten Stern: es ist der Planet Mars.

Nördlich der Fische erkennt man die Sternenkette der Andromeda, an die sich das Sternbild Pegasus anschließt, von dem bald die ersten Sterne unter dem Horizont versinken werden.

Zwischen Walfisch und Orion liegt das ausgedehnte, nur aus Sternen geringer Helligkeit bestehende Sternbild Eridanus. An dieses grenzt, tief im Südsüdwesten, der Chemische Ofen an, der ebenfalls nur aus lichtschwachen Sternen besteht.

Wintersternbilder

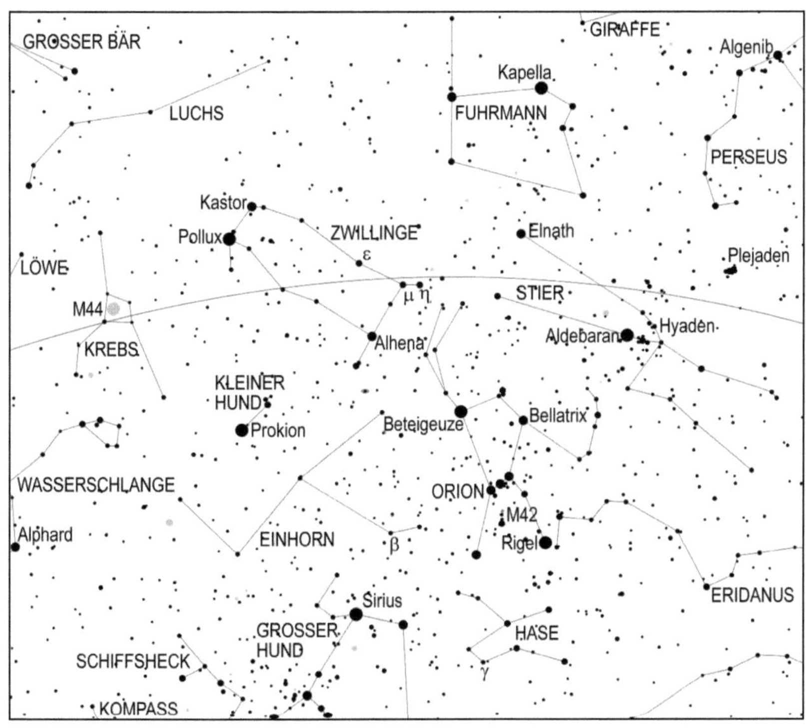

Astronomische Ereignisse

Datum	Uhrzeit	Ereignis	Elongation
1.1.2021	09:40:35	Mond 1,5° nördlich M44	153,6°
1.1.2021	17:14:40	Pallas 14,3° nördlich Beta Capricorni	23,3°
2.1.2021	12:37:52	Jupiter 5,2° südlich Beta Capricorni	20,8°
2.1.2021	14:56:58	Erde im Perihel (Abstand Erde-Sonne: 0,98326 AE)	
2.1.2021	22:18:44	Mond 4,25° nördlich Regulus	132,6°
4.1.2021	12:40:09	Mond in größter Nordbreite	
4.1.2021	17:53:11	Mond 2,3° südlich Vesta	111,45°
4.1.2021	23:24:58	Merkur 58' südlich Pluto	9,6°
5.1.2021	09:23:50	Merkur in größter Südbreite	
5.1.2021	22:01:43	Mond 1,8° nördlich Porrima	95,3°
6.1.2021	10:37:21	Letztes Viertel	
6.1.2021	19:21:42	Mond 6,4° nördlich Spika	82,5°
8.1.2021	11:14:19	Mond 1,8° nördlich Zuben-el-dschenubi	63°
9.1.2021	14:39:38	Juno 14,65° nördlich Antares	39,7°
9.1.2021	16:36:41	Mond im Perigäum	
9.1.2021	18:36:40	Mond 11' südlich Akrab	46,2°
9.1.2021	22:17:14	Merkur 1,7° südlich Saturn	12,6°
10.1.2021	02:34:19	Mond 5,1° nördlich Antares	40,2°
10.1.2021	02:48:28	Mond 9,6° südlich Juno	40,6°
10.1.2021	05:28:04	Merkur 6,8° südlich Beta Capricorni	12,8°
10.1.2021	20:43:05	Neptun 8,6° nördlich Ceres	55°
10.1.2021	21:14:56	Mond im absteigenden Knoten	
11.1.2021	12:07:32	Merkur 1,5° südlich Jupiter	13,5°
11.1.2021	21:38:26	Mond 1,9° südlich Venus	17,8°
12.1.2021	07:02:50	Merkur 20,2° südlich Pallas	14°
12.1.2021	12:17:37	Mond 28' nördlich Nunki	10,2°
13.1.2021	06:00:17	Neumond	-3,5°
13.1.2021	06:43:34	Mond 2,5° südlich Pluto	1,8°
13.1.2021	22:34:54	Mond 3,6° südlich Saturn	9,2°
13.1.2021	22:36:26	Mond 8,8° südlich Beta Capricorni	9,2°
14.1.2021	02:12:38	Mond 3,8° südlich Jupiter	11,55°
14.1.2021	02:17:24	Saturn 5,1° südlich Beta Capricorni	9,1°
14.1.2021	03:55:37	Mond 22,6° südlich Pallas	12,7°
14.1.2021	07:58:12	Mond 3,1° südlich Merkur	15°
14.1.2021	14:29:31	Uranus stationär, dann rechtläufig	
14.1.2021	15:17:15	Pluto in Konjunktion zur Sonne	-1,2°
15.1.2021	09:35:02	Mond 3,1° südlich Delta Capricorni	27,9°
16.1.2021	12:43:16	Venus im absteigenden Knoten	
16.1.2021	22:25:31	Mars 9,4° südlich Hamal	97,8°
17.1.2021	06:28:52	Mond 5,2° südlich Neptun	49,7°

Datum	Uhrzeit	Ereignis	Elongation
17.1.2021	09:42:02	Mond 3° nördlich Ceres	50,55°
17.1.2021	11:39:33	Mond in größter Südbreite	
19.1.2021	01:28:51	Venus 3,4° nördlich Nunki	16,2°
20.1.2021	22:01:44	Erstes Viertel	
21.1.2021	03:02:36	Mond 15,1° südlich Hamal	91,6°
21.1.2021	06:37:01	Mond 5,8° südlich Mars	93,6°
21.1.2021	07:12:52	Mond 4,1° südlich Uranus	93,95°
21.1.2021	14:18:07	Mond im Apogäum	
21.1.2021	15:35:26	Juno im Aphel	
22.1.2021	00:34:04	Mars 1,7° nördlich Uranus	94,6°
23.1.2021	07:01:19	Mond 6,8° südlich der Plejaden	115,35°
24.1.2021	02:32:49	Merkur in größter östlicher Elongation	18,55°
24.1.2021	04:03:33	Saturn in Konjunktion zur Sonne	-25'
24.1.2021	06:48:41	Mond 4° nördlich Aldebaran	125,4°
24.1.2021	11:03:59	Merkur im aufsteigenden Knoten	
24.1.2021	22:32:35	Mond im aufsteigenden Knoten	
25.1.2021	06:21:58	Mond 5,8° südlich Elnath	137,1°
25.1.2021	23:54:53	Vesta stationär, dann rückläufig	
26.1.2021	04:02:03	Mond 1,6° nördlich Eta Geminorum	147,3°
26.1.2021	07:13:51	Mond 1,5° nördlich Mü Geminorum	149°
26.1.2021	12:14:09	Mond 7,6° nördlich Alhena	151,9°
26.1.2021	12:17:53	Merkur 3,3° nördlich Delta Capricorni	17,3°
26.1.2021	14:26:56	Mond 1° südlich Epsilon Geminorum	153,3°
27.1.2021	12:31:51	Mond 8,3° südlich Kastor	160,1°
27.1.2021	16:15:28	Mond 4,5° südlich Pollux	164,15°
28.1.2021	15:33:09	Mond 1,6° nördlich M44	176,4°
28.1.2021	19:58:13	Venus 45' nördlich Pluto	13,9°
28.1.2021	20:16:20	Vollmond	
29.1.2021	02:39:32	Jupiter in Konjunktion zur Sonne	-31'
29.1.2021	03:08:45	Merkur im Perihel	
30.1.2021	03:17:36	Merkur stationär, dann rückläufig	
30.1.2021	07:34:17	Mond 3,7° nördlich Regulus	160,5°
31.1.2021	16:36:49	Mond in größter Nordbreite	

Planeten

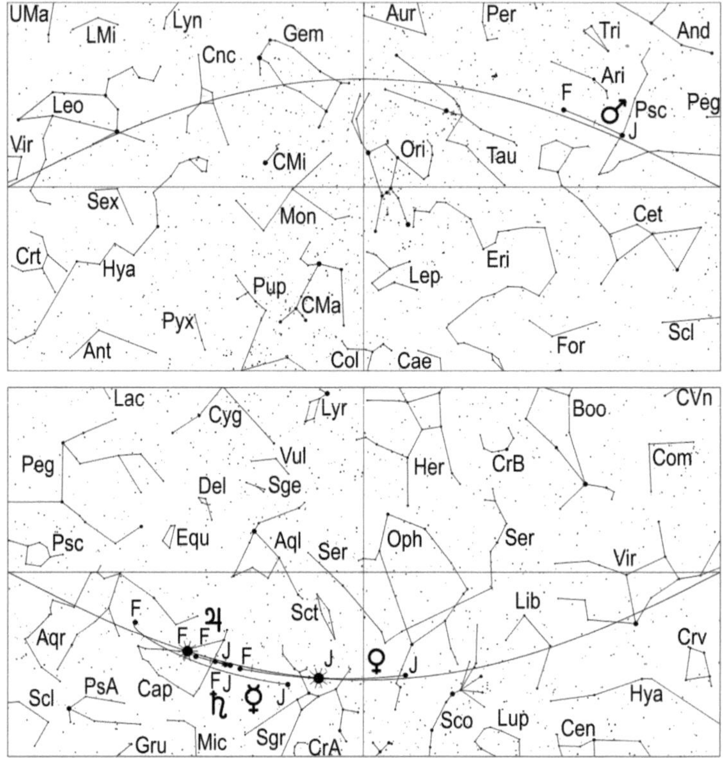

Merkur, der vom Schützen in den Steinbock wandert, gewinnt rasch östliche Elongation und zieht am 9. 1,7° südlich an Saturn und am 11. 1,5° südlich an Jupiter vorbei. Allerdings ist er an diesen Tagen noch nicht freiäugig sichtbar, so daß diese Konjunktionen nur mit einem Fernglas beobachtbar sind. Zwei Tage später, am 13., taucht der flinke Planet am Abendhimmel auf. An diesem Tag versinkt der -0,9 mag helle Merkur um 17.58 Uhr MEZ unter dem Horizont und dürfte eine halbe Stunde zuvor in der Abenddämmerung sichtbar werden. Am folgenden Tag passiert der zunehmende Mond Merkur in 3,1° südlichem Abstand, was man in der Abenddämmerung beobachten kann.

Merkur verspätet seinen Untergang auf 18.00 Uhr MEZ am 15., auf 18.33 Uhr MEZ am 20. und auf 18.49 Uhr MEZ am 25. Etwa 60 Minuten vor seinem Untergang erscheint Merkur in der Abenddämmerung. Seine Helligkeit geht von -0,9 mag am 15., auf -0,8 mag am 20. und auf -0,5 mag am 25. zurück.

30

Am 24. steht Merkur in größter östlicher Elongation. Sein Winkelabstand zur Sonne beträgt hierbei 18,55°.

Fernrohrbeobachter sehen Merkur am 13. als ein zu 86% beleuchtetes Scheibchen mit 5,5" Durchmesser, am 20. als ein zu 69% beleuchtetes Scheibchen mit 6,4" Durchmesser und am 25. als zur Hälfte beleuchtetes Scheibchen mit 7,2" Durchmesser, denn er erreicht an diesem Tag seine Dichotomie (Halbphase).

Nach dem 27., an dem er um 18.50 Uhr MEZ untergeht, verfrüht sich sein Untergang bis zum Monatsletzten auf 18.42 Uhr MEZ. Gleichzeitig geht seine Helligkeit bis zum Monatsende auf 1,0 mag zurück, so daß er in der immer später einsetzenden Abenddämmerung ein immer schwierigeres Beobachtungsobjekt wird und am 31. seine Sichtbarkeitsperiode beendet. Im Fernrohr erscheint er an diesem Tag als zu 20% beleuchtete Sichel mit 8,8" Durchmesser.

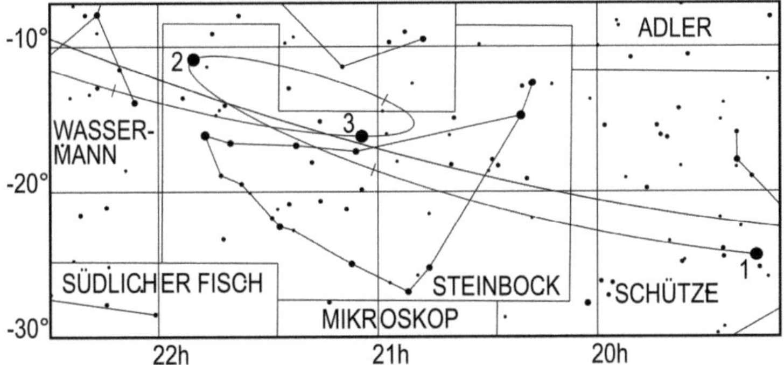

Lauf des Planeten Merkur von Januar bis März 2021. Die Zahl gibt die Position zum 1. des entsprechenden Monats an, also 3 die Position am 1.3.

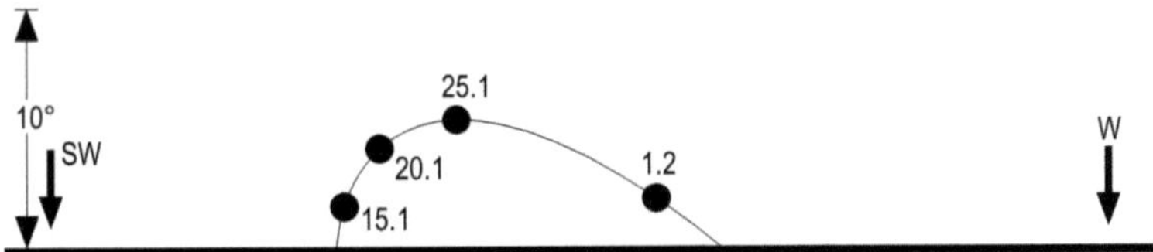

Position des Planeten Merkur am Abendhimmel, 1 Stunde nach Sonnenuntergang

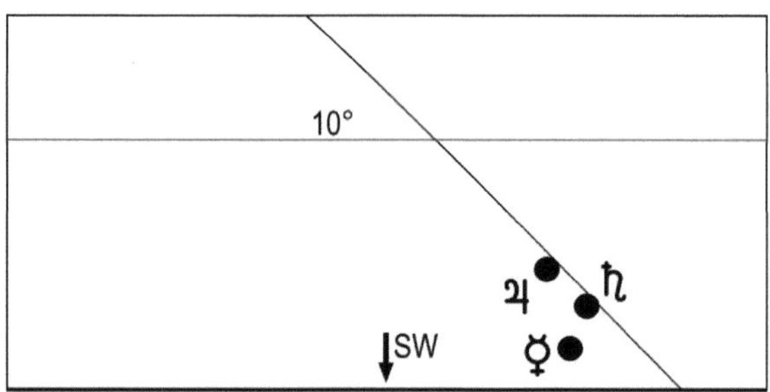

Merkur, Saturn und Jupiter am stark aufgehellten Abendhimmel des 9.1.2021 um 17.15 Uhr MEZ. Mit bloßem Auge ist nur Jupiter zu sehen.

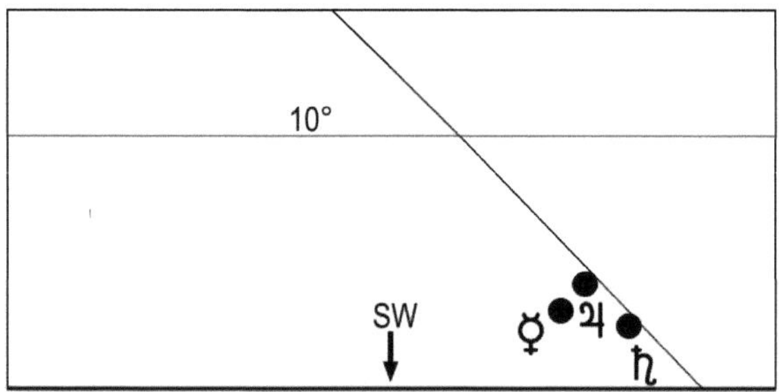

Merkur, Saturn und Jupiter am stark aufgehellten Abendhimmel des 11.1.2021 um 17.15 Uhr MEZ. Mit bloßem Auge ist nur Jupiter zu sehen.

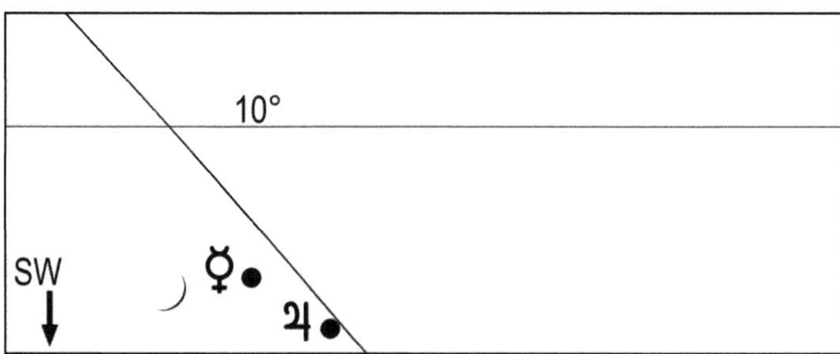

Mond, Merkur und Jupiter am stark aufgehellten Himmel des 14.1.2021 um 17.30 Uhr MEZ. Mit bloßem Auge ist Jupiter nicht zu sehen.

Venus durchwandert die Sternbilder Schlangenträger und Schütze und verabschiedet sich am 20. von der morgendlichen Himmelsbühne. Der Aufgang des -3,9 mag hellen Planeten verspätet sich von 6.53 Uhr MEZ am 1., auf 7.19 Uhr MEZ am 15. und auf 7.28 Uhr MEZ am 26. Im Fernrohr zeigt sich unser innerer Nachbarplanet fast vollständig beleuchtet mit einem Scheibchendurchmesser, der von 11" auf 10" leicht abnimmt.

Am 19. passiert Venus 3,4° nördlich Nunki, der in der hellen Morgendämmerung nur im Fernglas zu sehen ist und am 11. ist der abnehmende Mond in der Nähe des Morgensterns zu sehen.

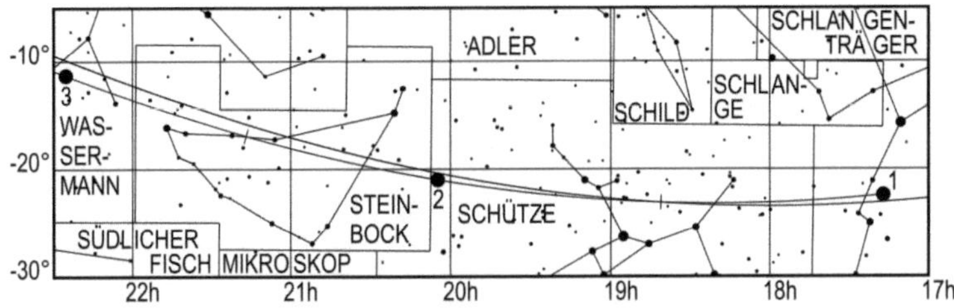

Lauf des Planeten Venus von Januar bis März 2021. Die Zahl gibt die Position zum 1. des entsprechenden Monats an, also 3 die Position am 1.3.

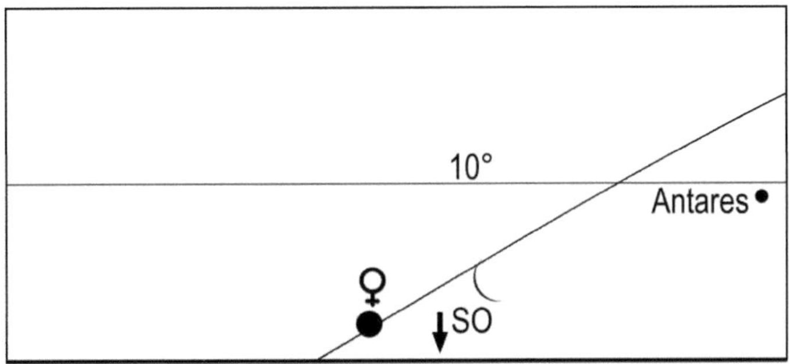

Mond und Venus am stark aufgehellten Morgenhimmel des 11.1.2021 um 7.30 Uhr MEZ

Mars wandert rechtläufig von den Fischen in den Widder und geht am 1. um 2.20 Uhr MEZ, am 15. um 2.02 Uhr MEZ und am 31. um 1.47 Uhr MEZ unter. Die Helligkeit des roten Planeten sinkt im Laufe des Monats von -0,2 mag am 1., auf 0,1 mag am 15. und auf 0,4 mag am 31. Gleichzeitig geht auch sein Scheibchendurchmesser von 10,4" am 1., auf 9" am 15. und auf 7,9" am Monatsletzten zurück. Er wird damit für Fernrohrbeobachter, welche bemerken, daß er nur zu 89% beleuchtet ist, zusehends unattraktiver.
Am 20. hält sich der zunehmende Mond in der Nähe des roten Planeten auf und am 22. passiert Mars den fernen Planeten Uranus in 1,7° nördlichen Abstand, was eine gute Möglichkeit ergibt, diesen lichtschwachen Planeten aufzusuchen.

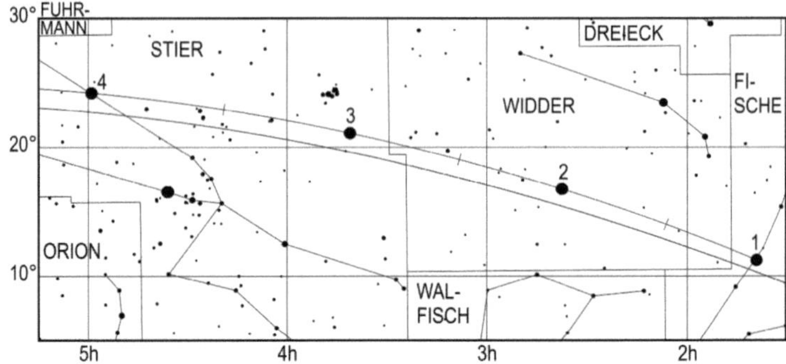

Lauf des Planeten Mars von Januar bis März 2021. Die Zahl gibt die Position zum 1. des entsprechenden Monats an, also 3 die Position am 1.3.

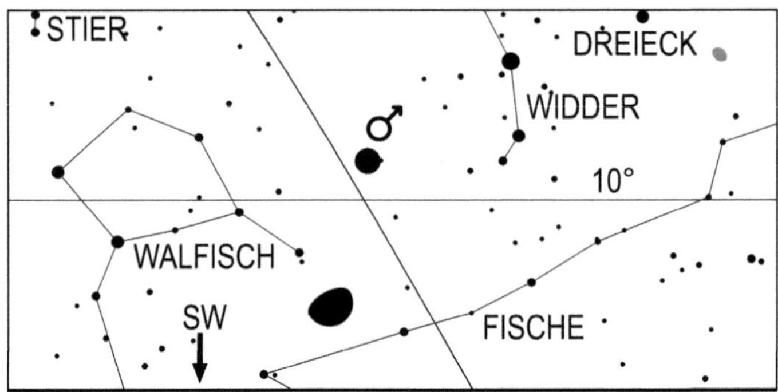

Mond und Mars am 20.1.2021 um 23.30 Uhr MEZ

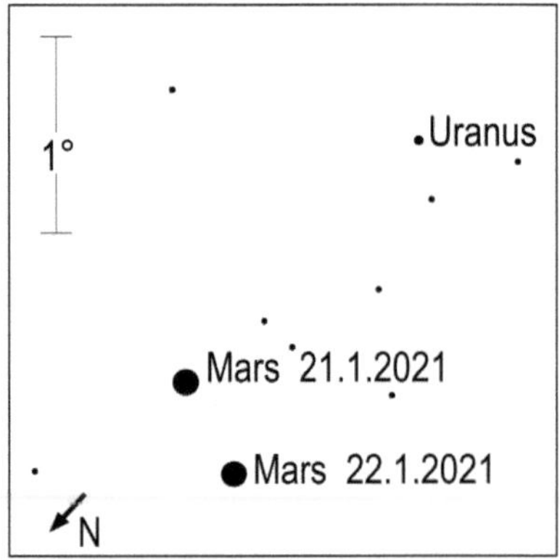

Anblick der Konjunktion zwischen Mars und Uranus am 21.1.2021 und am 22.1.2021 jeweils um 22 Uhr MEZ im umkehrenden Fernrohr

Jupiter, rechtläufig im Steinbock, kann bis zum 13. am Abendhimmel beobachtet werden. Der -2,0 mag helle Riesenplanet, der am 2. 5,2° südlich an Beta Capricorni vorbeizieht, geht am 1. um 18.20 Uhr MEZ, am 10. um 17.57 Uhr MEZ und am 13. um 17.49 Uhr MEZ unter. Bei der Konjunktion mit Merkur am 11. ist dieser freiäugig nicht zu sehen.
Nach dem 13. ist Jupiter für längere Zeit unbeobachtbar. Am 29. befindet sich der Riesenplanet in Konjunktion zur Sonne.

Saturn, der wie Jupiter rechtläufig im Steinbock ist und sich nur wenige Grad westlich von diesem befindet, verabschiedet sich am 4. vom Abendhimmel. Der 0,6 mag helle Ringplanet geht am 1. um 18.14 Uhr MEZ und am 4. um 18.04 Uhr MEZ unter. Seine Konjunktion mit Merkur am 9. ist nur mit optischen Hilfsmitteln sichtbar. Am 14. wandert Saturn 5,1° südlich an Beta Capricorni vorbei und am 24. steht Saturn in Konjunktion zur Sonne.

Uranus beendet am 14. seine Oppositionsschleife und bewegt sich dann rechtläufig durch das Sternbild Widder. Der grünliche Planet, dessen Helligkeit im Laufe des Monats von 5,7 mag auf 5,8 mag zurückgeht, kann am frühen Abendhimmel mit einem Feldstecher leicht beobachtet werden (Aufsuchkarte, Seite 155). Er kulminiert am 1. um 19.56 Uhr MEZ und am Monatsletzten schon um 17.58 Uhr MEZ, während sich sein Untergang im Laufe des Monats von 3.08 Uhr MEZ auf 1.11 Uhr MEZ verfrüht.
Am 22. bietet seine Konjunktion mit Mars eine gute Gelegenheit nach den grünlichen Planeten Ausschau zu halten.

Neptun kann am Abend mit einem Fernrohr im Sternbild Wassermann in südwestlicher Richtung beobachtet werden (Aufsuchkarte, Seite 127). In der zweiten Monatshälfte wird dies immer schwieriger, denn er verlegt seinen Untergang von 22.33 Uhr MEZ am 1., auf 21.40 Uhr MEZ am 15. und auf 20.40 Uhr MEZ am Monatsletzten.

Klein- und Zwergplaneten

Ceres, deren Helligkeit im Laufe des Monats leicht von 9,2 mag auf 9,3 mag zurückgeht, kann nach Ende der Abenddämmerung mit einem Fernrohr im südlichen Wassermann aufgesucht werden. Ihr Untergang verfrüht sich im Laufe des Monats von 21.31 Uhr MEZ auf 20.34 Uhr MEZ. Wegen ihrer geringen Höhe ist sie ein schwieriges Objekt.

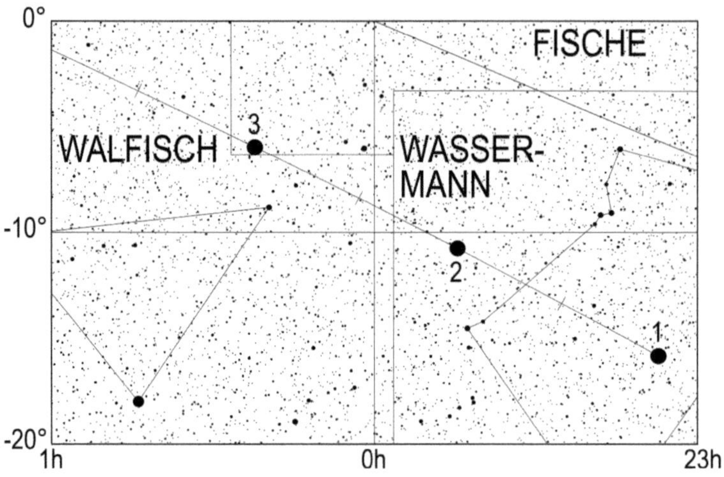

Lauf des Kleinplaneten Ceres von Januar bis März 2021. Die Zahl gibt die Position zum 1. des entsprechenden Monats an, also 3 die Position am 1.3.

Pallas wandert vom Adler in den Wassermann und geht am 1. um 20.01 Uhr MEZ, am 15. um 19.25 Uhr MEZ und am 31. um 18.45 Uhr MEZ unter. In der ersten Monatshälfte dürfte es bei guter Horizontsicht noch möglich sein, diesen Kleinplaneten, dessen Helligkeit im Laufe des Monats von 10,5 mag auf 10,4 mag steigt, mit größeren Fernrohren ab ca. 10-15 Zentimeter Objektivöffnung aufzusuchen.

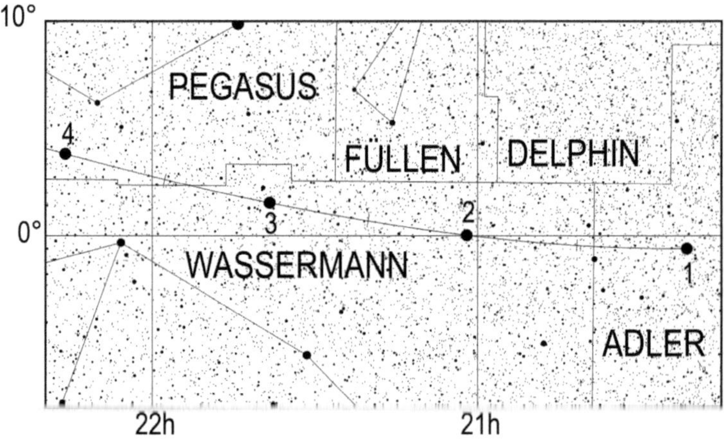

Lauf des Kleinplaneten Pallas von Januar bis April 2021. Die Zahl gibt die Position zum 1. des entsprechenden Monats an, also 2 die Position am 1.2.

Juno wandert rechtläufig vom Skorpion in den Schlangenträger und geht am 1 um 4.49 Uhr MEZ, am 15. um 4.12 Uhr MEZ und am 31. um 3.42 Uhr MEZ auf. Der 11,5 mag helle Kleinplanet kann mit größeren Fernrohren – ab ca. 15 cm Objektivdurchmesser – vor Beginn der Morgendämmerung aufgestöbert werden. (Aufsuchkarte, Seite 88).

Vesta, deren Aufgang sich im Laufe des Monats von 22.20 Uhr MEZ am 1., auf 21.29 Uhr MEZ am 15. und auf 20.19 Uhr MEZ am 31. verfrüht, ist mit einer Helligkeit, welche von 7,4 mag auf 6,7 mag ansteigt, ein leichtes Feldstecherobjekt am Morgenhimmel. Sie hält sich im Grenzgebiet der Sternbilder Löwe und Jungfrau auf und setzt am 25. zur Oppositionsschleife an. Am besten kann Vesta zum Zeitpunkt ihrer Kulmination, welche am 1. um 5.14 Uhr MEZ, am 15. um 4.25 Uhr MEZ und am 31. um 3.22 Uhr MEZ erfolgt, aufgesucht werden (Aufsuchkarte, Seite 54).

Periodische Sternschnuppenströme

Bis zum 6. sind die Quadrantiden aktiv, die ihren Radianten im nördlichen Teil des Sternbildes Bärenhüter haben. Die mäßig schnellen Quadrantiden erreichen ihr Maximum am 4. um 16 Uhr MEZ mit einer Rate von bis zu 80 Meteoren pro Stunde. Da zu dieser Zeit die Sonne über dem Horizont steht, ist das eigentliche Maximum unbeobachtbar, doch lohnt es sich am 4. bis zum Anbruch der Morgendämmerung nach diesen Meteoren Ausschau zu halten, wobei bis zu 15 Sternschnuppen pro Stunde zu sehen sind. Leider stört in diesem Jahr der noch recht volle Mond bei den Beobachtungen.

Sonnenuntergang und Dämmerung

	Astr. Anf.	Naut. Anf.	Bürg. Anf.	Aufgang	Kulm.	Untergang	Bürg. Ende	Naut. Ende	Astr. Ende	Zeitgl.
1.1.2021	6:23	7:03	7:45	8:22	12:28	16:33	17:11	17:53	18:32	3m23s
2.1.2021	6:24	7:03	7:45	8:22	12:28	16:34	17:12	17:54	18:33	3m52s
3.1.2021	6:24	7:03	7:44	8:22	12:29	16:35	17:13	17:55	18:33	4m19s
4.1.2021	6:24	7:03	7:44	8:22	12:29	16:36	17:14	17:56	18:34	4m47s
5.1.2021	6:23	7:03	7:44	8:22	12:30	16:37	17:16	17:57	18:35	5m14s
6.1.2021	6:23	7:03	7:44	8:21	12:30	16:38	17:17	17:58	18:36	5m40s
7.1.2021	6:23	7:03	7:44	8:21	12:30	16:40	17:18	17:59	18:37	6m06s
8.1.2021	6:23	7:02	7:43	8:21	12:31	16:41	17:19	18:00	18:39	6m32s
9.1.2021	6:23	7:02	7:43	8:20	12:31	16:42	17:20	18:01	18:40	6m57s
10.1.2021	6:22	7:02	7:43	8:20	12:32	16:44	17:21	18:02	18:41	7m22s
11.1.2021	6:22	7:01	7:42	8:19	12:32	16:45	17:23	18:03	18:42	7m46s
12.1.2021	6:22	7:01	7:42	8:18	12:32	16:46	17:24	18:04	18:43	8m10s
13.1.2021	6:21	7:00	7:41	8:18	12:33	16:48	17:25	18:06	18:44	8m33s
14.1.2021	6:21	7:00	7:41	8:17	12:33	16:49	17:27	18:07	18:45	8m55s
15.1.2021	6:20	6:59	7:40	8:16	12:34	16:51	17:28	18:08	18:47	9m17s
16.1.2021	6:20	6:59	7:39	8:16	12:34	16:52	17:29	18:09	18:48	9m38s
17.1.2021	6:19	6:58	7:39	8:15	12:34	16:54	17:31	18:11	18:49	9m58s

	Astr. Anf.	Naut. Anf.	Bürg. Anf.	Auf- gang	Kulm.	Unter- gang	Bürg. Ende	Naut. Ende	Astr. Ende	Zeitgl.
18.1.2021	6:19	6:57	7:38	8:14	12:35	16:55	17:32	18:12	18:51	10m18s
19.1.2021	6:18	6:57	7:37	8:13	12:35	16:57	17:34	18:13	18:52	10m36s
20.1.2021	6:17	6:56	7:36	8:12	12:35	16:59	17:35	18:15	18:53	10m54s
21.1.2021	6:17	6:55	7:35	8:11	12:35	17:00	17:37	18:16	18:55	11m12s
22.1.2021	6:16	6:54	7:34	8:10	12:36	17:02	17:38	18:17	18:56	11m28s
23.1.2021	6:15	6:53	7:33	8:09	12:36	17:03	17:40	18:19	18:57	11m44s
24.1.2021	6:14	6:52	7:32	8:08	12:36	17:05	17:41	18:20	18:59	11m59s
25.1.2021	6:13	6:51	7:31	8:07	12:36	17:07	17:43	18:22	19:00	12m13s
26.1.2021	6:12	6:50	7:30	8:05	12:37	17:08	17:44	18:23	19:01	12m27s
27.1.2021	6:11	6:49	7:29	8:04	12:37	17:10	17:46	18:25	19:03	12m39s
28.1.2021	6:10	6:48	7:28	8:03	12:37	17:12	17:47	18:26	19:04	12m51s
29.1.2021	6:09	6:47	7:27	8:02	12:37	17:14	17:49	18:27	19:06	13m02s
30.1.2021	6:08	6:46	7:25	8:00	12:37	17:15	17:50	18:29	19:07	13m12s
31.1.2021	6:07	6:45	7:24	7:59	12:38	17:17	17:52	18:30	19:09	13m21s

Mondlauf

	Rektaszension	Deklination	Elong.	Phase		mag	Auf- gang	Kulm.	Unter- gang
1.1.2021	8h22m37,7s	22°38'59"	158,3°	0,96		-12,2	18:55	2:07	10:19
2.1.2021	9h18m32,9s	19°49'22"	146,2°	0,92		-11,9	20:10	3:00	10:51
3.1.2021	10h12m49,3s	15°52'35"	133,8°	0,85		-11,6	21:28	3:51	11:17
4.1.2021	11h05m21,1s	11°02'34"	121,3°	0,76		-11,2	22:46	4:41	11:39
5.1.2021	11h56m33,6s	5°35'10"	108,6°	0,66		-10,9		5:30	11:58
6.1.2021	12h47m13,5s	-0°12'59"	95,8°	0,55 ☽		-10,4	0:04	6:18	12:17
7.1.2021	13h38m19,1s	-6°04'44"	82,7°	0,44		-9,9	1:24	7:07	12:37
8.1.2021	14h30m50,9s	-11°41'49"	69,5°	0,33		-9,4	2:45	7:58	12:59
9.1.2021	15h25m41,0s	-16°44'37"	56,3°	0,22		-8,7	4:07	8:52	13:27
10.1.2021	16h23m18,2s	-20°52'27"	42,9°	0,13		-7,8	5:31	9:50	14:02
11.1.2021	17h23m30,6s	-23°45'44"	29,6°	0,06		-6,8	6:48	10:50	14:48
12.1.2021	18h25m15,2s	-25°09'44"	16,4°	0,02		-5,7	7:57	11:51	15:46
13.1.2021	19h26m48,9s	-24°58'47"	4,2°	0 ●		-4,4	8:52	12:51	16:54
14.1.2021	20h26m23,0s	-23°18'07"	10,3°	0,01		-5,0	9:33	13:48	18:09
15.1.2021	21h22m40,8s	-20°21'56"	22,6°	0,04		-6,2	10:04	14:40	19:25
16.1.2021	22h15m15,0s	-16°28'43"	34,7°	0,09		-7,2	10:28	15:28	20:38
17.1.2021	23h04m21,0s	-11°57'00"	46,4°	0,16		-8,0	10:48	16:13	21:49
18.1.2021	23h50m40,5s	-7°02'51"	57,9°	0,24		-8,6	11:06	16:55	22:57
19.1.2021	0h35m07,7s	-1°59'16"	69,1°	0,32		-9,2	11:22	17:36	
20.1.2021	1h18m40,6s	3°03'14"	80,0°	0,41 ☽		-9,6	11:38	18:17	0:04
21.1.2021	2h02m16,8s	7°55'41"	90,9°	0,51		-10,1	11:54	18:58	1:10
22.1.2021	2h46m51,4s	12°29'25"	101,7°	0,6		-10,5	12:13	19:42	2:17
23.1.2021	3h33m14,2s	16°35'04"	112,5°	0,69		-10,8	12:36	20:27	3:24
24.1.2021	4h22m05,4s	20°01'52"	123,4°	0,77		-11,2	13:05	21:10	4:01
25.1.2021	5h13m47,7s	22°37'34"	134,6°	0,85		-11,5	13:42	22:08	5:37
26.1.2021	6h08m16,2s	24°09'12"	145,9°	0,91		-11,8	14:29	23:01	6:38
27.1.2021	7h04m52,7s	24°25'24"	157,5°	0,96		-12,2	15:29	23:56	7:32
28.1.2021	8h02m30,6s	23°19'07"	169,1°	0,99 ○		-12,5	16:38		8:16

	Rektaszension	Deklination	Elong.	Phase	mag	Auf- gang	Kulm.	Unter- gang
29.1.2021	8h59m53,7s	20°50'15"	175,5°	1	-12,7	17:54	0:52	8:51
30.1.2021	9h56m01,5s	17°06'18"	164,8°	0,98	-12,4	19:14	1:45	9:20
31.1.2021	10h50m25,7s	12°21'06"	152,2°	0,94	-12,1	20:33	2:37	9:43

Februar

Sternenhimmel

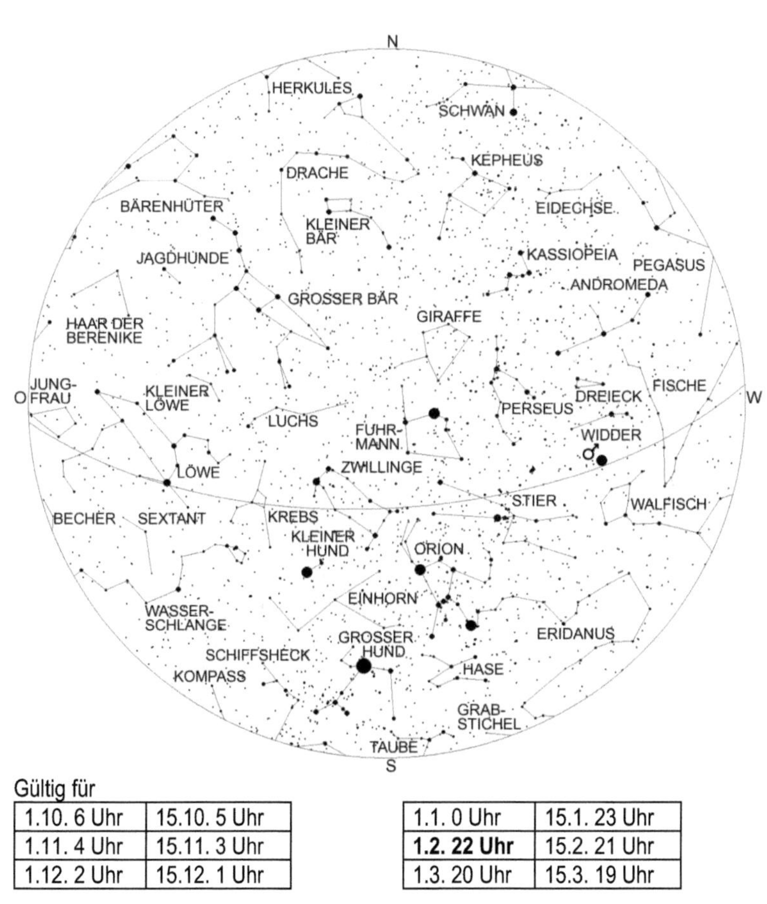

Gültig für

1.10. 6 Uhr	15.10. 5 Uhr
1.11. 4 Uhr	15.11. 3 Uhr
1.12. 2 Uhr	15.12. 1 Uhr

1.1. 0 Uhr	15.1. 23 Uhr
1.2. 22 Uhr	15.2. 21 Uhr
1.3. 20 Uhr	15.3. 19 Uhr

Im Februar hat zur Standbeobachtungszeit (1. um 22 Uhr MEZ) der Orion seine höchste Position überschritten. Man erkennt in diesem Sternbild unterhalb der Gürtelsterne eine Sterngruppe mit einem nebligen Fleckchen. Dies ist der berühmte Orionnebel, ein Gasnebel, in dem neue Sterne entstehen. Die beiden hellsten Sterne des Orions, Rigel (rechts unten) und Beteigeuze (links oben), sind Riesensterne von ganz unterschiedlicher Natur. Der bläuliche Rigel ist 60-mal größer als die Sonne und strahlt so viel Energie ab wie 41000 Sonnen. Seine Oberfläche ist mit 12300 Kelvin Oberflächentemperatur auch wesentlich heißer als die unseres Zentralgestirns, deren Oberfläche 5800 K heiß ist. Sein Abstand zur Sonne beträgt etwa 770 Lichtjahre.

Die rötliche Beteigeuze ist mit einer Oberflächentemperatur von 3450 K kühler als die Sonne, hat aber einen ungefähr tausendmal größeren Durchmesser. In ihren Inneren hätten die Umlaufbahnen aller inneren Planeten Platz.

Beteigeuze strahlt etwa 55000-mal so viel Energie wie die Sonne ab und ist ca. 640 Lichtjahre von ihr entfernt.

Das Sternbild Zwillinge steht jetzt kurz vor der Kulmination, während der Stier diese schon hinter sich gebracht hat, wie auch das Sternbild Fuhrmann.

Tief im Süden erreichen die ersten Sterne des Großen Hundes ihren höchsten Stand. Westlich von diesen erkennt man den Hasen, der in der Mythologie eine Beute des Himmelsjägers Orion darstellt. Im Hasen befindet sich ein schon im Feldstecher trennbarer Doppelstern, Gamma (γ) Leporis. Seine beiden Komponenten haben eine Helligkeit von 3,6 mag und 6,1 mag und stehen 97" voneinander entfernt. Bei guten Sichtbedingungen kann man auch das Sternbild Taube knapp über dem Südhorizont erkennen.

Nördlich des Großen Hundes befindet sich das Sternbild des Einhorns, welches nur aus lichtschwachen Sternen besteht. Dieses Sternbild hat im Unterschied zu vielen anderen in Mitteleuropa sichtbaren Sternbildern, wie den Orion und den Stier, seinen Ursprung nicht in der Antike, sondern wurde 1602 von den niederländischen Kartografen Petrus Plancius eingeführt. In diesem Sternbild gibt es einen für Amateurastronomen interessanten Dreifachstern, und zwar den Stern Beta (β) Monocerotis, der schon mit einem Fernrohr von 5 Zentimetern Objektivöffnung aufgelöst werden kann. Beta Monocerotis besteht aus einem 4,6 mag hellen Stern mit einem 5,3 mag hellen Begleiter in 3" Abstand. Ein weiterer Begleiter mit einer Helligkeit von 5,0 mag befindet sich in 7" Entfernung vom 4,6 mag hellem Hauptstern. Alle 3 Sterne dieses Systems liegen in etwa auf einer Linie.

Höher am Himmel, zwischen Einhorn und Zwillinge findet man den Kleinen Hund mit dem hellen Fixstern Prokion.

Nordöstlich des Kleinen Hundes kann man an dunkleren Beobachtungsorten das lichtschwache Sternbild Krebs erkennen.

In westlicher Richtung sieht man den Widder, in dem sich zur Zeit der Planet Mars aufhält und den im Untergang befindlichen Walfisch. Zwischen dem Widder und dem Horizont erblickt man bei dunklem Himmel die lichtschwachen Sterne der Fische, während das Gebiet zwischen Walfisch, Orion und Hase von dem ausgedehntem Eridanus ausgefüllt wird, der fast nur aus lichtschwachen Sternen besteht.

Weiter in nördlicher Richtung befinden sich noch einige Sterne des Pegasus über dem Horizont. Über diesen erkennt man das Sternbild Andromeda.

Im Osten ist jetzt das Sternbild Löwe komplett aufgegangen, auch die ersten Sterne des Tierkreissternbildes Jungfrau sind schon über dem Horizont erschienen, aber wegen des Horizontdunstes noch kaum zu sehen. Zwischen dem Kleinem Hund und dem Südosthorizont erkennt man den Kopf des Sternbildes Wasserschlange. Das Sternbild Wasserschlange ist das größte Sternbild des Himmels. Es besteht aber zum größten Teil aus Sternen der 4. Größenklasse und schwächer weshalb es von helleren Beobachtungsorten aus nur rudimentär erkannt werden kann. Es gibt nur einen Stern 2. Größe in dieser Konstellation, Alphard, der das hellste Objekt im Südosten darstellt. Alphard ist ein orangeroter Riesenstern mit 400-facher Sonnenleuchtkraft und 41-fachen Sonnendurchmesser in 180 Lichtjahren Entfernung.

Der Große Wagen, der aus den hellsten Sternen des Sternbildes Großen Bären besteht, gewinnt jetzt Höhe im Nordosten. Tief im Nordosten geht gerade der Bärenhüter auf. Allerdings ist sein hellster Stern, Arktur, noch unter dem Horizont und seine schon aufgegangenen Sterne sind im Horizontdunst kaum zu erkennen. Zwischen Bärenhüter und Großen Wagen kann man Chara, den mit 2,9 mag hellsten Stern der Jagdhunde erblicken. Alle anderen Sterne dieser Konstellation haben eine Helligkeit von 4 mag und weniger und sind nur an dunkleren Orten zu sehen.

Auch das „Haar der Berenike" ist inzwischen vollständig über dem ostnordöstlichen Horizont getreten, kann aber, da es nur aus Sternen 4. Größe und schwächer besteht, nur an dunkleren Orten gesichtet werden.

Astronomische Ereignisse

Datum	Uhrzeit	Ereignis	Elongation
1.2.2021	02:33:55	Mond 4,7° südlich Vesta	137,6°
2.2.2021	04:52:24	Mond 1,3° nördlich Porrima	123,05°
2.2.2021	16:26:36	Merkur 5,5° nördlich Delta Capricorni	10,15°
2.2.2021	23:53:24	Mond 6,3° nördlich Spika	110,2°
4.2.2021	01:49:04	Venus 5,5° südlich Beta Capricorni	12°
4.2.2021	16:32:59	Mond 1,9° nördlich Zuben-el-dschenubi	90,7°
4.2.2021	18:37:15	Letztes Viertel	
5.2.2021	23:11:26	Mond 7,9' südlich Akrab	73,8°
6.2.2021	06:06:04	Venus 23' südlich Saturn	11,75°
6.2.2021	10:52:47	Mond 4,5° nördlich Antares	67,9°
6.2.2021	22:35:41	Mond 11,4° südlich Juno	61,4°
7.2.2021	01:28:34	Mond im absteigenden Knoten	
8.2.2021	08:31:28	Merkur in größter Nordbreite	
8.2.2021	14:49:03	Merkur in unterer Konjunktion zur Sonne	3,6°
8.2.2021	20:32:33	Mond 55' nördlich Nunki	37,6°
9.2.2021	11:58:47	Pallas in Konjunktion zur Sonne	15,95°
9.2.2021	18:44:27	Mond 2,3° südlich Pluto	25,75°
10.2.2021	05:28:29	Mond 9,1° südlich Beta Capricorni	17,9°
10.2.2021	12:24:17	Mond 4,3° südlich Saturn	15,6°

Datum	Uhrzeit	Ereignis	Elongation
10.2.2021	19:40:34	Merkur 12,8° südlich Pallas	6,1°
10.2.2021	22:01:06	Mond 3,6° südlich Venus	10,8°
10.2.2021	22:54:46	Mond 4,1° südlich Jupiter	10°
11.2.2021	03:28:40	Mond 8,9° südlich Merkur	6,7°
11.2.2021	04:11:00	Mond 21,8° südlich Pallas	9,2°
11.2.2021	13:01:45	Venus 27' südlich Jupiter	10,5°
11.2.2021	20:05:50	Neumond	-5°
11.2.2021	20:48:47	Mond 2,5° südlich Delta Capricorni	2,7°
12.2.2021	17:48:28	Merkur 4,8° nördlich Venus	9,6°
13.2.2021	17:00:33	Mond in größter Südbreite	
13.2.2021	19:09:03	Mond 4,8° südlich Neptun	23,2°
13.2.2021	19:40:38	Merkur 4,2° nördlich Jupiter	11,5°
14.2.2021	14:51:48	Mond 2,6° nördlich Ceres	32,4°
15.2.2021	13:40:45	Venus 17,6° südlich Pallas	9,66°
17.2.2021	09:14:39	Mond 15,3° südlich Hamal	64°
17.2.2021	16:45:03	Mond 3,6° südlich Uranus	66,9°
18.2.2021	11:09:37	Mond im Apogäum	
19.2.2021	01:01:01	Mond 4,2° südlich Mars	80,8°
19.2.2021	14:01:56	Mond 6,5° südlich der Plejaden	87,8°
19.2.2021	19:47:21	Erstes Viertel	
20.2.2021	09:39:06	Venus im Aphel	
20.2.2021	13:36:28	Merkur stationär, dann rechtläufig	
20.2.2021	13:39:05	Mond 4,2° nördlich Aldebaran	97,9°
21.2.2021	01:12:51	Venus 1,5° nördlich Delta Capricorni	8,4°
21.2.2021	02:31:15	Mond im aufsteigenden Knoten	
21.2.2021	13:11:53	Mond 5,6° südlich Elnath	109,5°
22.2.2021	11:13:58	Mond 1,5° nördlich Eta Geminorum	119,7°
22.2.2021	14:22:16	Mond 1,8° nördlich Mü Geminorum	121,4°
22.2.2021	22:18:47	Mond 8,25° nördlich Alhena	124,35°
23.2.2021	01:40:45	Mond 37' südlich Epsilon Geminorum	125,6°
23.2.2021	22:23:57	Mond 7,7° südlich Kastor	134,2°
24.2.2021	03:50:09	Mond 4,4° südlich Pollux	137,4°
25.2.2021	02:46:12	Mond 1,7° nördlich M44	150,2°
26.2.2021	14:48:53	Mond 3,9° nördlich Regulus	169,7°
27.2.2021	09:17:24	Vollmond	
27.2.2021	20:46:14	Mond in größter Nordbreite	
28.2.2021	05:16:38	Mond 7,1° südlich Vesta	166,7°

Planeten

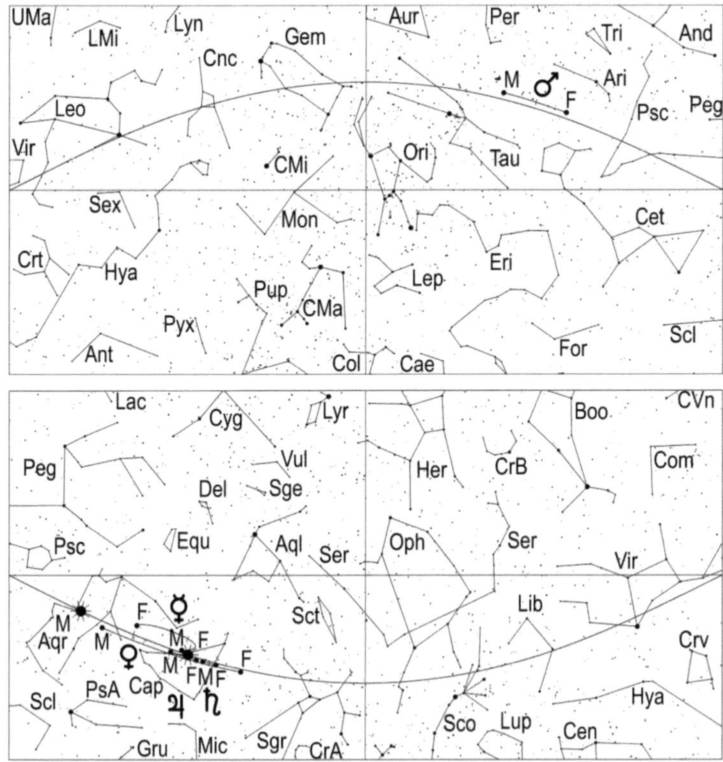

Merkur steht am 8. in unterer Konjunktion zur Sonne und kann im Februar nicht
beobachtet werden.

Venus ist im Februar ebenfalls unbeobachtbar.

Mars wandert vom Widder in den Stier und versinkt am 1. um 1.46 Uhr MEZ, am 15.
um 1.35 Uhr MEZ und am 28. um 1.25 Uhr MEZ unter dem Horizont. Seine Helligkeit
geht im Laufe des Monats von 0,4 mag auf 0,9 mag zurück und sein Scheibchen
schrumpft von 7,9" auf 6,4". Er ist jetzt kein lohnendes Objekt für
Fernrohrbeobachtungen mehr und am Monatsende etwa so hell wie Aldebaran.
Am 19. zieht der Mond 4,2° südlich am roten Planeten vorbei.

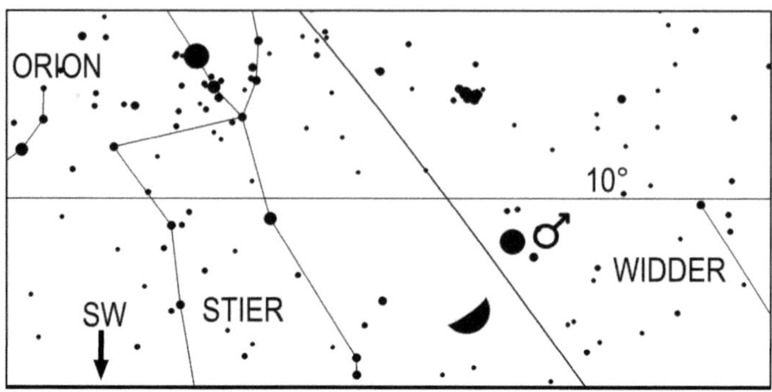

Mond und Mars am 19.2.2021 um 0.30 Uhr MEZ

Jupiter kann sich noch nicht aus den Strahlen der Sonne befreien und ist während des gesamten Monats nicht zu beobachten. Daher entgeht uns auch seine Konjunktion mit Venus am 11., bei der diese 27' südlich an Jupiter vorbeizieht.

Saturn kann im Laufe des Monats noch nicht genügend westlichen Winkelabstand zur Sonne gewinnen, um am Morgenhimmel aufzutauchen und bleibt deshalb ebenfalls unsichtbar.

Uranus kann am frühen Abendhimmel, nach Ende der Dämmerung, mit einem Fernglas im Sternbild Widder (Aufsuchkarte, Seite 155) aufgesucht werden, wenn sich auch der Untergang des 5,8 mag hellen Planeten von 1.07 Uhr MEZ am Monatsersten auf 23.21 Uhr MEZ am Monatsletzten verfrüht.

Neptun, dessen Helligkeit im Laufe des Monats von 7,9 mag auf 8,0 mag sinkt, kann höchstens noch in der ersten Monatshälfte mit einem größeren Fernrohr gegen Ende der Abenddämmerung in südwestlicherer Richtung im Sternbild Wassermann aufgesucht werden (Aufsuchkarte, Seite 127). Sein Untergang erfolgt am 1. um 20.36 Uhr MEZ, am 15. um 19.44 Uhr MEZ und am Monatsletzten um 18.55 Uhr MEZ.

Klein- und Zwergplaneten

Ceres wandert vom Wassermann durch den Walfisch in die Fische und geht am 1. um 20.32 Uhr MEZ, am 15. um 20.08 Uhr MEZ und am 28. um 19.45 Uhr MEZ unter. Mit einer Helligkeit, welche im Laufe des Monats leicht von 9,3 mag auf 9,2 mag steigt, ist sie zusammen mit ihrer horizontnahen Lage ein schwieriges Objekt für Fernrohrbeobachter, dessen Sichtung zum Monatsende unmöglich wird (Aufsuchkarte 36).

Pallas steht am 9. in Konjunktion zur Sonne und kann im Februar nicht beobachtet werden.

Juno, wandert vom Schlangenträger in die Schlange und geht am 1. um 3.24 Uhr MEZ, am 15. um 2.41 Uhr MEZ und am 28. um 1.59 Uhr MEZ auf. Mit einer Helligkeit, welche von 11,5 mag auf 11,3 mag ansteigt, ist für ihre Sichtung ein Fernrohr von mindestens 10-15 Zentimetern Objektivöffnung notwendig. Die beste Zeit zur Beobachtung ist kurz vor Beginn der Morgendämmerung. (Aufsuchkarte, Seite 88).

Vesta, wandert rückläufig durch den Löwen und strebt ihrer Opposition entgegen. Sie verlagert ihren Aufgang von 20.14 Uhr MEZ am 1., auf 19.04 Uhr MEZ am 15. und auf 17.53 Uhr MEZ am 28. Dieser Kleinplanet, dessen Helligkeit im Laufe des Monats von 6,7 mag auf 6,1 mag ansteigt, kann am besten zum Zeitpunkt ihrer Kulmination, welche am 1. um 3.18 Uhr MEZ und am 28. um 1.16 Uhr MEZ erfolgt, aufgesucht werden, wofür schon ein einfacher Feldstecher ausreichend ist (Aufsuchkarte, Seite 54).

Periodische Sternschnuppenströme

Der Februar ist der Monat mit der geringsten Sternschnuppenaktivität. Im Zeitraum vom 15.2. und 10.3. sind die Delta-Leoniden aktiv, ein schwacher Strom langsamerer Meteore, der am 25.2. sein Maximum mit bis zu 2 Meteoren pro Stunde erreicht. Ihre Beobachtung wird in diesem Jahr durch den fast vollen Mond, der sich am Maximumstag in der Nähe des Radianten aufhält, in hohem Maße erschwert.

Sonnenuntergang und Dämmerung

	Astr. Anf.	Naut. Anf.	Bürg. Anf.	Aufgang	Kulm.	Untergang	Bürg. Ende	Naut. Ende	Astr. Ende	Zeitgl.
1.2.2021	6:06	6:44	7:23	7:57	12:38	17:19	17:53	18:32	19:10	13m30s
2.2.2021	6:05	6:42	7:21	7:56	12:38	17:20	17:55	18:33	19:12	13m37s
3.2.2021	6:03	6:41	7:20	7:55	12:38	17:22	17:57	18:35	19:13	13m44s
4.2.2021	6:02	6:40	7:19	7:53	12:38	17:24	17:58	18:37	19:15	13m50s
5.2.2021	6:01	6:38	7:17	7:51	12:38	17:26	18:00	18:38	19:16	13m56s
6.2.2021	6:00	6:37	7:16	7:50	12:38	17:27	18:01	18:40	19:18	14m00s
7.2.2021	5:58	6:35	7:14	7:48	12:38	17:29	18:03	18:41	19:19	14m04s
8.2.2021	5:57	6:34	7:13	7:47	12:38	17:31	18:05	18:43	19:21	14m07s
9.2.2021	5:55	6:32	7:11	7:45	12:38	17:33	18:06	18:44	19:22	14m09s
10.2.2021	5:54	6:31	7:09	7:43	12:38	17:34	18:08	18:46	19:24	14m10s
11.2.2021	5:52	6:29	7:08	7:42	12:38	17:36	18:09	18:47	19:25	14m11s
12.2.2021	5:51	6:28	7:06	7:40	12:38	17:38	18:11	18:49	19:27	14m11s
13.2.2021	5:49	6:26	7:04	7:38	12:38	17:39	18:13	18:51	19:28	14m10s
14.2.2021	5:48	6:25	7:03	7:36	12:38	17:41	18:14	18:52	19:30	14m08s
15.2.2021	5:46	6:23	7:01	7:35	12:38	17:43	18:16	18:54	19:32	14m06s
16.2.2021	5:44	6:21	6:59	7:33	12:38	17:45	18:17	18:55	19:33	14m03s
17.2.2021	5:43	6:20	6:57	7:31	12:38	17:46	18:19	18:57	19:35	13m59s
18.2.2021	5:41	6:18	6:56	7:29	12:38	17:48	18:21	18:59	19:36	13m54s

	Astr. Anf.	Naut. Anf.	Bürg. Anf.	Auf-gang	Kulm.	Unter-gang	Bürg. Ende	Naut. Ende	Astr. Ende	Zeitgl.
19.2.2021	5:39	6:16	6:54	7:27	12:38	17:50	18:22	19:00	19:38	13m49s
20.2.2021	5:37	6:14	6:52	7:25	12:38	17:51	18:24	19:02	19:39	13m43s
21.2.2021	5:36	6:12	6:50	7:23	12:38	17:53	18:26	19:03	19:41	13m37s
22.2.2021	5:34	6:11	6:48	7:21	12:37	17:55	18:27	19:05	19:43	13m29s
23.2.2021	5:32	6:09	6:46	7:19	12:37	17:56	18:29	19:07	19:44	13m21s
24.2.2021	5:30	6:07	6:44	7:17	12:37	17:58	18:30	19:08	19:46	13m13s
25.2.2021	5:28	6:05	6:42	7:15	12:37	18:00	18:32	19:10	19:48	13m04s
26.2.2021	5:26	6:03	6:40	7:13	12:37	18:01	18:34	19:12	19:49	12m54s
27.2.2021	5:24	6:01	6:38	7:11	12:37	18:03	18:35	19:13	19:51	12m44s
28.2.2021	5:22	5:59	6:36	7:09	12:37	18:05	18:37	19:15	19:52	12m33s

Mondlauf

	Rektaszension	Deklination	Elong.	Phase		mag	Auf-gang	Kulm.	Unter-gang
1.2.2021	11h43m13,0s	6°52'18"	139,3°	0,88		-11,8	21:53	3:27	10:04
2.2.2021	12h34m57,9s	0°59'12"	126,3°	0,8		-11,4	23:13	4:16	10:23
3.2.2021	13h26m30,9s	-4°58'38"	113,3°	0,7		-11,0		5:05	10:42
4.2.2021	14h18m48,8s	-10°42'00"	100,2°	0,59	☽	-10,6	0:33	5:55	11:04
5.2.2021	15h12m43,5s	-15°51'52"	87,1°	0,47		-10,1	1:55	6:47	11:29
6.2.2021	16h08m50,0s	-20°09'38"	74,0°	0,36		-9,5	3:16	7:42	12:00
7.2.2021	17h07m12,5s	-23°18'00"	61,1°	0,26		-8,9	4:34	8:40	12:40
8.2.2021	18h07m13,0s	-25°03'19"	48,2°	0,17		-8,1	5:45	9:39	13:33
9.2.2021	19h07m34,7s	-25°18'22"	35,5°	0,09		-7,3	6:43	10:38	14:36
10.2.2021	20h06m43,8s	-24°04'42"	23,0°	0,04		-6,2	7:29	11:35	15:48
11.2.2021	21h03m21,3s	-21°32'12"	11,1°	0,01	●	-5,1	8:03	12:29	17:03
12.2.2021	21h56m45,0s	-17°56'22"	5,1°	0		-4,4	8:30	13:19	18:17
13.2.2021	22h46m52,8s	-13°34'46"	14,8°	0,02		-5,4	8:51	14:05	19:30
14.2.2021	23h34m11,8s	-8°44'07"	26,2°	0,05		-6,4	9:09	14:49	20:40
15.2.2021	0h19m25,5s	-3°39'04"	37,4°	0,1		-7,3	9:26	15:31	21:49
16.2.2021	1h03m25,0s	1°28'10"	48,5°	0,17		-8,0	9:42	16:12	22:55
17.2.2021	1h47m02,8s	6°27'16"	59,5°	0,25		-8,7	9:58	16:53	
18.2.2021	2h31m10,8s	11°09'00"	70,3°	0,33		-9,2	10:16	17:35	0:02
19.2.2021	3h16m37,5s	15°24'20"	81,1°	0,42	☽	-9,7	10:37	18:20	1:09
20.2.2021	4h04m05,4s	19°03'39"	91,9°	0,52		-10,1	11:02	19:07	2:16
21.2.2021	4h54m04,8s	21°56'13"	102,8°	0,61		-10,5	11:35	19:56	3:23
22.2.2021	5h46m46,5s	23°50'26"	114,0°	0,7		-10,9	12:17	20:49	4:25
23.2.2021	6h41m54,4s	24°34'49"	125,3°	0,79		-11,3	13:11	21:43	5:22
24.2.2021	7h38m43,6s	24°00'11"	137,1°	0,87		-11,6	14:16	22:38	6:09
25.2.2021	8h36m10,4s	22°02'10"	149,1°	0,93		-12,0	15:30	23:32	6:48
26.2.2021	9h33m11,7s	18°43'11"	161,4°	0,97		-12,3	16:49		7:19
27.2.2021	10h29m05,5s	14°12'56"	172,9°	1	○	-12,7	18:11	0:26	7:45
28.2.2021	11h23m40,6s	8°47'20"	170,4°	0,99		-12,6	19:34	1:10	0:07

März

Sternenhimmel

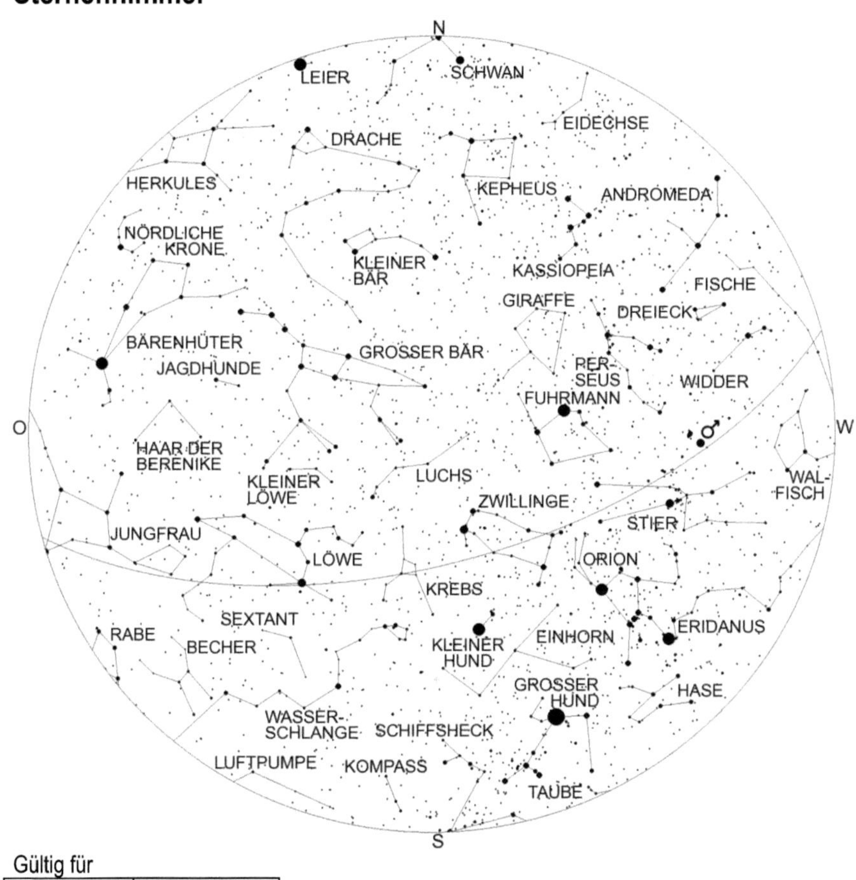

Gültig für

1.11. 6 Uhr	15.11. 5 Uhr
1.12. 4 Uhr	15.12. 3 Uhr
1.1. 2 Uhr	15.1. 1 Uhr
1.2. 0 Uhr	15.2. 23 Uhr
1.3. 22 Uhr	15.3. 21 Uhr
1.4. 20 Uhr	15.4. 19 Uhr

Die Wintersternbilder stehen noch alle über dem Horizont, sind aber jetzt fast alle im westlichen Teil des Himmels versammelt. Der Kleine Hund mit Prokion und die Zwillingssterne Kastor und Pollux erreichen jetzt ihren höchsten Stand. Das lichtschwache Sternbild Krebs steht kurz vor der Kulmination und der Löwe hoch im Südosten. Südlich des Krebses erkennt man den Kopf der Wasserschlange und den hellsten Stern dieses Sternbildes, Alphard, was auf Arabisch der „Alleinstehende" heißt, weil er der einzig helle Stern in diesem Gebiet ist. Im Südosten erkennt man unter dem Löwen die lichtschwachen Sterne von Wasserschlange, Becher und Sextant, während im Osten die Jungfrau schon zum größten Teil über den Horizont erschienen ist. Im Nordosten erblickt man einen hellen, orangefarbenen Stern. Es ist Arktur, der hellste Stern im Bärenhüter, der auch der vierthellste Stern des Himmels ist. Inzwischen ist dieses Sternbild genau so wie die Nördliche Krone vollständig über dem Horizont erschienen. Der Große Bär strebt jetzt immer höher in den Himmel, während sein Gegenstück, die Kassiopeia immer tiefer sinkt.

Astronomische Ereignisse

Datum	Uhrzeit	Ereignis	Elongation
1.3.2021	12:43:05	Mond 1,1° nördlich Porrima	150,6°
2.3.2021	06:16:52	Mond im Perigäum	
2.3.2021	09:08:08	Mond 5,5° nördlich Spika	137,8°
3.3.2021	16:24:34	Mars 2,7° südlich der Plejaden	76,4°
3.3.2021	17:50:42	Merkur im absteigenden Knoten	
3.3.2021	20:57:03	Mond 1,9° nördlich Zuben-el-dschenubi	118,1°
5.3.2021	05:35:55	Mond 54' südlich Akrab	101,2°
5.3.2021	07:44:22	Merkur 20' nördlich Jupiter	27,2°
5.3.2021	16:02:09	Mond 4,6° nördlich Antares	95,2°
6.3.2021	02:06:29	Mond im absteigenden Knoten	
6.3.2021	02:30:20	Letztes Viertel	
6.3.2021	12:36:14	Merkur in größter westlicher Elongation	27,3°
6.3.2021	14:25:54	Vestaopposition	
6.3.2021	15:15:48	Mond 13,9° südlich Juno	83,6°
8.3.2021	00:50:33	Mond 33' nördlich Nunki	64,9°
8.3.2021	20:50:15	Pallas 18,35° nördlich Delta Capricorni	23,4°
9.3.2021	00:21:26	Mond 2,55° südlich Pluto	52,4°
9.3.2021	13:59:33	Mond 9,2° südlich Beta Capricorni	45°
9.3.2021	23:30:42	Mond 4,2° südlich Saturn	40,2°
10.3.2021	17:43:57	Mond 4,5° südlich Jupiter	31,6°
11.3.2021	01:08:14	Neptun in Konjunktion zur Sonne	-1,1°
11.3.2021	01:16:22	Mond 4,3° südlich Merkur	26,9°
11.3.2021	02:03:40	Mond 2,85° südlich Delta Capricorni	27°
11.3.2021	03:10:32	Mond 21,2° südlich Pallas	24,5°
11.3.2021	11:43:43	Merkur 1,5° nördlich Delta Capricorni	26,8°
12.3.2021	09:12:42	Merkur 16,85° südlich Pallas	25,2°
12.3.2021	19:26:42	Mond in größter Südbreite	
13.3.2021	01:01:52	Mond 4,5° südlich Venus	3,6°
13.3.2021	02:54:14	Mond 5° südlich Neptun	2,3°

Datum	Uhrzeit	Ereignis	Elongation
13.3.2021	11:21:16	Neumond	-5,7°
14.3.2021	02:05:08	Venus 24' südlich Neptun	3,1°
14.3.2021	02:46:03	Merkur im Aphel	
14.3.2021	09:08:30	Venus in größter Südbreite	
14.3.2021	20:52:39	Mond 2,7° nördlich Ceres	15,8°
16.3.2021	19:30:19	Mond 14,5° südlich Hamal	36,8°
17.3.2021	02:54:50	Mond 3,5° südlich Uranus	40,6°
18.3.2021	05:37:55	Mond im Apogäum	
19.3.2021	00:05:18	Mond 6° südlich der Plejaden	60,4°
19.3.2021	19:34:18	Mond 2,3° südlich Mars	69,4°
19.3.2021	23:58:42	Mond 4,7° nördlich Aldebaran	70,6°
20.3.2021	04:19:53	Mond im aufsteigenden Knoten	
20.3.2021	10:37:48	Frühlingsanfang	
20.3.2021	23:44:40	Mond 5,1° südlich Elnath	82°
21.3.2021	15:40:31	Erstes Viertel	
21.3.2021	21:13:52	Mond 2,2° nördlich Eta Geminorum	92,2°
22.3.2021	01:15:28	Mond 2,1° nördlich Mü Geminorum	93,9°
22.3.2021	06:41:44	Mond 8° nördlich Alhena	97°
22.3.2021	08:51:14	Mond 40' südlich Epsilon Geminorum	98,3°
23.3.2021	00:41:16	Mars 7° nördlich Aldebaran	67,6°
23.3.2021	07:30:11	Mond 8° südlich Kastor	107,4°
23.3.2021	11:08:53	Mond 4,2° südlich Pollux	110,35°
24.3.2021	10:55:25	Mond 1,8° nördlich M44	123°
26.3.2021	02:50:26	Mond 3,9° nördlich Regulus	142,9°
26.3.2021	07:56:57	Venus in oberer Konjunktion zur Sonne	-1,35°
27.3.2021	02:21:44	Mond in größter Nordbreite	
27.3.2021	04:54:49	Mond 7,6° südlich Vesta	152,3°
28.3.2021	19:48:09	Vollmond	
28.3.2021	21:06:42	Mond 1,35° nördlich Porrima	175,7°
29.3.2021	16:30:51	Mond 5,95° nördlich Spika	164,9°
29.3.2021	20:19:59	Merkur 1,4° südlich Neptun	18°
30.3.2021	07:29:39	Mond im Perigäum	
31.3.2021	07:16:58	Mond 1,1° nördlich Zuben-el-dschenubi	145,4°

Planeten

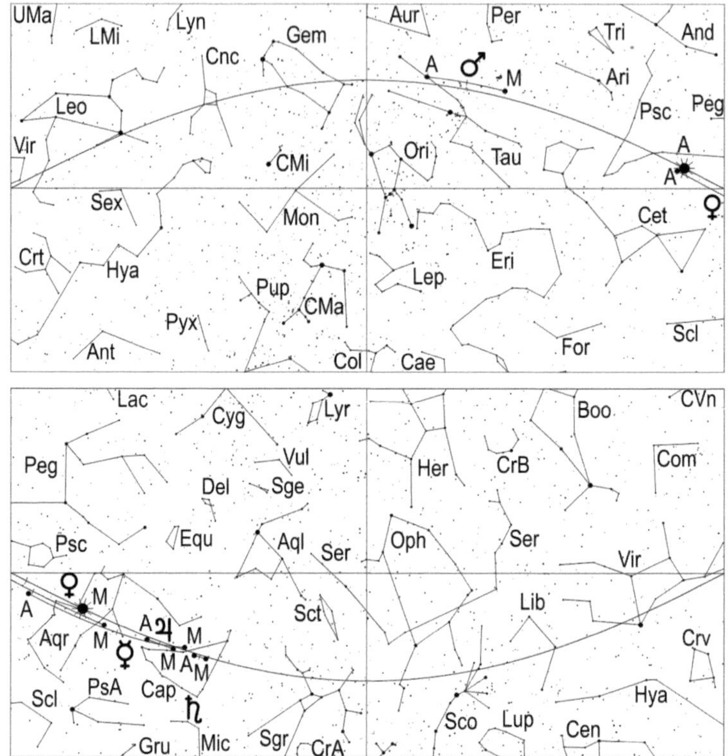

Merkur erreicht am 6. mit 27,3° seine größte westliche Elongation. Obwohl dies fast der maximal mögliche Wert ist, kommt es in unseren Breiten nicht zu einer Morgensichtbarkeit. Am Tag der Elongation geht der 0,2 mag helle Merkur um 6.06 Uhr MEZ auf, die Sonne folgt ihn um 6.57 Uhr MEZ. Bis Merkur genug Höhe erreicht hat, um in der Morgendämmerung zu erscheinen, ist diese schon so weit fortgeschritten, dass er sich in ihr nicht mehr durchsetzen kann.
Südlich des 44. Breitengrades indes kann Merkur im März am Morgenhimmel beobachtet werden.

Venus erreicht am 28. ihre obere Konjunktion zur Sonne und steht in diesem Monat zusammen mit ihr am Taghimmel, so daß sie nicht zu sehen ist.

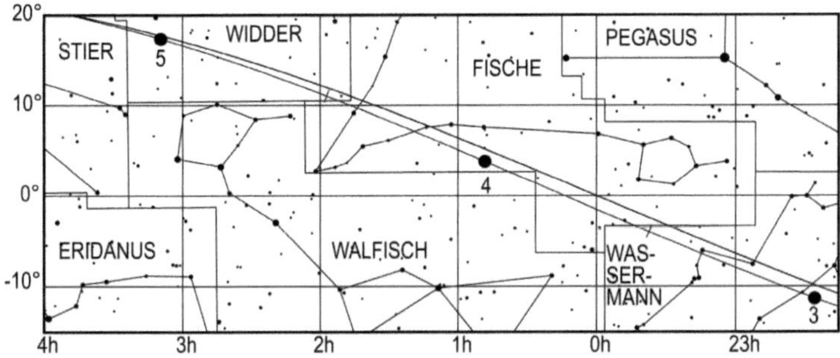

Lauf des Planeten Venus von März 2021 bis Mai 2021. Die Zahl gibt die Position zum
1. des entsprechenden Monats an, also 5 die Position am 1.5.

Mars durchläuft das Sternbild Stier, wobei er am 3. die Plejaden in 2,7° südlichem
Abstand passiert und am 23. in 7° nördlichem Abstand an Aldebaran vorbeizieht. Mit
einem Scheibchendurchmesser, der im Laufe des Monats von 6,4" auf 5,3" zurück-
geht, ist er für Fernrohrbeobachter unattraktiv. Seine Helligkeit beträgt zu
Monatsbeginn 0,9 mag, womit er etwa gleich hell ist wie Aldebaran und 1,3 mag am
Monatsende.
Der rote Planet ist nach wie vor während der ersten Nachthälfte zu sehen: sein
Untergang erfolgt am 1. um 1.25 Uhr MEZ, am 15. um 1.15 Uhr MEZ und am 31. um
1.01 Uhr MEZ (2.01 Uhr MESZ).
Am Abend des 19. zieht der zunehmende Mond an Mars vorbei.

51

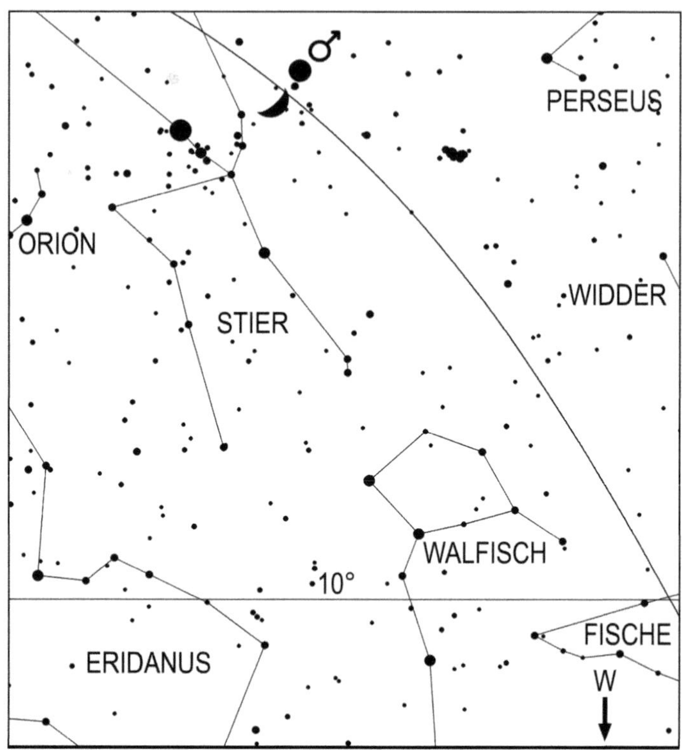

Mond und Mars am Abend des 19.3.2021 um 20 Uhr MEZ

Jupiter, der rechtläufig durch die östlichen Gebiete des Steinbocks wandert, taucht am 6. am Morgenhimmel wieder auf. Er erscheint an diesem Tag um 6.05 Uhr MEZ über dem Horizont und kann bei guter Horizontsicht eine Viertelstunde später tief im Südosten erspäht werden.

Der Riesenplanet, dessen Helligkeit im Laufe des Monats leicht von -2,0 mag auf -2,1 mag ansteigt, geht am 15. um 5.35 Uhr MEZ und am 31. um 4.39 Uhr MEZ (5.39 Uhr MESZ) auf.

Saturn, der nur wenige Grad westlich von Jupiter rechtläufig durch den Steinbock wandert, kann ab dem 8. am Morgenhimmel gesehen werden.

Der Aufgang des 0,8 mag hellen Ringplaneten erfolgt an diesem Tag um 5.36 Uhr MEZ. Etwa eine halbe Stunde später kann er bei guter Horizontsicht tief im Südosten ausgemacht werden.

Am 15. erscheint Saturn um 5.11 Uhr MEZ und am 31. um 4.11 Uhr MEZ (5.11 Uhr MEZ) über dem Horizont. Seine Helligkeit sinkt im Laufe des Monats leicht auf 0,8 mag.

Am 9. kann man die abnehmende Mondsichel westlich von Saturn sehen, welche als Aufsuchhilfe für Jupiter und Saturn in der hellen Morgendämmerung dienen kann.

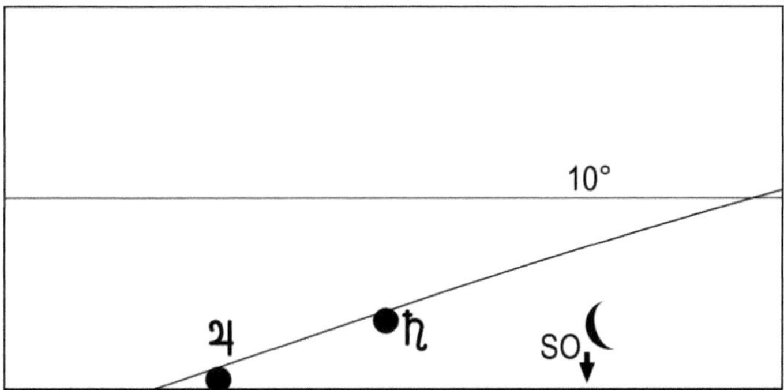

Mond, Jupiter und Saturn in der weit fortgeschrittenen Morgendämmerung des 9.3.2021 um 6 Uhr MEZ

Uranus kann gegen Ende der Abenddämmerung mit einem Fernrohr (Aufsuchkarte, Seite 155) tief im Westen im Sternbild Widder aufgesucht werden. Sein Untergang verfrüht sich von 23.17 Uhr MEZ am Monatsersten, auf 22.25 Uhr MEZ zur Monatsmitte und auf 21.27 Uhr MEZ (22.27 Uhr MESZ) am Monatsende.

Neptun steht am 11. in Konjunktion zur Sonne und ist nicht beobachtbar.

Klein- und Zwergplaneten

Ceres kann im März nicht beobachtet werden.

Pallas ist im März ebenfalls unbeobachtbar.

Juno wandert rechtläufig durch die Sternbilder Schlange und Schlangenträger und erscheint am 1. um 1.55 Uhr MEZ, am 15. um 1.06 Uhr MEZ und am 31. um 0.04 Uhr MEZ (1.04 Uhr MESZ) über dem Horizont. Sie kann am besten vor Beginn der Morgendämmerung beobachtet werden (Aufsuchkarte, Seite 88). Wegen ihrer geringen Helligkeit, welche im Laufe des Monats von 11,3 mag auf 11,0 mag anwächst, ist hierfür ein Fernrohr von mindestens 10-15 Zentimetern Objektivöffnung nötig.

Vesta, wandert rückläufig durch das Sternbild Löwe und steht am 6. in Opposition zur Sonne. Sie befindet sich während der ganzen Nacht über dem Horizont und erreicht am Oppositionstag eine Helligkeit von 6,0 mag. Sie kann somit zu dieser Zeit leicht mit einem Fernglas, bei dunklem Himmel vielleicht sogar mit bloßem Auge aufgesucht werden.

Bis zum Monatsende geht ihre Helligkeit leicht auf 6,5 mag zurück.

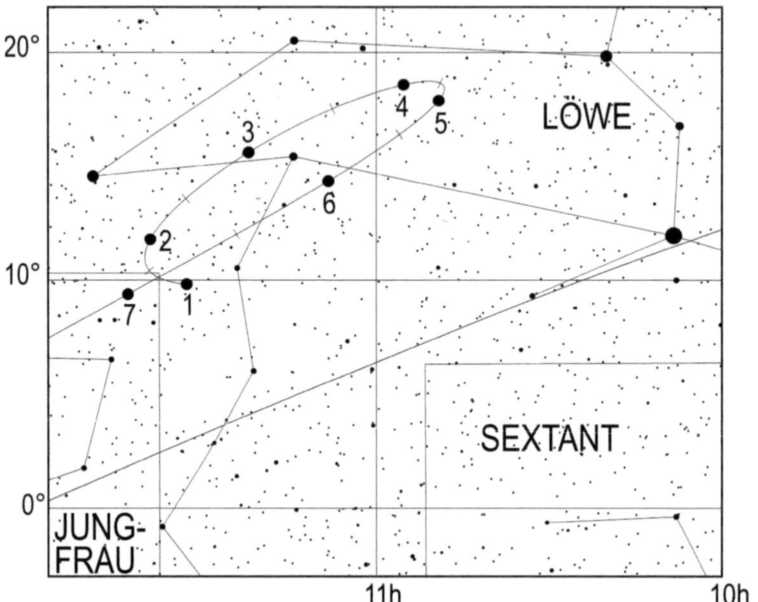

Lauf des Kleinplaneten Vesta von Januar 2021 bis Juli 2021. Die Zahl gibt die Position zum 1. des entsprechenden Monats an, also 5 die Position am 1.5.

Periodische Sternschnuppenströme

Der März gehört zu den Monaten mit der geringsten Aktivität an Meteoren. Vom 22.3. bis zum 26.4. sind die Alpha-Virginiden aktiv, die am 18.4. ein schwach ausgeprägtes Maximum erreichen. Es sind nur wenige, recht langsame Sternschnuppen zu erwarten.

Sonnenuntergang und Dämmerung

	Astr. Anf.	Naut. Anf.	Bürg. Anf.	Auf- gang	Kulm.	Unter- gang	Bürg. Ende	Naut. Ende	Astr. Ende	Zeitgl.
1.3.2021	5:20	5:57	6:34	7:07	12:36	18:06	18:39	19:16	19:54	12m21s
2.3.2021	5:18	5:55	6:32	7:05	12:36	18:08	18:40	19:18	19:56	12m09s
3.3.2021	5:16	5:53	6:30	7:03	12:36	18:10	18:42	19:20	19:57	11m57s
4.3.2021	5:14	5:51	6:28	7:01	12:36	18:11	18:44	19:21	19:59	11m44s
5.3.2021	5:12	5:49	6:26	6:59	12:35	18:13	18:45	19:23	20:01	11m31s
6.3.2021	5:09	5:47	6:24	6:57	12:35	18:14	18:47	19:25	20:02	11m17s
7.3.2021	5:07	5:45	6:22	6:55	12:35	18:16	18:48	19:26	20:04	11m03s
8.3.2021	5:05	5:43	6:20	6:52	12:35	18:18	18:50	19:28	20:06	10m49s

	Astr. Anf.	Naut. Anf.	Bürg. Anf.	Auf-gang	Kulm.	Unter-gang	Bürg. Ende	Naut. Ende	Astr. Ende	Zeitgl.
9.3.2021	5:03	5:41	6:18	6:50	12:35	18:19	18:52	19:30	20:07	10m34s
10.3.2021	5:01	5:39	6:16	6:48	12:34	18:21	18:53	19:31	20:09	10m19s
11.3.2021	4:58	5:37	6:14	6:46	12:34	18:23	18:55	19:33	20:11	10m04s
12.3.2021	4:56	5:35	6:12	6:44	12:34	18:24	18:57	19:34	20:13	9m48s
13.3.2021	4:54	5:32	6:10	6:42	12:33	18:26	18:58	19:36	20:14	9m32s
14.3.2021	4:51	5:30	6:07	6:39	12:33	18:27	19:00	19:38	20:16	9m15s
15.3.2021	4:49	5:28	6:05	6:37	12:33	18:29	19:01	19:39	20:18	8m59s
16.3.2021	4:47	5:26	6:03	6:35	12:33	18:31	19:03	19:41	20:20	8m42s
17.3.2021	4:44	5:23	6:01	6:33	12:32	18:32	19:05	19:43	20:21	8m25s
18.3.2021	4:42	5:21	5:59	6:31	12:32	18:34	19:06	19:44	20:23	8m08s
19.3.2021	4:39	5:19	5:57	6:29	12:32	18:35	19:08	19:46	20:25	7m50s
20.3.2021	4:37	5:17	5:55	6:26	12:31	18:37	19:10	19:48	20:27	7m33s
21.3.2021	4:34	5:14	5:52	6:24	12:31	18:39	19:11	19:50	20:29	7m15s
22.3.2021	4:32	5:12	5:50	6:22	12:31	18:40	19:13	19:51	20:31	6m57s
23.3.2021	4:29	5:10	5:48	6:20	12:31	18:42	19:15	19:53	20:33	6m39s
24.3.2021	4:27	5:07	5:46	6:18	12:30	18:43	19:16	19:55	20:35	6m21s
25.3.2021	4:24	5:05	5:44	6:16	12:30	18:45	19:18	19:56	20:36	6m03s
26.3.2021	4:22	5:03	5:41	6:13	12:30	18:47	19:19	19:58	20:38	5m45s
27.3.2021	4:19	5:00	5:39	6:11	12:29	18:48	19:21	20:00	20:40	5m26s
28.3.2021	4:17	4:58	5:37	6:09	12:29	18:50	19:23	20:01	20:42	5m08s
29.3.2021	4:14	4:56	5:35	6:07	12:29	18:51	19:24	20:03	20:44	4m50s
30.3.2021	4:12	4:53	5:32	6:05	12:28	18:53	19:26	20:05	20:46	4m32s
31.3.2021	4:09	4:51	5:30	6:03	12:28	18:55	19:28	20:07	20:48	4m14s

Mondlauf

	Rektaszension	Deklination	Elong.	Phase		mag	Auf-gang	Kulm.	Unter-gang
1.3.2021	12h17m15,5s	2°46'34"	157,8°	0,96		-12,3	20:56	2:08	8:27
2.3.2021	13h10m29,4s	-3°26'53"	144,5°	0,91		-11,9	22:19	2:59	8:46
3.3.2021	14h04m11,0s	-9°30'03"	131,1°	0,83		-11,6	23:43	3:50	9:08
4.3.2021	14h59m07,1s	-15°00'35"	117,7°	0,73		-11,2		4:43	9:32
5.3.2021	15h55m49,6s	-19°37'56"	104,4°	0,62		-10,7	1:06	5:38	10:01
6.3.2021	16h54m22,3s	-23°04'28"	91,4°	0,51 ☽		-10,2	2:26	6:35	10:38
7.3.2021	17h54m11,8s	-25°07'16"	78,5°	0,4		-9,7	3:39	7:34	11:27
8.3.2021	18h54m10,5s	-25°40'06"	65,9°	0,3		-9,1	4:40	8:32	12:25
9.3.2021	19h52m55,7s	-24°44'39"	53,5°	0,2		-8,4	5:29	9:29	13:34
10.3.2021	20h49m16,9s	-22°29'52"	41,3°	0,12		-7,6	6:05	10:23	14:47
11.3.2021	21h42m35,4s	-19°09'38"	29,4°	0,06		-6,7	6:33	11:13	16:01
12.3.2021	22h32m47,4s	-14°59'52"	17,8°	0,02		-5,7	6:56	11:59	17:14
13.3.2021	23h20m15,9s	-10°16'20"	7,4°	0 ●		-4,6	7:14	12:44	18:25
14.3.2021	0h05m39,8s	-5°13'27"	7,7°	0		-4,6	7:31	13:26	19:34
15.3.2021	0h49m45,2s	-0°03'58"	17,9°	0,02		-5,6	7:47	14:07	20:41
16.3.2021	1h33m19,8s	5°00'54"	28,7°	0,06		-6,6	8:02	14:48	21:49
17.3.2021	2h17m10,7s	9°50'59"	39,5°	0,11		-7,4	8:19	15:30	22:56
18.3.2021	3h02m01,8s	14°16'41"	50,3°	0,18		-8,1	8:38	16:14	
19.3.2021	3h48m31,8s	18°08'19"	61,0°	0,26		-8,7	9:02	16:59	0:03

	Rektaszension	Deklination	Elong.	Phase	mag	Auf-gang	Kulm.	Unter-gang
20.3.2021	4h37m09,7s	21°15'54"	71,9°	0,34	-9,3	9:31	17:47	1:10
21.3.2021	5h28m09,8s	23°29'01"	82,8°	0,44 ☽	-9,8	10:08	18:38	2:13
22.3.2021	6h21m25,4s	24°37'25"	93,9°	0,53	-10,2	10:56	19:30	3:12
23.3.2021	7h16m27,4s	24°32'13"	105,3°	0,63	-10,6	11:55	20:24	4:02
24.3.2021	8h12m28,9s	23°07'39"	117,0°	0,73	-11,0	13:04	21:18	4:44
25.3.2021	9h08m38,6s	20°22'42"	129,1°	0,82	-11,4	14:20	22:11	5:18
26.3.2021	10h04m17,3s	16°22'03"	141,6°	0,89	-11,8	15:41	23:03	5:45
27.3.2021	10h59m09,4s	11°16'28"	154,6°	0,95	-12,2	17:04	23:55	6:08
28.3.2021	11h53m25,6s	5°22'16"	167,6°	0,99 ○	-12,5	18:28		6:29
29.3.2021	12h47m38,2s	-0°59'25"	174,9°	1	-12,7	19:54	0:46	6:48
30.3.2021	13h42m31,9s	-7°24'00"	163,2°	0,98	-12,4	21:20	1:39	7:09
31.3.2021	14h38m52,2s	-13°25'06"	149,5°	0,93	-12,1	22:47	2:33	7:32

April

Sternenhimmel

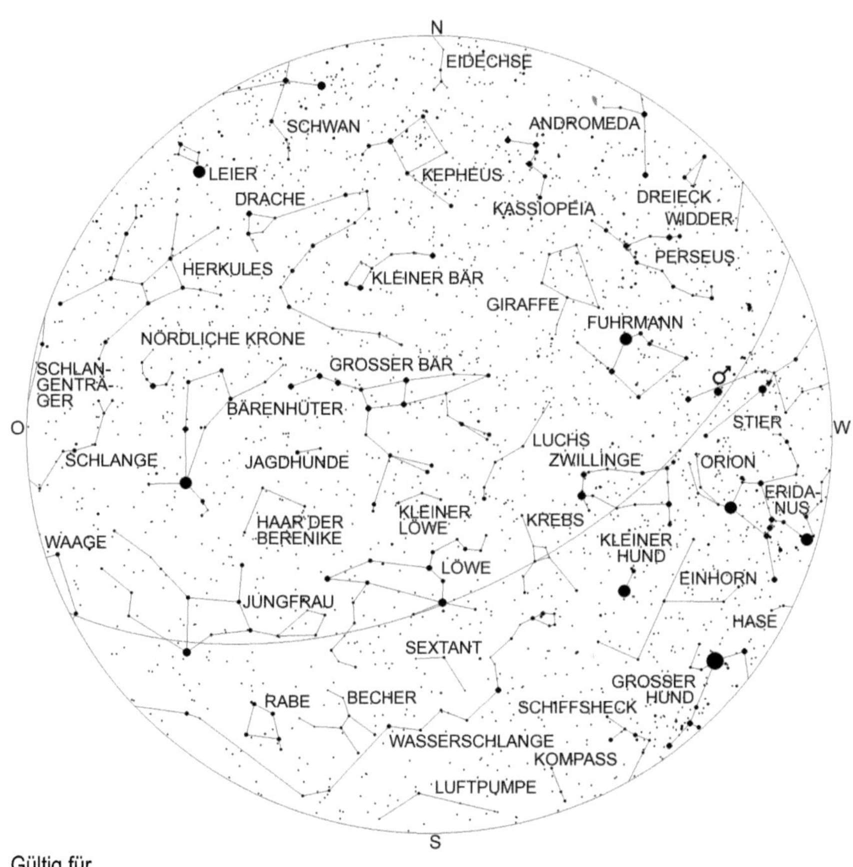

Gültig für

1.12. 6 Uhr	15.12. 5 Uhr
1.1. 4 Uhr	15.1. 3 Uhr
1.2. 2 Uhr	15.2. 1 Uhr
1.3. 0 Uhr	15.3. 23 Uhr
1.4. 22 Uhr	15.4. 21 Uhr

Die Wintersternbilder verschwinden jetzt vom Himmel, wenn auch das aus den Sternen Kapella, Aldebaran, Rigel, Sirius, Prokion und Pollux gebildete Wintersechseck noch vollständig über dem Horizont steht. Der Hase ist schon fast vollständig verschwunden, der Stier, in dem sich in diesem Jahr der Planet Mars aufhält und der Große Hund werden ihm bald folgen. Der Orion ist noch vollständig tief im Südwesten zu sehen. In der gleichen Richtung, aber höher sind die Zwillinge zu finden.

Im Süden erreicht jetzt der Löwe seinen höchsten Stand. Südlich des Löwens findet man die lichtschwachen Sternbilder Sextant, Becher, Wasserschlange und bei guter Horizontsicht auch das Sternbild Luftpumpe. Bemerkenswert ist, dass der Kopf der Wasserschlange schon in südwestlicher Richtung zu finden ist, während ihr Schwanz noch nicht aufgegangen ist. Im Südosten ist jetzt das Sternbild Jungfrau mit seinem hellen Hauptstern Spika über dem Horizont erschienen. Für Fernrohrbeobachter ist in diesem Sternbild der Stern Porrima (Gamma Virginis) von besonderem Interesse, denn er ist ein Doppelstern, der aus zwei fast gleich hellen weißlichen Sternen besteht, die einander in 169 Jahren umkreisen, wobei der gegenseitige Winkelabstand beider Sterne zwischen 0,4" und 6,2" schwankt. Dies hat zur Folge, dass er zeitweise nur mit großen Fernrohren aufgelöst werden kann. Zuletzt war dies von 1995 bis 2015 der Fall. In diesem Jahr beträgt der Winkelabstand beider Komponenten wieder 2,9" was eine Trennung schon mit Fernrohren ab 5 cm Objektivöffnung ermöglicht. Südlich der Jungfrau erkennt man vier Sterne dritter Größe, die das Sternbild Rabe formen.

Nördlich der Jungfrau befinden sich der Bärenhüter mit seinem hellen Stern Arktur und die Nördliche Krone. Arktur bildet zusammen mit Regulus im Löwen und Spika in der Jungfrau die markante Sternfigur des Frühlingsdreiecks. Zwischen Löwe und Bärenhüter liegt das Sternbild Haar der Berenike. In diesem Sternbild existiert eine auffällige Konzentration von Fixsternen vierter Größe und schwächer, welche einen offenen Sternhaufen bilden, der ca. 290 Lichtjahre entfernt ist und nach der lateinischen Bezeichnung des Sternbildes, Coma Berenices, Coma-Berenices-Sternhaufen heißt.

Oberhalb des Löwen ist das kleine Sternbild des Kleinen Löwens zu finden, über dem – hoch im Zenit – der Große Bär steht. Der zweitöstlichste helle Stern dieses Sternbildes, Mizar ist besonders interessant, denn er ist ein Mehrfachsternsystem. Schon mit bloßem Auge ist bei guten Sichtbedingungen neben diesem ein Stern 4. Größe, Alkor genannt, zu sehen, wobei immer noch nicht endgültig geklärt ist, ob er ein Hintergrundstern ist oder gravitativ an Mizar gekoppelt ist. Im Fernrohr erkennt man, dass Mizar selbst doppelt ist. Beide Sterne sind wiederum Doppelsterne, was aber nur durch Spektralanalyse nachweisbar ist.

Frühlingssternbilder

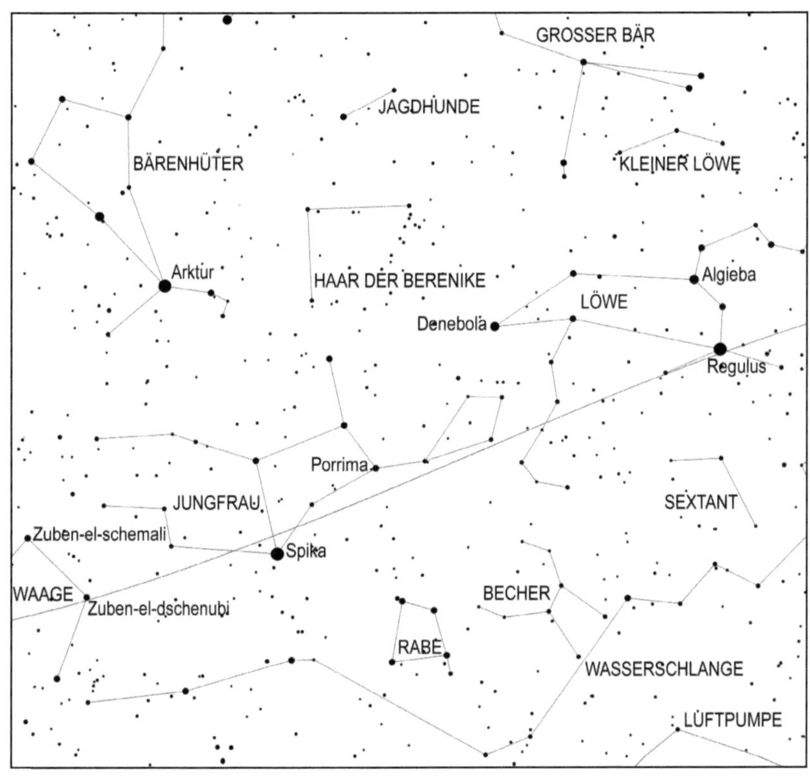

Astronomische Ereignisse

Datum	Uhrzeit	Ereignis	Elongation
1.4.2021	13:25:02	Mond 51' südlich Akrab	128,35°
1.4.2021	21:15:52	Mond 4,4° nördlich Antares	122,2°
2.4.2021	03:56:26	Mond im absteigenden Knoten	
3.4.2021	00:39:22	Mond 16,5° südlich Juno	107,8°
3.4.2021	08:38:58	Merkur in größter Südbreite	
4.4.2021	07:42:47	Mond 2,5' südlich Nunki	92,05°
4.4.2021	11:02:36	Letztes Viertel	
5.4.2021	07:16:44	Mond 3,1° südlich Pluto	79°
5.4.2021	18:36:29	Mond 9,1° südlich Beta Capricorni	71,9°
6.4.2021	09:58:03	Mond 4,8° südlich Saturn	65°

Datum	Uhrzeit	Ereignis	Elongation
6.4.2021	16:13:41	Venus 6,4° nördlich Ceres	3,1°
7.4.2021	07:54:20	Mond 5,3° südlich Jupiter	53,3°
7.4.2021	08:07:51	Mond 3,3° südlich Delta Capricorni	53,9°
7.4.2021	11:36:01	Ceres in Konjunktion zur Sonne	-7°
7.4.2021	19:13:27	Jupiter 2,05° nördlich Delta Capricorni	53,6°
8.4.2021	00:45:30	Mond 20,7° südlich Pallas	40,8°
8.4.2021	21:00:08	Mond in größter Südbreite	
9.4.2021	12:14:14	Mond 5° südlich Neptun	28,1°
11.4.2021	05:29:45	Mond 4° südlich Merkur	8,5°
11.4.2021	08:48:55	Mars 3,9° südlich Elnath	61°
12.4.2021	00:24:19	Mond 2,5° nördlich Ceres	4,95°
12.4.2021	03:30:55	Neumond	-4,7°
12.4.2021	09:48:52	Mond 3,7° südlich Venus	4,5°
13.4.2021	01:09:42	Mond 14,75° südlich Hamal	10,4°
13.4.2021	12:19:20	Mond 3,1° südlich Uranus	15,3°
14.4.2021	18:33:39	Mond im Apogäum	
14.4.2021	19:11:45	Juno stationär, dann rückläufig	
15.4.2021	05:05:53	Mond 6,2° südlich der Plejaden	33,6°
16.4.2021	05:08:58	Mond 4,6° nördlich Aldebaran	43,9°
16.4.2021	06:51:38	Mond im aufsteigenden Knoten	
16.4.2021	12:15:13	Merkur 6,4° nördlich Ceres	3,1°
17.4.2021	05:13:57	Mond 5,3° südlich Elnath	55,2°
17.4.2021	11:59:40	Mond 44' südlich Mars	58,7°
18.4.2021	01:58:27	Venus 11,5° südlich Hamal	5,9°
18.4.2021	03:59:50	Mond 2° nördlich Eta Geminorum	65,4°
18.4.2021	06:49:39	Mond 2,1° nördlich Mü Geminorum	67,1°
18.4.2021	12:51:59	Mond 8,6° nördlich Alhena	70,15°
18.4.2021	16:28:06	Mond 2,2' nördlich Epsilon Geminorum	71,4°
19.4.2021	02:49:39	Merkur in oberer Konjunktion zur Sonne	-34'
19.4.2021	14:09:48	Mond 7,3° südlich Kastor	81°
19.4.2021	20:28:50	Mond 3,7° südlich Pollux	83,6°
20.4.2021	07:59:06	Erstes Viertel	
20.4.2021	20:17:52	Mond 2,3° nördlich M44	95,95°
21.4.2021	11:54:45	Merkur 10,8° südlich Hamal	2,7°
22.4.2021	10:18:59	Merkur im aufsteigenden Knoten	
22.4.2021	10:40:16	Mond 4,2° nördlich Regulus	116,1°
23.4.2021	00:22:08	Venus 15' südlich Uranus	7,1°
23.4.2021	08:46:31	Mond 6,3° südlich Vesta	124,5°
23.4.2021	09:53:33	Mond in größter Nordbreite	
24.4.2021	09:00:12	Vesta stationär, dann rechtläufig	
24.4.2021	10:36:55	Merkur 48' nördlich Uranus	5,9°
25.4.2021	09:19:33	Mond 1° nördlich Porrima	154,4°
26.4.2021	05:21:46	Mond 5,4° nördlich Spika	165,7°

Datum	Uhrzeit	Ereignis	Elongation
26.4.2021	09:54:35	Merkur 1,3° nördlich Venus	8°
27.4.2021	02:23:39	Merkur im Perihel	
27.4.2021	04:31:37	Vollmond	
27.4.2021	15:51:00	Mond 1,6° nördlich Zuben-el-dschenubi	172,2°
27.4.2021	16:21:47	Mond im Perigäum	
28.4.2021	19:52:49	Pluto stationär, dann rückläufig	
28.4.2021	21:20:16	Mond 58' südlich Akrab	155,1°
29.4.2021	08:41:11	Mond 3,9° nördlich Antares	148,9°
29.4.2021	10:17:07	Mond im absteigenden Knoten	
29.4.2021	13:34:31	Mars 2,3° nördlich Eta Geminorum	54,25°

Planeten

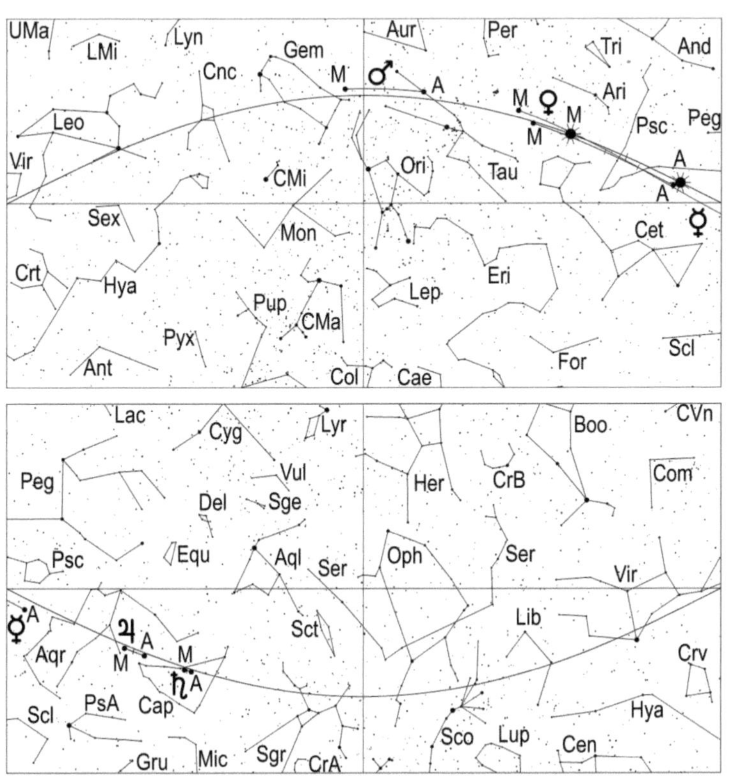

Merkur erreicht am 19. seine obere Konjunktion zur Sonne. Nach dieser gewinnt er rasch an östlicher Elongation zur Sonne und kann bei guter Horizontsicht schon am 29. tief im Nordwesten in der Abenddämmerung ausgemacht werden. An diesem Tag geht der -1,3 mag helle Planet um 20.52 Uhr MEZ (21.52 Uhr MESZ) unter. Ungefähr eine halbe bis eine dreiviertel Stunde vorher dürfte Merkur in der Abenddämmerung sichtbar werden.

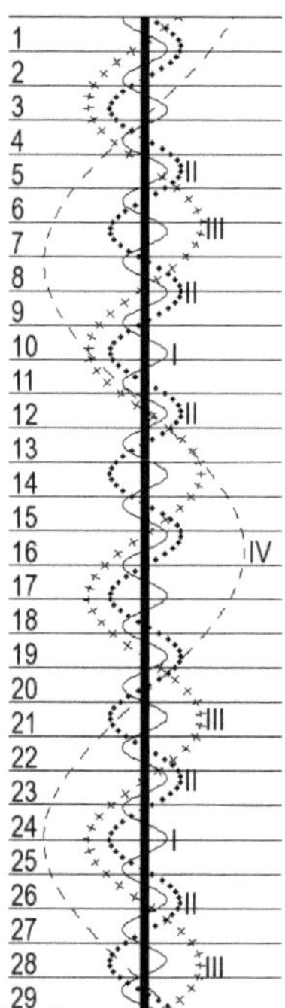

Stellung der 4 hellen Jupitermonde im April 2021

Venus kann bei guter Horizontsicht ab dem 23. in der Abenddämmerung tief im Nordwesten gesichtet werden. Der -3,9 mag helle Planet geht an diesem Tag um 20.08 Uhr MEZ (21.08 Uhr MESZ) unter. Etwa eine viertel Stunde zuvor dürfte der Abendstern in der hellen Dämmerung erscheinen. Bis zum 30. verspätet sich der Untergang unseres inneren Nachbarplaneten auf 20.29 Uhr MEZ (21.29 Uhr MESZ). Am 26. zieht Venus 1,3° südlich an Merkur vorbei, wobei in der hellen Dämmerung selbst unter besten Sichtbedingungen nur Venus freiäugig zu sehen ist.

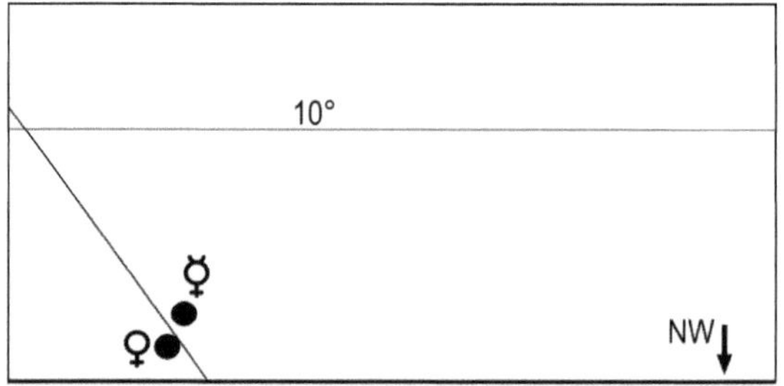

Merkur und Venus am Abend des 26.4.2021. Selbst unter günstigen Sichtbedingungen ist nur Venus mit bloßem Auge sichtbar.

Mars wandert im Laufe des Monats vom Stier in die Zwillinge und passiert am 11. Elnath 3,9° südlich und am 29. Eta Geminorum 2,3° nördlich. Der rote Planet, dessen Helligkeit im April von 1,3 mag auf 1,6 mag zurückgeht, versinkt am 1. um 1 Uhr MEZ (2 Uhr MESZ), am 15. um 0.46 Uhr MEZ (1.46 Uhr MESZ) und am 30. um 0.27 Uhr MEZ (1.27Uhr MESZ) unter dem Horizont. Sein Scheibchendurchmesser nimmt im Laufe des Monats von 5,3" auf 4,6" ab. Am 17. passiert der zunehmende Mond den roten Planeten zur Mittagszeit in 44' südlichem Abstand. Bis zum Abend hat sich der Mond schon um einige Grad in östlicher Richtung bewegt, trotzdem ist diese Konjunktion sehenswert.

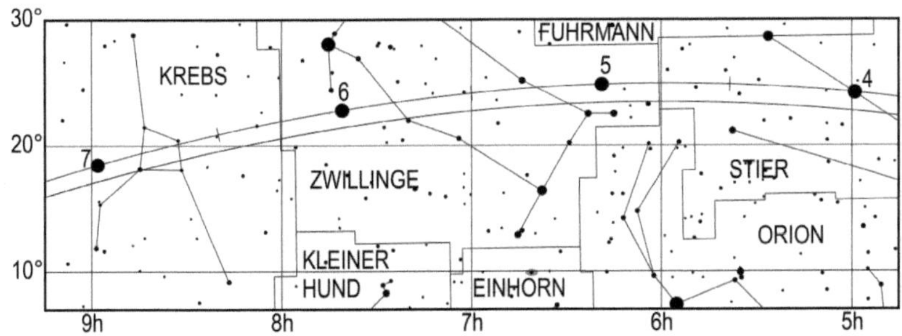

Lauf des Planeten Mars von April bis Juli 2021. Die Zahl gibt die Position
zum 1. des entsprechenden Monats an, also 5 die Position am 1.5.

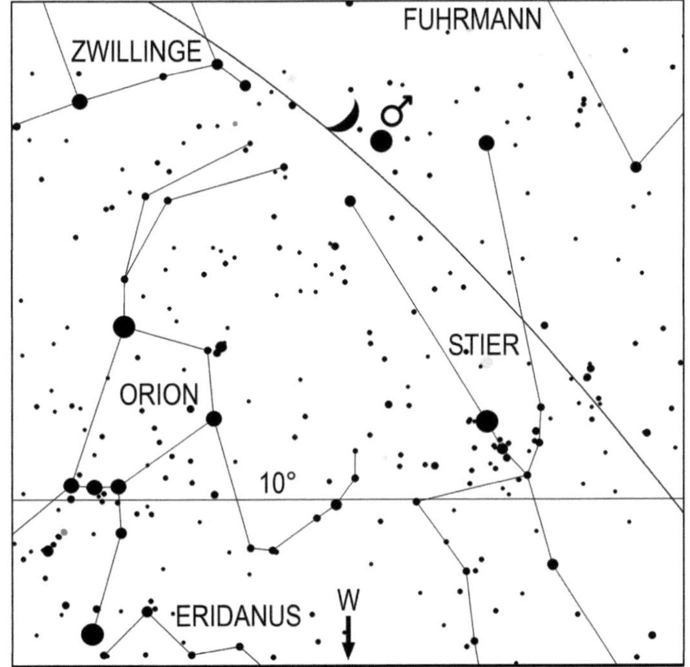

Mond und Mars am 17.4.2021 um 21 Uhr MEZ (22 Uhr MESZ)

Jupiter wandert vom Steinbock in den Wassermann und passiert am 7. den Stern
Delta Capricorni in 2,05° nördlichem Abstand.
Der Riesenplanet, dessen Helligkeit im April leicht von -2,1 mag auf -2,2 mag
ansteigt, geht am 1. um 4.35 Uhr MEZ (5.35 Uhr MESZ), am 15. um 3.47 Uhr MEZ
(4.47 Uhr MESZ) und am 30. um 2.53 Uhr MEZ (3.53 Uhr MESZ) auf. Sein

63

Scheibchen wächst im Laufe des Monats von 34,7" auf 37,4", doch ist er wegen seiner horizontnahen Lage kein ergiebiges Objekt für Fernrohrbeobachter.

Saturn, rechtläufig im Steinbock, verlagert seinen Aufgang von 4.07 Uhr MEZ (5.07 Uhr MESZ) am 1., auf 3.15 Uhr MEZ (4.15 Uhr MESZ) am 15. und auf 2.18 Uhr MEZ (3.18 Uhr MESZ) am 30. Sein Scheibchen nimmt im Laufe des Monats leicht von 16" auf 16,8" zu. Im Fernrohr erkennt man gut seinen Ring, dessen Öffnung im April leicht von 18° auf 17° abnimmt. Am Morgen des 6. erblickt man den Mond südlich des Ringplaneten.

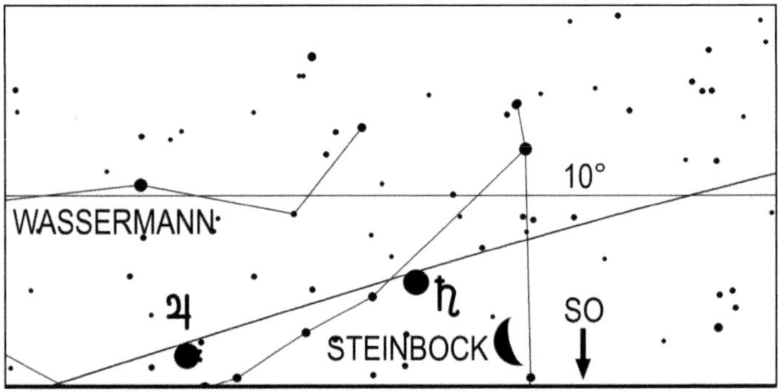

Mond, Jupiter und Saturn am Morgen des 6. um 4.30 Uhr MEZ (5.30 Uhr MESZ)

Uranus im Sternbild Widder steht am 30. in Konjunktion zur Sonne und ist in diesem Monat nicht sichtbar.

Neptun hat noch einen zu geringen Winkelabstand von der Sonne, um beobachtet werden zu können.

Klein- und Zwergplaneten

Ceres steht am 7. in Konjunktion zur Sonne und steht mit der Sonne am Taghimmel. Er kann in diesem Monat nicht beobachtet werden.

Pallas ist zur Zeit unsichtbar. Der 10,5 mag helle Planetoid erscheint noch nicht früh genug über dem Horizont, um bis zum Beginn der Morgendämmerung eine zur erfolgreichen Suche nötige Höhe über dem Horizont zu erreichen.

Juno, im Sternbild Schlangenträger, setzt am 14. zu ihrer Oppositionsschleife an. Der Kleinplanet, dessen Helligkeit im April von 11,0 mag auf 10,5 mag ansteigt, geht am 1. um 23.56 Uhr MEZ (0.56 Uhr MESZ), am 15. um 22.57 Uhr MEZ (23.57 Uhr MESZ) und am 30. um 21.49 Uhr MEZ (22.49 Uhr MESZ) auf. Am besten kann Juno vor Beginn der Morgendämmerung beobachtet werden, wofür ein Fernrohr von mindestens 10 Zentimeter Objektivöffnung eingesetzt werden sollte (Aufsuchkarte, Seite 88).

Vesta beendet am 24. ihre Oppositionsschleife im Sternbild Löwe und versinkt am 15. um 5.19 Uhr MEZ (6.19 Uhr MESZ) und am 30. um 4.15 Uhr MEZ (5.15 Uhr MESZ) unter dem Horizont. Somit ist dieser Kleinplanet, dessen Helligkeit im Laufe des Monats von 6,5 mag auf 7,0 mag zurückgeht, ein leichtes Feldstecherobjekt, welches am besten zum Zeitpunkt ihrer Kulmination, die am 1. um 22.39 Uhr MEZ (23.39 Uhr MESZ) und am 30. um 20.39 Uhr MEZ (21.39 Uhr MESZ) erfolgt, beobachtet werden kann (Aufsuchkarte, Seite 54).

Pluto, im Ostteil des Schützen, setzt am 28. zu seiner Oppositionsschleife an, weshalb er in diesem Monat erwähnt wird. Er ist mit einer Helligkeit von 14,3 mag nur in Fernrohren mit mindestens 30 cm Objektivdurchmesser sichtbar (Aufsuchkarte, Seite 104).

Periodische Sternschnuppenströme

Vom 16. bis zum 25. sind die Lyriden aktiv, die ihr Maximum am 22. um 17 Uhr MEZ mit 7 Meteoren pro Stunde erreichen.
Die Lyriden sind schnellere Meteore unter denen sich auch hellere Exemplare befinden. Allerdings kann, von den frühen Morgenstunden abgesehen, das Licht des zunehmenden Mondes bei der Beobachtung stören. Vom 1. bis 8. kann man die Kappa-Serpentiden beobachten, schnellere Meteore mit einer maximalen Rate von 2 Stück pro Stunde. Sie erreichen ihr Maximum am 5. Von den frühen Morgenstunden abgesehen, gibt es keine Beeinträchtigungen durch Mondlicht. Bis zum 26. sind Meteore des schwachen Stroms der Alpha-Virginiden zu sehen, der am 18. sein Maximum mit bis zu 2 Meteoren pro Stunde erreicht. Bei ihrer Beobachtung stört der Mond nur wenig, weil er noch nicht die Halbmondphase erreicht hat und kurz nach Mitternacht untergeht. Ab dem 19. erscheinen die ersten Eta-Aquariden am Morgenhimmel.

Sonnenuntergang und Dämmerung

	Astr. Anf.	Naut. Anf.	Bürg. Anf.	Auf- gang	Kulm.	Unter- gang	Bürg. Ende	Naut. Ende	Astr. Ende	Zeitgl.
1.4.2021	4:07	4:48	5:28	6:01	12:28	18:56	19:29	20:08	20:51	3m56s
2.4.2021	4:04	4:46	5:26	5:58	12:28	18:58	19:31	20:10	20:53	3m38s
3.4.2021	4:01	4:44	5:24	5:56	12:27	18:59	19:33	20:12	20:55	3m20s
4.4.2021	3:59	4:41	5:21	5:54	12:27	19:01	19:34	20:14	20:57	3m03s
5.4.2021	3:56	4:39	5:19	5:52	12:27	19:02	19:36	20:16	20:59	2m45s
6.4.2021	3:53	4:36	5:17	5:50	12:26	19:04	19:38	20:17	21:01	2m28s
7.4.2021	3:51	4:34	5:15	5:48	12:26	19:06	19:39	20:19	21:03	2m11s

	Astr. Anf.	Naut. Anf.	Bürg. Anf.	Auf- gang	Kulm.	Unter- gang	Bürg. Ende	Naut. Ende	Astr. Ende	Zeitgl.
8.4.2021	3:48	4:31	5:12	5:46	12:26	19:07	19:41	20:21	21:06	1m55s
9.4.2021	3:45	4:29	5:10	5:44	12:26	19:09	19:43	20:23	21:08	1m38s
10.4.2021	3:43	4:27	5:08	5:42	12:25	19:10	19:44	20:25	21:10	1m22s
11.4.2021	3:40	4:24	5:06	5:39	12:25	19:12	19:46	20:27	21:12	1m06s
12.4.2021	3:37	4:22	5:03	5:37	12:25	19:14	19:48	20:29	21:15	0m50s
13.4.2021	3:34	4:19	5:01	5:35	12:24	19:15	19:49	20:31	21:17	0m35s
14.4.2021	3:31	4:17	4:59	5:33	12:24	19:17	19:51	20:33	21:19	0m20s
15.4.2021	3:29	4:15	4:57	5:31	12:24	19:18	19:53	20:34	21:22	0m06s
16.4.2021	3:26	4:12	4:55	5:29	12:24	19:20	19:54	20:36	21:24	-0m08s
17.4.2021	3:23	4:10	4:52	5:27	12:24	19:21	19:56	20:38	21:27	-0m22s
18.4.2021	3:20	4:07	4:50	5:25	12:23	19:23	19:58	20:40	21:29	-0m35s
19.4.2021	3:17	4:05	4:48	5:23	12:23	19:25	19:59	20:42	21:32	-0m49s
20.4.2021	3:14	4:03	4:46	5:21	12:23	19:26	20:01	20:44	21:34	-1m01s
21.4.2021	3:11	4:00	4:44	5:19	12:23	19:28	20:03	20:46	21:37	-1m14s
22.4.2021	3:08	3:58	4:42	5:17	12:22	19:29	20:04	20:48	21:39	-1m26s
23.4.2021	3:05	3:56	4:40	5:15	12:22	19:31	20:06	20:50	21:42	-1m37s
24.4.2021	3:02	3:53	4:37	5:13	12:22	19:32	20:08	20:52	21:45	-1m48s
25.4.2021	2:59	3:51	4:35	5:11	12:22	19:34	20:09	20:55	21:47	-1m59s
26.4.2021	2:56	3:49	4:33	5:09	12:22	19:36	20:11	20:57	21:50	-2m09s
27.4.2021	2:53	3:46	4:31	5:08	12:22	19:37	20:13	20:59	21:53	-2m19s
28.4.2021	2:50	3:44	4:29	5:06	12:21	19:39	20:14	21:01	21:55	-2m28s
29.4.2021	2:47	3:42	4:27	5:04	12:21	19:40	20:16	21:03	21:58	-2m37s
30.4.2021	2:44	3:39	4:25	5:02	12:21	19:42	20:18	21:05	22:01	-2m45s

Mondlauf

	Rektaszension	Deklination	Elong.	Phase	mag	Auf- gang	Kulm.	Unter- gang
1.4.2021	15h37m10,2s	-18°36'48"	135,7°	0,86	-11,7		3:29	8:00
2.4.2021	16h37m27,0s	-22°36'28"	122,1°	0,77	-11,3	0:12	4:28	8:35
3.4.2021	17h39m02,4s	-25°07'44"	108,8°	0,66	-10,8	1:31	5:27	9:21
4.4.2021	18h40m38,3s	-26°03'07"	95,9°	0,55 ☽	-10,4	2:37	6:27	10:17
5.4.2021	19h40m41,8s	-25°24'54"	83,2°	0,44	-9,9	3:30	7:25	11:25
6.4.2021	20h37m57,3s	-23°23'31"	70,9°	0,34	-9,3	4:09	8:20	12:36
7.4.2021	21h31m47,0s	-20°14'09"	59,0°	0,24	-8,7	4:39	9:10	13:51
8.4.2021	22h22m11,7s	-16°13'16"	47,2°	0,16	-8,0	5:03	9:58	15:03
9.4.2021	23h09m40,2s	-11°36'27"	35,7°	0,09	-7,1	5:22	10:42	16:13
10.4.2021	23h54m55,7s	-6°37'36"	24,5°	0,04	-6,2	5:38	11:24	17:23
11.4.2021	0h38m47,0s	-1°28'54"	13,5°	0,01	-5,2	5:53	12:05	18:30
12.4.2021	1h22m03,2s	3°38'39"	4,3°	0 ●	-4,2	6:08	12:46	19:38
13.4.2021	2h05m30,8s	8°34'46"	9,9°	0,01	-4,8	6:24	13:28	20:45
14.4.2021	2h49m52,4s	13°09'28"	20,4°	0,03	-5,8	6:43	14:10	21:53
15.4.2021	3h35m44,2s	17°12'39"	31,1°	0,07	-6,7	7:04	14:55	23:00
16.4.2021	4h23m32,3s	20°34'03"	41,9°	0,13	-7,5	7:31	15:42	
17.4.2021	5h13m28,6s	23°03'27"	52,7°	0,2	-8,2	8:04	16:31	0:04
18.4.2021	6h05m26,1s	24°31'11"	63,6°	0,28	-8,9	8:47	17:22	1:05
19.4.2021	6h58m58,2s	24°49'11"	74,8°	0,37	-9,4	9:41	18:15	1:58

	Rektaszension	Deklination	Elong.	Phase	mag	Auf-gang	Kulm.	Unter-gang
20.4.2021	7h53m23,8s	23°52'11"	86,1°	0,47 ☽	-9,9	10:45	19:07	2:42
21.4.2021	8h47m58,4s	21°38'37"	97,8°	0,57	-10,4	11:57	19:59	3:18
22.4.2021	9h42m08,6s	18°11'13"	109,9°	0,67	-10,8	13:14	20:50	3:46
23.4.2021	10h35m41,8s	13°37'00"	122,5°	0,77	-11,2	14:33	21:41	4:10
24.4.2021	11h28m49,9s	8°07'18"	135,5°	0,86	-11,6	15:56	22:31	4:31
25.4.2021	12h22m06,5s	1°57'58"	148,9°	0,93	-12,0	17:20	23:23	4:50
26.4.2021	13h16m19,6s	-4°30'23"	162,7°	0,98	-12,4	18:47		5:10
27.4.2021	14h12m22,5s	-10°52'35"	175,9°	1 ○	-12,8	20:16	0:16	5:32
28.4.2021	15h10m59,0s	-16°40'07"	168,3°	0,99	-12,6	21:45	1:12	5:57
29.4.2021	16h12m23,9s	-21°24'11"	154,3°	0,95	-12,2	23:11	2:12	6:29
30.4.2021	17h16m02,4s	-24°40'28"	140,4°	0,89	-11,8		3:14	7:11

Jupitermond-Ereignisse

Datum	Uhrzeit (MEZ)	Mond	Erscheinung	Phase
5.4.2021	05:24:57	Ganymed	Verfinsterung	Ende
11.4.2021	04:45:38	Io	Durchgang	Anfang
23.4.2021	04:40:05	Ganymed	Durchgang	Anfang
24.4.2021	04:24:11	Europa	Durchgang	Ende
26.4.2021	04:46:58	Io	Verfinsterung	Anfang
27.4.2021	04:12:28	Io	Schattenvorübergang	Ende
30.4.2021	03:38:57	Ganymed	Schattenvorübergang	Anfang

Mai

Sternenhimmel

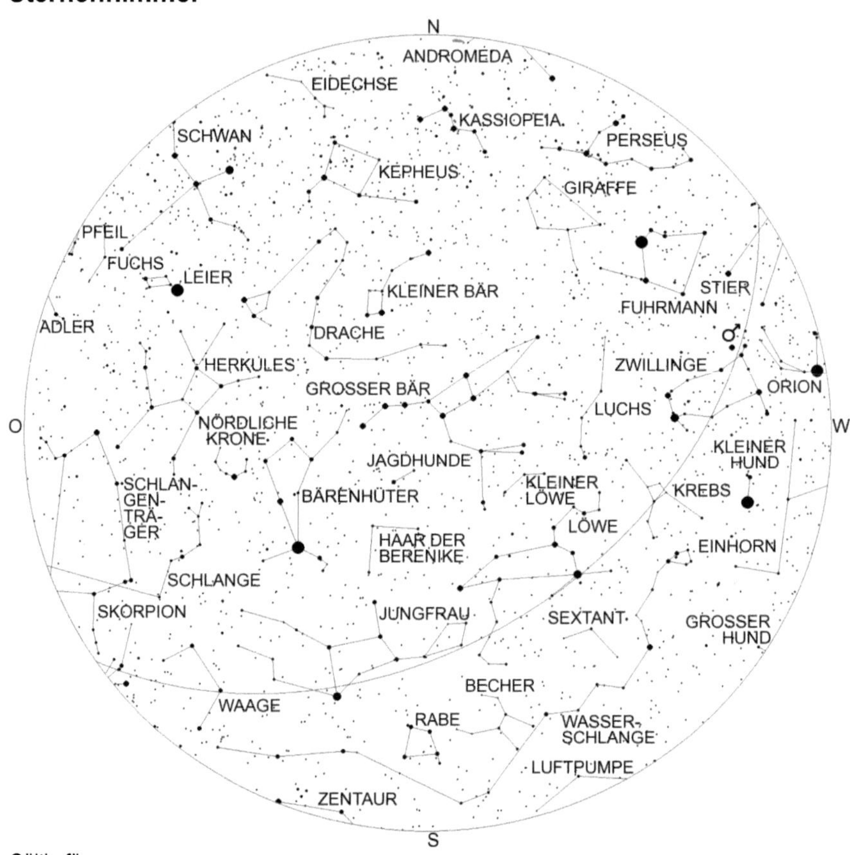

Gültig für

1.1. 6 Uhr	15.1. 5 Uhr
1.2. 4 Uhr	15.2. 3 Uhr
1.3. 2 Uhr	15.3. 2 Uhr
1.4. 0 Uhr	15.4. 23 Uhr
1.5. 22 Uhr	15.5. 21 Uhr

Die Wintersternbilder sind fast vollständig verschwunden. Nur noch der Fuhrmann, die Zwillinge, in dem sich zur Zeit der Planet Mars aufhält, der Krebs und der Kleine Hund sind noch vollständig zu sehen.

Tief im Süden erstreckt sich das riesige, aber unauffällige Sternbild Wasserschlange fast über den gesamten Himmel von Südost bis Südwest. Über dieser sind die Sternbilder Rabe, Becher und Sextant zu sehen. Allerdings hat von diesen nur der Rabe hellere Sterne. Halbhoch im Südwesten ist der Löwe zu finden, während gerade die Jungfrau kulminiert. Nordnordöstlich von dieser ist das Sternbild Bärenhüter mit dem orangerotem Stern Arktur zu sehen. Östlich des Bärenhüters erkennt man das Halbrund der Nördlichen Krone und das wenig charakteristische Sternbild des Herkules. Im Ostsüdosten geht gerade der Schlangenträger auf. Etwas höher ist der vordere Teil der Schlange zu sehen. Im Südosten erkennt man das Sternbild Waage, dessen Hauptstern, Zuben-el-dschenubi fast genau auf der Ekliptik liegt. Er ist ein weiter Doppelstern und schon in einem Fernglas problemlos auflösbar.

Astronomische Ereignisse

Datum	Uhrzeit	Ereignis	Elongation
1.5.2021	15:05:48	Mond 17' nördlich Nunki	118,7°
2.5.2021	14:05:47	Mars 2,3° nördlich Mü Geminorum	53,15°
2.5.2021	14:50:13	Mond 2,8° südlich Pluto	105,6°
2.5.2021	23:26:01	Mond 9,65° südlich Beta Capricorni	98,4°
3.5.2021	18:08:12	Mond 4,6° südlich Saturn	90,3°
3.5.2021	20:50:14	Letztes Viertel	
4.5.2021	01:15:12	Merkur 2,2° südlich der Plejaden	16,1°
4.5.2021	15:08:24	Mond 2,9° südlich Delta Capricorni	80,5°
4.5.2021	21:28:29	Mond 5,2° südlich Jupiter	75,7°
5.5.2021	21:16:31	Mond 20,2° südlich Pallas	59,2°
6.5.2021	00:13:51	Mond in größter Südbreite	
6.5.2021	19:23:05	Mond 4,9° südlich Neptun	53,9°
7.5.2021	07:46:33	Merkur in größter Nordbreite	
8.5.2021	01:58:42	Mars 8,2° nördlich Alhena	51,2°
8.5.2021	14:52:37	Venus 4,2° südlich der Plejaden	11,2°
9.5.2021	16:16:04	Venus im aufsteigenden Knoten	
10.5.2021	03:38:58	Mond 2,7° nördlich Ceres	18,5°
10.5.2021	05:58:23	Mond 14,9° südlich Hamal	15,4°
10.5.2021	10:29:45	Mars 39' südlich Epsilon Geminorum	50,3°
10.5.2021	22:30:12	Mond 3,1° südlich Uranus	9,2°
11.5.2021	03:35:39	Merkur 8° nördlich Aldebaran	20,2°
11.5.2021	19:59:58	Neumond	-2,3°
11.5.2021	22:52:06	Mond im Apogäum	
12.5.2021	11:35:45	Mond 5,8° südlich der Plejaden	7,3°
12.5.2021	23:35:59	Mond 1,5° südlich Venus	12,1°

Datum	Uhrzeit	Ereignis	Elongation
13.5.2021	04:38:44	Ceres 17,7° südlich Hamal	17,7°
13.5.2021	11:04:03	Mond 5° nördlich Aldebaran	17,9°
13.5.2021	11:29:13	Mond im aufsteigenden Knoten	
13.5.2021	20:18:20	Mond 2,7° südlich Merkur	21,15°
14.5.2021	10:40:04	Mond 4,9° südlich Elnath	28,8°
15.5.2021	08:39:11	Mond 2,3° nördlich Eta Geminorum	39°
15.5.2021	12:44:51	Mond 2,6° nördlich Mü Geminorum	40,6°
15.5.2021	21:13:00	Mond 8,6° nördlich Alhena	43,6°
15.5.2021	23:50:09	Mond 14' südlich Epsilon Geminorum	44,9°
16.5.2021	05:18:38	Mond 37' nördlich Mars	48,2°
16.5.2021	22:37:24	Mond 7,4° südlich Kastor	54,9°
17.5.2021	02:43:50	Mond 4° südlich Pollux	57,35°
17.5.2021	06:54:16	Merkur in größter östlicher Elongation	22°
18.5.2021	00:04:22	Venus 5,9° nördlich Aldebaran	13,65°
18.5.2021	03:16:48	Mond 2° nördlich M44	69,6°
19.5.2021	19:06:26	Mond 4,5° nördlich Regulus	89,6°
19.5.2021	20:12:42	Erstes Viertel	
20.5.2021	17:08:44	Mond in größter Nordbreite	
20.5.2021	22:15:16	Mond 4,6° südlich Vesta	101,4°
22.5.2021	17:23:07	Merkur 3,7° südlich Elnath	20,9°
22.5.2021	17:54:20	Mond 1,5° nördlich Porrima	127,9°
23.5.2021	13:38:14	Mond 6° nördlich Spika	139,2°
23.5.2021	21:00:41	Saturn stationär, dann rückläufig	
25.5.2021	04:42:06	Mond 1,05° nördlich Zuben-el-dschenubi	160,9°
26.5.2021	02:49:22	Mond im Perigäum	
26.5.2021	09:46:52	Totale Mondfinsternis, Eintritt Halbschatten	
26.5.2021	09:53:36	Mond 1° südlich Akrab	177,9°
26.5.2021	10:45:09	Totale Mondfinsternis, Eintritt Kernschatten	
26.5.2021	12:10:51	Totale Mondfinsternis, Beginn Totalität	
26.5.2021	12:14:02	Vollmond	
26.5.2021	12:18:40	Totale Mondfinsternis, Maximale Phase, Grösse: 1,011	
26.5.2021	12:26:30	Totale Mondfinsternis, Ende Totalität	
26.5.2021	13:52:12	Totale Mondfinsternis, Austritt Kernschatten	
26.5.2021	14:50:28	Totale Mondfinsternis, Austritt Halbschatten	
26.5.2021	17:24:23	Mond 4,3° nördlich Antares	173,65°
26.5.2021	20:36:23	Mond im absteigenden Knoten	
27.5.2021	13:06:52	Venus 4,7° südlich Elnath	16,2°
27.5.2021	13:48:05	Mond 19,8° südlich Juno	157,1°
28.5.2021	23:18:34	Mond bedeckt Nunki (Sig Sgr), siehe Seite 195	145°
29.5.2021	06:35:27	Merkur 25' südlich Venus	16,6°
29.5.2021	13:21:02	Mars 8,85° südlich Kastor	43,1°
29.5.2021	21:24:18	Mond 3,1° südlich Pluto	132,1°

Datum	Uhrzeit	Ereignis	Elongation
30.5.2021	02:49:07	Merkur stationär, dann rückläufig	
30.5.2021	10:02:54	Mond 9,6° südlich Beta Capricorni	124,7°
30.5.2021	17:05:58	Merkur im absteigenden Knoten	
31.5.2021	01:24:52	Mond 5,1° südlich Saturn	116,3°
31.5.2021	20:31:49	Mond 3,3° südlich Delta Capricorni	106,7°

Planeten

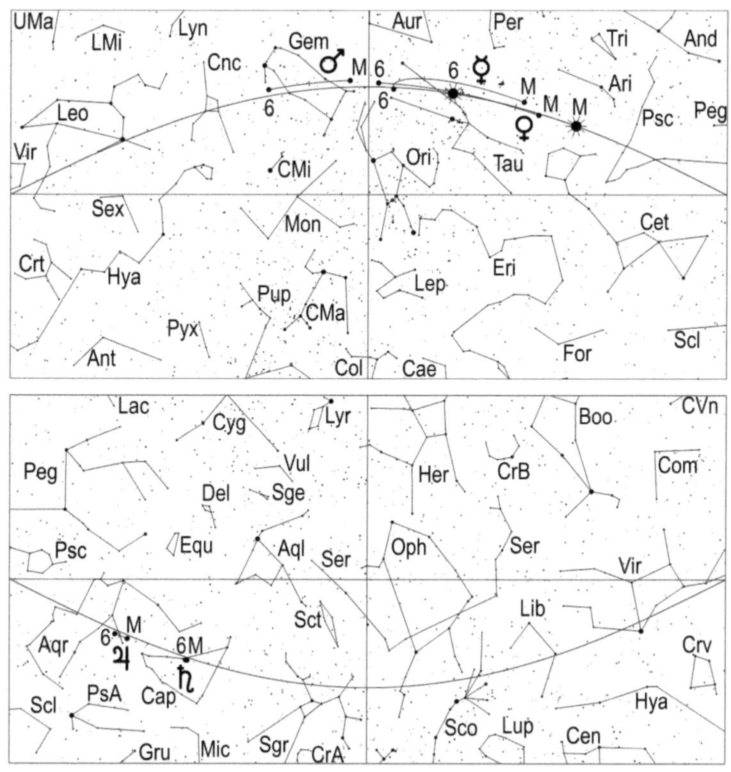

Merkur erschien am Ende des Vormonats auf der abendlichen Himmelsbühne und verbessert in der ersten Monatshälfte seine Abendsichtbarkeit. Geht der -1,1 mag helle Planet am 1. um 21.08 Uhr MEZ (22.08 Uhr MESZ) unter, so erfolgt sein Untergang am 10. um 22 Uhr MEZ (23 Uhr MESZ), wobei seine Helligkeit auf -0,2 mag zurückgeht. Ab 20.15 Uhr MEZ (21.15 Uhr MESZ) ist es möglich, den innersten Planeten in der Abenddämmerung tief im Nordwesten auszumachen. Der flinke Planet passiert am 4. die Plejaden in 2,2° südlichem und am 11. Aldebaran in 8°

nördlichem Abstand, was ohne optische Hilfsmittel nicht beobachtbar ist. Zwei Tage später zieht der Mond 2,7° südlich an Merkur vorbei. Am 17. erreicht Merkur mit 22° seinen größten Sonnenabstand. Der 0,5 mag helle Planet versinkt an diesem Tag um 22.14 Uhr MEZ (23.14 Uhr MESZ) unter dem Horizont.

Fernrohrbeobachter merken, dass Merkur größer wird und dass der beleuchtete Teil seines Scheibchens abnimmt: am 1. hat der innerste Planet einen Durchmesser von 5,7" und er ist zu 81% beleuchtet, am 10. ist er mit einem Durchmesser von 6,9" zu 54% beleuchtet.

Zwei Tage später wird die Halbphase (Dichotomie) mit einem Winkeldurchmesser von 7,1" erreicht und am Tag der größten östlichen Elongation, den 17., präsentiert er sich als zu 35% beleuchtete Sichel mit 8,2" Durchmesser.

Nach seiner größten Elongation geht seine Helligkeit weiter zurück und beträgt am 20. nur noch 0,9 mag. Sein Untergang verfrüht sich bis zu diesem Tag leicht auf 22.12 Uhr MEZ (23.12 Uhr MESZ).

Am 22. dürfte Merkur zum letzten Mal freiäugig sichtbar sein. An diesem Tag geht der nur noch 1,2 mag helle Planet, der 3,7° südlich von Elnath steht, um 22.08 Uhr MEZ (23.08 Uhr MESZ) unter und kann gegen 21.30 Uhr MEZ (22.30 Uhr MESZ) beobachtet werden. Im Fernrohr präsentiert er sich an diesem Tag als zu 24% beleuchtete Sichel mit 9,3" Durchmesser.

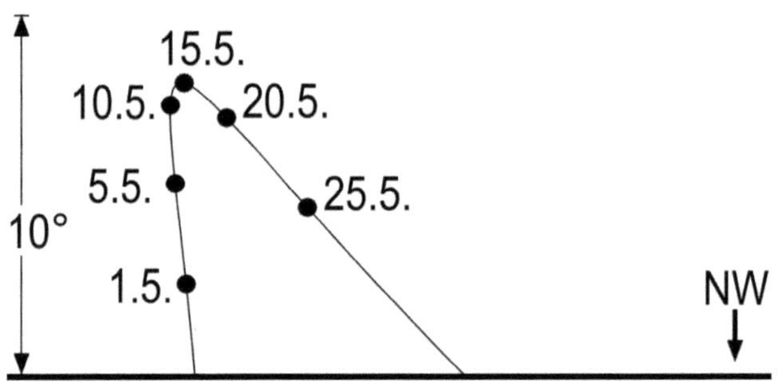

Position des Planeten Merkur am Abendhimmel, 1 Stunde nach Sonnenuntergang

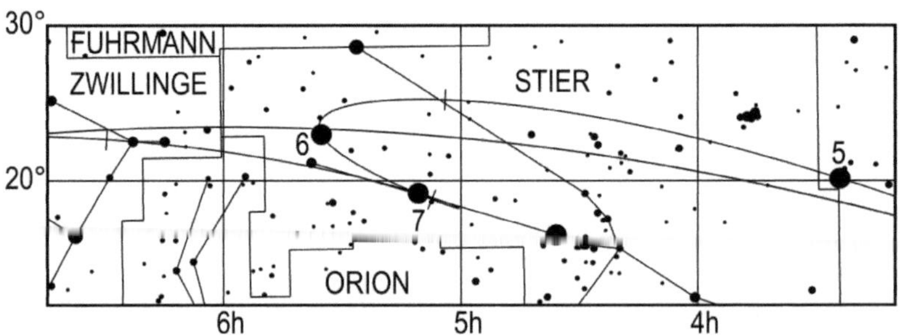

Lauf des Planeten Merkur von April bis Juli 2021. Die Zahl gibt die Position zum 1. des entsprechenden Monats an, also 6 die Position am 1.6.

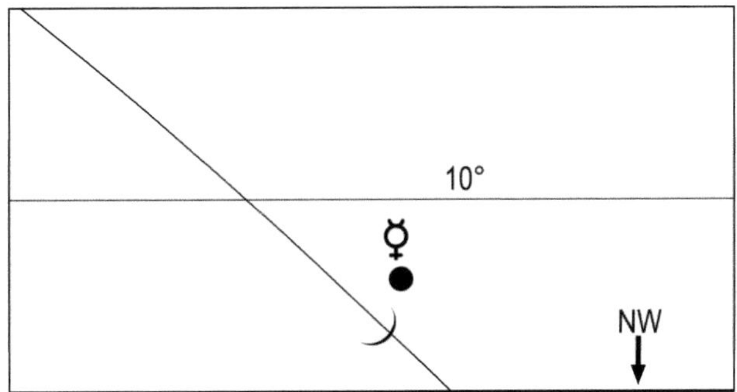

Mond und Merkur in der Abenddämmerung des 13. um 21.15 Uhr MEZ (22.15 Uhr MESZ)

Venus verbessert im Laufe des Monats ihre Sichtbarkeit in der immer später einsetzenden Abenddämmerung. Geht sie am 1. um 20.32 Uhr MEZ (21.32 Uhr MESZ) – 50 Minuten nach der Sonne – unter, so erfolgt ihr Untergang am 15. um 21.14 Uhr MEZ (22.14 Uhr MESZ) – 72 Minuten nach der Sonne – und am 31. um 21.52 Uhr MEZ (22.52 Uhr MESZ), 89 Minuten nach der Sonne.
Sie zieht an den Plejaden am 8. 4,2° südlich, an Aldebaran am 18. 5,9° nördlich und an Elnath am 27. 4,7° südlich vorbei. Alle diese Konjunktionen sind nur mit optischen Hilfsmitteln zu sehen. Dies gilt auch für die Konjunktion mit Merkur am 29., bei der der -3,9 mag helle Abendstern 25' nördlich am nur noch 2,4 mag hellen Merkur vorbeiwandert.
Im Fernrohr zeigt sich Venus zu Monatsbeginn als zu 99% beleuchtetes Scheibchen mit 9,8" Durchmesser. Im Laufe des Monats nimmt dessen Beleuchtung auf 95% ab und sein Durchmesser auf 10,3" zu.
Am 12. passiert der zunehmende Mond den Abendstern in 1,5° südlichem Abstand.

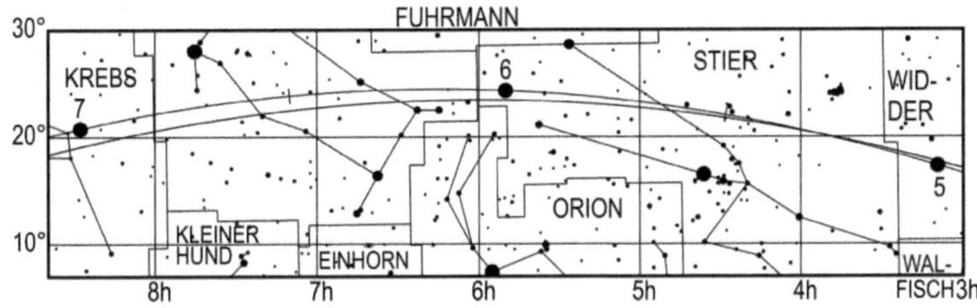

Lauf des Planeten Venus von Mai bis Juli 2021. Die Zahl gibt die Position zum 1. des entsprechenden Monats an, also 6 die Position am 1.6.

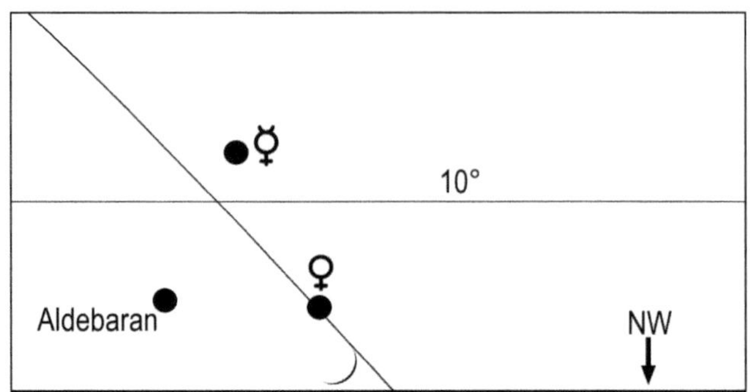

Mond, Merkur und Venus in der Abenddämmerung des 12. um 20.30 Uhr MEZ (21.30 Uhr MESZ). Aldebaran ist nur mit optischen Hilfsmitteln zu sehen.

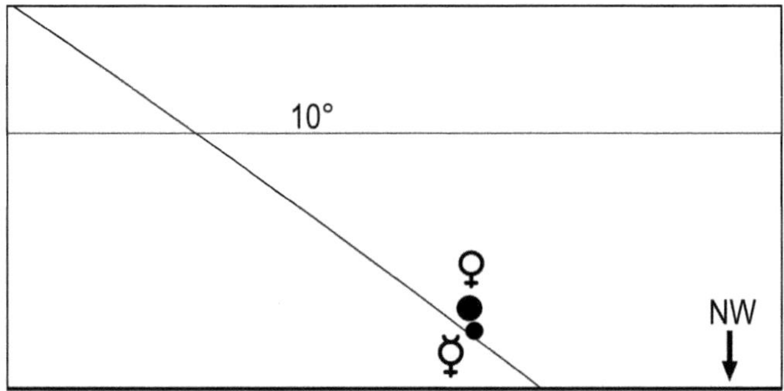

Merkur und Venus in der Abenddämmerung des 29. um 21.15 Uhr MEZ (22.15 Uhr MESZ). Merkur ist nur mit optischen Hilfsmitteln zu sehen.

Mars durchläuft die Zwillinge und versinkt am 1. um 0.26 Uhr MEZ (1.26 Uhr MESZ), am 15. um 0.04 Uhr MEZ (1.04 Uhr MESZ) und am 31. um 23.32 Uhr MEZ (0.32 Uhr MESZ). Der rote Planet, dessen Helligkeit im Laufe des Monats von 1,6 mag auf 1,7 mag abfällt, ist bezüglich seiner Helligkeit mit Kastor vergleichbar. Er passiert am 2. Mü Geminorum 2,3° nördlich, am 8. Alhena 8,2° nördlich, am 10. Epsilon Geminorum 39' südlich und am 29. Kastor 8,85° südlich. Am 16. zieht der Mond an Mars vorbei, was am Abend des Vortages beobachtet werden kann.
Beobachter in Nordwestdeutschland können bei guter Horizontsicht am 8. mit einem Fernrohr versuchen, die Bedeckung des 6,4 mag hellen Sternes SAO 78557 zu verfolgen. In der folgenden Tabelle sind die Kontaktzeiten (in MEZ) für Hamburg, Hannover und Köln gegeben. In den südöstlicheren Teilen Deutschlands ist der rote Planet schon vor Beginn der Bedeckung unter dem Horizont versunken.

	Hamburg	Hannover	Köln
Eintritt (Positionswinkel)	00:17:36 (25°)	00:17:35 (27°)	00:17:32 (32°)
Austritt (Positionswinkel)	00:19:18 (331°)	00:19:25 (329°)	00:19:43 (324°)

74

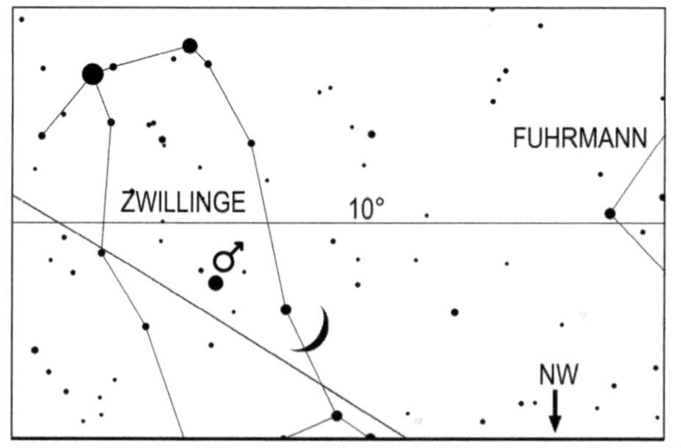

Mond und Mars am Abend des 15.5.2021 um 23 Uhr MEZ (24 Uhr MESZ)

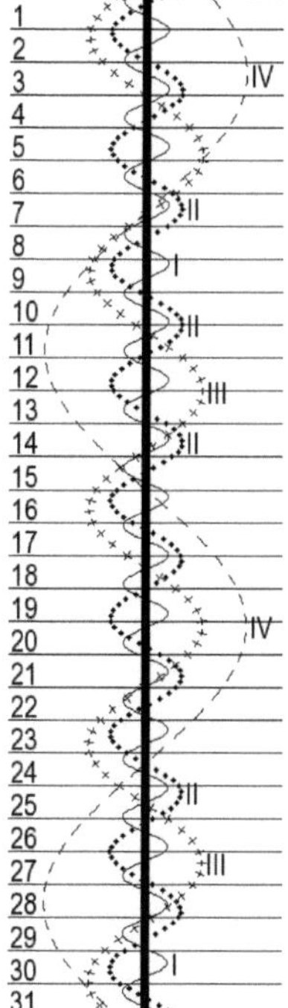

Stellung der 4
hellen Jupiter-
monde im
Mai 2021

Jupiter, durchwandert die westlichen Gebiete des Wassermanns und erscheint am 1. um 2.49 Uhr MEZ (3.49 Uhr MESZ), am 15. um 1.58 Uhr MEZ (2.58 Uhr MESZ) und am 31. um 0.58 Uhr MEZ (1.58 Uhr MESZ) über dem Horizont. Mit einer Helligkeit, die im Mai von –2,2 mag auf –2,4 mag ansteigt, ist er mit Abstand das hellste Gestirn der 2. Nachthälfte. Sein Winkeldurchmesser nimmt im Laufe des Monats von 37,4" auf 41,1" zu. Am Abend des 4. läuft der Mond 5,2° südlich an Jupiter vorbei, was eine schöne Konstellation am Morgen des nächsten Tages ergibt.

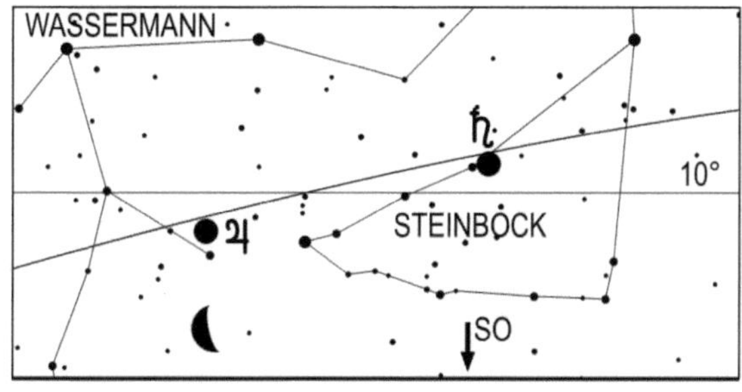

Mond, Jupiter und Saturn am Morgen des 5.5.2021
um 3.30 Uhr MEZ (4.30 Uhr MESZ)

Saturn, im Sternbild Steinbock, startet am 23. seine Oppositionsschleife. Sein Aufgang erfolgt am 1. um 2.14 Uhr MEZ

75

(3.14 Uhr MESZ), am 15. um 1.20 Uhr MEZ (2.20 Uhr MESZ) und am 31. um 0.17 Uhr MEZ (1.17 Uhr MESZ). Seine Helligkeit steigt im Mai von 0,7 mag auf 0,6 mag, während sein Scheibchendurchmesser in diesem Monat leicht von 16,7" auf 17,6" anwächst. Im Fernrohr ist sein weit geöffneter Ring (Neigungswinkel ca. 17°) gut zu sehen.
Der Mond hält sich am Morgen des 4. und am Morgen des 31. in der Nähe des Ringplaneten auf.

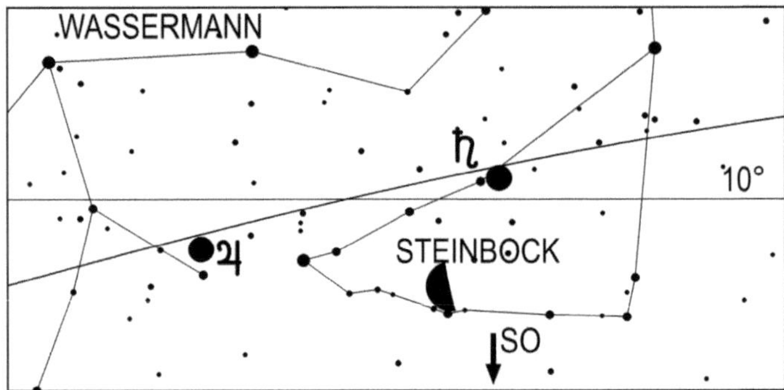

Mond, Jupiter und Saturn am Morgen des 4.5.2021 um 3.30 Uhr MEZ (4.30 Uhr MESZ)

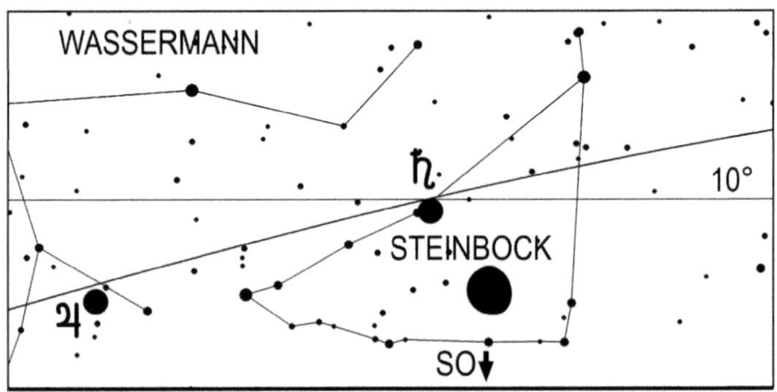

Mond, Jupiter und Saturn am Morgen des 31.5.2021 um 1.30 Uhr MEZ (2.30 Uhr MESZ)

Uranus kann im Mai nicht beobachtet werden.

Neptun ist ebenfalls immer noch unbeobachtbar. Er geht am Monatsletzten um 1.40 Uhr MEZ (2.40 Uhr MESZ) auf, was ihn aber kaum die Möglichkeit verschafft, bis zum Beginn der Morgendämmerung ausreichend Höhe zu gewinnen, um erfolgreich mit einem Fernrohr aufgesucht werden zu können.

Klein- und Zwergplaneten

Ceres kann im Mai nicht beobachtet werden.

Pallas kann bei guten Sichtbedingungen in der 2. Monatshälfte mit einem größeren Fernrohr ab ca. 15 cm Objektivöffnung kurz vor Beginn der Morgendämmerung im Grenzgebiet der Sternbilder Fische und Pegasus aufgesucht werden (Aufsuchkarte, Seite 129). Der Kleinplanet, dessen Helligkeit im Laufe des Monats von 10,5 mag auf 10,3 mag ansteigt, erscheint am 15. um 1.17 Uhr MEZ (2.17 Uhr MESZ) und am 31. um 0.22 Uhr MEZ (1.22 Uhr MESZ) über dem Horizont.

Juno, rückläufig im Schlangenträger, steigert ihre Helligkeit von 10,5 mag auf 10,1 mag. Ihr Aufgang verfrüht sich im Laufe des Monats von 21.44 Uhr MEZ (22.44 Uhr MESZ) am 1., auf 20.37 Uhr MEZ (21.37 Uhr MESZ) am 15. und auf 19.18 Uhr MEZ (20.18 Uhr MESZ) am 31., womit sie am Monatsende während der ganzen Nacht über dem Horizont steht. Sie kann mit einem Fernrohr ab 8 – 10 Zentimeter Objektivöffnung aufgesucht werden, wofür die Zeit ihrer Kulmination, welche am 1. um 3.21 Uhr MEZ (4.21 Uhr MESZ), am 15. um 2.18 Uhr MEZ (3.18 Uhr MESZ) und am 31. um 1.04 Uhr MEZ (2.04 Uhr MESZ) erfolgt, am besten geeignet ist (Aufsuchkarte, Seite 88).

Vesta rechtläufig im Löwen, kann nach Ende der Abenddämmerung mit einem Feldstecher aufgesucht werden (Aufsuchkarte, Seite 54). Ihre Helligkeit sinkt von 7,0 mag auf 7,4 mag und ihr Untergang verfrüht sich von 4.11 Uhr MEZ (5.11 Uhr MESZ) am 1., auf 3.15 Uhr MEZ (4.15 Uhr MESZ) am 15. und auf 2.12 Uhr MEZ (3.12 Uhr MESZ) am Monatsletzten.

Periodische Sternschnuppenströme

Bis zum 28. sind die Eta-Aquariden aktiv, die am 7. um 15 Uhr MEZ ihr Maximum erreichen. Die Eta-Aquariden sind Reste des Halleyschen Kometen. In unseren Breiten können von den sehr schnellen Eta-Aquariden bis zu 2 Meteore pro Stunde beobachtet werden, in südlichen Breiten bis zu fünfzehnmal mehr. Die abnehmende Mondsichel geht am 7. erst nach Beginn der nautischen Dämmerung auf, so daß diese bei der Beobachtung dieses Schwarmes nicht stört.
Vom 6. bis zum 12. ist der eher schwache Strom der Eta-Lyriden aktiv, der am 10. sein Maximum mit bis zu 1,5 Meteoren pro Stunde erreicht.
Da am nächsten Tag Neumond ist, bereitet der Mond keine Probleme bei ihrer Beobachtung.

Sonnenuntergang und Dämmerung

	Astr. Anf.	Naut. Anf.	Bürg. Anf.	Auf-gang	Kulm.	Unter-gang	Bürg. Ende	Naut. Ende	Astr. Ende	Zeitgl.
1.5.2021	2:41	3:37	4:23	5:00	12:21	19:43	20:20	21:07	22:04	-2m53s

	Astr. Anf.	Naut. Anf.	Bürg. Anf.	Auf- gang	Kulm.	Unter- gang	Bürg. Ende	Naut. Ende	Astr. Ende	Zeitgl.
2.5.2021	2:38	3:35	4:21	4:58	12:21	19:45	20:21	21:09	22:07	-3m00s
3.5.2021	2:34	3:33	4:19	4:57	12:21	19:46	20:23	21:11	22:09	-3m06s
4.5.2021	2:31	3:30	4:18	4:55	12:21	19:48	20:25	21:13	22:12	-3m12s
5.5.2021	2:28	3:28	4:16	4:53	12:21	19:49	20:26	21:15	22:15	-3m18s
6.5.2021	2:25	3:26	4:14	4:52	12:21	19:51	20:28	21:18	22:18	-3m22s
7.5.2021	2:22	3:23	4:12	4:50	12:21	19:52	20:30	21:20	22:22	-3m27s
8.5.2021	2:18	3:21	4:10	4:48	12:21	19:54	20:32	21:22	22:25	-3m30s
9.5.2021	2:15	3:19	4:09	4:47	12:20	19:55	20:33	21:24	22:28	-3m33s
10.5.2021	2:12	3:17	4:07	4:45	12:20	19:57	20:35	21:26	22:31	-3m36s
11.5.2021	2:09	3:15	4:05	4:44	12:20	19:58	20:37	21:28	22:35	-3m38s
12.5.2021	2:05	3:13	4:03	4:42	12:20	19:59	20:38	21:30	22:38	-3m39s
13.5.2021	2:02	3:10	4:02	4:41	12:20	20:01	20:40	21:32	22:41	-3m40s
14.5.2021	1:59	3:08	4:00	4:39	12:20	20:02	20:42	21:34	22:45	-3m40s
15.5.2021	1:55	3:06	3:59	4:38	12:20	20:04	20:43	21:37	22:49	-3m39s
16.5.2021	1:52	3:04	3:57	4:36	12:20	20:05	20:45	21:39	22:52	-3m38s
17.5.2021	1:48	3:02	3:56	4:35	12:20	20:06	20:46	21:41	22:56	-3m37s
18.5.2021	1:45	3:00	3:54	4:34	12:20	20:08	20:48	21:43	23:00	-3m35s
19.5.2021	1:41	2:58	3:53	4:32	12:21	20:09	20:50	21:45	23:04	-3m32s
20.5.2021	1:37	2:56	3:51	4:31	12:21	20:10	20:51	21:47	23:08	-3m29s
21.5.2021	1:33	2:54	3:50	4:30	12:21	20:12	20:53	21:49	23:12	-3m26s
22.5.2021	1:29	2:52	3:48	4:29	12:21	20:13	20:54	21:51	23:17	-3m21s
23.5.2021	1:25	2:51	3:47	4:28	12:21	20:14	20:56	21:53	23:21	-3m17s
24.5.2021	1:21	2:49	3:46	4:27	12:21	20:15	20:57	21:54	23:26	-3m12s
25.5.2021	1:16	2:47	3:45	4:26	12:21	20:17	20:58	21:56	23:31	-3m06s
26.5.2021	1:11	2:45	3:43	4:25	12:21	20:18	21:00	21:58	23:36	-3m00s
27.5.2021	1:06	2:44	3:42	4:24	12:21	20:19	21:01	22:00	23:42	-2m53s
28.5.2021	1:01	2:42	3:41	4:23	12:21	20:20	21:03	22:02	23:48	-2m46s
29.5.2021	0:55	2:41	3:40	4:22	12:21	20:21	21:04	22:03	23:56	-2m39s
30.5.2021	0:47	2:39	3:39	4:21	12:22	20:22	21:05	22:05		-2m31s
31.5.2021	0:37	2:38	3:38	4:20	12:22	20:23	21:06	22:07	0:06	-2m22s

Mondlauf

	Rektaszension	Deklination	Elong.	Phase	Mag	Auf- gang	Kulm.	Unter- gang
1.5.2021	18h20m25,2s	-26°14'23"	126,7°	0,8	-11,4	0:26	4:16	8:05
2.5.2021	19h23m31,9s	-26°04'23"	113,5°	0,7	-11,0	1:26	5:17	9:11
3.5.2021	20h23m35,9s	-24°21'00"	100,8°	0,59 ☾	-10,5	2:11	6:15	10:24
4.5.2021	21h19m38,7s	-21°21'56"	88,4°	0,49	-10,0	2:44	7:08	11:39
5.5.2021	22h11m35,1s	-17°26'45"	76,4°	0,38	-9,5	3:10	7:56	12:53
6.5.2021	22h59m57,5s	-12°53'14"	64,8°	0,29	-8,9	3:30	8:41	14:04
7.5.2021	23h45m37,0s	-7°56'15"	53,4°	0,2	-8,3	3:47	9:24	15:14
8.5.2021	0h29m30,4s	-2°48'06"	42,2°	0,13	-7,6	4:02	10:05	16:21
9.5.2021	1h12m33,4s	2°20'42"	31,1°	0,07	-6,7	4:16	10:45	17:28
10.5.2021	1h55m38,1s	7°20'29"	20,2°	0,03	-5,8	4:32	11:26	18:35
11.5.2021	2h39m30,8s	12°01'38"	9,4°	0,01 ●	-4,7	4:49	12:09	19:43
12.5.2021	3h24m50,4s	16°14'11"	2,4°	0	-4,0	5:09	12:53	20:50

	Rektaszension	Deklination	Elong.	Phase	Mag	Auf-gang	Kulm.	Unter-gang
13.5.2021	4h12m04,9s	19°47'40"	12,6°	0,01	-5,1	5:34	13:39	21:57
14.5.2021	5h01m26,6s	22°31'28"	23,5°	0,04	-6,1	6:04	14:28	22:59
15.5.2021	5h52m47,4s	24°15'33"	34,4°	0,09	-7,0	6:44	15:18	23:55
16.5.2021	6h45m38,2s	24°51'48"	45,5°	0,15	-7,8	7:34	16:10	
17.5.2021	7h39m14,4s	24°15'10"	56,7°	0,23	-8,5	8:33	17:01	0:41
18.5.2021	8h32m48,2s	22°24'35"	68,2°	0,31	-9,1	9:42	17:52	1:19
19.5.2021	9h25m43,6s	19°22'58"	79,9°	0,41 ☽	-9,7	10:55	18:42	1:49
20.5.2021	10h17m46,4s	15°16'45"	91,9°	0,52	-10,2	12:11	19:31	2:14
21.5.2021	11h09m08,1s	10°15'16"	104,4°	0,62	-10,7	13:30	20:20	2:34
22.5.2021	12h00m22,8s	4°30'36"	117,3°	0,73	-11,1	14:50	21:09	2:54
23.5.2021	12h52m22,1s	-1°41'50"	130,6°	0,82	-11,5	16:14	22:00	3:12
24.5.2021	13h46m07,5s	-8°02'25"	144,3°	0,91	-11,9	17:41	22:54	3:32
25.5.2021	14h42m39,9s	-14°06'37"	158,4°	0,97	-12,3	19:10	23:51	3:55
26.5.2021	15h42m42,0s	-19°25'44"	172,6°	1 ○	-12,7	20:39		4:22
27.5.2021	16h46m12,9s	-23°30'15"	173,0°	1	-12,7	22:02	0:51	4:59
28.5.2021	17h52m04,8s	-25°55'59"	158,9°	0,97	-12,3	23:12	1:57	5:49
29.5.2021	18h58m07,5s	-26°31'11"	145,1°	0,91	-11,9		3:01	6:51
30.5.2021	20h01m53,6s	-25°20'01"	131,7°	0,83	-11,5	0:06	4:03	8:04
31.5.2021	21h01m36,7s	-22°39'26"	118,7°	0,74	-11,1	0:45	4:59	9:22

Finsternisse

In den Vormittagsstunden des 26. ereignet sich eine totale Mondfinsternis mit einer
Größe von 1.011 und einer ungewöhnlich kurzen Dauer der totalen Phase von 16
Minuten Dauer. Sie nimmt folgenden Verlauf (alle Zeiten in MEZ)

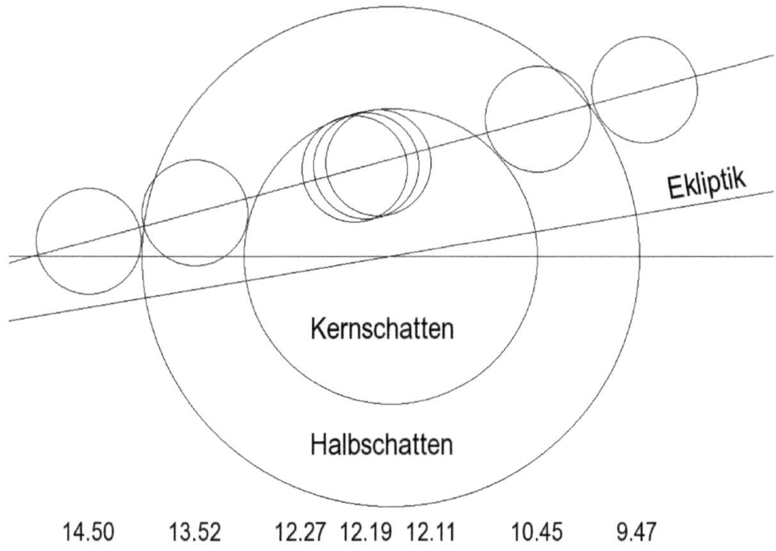

Da der Mond am 26. schon um 4.22 Uhr MEZ untergeht, ist diese Finsternis nicht in Mitteleuropa zu sehen. Sie ist sichtbar in den westlichen Gebieten des amerikanischen Kontinents, dem pazifischen Raum, Südostasien, Australien und Neuseeland.

Jupitermond-Ereignisse

Datum	Uhrzeit (MEZ)	Mond	Erscheinung	Phase
1.5.2021	04:13:06	Europa	Durchgang	Anfang
1.5.2021	04:30:24	Europa	Schattenvorübergang	Ende
4.5.2021	03:48:18	Io	Schattenvorübergang	Anfang
8.5.2021	04:12:17	Europa	Schattenvorübergang	Anfang
10.5.2021	03:56:14	Europa	Bedeckung	Ende
11.5.2021	03:09:17	Ganymed	Bedeckung	Anfang
12.5.2021	03:02:55	Io	Verfinsterung	Anfang
13.5.2021	03:49:32	Io	Durchgang	Ende
20.5.2021	03:26:17	Io	Durchgang	Anfang
21.5.2021	03:04:09	Io	Bedeckung	Ende
24.5.2021	03:32:20	Europa	Verfinsterung	Anfang
27.5.2021	03:58:02	Io	Schattenvorübergang	Anfang
29.5.2021	02:06:15	Io	Durchgang	Ende

Juni

Sternenhimmel

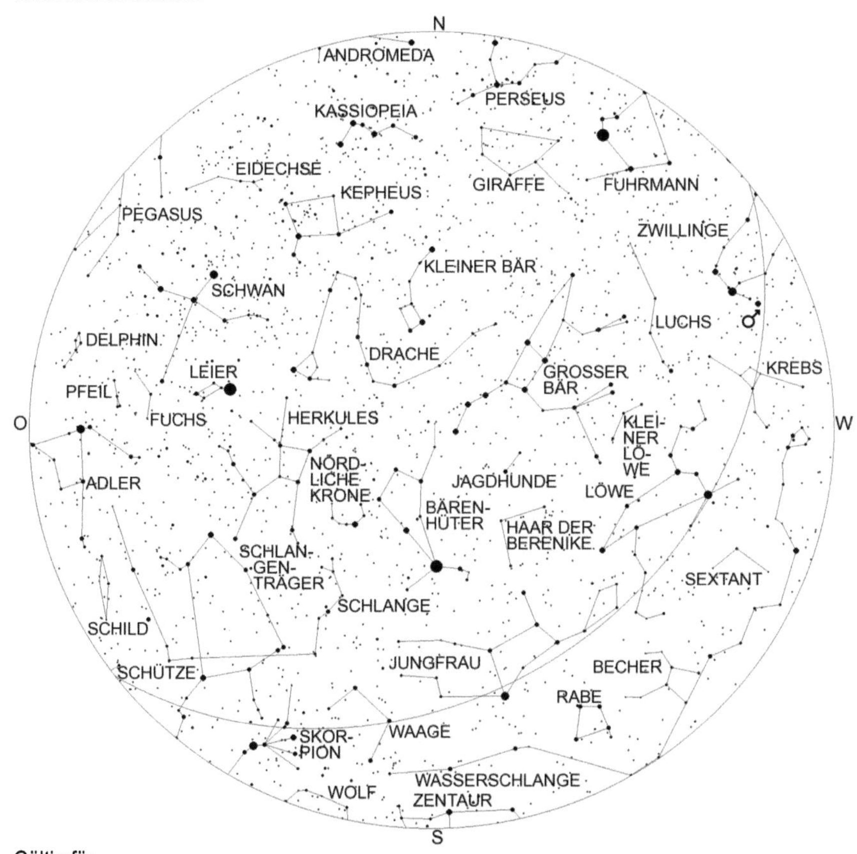

Gültig für

1.2. 6 Uhr	15.2. 5 Uhr
1.3. 4 Uhr	15.3. 3 Uhr
1.4. 2 Uhr	15.4. 1 Uhr
1.5. 0 Uhr	15.5. 23 Uhr
1.6. 22 Uhr	15.6. 21 Uhr

Jetzt sind die Nächte am kürzesten. Zu unserer Standardbeobachtungszeit, am Monatsersten um 22 Uhr MEZ, ist immer noch eine Restdämmerung im Nordwesten vorhanden, wenngleich es ausreichend dunkel ist, um die Sternbilder zu beobachten und zu identifizieren. In allen Gebieten nördlich von 48,5° nördlicher Breite wird es zum Zeitpunkt der Sommersonnenwende überhaupt nicht richtig dunkel, wenn dies auch erst nördlich des 52. Breitengrades auffallen dürfte.

Der helle Stern Arktur im Bärenhüter ist hoch im Süden zu finden. Unterhalb von diesem findet man die Jungfrau mit Spika. Auch der Kopf des Skorpions mit Antares ist tief im Südosten beobachtbar. Oberhalb von diesem ist der Schlangenträger mit der Schlange zu sehen. Tief im Osten erkennt man einen hellen Stern – es ist Atair – der Hauptstern des Adlers. Höher im Osten ist ein noch hellerer Stern sichtbar, es ist Wega, der hellste Stern des kleinen Sternbildes Leier und der fünfthellste Stern des Himmels. Weiter nordöstlich erblickt man das kreuzförmige Sternbild Schwan, dessen hellster Stern Deneb zusammen mit Wega und Atair das sogenannte Sommerdreieck bildet. Zwischen Leier und Bärenhüter befinden sich die Sternbilder Herkules und Nördliche Krone. Auf der westlichen Himmelshälfte befinden sich der Löwe, der Kopf der Wasserschlange, der Krebs und das untergehende Sternbild Zwillinge. Tief im Süden kann man bei klarem Himmel die nördlichsten Sterne des Wolfs und des Zentauren sehen.

Astronomische Ereignisse

Datum	Uhrzeit	Ereignis	Elongation
1.6.2021	11:10:43	Mond 5,15° südlich Jupiter	99,55°
2.6.2021	06:12:52	Mond in größter Südbreite	
2.6.2021	08:24:30	Letztes Viertel	
2.6.2021	14:59:48	Mars 5,4° südlich Pollux	41,7°
2.6.2021	16:30:43	Mond 19,3° südlich Pallas	79,2°
3.6.2021	00:51:19	Mond 5,4° südlich Neptun	79,6°
4.6.2021	18:23:57	Mars in größter Nordbreite	
4.6.2021	21:41:44	Uranus 6,4° nördlich Ceres	31,8°
5.6.2021	14:27:03	Venus 1,9° nördlich Eta Geminorum	18,6°
6.6.2021	14:28:18	Mond 14,4° südlich Hamal	39,2°
7.6.2021	02:36:10	Venus 1,9° nördlich Mü Geminorum	19°
7.6.2021	05:31:10	Merkur 7,5° südlich Elnath	6,15°
7.6.2021	06:10:35	Mond 3,1° südlich Uranus	34°
7.6.2021	08:18:02	Mond 3,6° nördlich Ceres	34,25°
8.6.2021	03:55:22	Mond im Apogäum	
8.6.2021	08:04:41	Junooopposition	
8.6.2021	19:07:27	Mond 5,8° südlich der Plejaden	18,3°
9.6.2021	17:40:43	Mond im aufsteigenden Knoten	
9.6.2021	18:59:26	Mond 4,95° nördlich Aldebaran	8,4°
9.6.2021	20:27:15	Venus 7,9° nördlich Alhena	19,7°
10.6.2021	02:01:27	Merkur im Aphel	

Datum	Uhrzeit	Ereignis	Elongation
10.6.2021	11:43:06	Ringförmige Sonnenfinsternis, in Mitteleuropa als partielle Sonnenfinsternis sichtbar	
10.6.2021	11:52:47	Neumond	25'
10.6.2021	14:47:27	Mond 3,6° nördlich Merkur	1,1°
10.6.2021	18:46:02	Mond 4,9° südlich Elnath	2,6°
10.6.2021	22:22:36	Vesta in größter Nordbreite	
11.6.2021	00:42:19	Venus 51' südlich Epsilon Geminorum	20°
11.6.2021	02:13:11	Merkur in unterer Konjunktion zur Sonne	-3,1°
11.6.2021	16:30:22	Mond 2,5° nördlich Eta Geminorum	12,8°
11.6.2021	20:23:42	Mond 2,4° nördlich Mü Geminorum	14,5°
12.6.2021	01:47:39	Mond 8,4° nördlich Alhena	17,6°
12.6.2021	03:59:48	Mond 19' südlich Epsilon Geminorum	18,9°
12.6.2021	06:29:51	Mond 45' nördlich Venus	20,35°
12.6.2021	18:42:17	Venus im Perihel	
13.6.2021	02:59:55	Mond 7,6° südlich Kastor	29,6°
13.6.2021	06:50:32	Mond 3,8° südlich Pollux	31,7°
13.6.2021	22:03:02	Mond 2° nördlich Mars	38°
14.6.2021	07:21:19	Mond 2,2° nördlich M44	43,6°
16.6.2021	01:51:09	Mond 4° nördlich Regulus	63,6°
16.6.2021	23:20:21	Mond in größter Nordbreite	
17.6.2021	16:02:03	Mond 3° südlich Vesta	82,65°
18.6.2021	04:54:22	Erstes Viertel	
19.6.2021	03:36:31	Mond 59' nördlich Porrima	102°
20.6.2021	00:12:53	Mond 5,4° nördlich Spika	113,2°
20.6.2021	14:37:11	Venus 8,75° südlich Kastor	22,55°
21.6.2021	04:32:38	Sommeranfang	
21.6.2021	05:32:28	Jupiter stationär, dann rückläufig	
21.6.2021	12:26:48	Mond 1,6° nördlich Zuben-el-dschenubi	134,6°
22.6.2021	15:41:47	Venus 5,3° südlich Pollux	23°
22.6.2021	18:45:19	Mond 1,1° südlich Akrab	151,95°
22.6.2021	23:37:36	Merkur stationär, dann rechtläufig	
23.6.2021	05:57:49	Mond 4° nördlich Antares	157,5°
23.6.2021	07:05:53	Mond im absteigenden Knoten	
23.6.2021	10:43:14	Mond im Perigäum	
23.6.2021	15:15:14	Mond 19,5° südlich Juno	154,5°
23.6.2021	21:00:03	Mars 18' südlich M44	34,95°
24.6.2021	19:39:47	Vollmond	
25.6.2021	11:12:59	Mond 14' nördlich Nunki	170,7°
26.6.2021	08:55:57	Mond 2,8° südlich Pluto	158,8°
26.6.2021	11:02:33	Neptun stationär, dann rückläufig	
26.6.2021	18:04:01	Mond 9,6° südlich Beta Capricorni	150,6°
26.6.2021	20:46:16	Juno in größter Nordbreite	
27.6.2021	11:21:36	Mond 4,5° südlich Saturn	143,4°

Datum	Uhrzeit	Ereignis	Elongation
28.6.2021	07:23:47	Mond 3,2° südlich Delta Capricorni	132,9°
28.6.2021	18:55:45	Mond 5,2° südlich Jupiter	125,2°
29.6.2021	13:58:00	Mond in größter Südbreite	
30.6.2021	07:41:49	Mond 18,5° südlich Pallas	101,6°
30.6.2021	07:54:05	Merkur in größter Südbreite	
30.6.2021	11:24:30	Mond 4,8° südlich Neptun	105,7°

Planeten

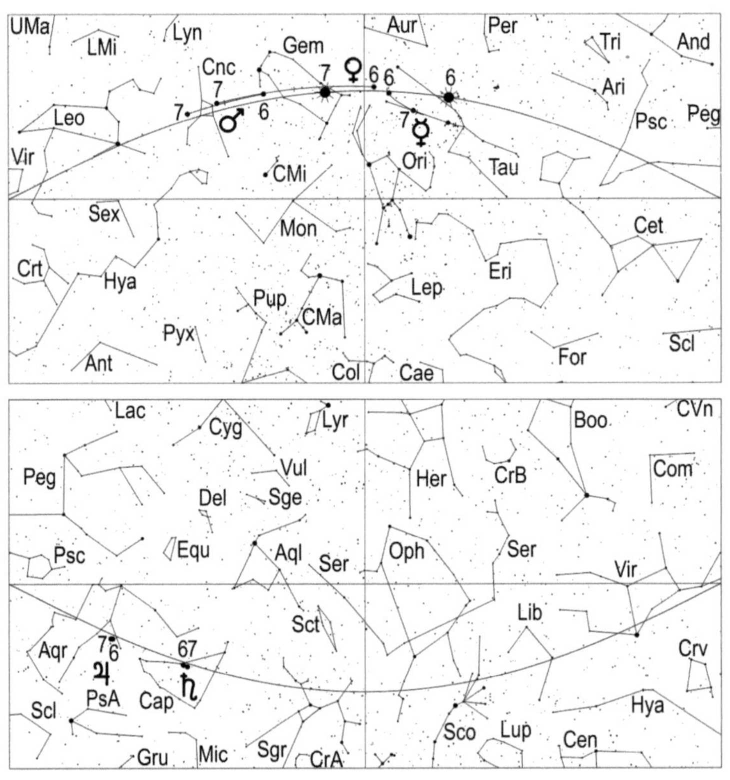

Merkur steht am 11. in unterer Konjunktion zur Sonne und ist im Juni nicht zu sehen.

Venus kann weiterhin in der Abenddämmerung beobachtet werden. Der -3,9 mag helle Planet geht am 1. um 21.53 Uhr MEZ (22.53 Uhr MESZ), am 15. um 22.09 Uhr MEZ (23.09 Uhr MESZ) und am 30. um 22.08 Uhr MEZ (23.08 Uhr MESZ) unter. Venus durchwandert das Sternbild Zwillinge und passiert am 5. Eta Geminorum 1,9° nördlich, am 7. Mü Geminorum 1,9° nördlich, am 9. Alhena 7,9° nördlich, am 11. Epsilon Geminorum 51' südlich, am 20. Kastor 8,75° südlich und am 22. Pollux 5,3° südlich. Zur Beobachtung dieser Konjunktionen ist ein Fernglas erforderlich.
Der beleuchtete Anteil des Venusscheibchens nimmt im Laufe des Junis von 95% auf 90% ab, während sein Durchmesser von 10,3" auf 11,2" anwächst.
In den Abendstunden des 12. findet man den Mond in der Nähe von unseren inneren Nachbarplaneten.

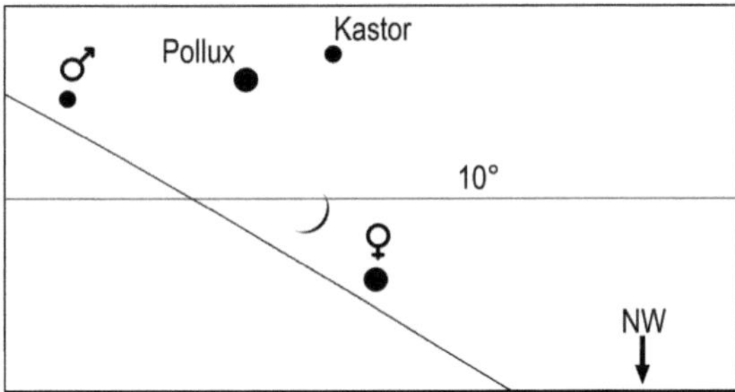

Mond, Mars und Venus in der Abenddämmerung am Abend des 12.6.2021 um 21.15 Uhr MEZ (22.15 Uhr MESZ). Kastor, Pollux und Mars sind mit bloßem Auge nicht zu sehen.

Mars beendet zur Monatsmitte seine Abendsichtbarkeit. Der rote Planet, dessen Helligkeit im Laufe des Monats von 1,7 mag auf 1,8 mag zurückgeht, versinkt am 1. um 23.30 Uhr MEZ (0.30 Uhr MESZ) und am 15. um 23.00 Uhr MEZ (0.00 Uhr MESZ) unter dem Horizont. Für den Rest des Monats ist Mars, der durch den Krebs wandert, mit bloßem Auge nicht zu sehen.

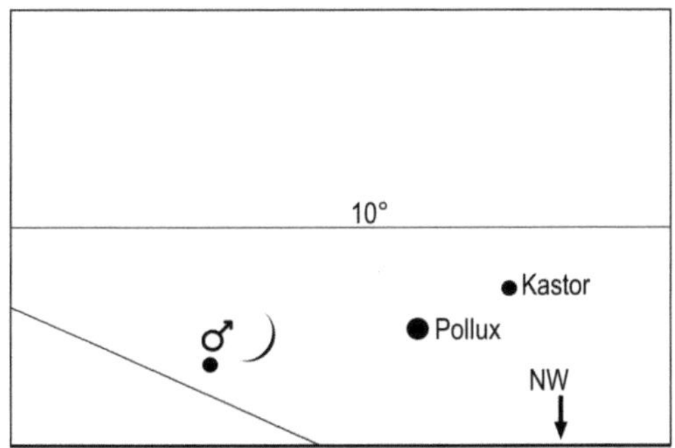

Mond, Mars, Kastor und Pollux in der Abenddämmerung des 13.6.2021
um 22.30 Uhr MEZ (23.30 Uhr MESZ)

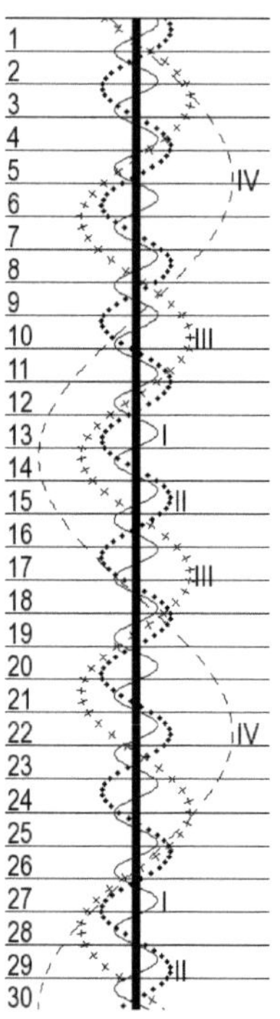

Jupiter wird am 21. stationär und setzt zu seiner Oppositionsschleife an. Der Riesenplanet, der sich im Sternbild Wassermann aufhält, geht am 1. um 0.54 Uhr MEZ (1.54 Uhr MESZ), am 15. um 0.01 Uhr MEZ (1.01 Uhr MESZ) und am 30. um 22.58 Uhr MEZ (23.58 Uhr MESZ) auf. In diesem Monat steigt seine Helligkeit leicht von –2,4 mag auf –2,6 mag an und sein Scheibchendurchmesser wächst von 41,2" auf 45,2". Er ist ein interessantes Fernrohrobjekt, wenn auch wegen seiner geringen Höhe über dem Horizont, die Luftunruhe Probleme bei der Erkennung von Oberflächendetails bereiten dürfte.
Der Mond läuft im Juni zweimal an Jupiter vorbei: am 1. 5,15° südlich und am 28. 5,2° südlich.

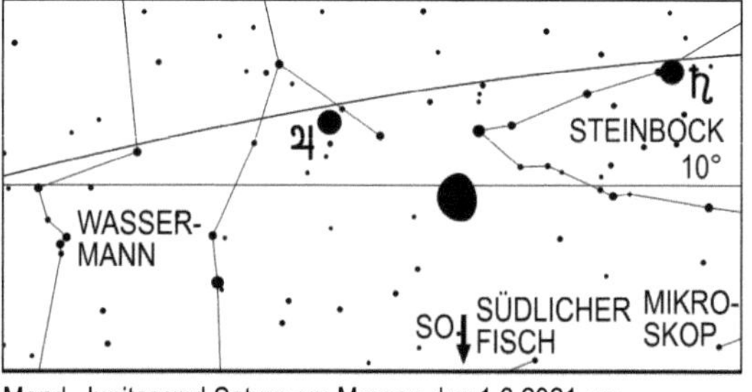

Mond, Jupiter und Saturn am Morgen des 1.6.2021 um 2.30 Uhr MEZ (3.30 Uhr MESZ)

Stellung der 4 hellen Jupitermonde im Juni 2021

Saturn, rückläufig im Steinbock, überschreitet den Horizont am 1. um 0.13 Uhr MEZ (1.13 Uhr MESZ), am 15. um 23.14 Uhr MEZ (0.14 Uhr MESZ) und am Monatsletzten um 22.13 Uhr MEZ (23.13 Uhr MESZ). Seine Helligkeit steigt im Juni leicht von 0,6 mag auf 0,4 mag. Schon in kleinen Fernrohren ist sein Ring zu erkennen. Sein scheinbarer Durchmesser nimmt im Laufe des Monats leicht von 17,6" auf 18,3" zu. Am 27. läuft der Mond 4,5° südlich an Saturn vorbei.

Uranus kann im letzten Monatsdrittel mit einem Fernrohr im Sternbild Widder aufgesucht werden (Aufsuchkarte, Seite 155). Sein Aufgang erfolgt am 20. um 1.53 Uhr MEZ (2.53 Uhr MESZ) und am Monatsletzten um 1.15 Uhr MEZ (2.15 Uhr MESZ). Etwa eine Stunde nach seinem Aufgang lohnt es sich, nach den 5,8 mag hellen Planeten, in der beginnenden Dämmerung Ausschau zu halten.

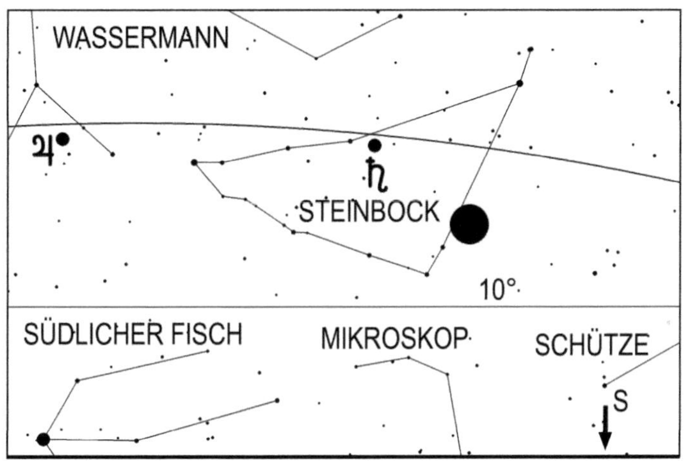

Mond, Jupiter und Saturn am Morgen des 27.6.2021 um 2 Uhr MEZ (3 Uhr MESZ)

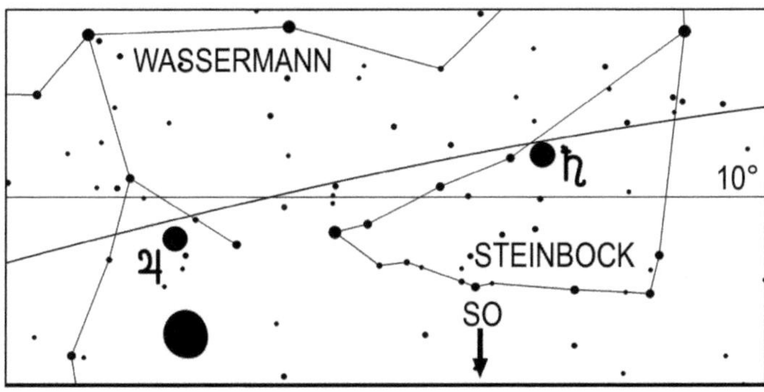

Mond, Jupiter und Saturn am 29.6.2021 um 0 Uhr MEZ (1 Uhr MESZ)

Neptun im Wassermann, kann wieder am Morgenhimmel mit einem Fernrohr aufgesucht werden (Aufsuchkarte, Seite 127), wenn dies auch im ersten Monatsdrittel noch sehr schwierig sein dürfte. Er überschreitet den Horizont am 1. um 1.36 Uhr MEZ (2.36 Uhr MESZ), am 15. um 0.41 Uhr MEZ (1.41 Uhr MESZ) und am Monatsletzten schon um 23.39 Uhr MEZ (0.39 Uhr MESZ). Am 26. wird der sonnenfernste Planet stationär und setzt zu seiner Oppositionsschleife an.

Klein- und Zwergplaneten

Ceres kann im Juni nicht beobachtet werden.

Pallas geht am 1. um 0.22 Uhr MEZ (1.22 Uhr MESZ), am 15. um 23.27 Uhr MEZ (0.27 Uhr MESZ) und am 30. um 22.33 Uhr MEZ (23.33 Uhr MESZ) auf. Der Kleinplanet, dessen Helligkeit von 10,3 mag auf 10,0 mag ansteigt, durchwandert das Grenzgebiet der Sternbilder Pegasus und Fische und kann mit einem Fernrohr ab ca. 10 Zentimeter Objektivöffnung kurz vor Beginn der Morgendämmerung aufgesucht werden (Aufsuchkarte, Seite 129).

Juno erreicht am 8. ihre Opposition zur Sonne. Der Kleinplanet, dessen Helligkeit am Oppositionstag 10,1 mag beträgt, wandert rückläufig durch den Schlangenträger und kann mit einem Fernrohr ab ca. 8 Zentimeter Objektivöffnung aufgesucht werden, wofür die Zeit der Kulmination am besten geeignet ist. Diese erfolgt am 1. um 0.59 Uhr MEZ (1.59 Uhr MESZ), am 15. um 23.49 Uhr MEZ (0.49 Uhr MESZ) und am 30. um 22.38 Uhr MEZ (23.38 Uhr MESZ).
Bis zum Monatsende geht die Helligkeit von Juno auf 10,3 mag zurück.

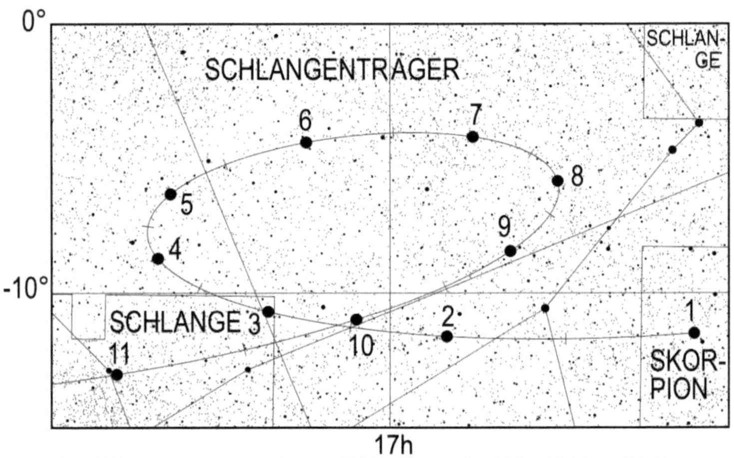

Lauf des Kleinplaneten Juno von Januar 2021 bis November 2021. Die Zahl gibt die Position zum 1. des entsprechenden Monats an, also 5 die Position am 1.5.

Vesta wandert vom Löwen in die Jungfrau und geht am 1. um 2.08 Uhr MEZ (3.08 Uhr MESZ), am 15. um 1.17 Uhr MEZ (2.17 Uhr MESZ) und am 30. um 0.23 Uhr MEZ (1.23 Uhr MESZ) unter. Der Planetoid, dessen Helligkeit im Laufe des Monats von 7,4 mag auf 7,7 mag sinkt, kann am besten gegen Ende der Abenddämmerung mit einem Feldstecher aufgesucht werden (Aufsuchkarte, Seite 54).

Periodische Sternschnuppenströme

Vom 11. bis zum 21. kann man die Juni-Lyriden beobachten, die zum Zeitpunkt ihres Maximums am 16. um 11 Uhr MEZ bis zu 2 Meteore pro Stunde hervorbringen.

Der zunehmende, sichelförmige Mond geht am 16. um Mitternacht unter, so daß
mondlichtbedingte Störungen bei der Beobachtung nur in der ersten Nachthälfte
auftreten.

Während des ganzen Monats sind die langsam fliegenden Meteore der Scorpius-
Sagittariiden zu registrieren, welche am 14. ihr Maximum erreichen. Der Mond
beeinträchtigt ihre Beobachtung nur wenig, da er noch eine dünne Sichel ist und
schon vor Mitternacht unter dem Horizont verschwindet.

Zwischen dem 25. und dem 30. sind die Juni-Bootiden aktiv, die ihr Maximum am 28.
um 3 Uhr MEZ erreichen. Es sind bis zu 3, langsamere Meteore pro Stunde zu
erwarten, doch können höhere Fallraten nicht gänzlich ausgeschlossen werden.

Die Juni-Bootiden sind Reste des Kometen 7P/Pons-Winnecke.

Der Mond ist am 28. noch recht voll und geht kurz vor Mitternacht auf, so daß in der
zweiten Nachthälfte sein Licht bei der Beobachtung stören kann.

Sonnenuntergang und Dämmerung

	Astr. Anf.	Naut. Anf.	Bürg. Anf.	Aufgang	Kulm.	Untergang	Bürg. Ende	Naut. Ende	Astr. Ende	Zeitgl.
1.6.2021	----	2:36	3:37	4:20	12:22	20:24	21:08	22:08	----	-2m13s
2.6.2021	----	2:35	3:36	4:19	12:22	20:25	21:09	22:10	----	-2m04s
3.6.2021	----	2:34	3:36	4:18	12:22	20:26	21:10	22:11	----	-1m54s
4.6.2021	----	2:33	3:35	4:18	12:22	20:27	21:11	22:13	----	-1m44s
5.6.2021	----	2:31	3:34	4:17	12:23	20:28	21:12	22:14	----	-1m34s
6.6.2021	----	2:30	3:33	4:17	12:23	20:29	21:13	22:16	----	-1m23s
7.6.2021	----	2:29	3:33	4:16	12:23	20:30	21:14	22:17	----	-1m12s
8.6.2021	----	2:28	3:32	4:16	12:23	20:31	21:15	22:18	----	-1m01s
9.6.2021	----	2:28	3:32	4:15	12:23	20:31	21:16	22:19	----	-0m49s
10.6.2021	----	2:27	3:31	4:15	12:24	20:32	21:17	22:20	----	-0m37s
11.6.2021	----	2:26	3:31	4:15	12:24	20:33	21:17	22:21	----	-0m25s
12.6.2021	----	2:26	3:31	4:14	12:24	20:33	21:18	22:22	----	-0m12s
13.6.2021	----	2:25	3:30	4:14	12:24	20:34	21:19	22:23	----	0m00s
14.6.2021	----	2:25	3:30	4:14	12:24	20:34	21:19	22:24	----	0m12s
15.6.2021	----	2:24	3:30	4:14	12:25	20:35	21:20	22:25	----	0m25s
16.6.2021	----	2:24	3:30	4:14	12:25	20:35	21:20	22:25	----	0m38s
17.6.2021	----	2:24	3:30	4:14	12:25	20:36	21:21	22:26	----	0m51s
18.6.2021	----	2:24	3:30	4:14	12:25	20:36	21:21	22:26	----	1m04s
19.6.2021	----	2:24	3:30	4:14	12:25	20:36	21:21	22:27	----	1m17s
20.6.2021	----	2:24	3:30	4:14	12:26	20:37	21:22	22:27	----	1m30s
21.6.2021	----	2:24	3:30	4:14	12:26	20:37	21:22	22:27	----	1m43s
22.6.2021	----	2:24	3:31	4:15	12:26	20:37	21:22	22:27	----	1m56s
23.6.2021	----	2:25	3:31	4:15	12:26	20:37	21:22	22:27	----	2m09s
24.6.2021	----	2:25	3:31	4:15	12:27	20:37	21:22	22:27	----	2m21s
25.6.2021	----	2:26	3:32	4:16	12:27	20:37	21:22	22:27	----	2m34s
26.6.2021	----	2:26	3:32	4:16	12:27	20:37	21:22	22:27	----	2m47s
27.6.2021	----	2:27	3:33	4:17	12:27	20:37	21:22	22:27	----	2m59s
28.6.2021	----	2:28	3:33	4:17	12:27	20:37	21:22	22:26	----	3m11s
29.6.2021	----	2:28	3:34	4:18	12:28	20:37	21:22	22:26	----	3m24s
30.6.2021	----	2:29	3:34	4:18	12:28	20:37	21:21	22:25	----	3m36s

Mondlauf

	Rektaszension	Deklination	Elong.	Phase	mag	Aufgang	Kulm.	Untergang
1.6.2021	21h56m38,8s	-18°52'06"	106,2°	0,64	-10,7	1:14	5:51	10:38
2.6.2021	22h47m20,1s	-14°19'58"	94,1°	0,54 ☽	-10,2	1:36	6:39	11:53
3.6.2021	23h34m32,6s	-9°21'17"	82,5°	0,44	-9,7	1:54	7:22	13:03
4.6.2021	0h19m19,9s	-4°10'12"	71,1°	0,34	-9,2	2:09	8:04	14:12
5.6.2021	1h02m45,8s	1°02'04"	59,9°	0,25	-8,6	2:24	8:45	15:19
6.6.2021	1h45m50,1s	6°06'04"	48,9°	0,17	-8,0	2:39	9:26	16:26
7.6.2021	2h29m26,0s	10°52'53"	38,0°	0,11	-7,2	2:56	10:07	17:33
8.6.2021	3h14m19,2s	15°13'14"	27,2°	0,06	-6,4	3:15	10:51	18:41
9.6.2021	4h01m04,4s	18°57'07"	16,3°	0,02	-5,4	3:38	11:36	19:48
10.6.2021	4h50m00,0s	21°53'50"	5,4°	0 ●	-4,3	4:06	12:24	20:52
11.6.2021	5h41m02,8s	23°52'54"	5,7°	0	-4,3	4:43	13:14	21:50
12.6.2021	6h33m45,0s	24°45'17"	16,8°	0,02	-5,5	5:30	14:06	22:40
13.6.2021	7h27m18,8s	24°25'12"	28,0°	0,06	-6,5	6:26	14:58	23:21
14.6.2021	8h20m48,8s	22°51'15"	39,4°	0,11	-7,4	7:33	15:49	23:53
15.6.2021	9h13m29,4s	20°06'42"	51,0°	0,19	-8,2	8:44	16:39	
16.6.2021	10h04m57,4s	16°18'39"	62,9°	0,27	-8,9	9:58	17:27	0:18
17.6.2021	10h55m17,3s	11°36'50"	75,0°	0,37	-9,5	11:15	18:15	0:40
18.6.2021	11h44m58,7s	6°12'48"	87,4°	0,48 ☽	-10,0	12:31	19:02	0:59
19.6.2021	12h34m50,6s	0°19'47"	100,2°	0,59	-10,5	13:51	19:50	1:17
20.6.2021	13h25m55,1s	-5°46'36"	113,3°	0,7	-11,0	15:13	20:41	1:35
21.6.2021	14h19m20,1s	-11°47'15"	126,8°	0,8	-11,4	16:38	21:35	1:55
22.6.2021	15h16m07,5s	-17°18'42"	140,6°	0,89	-11,8	18:06	22:33	2:19
23.6.2021	16h16m52,6s	-21°53'47"	154,5°	0,95	-12,2	19:32	23:35	2:51
24.6.2021	17h21m15,8s	-25°05'06"	168,5°	0,99 ○	-12,5	20:49		3:33
25.6.2021	18h27m43,2s	-26°31'45"	176,6°	1	-12,7	21:52	0:40	4:29
26.6.2021	19h33m44,1s	-26°06'38"	163,4°	0,98	-12,4	22:39	1:44	5:39
27.6.2021	20h36m49,3s	-23°58'54"	150,0°	0,93	-12,0	23:13	2:44	6:56
28.6.2021	21h35m28,3s	-20°29'29"	137,0°	0,86	-11,6	23:39	3:40	8:16
29.6.2021	22h29m23,5s	-16°03'07"	124,4°	0,78	-11,2	23:59	4:31	9:34
30.6.2021	23h19m10,1s	-11°02'22"	112,3°	0,69	-10,8		5:17	10:48

Finsternisse

Am 10. findet im nördlichen Kanada, dem Nordpolarmeer und Teilen
Nordostsibiriens eine ringförmige Sonnenfinsternis statt. Sie erreicht ihr Maximum an
einem Punkt bei 80,815° nördliche Breite und 66,805° westliche Länge mit einer
Gesamtdauer der ringförmigen Phase von 3m51s, wobei eine Größe von 0,9435
erreicht wird. In Mitteleuropa ist diese Finsternis mit geringem Bedeckungsgrad
während der Mittagsstunden sichtbar. **Bei der Beobachtung sind die auf Seite 22
erwähnten Vorsichtsmaßnahmen zur Sonnenbeobachtung unbedingt zu
beachten!**

Die folgende Tabelle enthält den Zeitpunkt des Anfangs, den Zeitpunkt der größten Verfinsterung, den Bedeckungsgrad, also den Anteil der Sonnenfläche, der vom Mond zum Zeitpunkt der größten Verfinsterung bedeckt wird, die Größe und den Zeitpunkt des Endes für einige Städte in Deutschland. Auch findet man in ihr ein Bild, welches die Sonne zum Zeitpunkt der maximalen Verfinsterung zeigt. Es ist in der Spalte „Sonne zur Mitte" zu finden.

Ort	Anfang (MEZ)	Größte Verfin-sterung(MEZ)	Bedeckungs-grad	Größe	Sonne zur Mitte	Ende (MEZ)
Berlin	10:36:42	11:39:01	0,2400	0,1341		12:43:20
Bern	10:27:14	11:17:55	0,1477	0,0658		12:11:32
Dresden	10:39:02	11:37:48	0,2017	0,1040		12:38:28
Frankfurt	10:27:17	11:26:06	0,2133	0,1128		12:27:57
Hamburg	10:28:47	11:33:59	0,2859	0,1730		12:41:57
Hannover	10:28:30	11:31:41	0,2598	0,1505		12:37:46
Köln	10:22:51	11:24:13	0,2459	0,1390		12:29:03
Leipzig	10:35:20	11:35:23	0,2171	0,1158		12:37:40
München	10:37:39	11:28:50	0,1435	0,0630		12:22:11
Nürnberg	10:34:08	11:29:53	0,1796	0,0877		12:28:05
Stuttgart	10:29:47	11:24:50	0,1775	0,0862		12:22:41
Wien	10:52:51	11:40:07	0,1129	0,0442		12:28:2

Jupitermond-Ereignisse

Datum	Uhrzeit (MEZ)	Mond	Erscheinung	Phase
1.6.2021	02:39:34	Kallisto	Verfinsterung	Anfang
2.6.2021	03:56:14	Europa	Durchgang	Anfang
4.6.2021	03:12:12	Io	Verfinsterung	Anfang
5.6.2021	01:40:53	Io	Durchgang	Anfang
5.6.2021	02:38:33	Io	Schattenvorübergang	Ende
5.6.2021	03:17:01	Ganymed	Schattenvorübergang	Ende
9.6.2021	03:49:22	Europa	Schattenvorübergang	Anfang
10.6.2021	03:32:25	Kallisto	Durchgang	Ende
11.6.2021	03:33:18	Europa	Bedeckung	Ende
12.6.2021	02:14:19	Io	Schattenvorübergang	Anfang
12.6.2021	03:32:22	Io	Durchgang	Anfang
12.6.2021	03:37:35	Ganymed	Schattenvorübergang	Anfang
13.6.2021	03:08:17	Io	Bedeckung	Ende
16.6.2021	02:23:13	Ganymed	Bedeckung	Ende
18.6.2021	00:38:18	Europa	Verfinsterung	Anfang
18.6.2021	01:35:19	Kallisto	Verfinsterung	Ende
20.6.2021	00:57:04	Europa	Durchgang	Ende
20.6.2021	01:27:52	Io	Verfinsterung	Anfang
21.6.2021	00:55:01	Io	Schattenvorübergang	Ende
21.6.2021	02:07:58	Io	Durchgang	Ende
23.6.2021	01:19:47	Ganymed	Verfinsterung	Ende
23.6.2021	02:30:05	Ganymed	Bedeckung	Anfang
25.6.2021	03:14:45	Europa	Verfinsterung	Anfang
27.6.2021	00:32:27	Europa	Durchgang	Anfang
27.6.2021	01:07:13	Europa	Schattenvorübergang	Ende
27.6.2021	03:21:22	Europa	Durchgang	Ende
27.6.2021	03:21:31	Io	Verfinsterung	Anfang
28.6.2021	00:30:53	Io	Schattenvorübergang	Anfang
28.6.2021	01:39:13	Io	Durchgang	Anfang
28.6.2021	02:49:09	Io	Schattenvorübergang	Ende
29.6.2021	01:13:40	Io	Bedeckung	Ende
30.6.2021	01:41:19	Ganymed	Verfinsterung	Anfang

Juli

Sternenhimmel

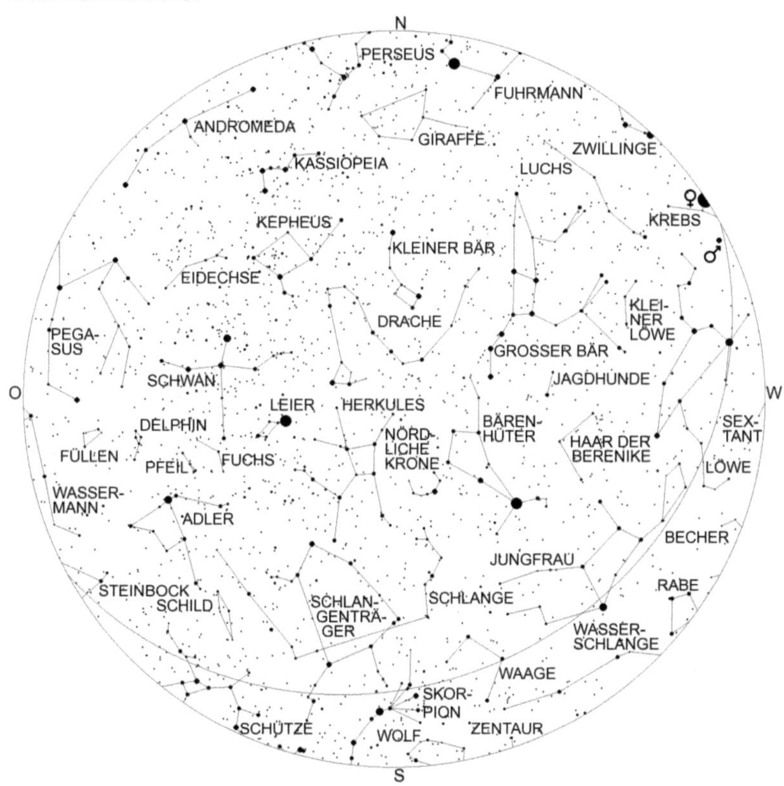

Gültig für

1.3. 6 Uhr	15.3. 5 Uhr
1.4. 4 Uhr	15.4. 3 Uhr
1.5. 2 Uhr	15.5. 1 Uhr
1.6. 0 Uhr	15.6. 23 Uhr
1.7. 22 Uhr	15.7. 21 Uhr

Zur Standardbeobachtungszeit, den Monatsersten um 22 Uhr MEZ, ist im Nordwesten immer noch eine Restdämmerung zu sehen und in den nördlichen Teilen Deutschlands wird es in der ersten Monatshälfte überhaupt nicht vollständig dunkel, doch ist es zu dieser Zeit dunkel genug, um die wichtigsten Sternbilder zu sehen und zu bestimmen.

Tief im Süden steht der Skorpion mit seinem hellen Stern Antares, der zu den größten Sternen überhaupt gehört. Im Skorpion befinden sich mehrere Doppelsterne, die schon mit kleinen Fernrohren getrennt werden können. Einer ist der Scherenstern Akrab, der schon mit Fernrohren ab 5 cm Öffnung aufgelöst werden kann. Er besteht aus den 2,6 mag hellen Hauptstern und einen 4,9 mag hellen Begleiter. Sowohl der Hauptstern als auch der Begleiter sind ihrerseits enge Doppelsterne, deren Auflösung nur mit sehr großen Fernrohren gelingt. Zumindest einer der Sterne, die das Hauptsternsystem bilden und ein Stern des Begleiters sind ebenfalls doppelt, sodass Akrab ein System aus 6, möglicherweise 7 Sternen darstellt.

Der nur knapp östlich von Akrab gelegene Stern Jabbah ist sogar schon im Feldstecher trennbar und besteht aus einem 4,0 mag hellen Hauptstern mit einem 6,3 mag hellem Begleiter in 41" Abstand. In einem Fernrohr ab 6 cm Öffnung erkennt man, dass der Begleiter seinerseits wieder doppelt ist und aus 2 Sternen in 2,4" Abstand besteht. Ein Fernrohr ab 15 cm Öffnung zeigt, dass auch der Hauptstern ein Doppelstern ist, der sich aus einem 4,2 mag und einem 6,6 mag hellen Stern in 1,3" Abstand zusammensetzt.

Beide Komponenten des Hauptsterns sind ihrerseits wieder Doppelsterne, was nur durch Spektralanalyse festgestellt werden kann. Möglicherweise trifft dies auch auf die schwächere Komponente des Begleiters zu.

Jabbah ist somit – wie Akrab – ein System aus 6 vielleicht sogar 7 Sternen.

Im Südsüdosten geht gerade das Sternbild Schütze auf, in dem sich in diesem Jahr die Planeten Jupiter und Saturn befinden.

Westlich des Skorpions befindet sich die Waage. Nordwestlich davon findet man die Tierkreissternbilder Jungfrau und Löwe, die bald unter dem Horizont versinken werden.

Das Areal nördlich des Skorpions wird von den Sternbildern Schlange und Schlangenträger eingenommen. Erstere ist das einzige Sternbild, welches aus zwei nicht zusammenhängenden Teilen besteht.

Nördlich des Schlangenträgers steht das wenig charakteristische Sternbild Herkules, dessen südöstlichster heller Stern, Ras Algheti (Alpha Herculis), ein schon in Fernrohren ab 5 cm Öffnung auflösbarer Doppelstern ist. Er besteht aus dem orangeroten Hauptstern, dessen Helligkeit zwischen 2,7 mag und 4,0 mag schwankt und einem 5,4 mag hellem, weißlichem Begleiter in 4,8" Abstand und zeigt im Fernrohr einen schönen Farbkontrast.

Weitere Beobachtungsobjekte im Herkules für Fernrohrbesitzer sind die Kugelsternhaufen M13 und M92, die mit einer Helligkeit von 5,8 mag bzw. 6,3 mag schon im Feldstecher aufgesucht werden können. Westlich des Herkules erkennt man das Halbrund der Nördlichen Krone und den Bärenhüter mit Arktur.

Hoch im Südosten findet man die Sternbilder Schwan, Leier und Adler, deren hellste Sterne Wega, Deneb und Atair das Sommerdreieck bilden. In der Leier finden sich

einige interessante Beobachtungsobjekte: als Erstes ist hiervon der Vierfachstern
Epsilon (ε) Lyrae zu nennen, der sich nordöstlich von Wega befindet. Seine beiden
Hauptkomponenten, welche 3,45' auseinander stehen, können unter guten
Sichtbedingungen schon mit bloßem Auge, auf jeden Fall aber in einem Fernglas
getrennt werden. Bei Beobachtung mit einem Fernrohr ab 6 Zentimeter
Objektivöffnung erkennt man, dass beide Hauptkomponenten ihrerseits
Doppelsterne mit Winkelabständen von 2,3" und 2,7" sind. Wählt man eine ca. 150-
fache Vergrößerung kann man alle 4 Sterne gleichzeitig sehen.
Ein weiterer Doppelstern, dessen Hauptkomponente zu den bekanntesten
bedeckungsveränderlichen Sternen gehört, ist Beta (β) Lyrae. Er wird auf Seite 263
ausführlich beschrieben und kann schon mit einem Fernglas getrennt werden. Zeta
(ζ) Lyrae, der aus einem 4,3 mag und einem 5,6 mag hellem Stern in 44" Abstand
besteht, ist ein ebenfalls im Feldstecher auflösbarer Doppelstern. Das Sternbild
Schwan liegt direkt in der Milchstraße und zeigt im Fernglas eine enorme
Sternenfülle.

Sommersternbilder

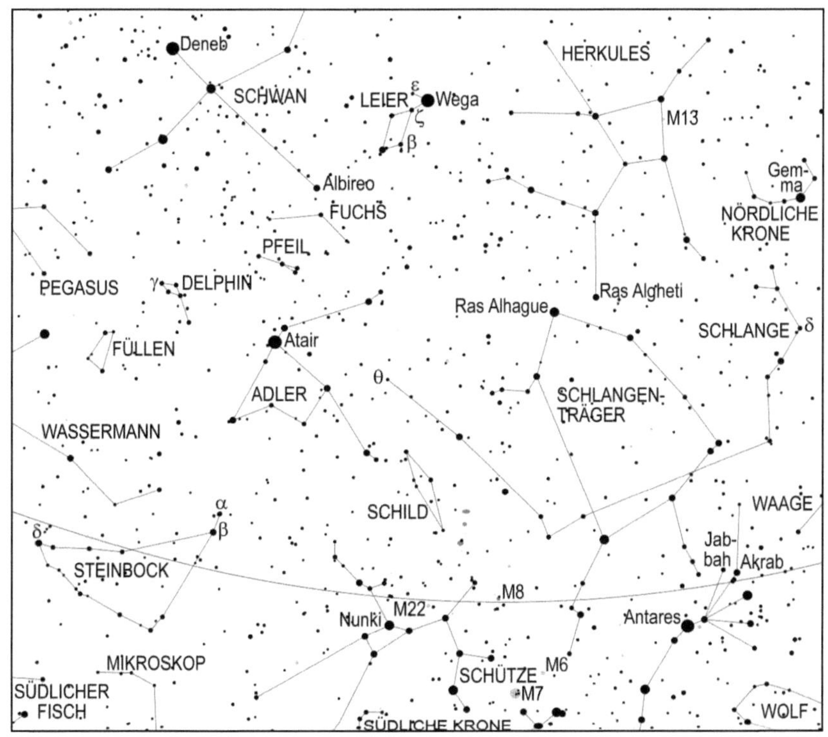

Astronomische Ereignisse

Datum	Uhrzeit	Ereignis	Elongation
1.7.2021	22:10:49	Letztes Viertel	
3.7.2021	09:23:12	Venus 5,1' nördlich M44	25,9°
3.7.2021	19:53:51	Mond 14,7° südlich Hamal	64,5°
4.7.2021	04:14:51	Venus in größter Nordbreite	
4.7.2021	17:19:14	Mond 2,7° südlich Uranus	59°
4.7.2021	20:45:38	Merkur in größter westlicher Elongation	21,6°
5.7.2021	13:16:47	Mond 4,6° nördlich Ceres	50,8°
5.7.2021	14:20:48	Merkur 8,3° südlich Elnath	21,5°
5.7.2021	23:35:13	Erde im Aphel (Abstand Erde-Sonne: 1,01673 AE)	
5.7.2021	23:54:33	Mond 6,1° südlich der Plejaden	44°
6.7.2021	23:38:47	Mond im aufsteigenden Knoten	
6.7.2021	23:53:00	Mond 4,7° nördlich Aldebaran	34,35°
7.7.2021	23:49:06	Mond 5,2° südlich Elnath	23,45°
8.7.2021	04:21:10	Mond 3° nördlich Merkur	20,9°
8.7.2021	22:24:44	Mond 2,1° nördlich Eta Geminorum	13,2°
9.7.2021	01:13:03	Mond 2,2° nördlich Mü Geminorum	11,5°
9.7.2021	07:05:37	Mond 8,7° nördlich Alhena	8,7°
9.7.2021	10:33:09	Mond 6,8' nördlich Epsilon Geminorum	7,5°
10.7.2021	02:16:41	Neumond	2,3°
10.7.2021	08:12:34	Mond 7,3° südlich Kastor	4,5°
10.7.2021	14:23:59	Mond 3,6° südlich Pollux	6,45°
11.7.2021	14:23:01	Mond 2,4° nördlich M44	17,8°
12.7.2021	08:51:28	Mond 2,8° nördlich Venus	27,6°
12.7.2021	10:01:40	Mond 3,35° nördlich Mars	28,1°
13.7.2021	01:22:32	Mars im Aphel	
13.7.2021	05:47:12	Mond 4,2° nördlich Regulus	37,8°
13.7.2021	08:06:06	Venus 30' nördlich Mars	28,4°
14.7.2021	03:35:35	Mond in größter Nordbreite	
14.7.2021	09:06:41	Merkur 11' südlich Eta Geminorum	18,4°
15.7.2021	12:40:51	Merkur 11" nördlich Mü Geminorum	17,6°
15.7.2021	16:04:14	Mond 2,4° südlich Vesta	66,6°
16.7.2021	07:53:14	Mond 1,3° nördlich Porrima	76°
17.7.2021	05:41:48	Mond 5,6° nördlich Spika	87,2°
17.7.2021	11:10:48	Erstes Viertel	
17.7.2021	11:54:14	Merkur 6,4° nördlich Alhena	16,1°
17.7.2021	23:44:39	Plutoopposition	
18.7.2021	02:32:18	Pallas stationär, dann rückläufig	
18.7.2021	07:13:10	Merkur 2,3° südlich Epsilon Geminorum	15,5°
18.7.2021	21:16:45	Mond 56' nördlich Zuben-el-dschenubi	108,7°
19.7.2021	09:34:27	Merkur im aufsteigenden Knoten	
20.7.2021	04:58:12	Mond 1,2° südlich Akrab	125,8°

Datum	Uhrzeit	Ereignis	Elongation
20.7.2021	12:43:33	Mond 4,2° nördlich Antares	131,4°
20.7.2021	14:21:03	Mond im absteigenden Knoten	
20.7.2021	18:07:26	Mond 18,1° südlich Juno	129,85°
21.7.2021	10:57:05	Mond im Perigäum	
21.7.2021	19:48:14	Venus 1,2° nördlich Regulus	30,5°
22.7.2021	19:44:32	Mond bedeckt Nunki (Sig Sgr), siehe Seite 201	162,1°
23.7.2021	16:00:51	Mond 2,7° südlich Pluto	172,6°
24.7.2021	01:39:29	Merkur im Perihel	
24.7.2021	03:36:59	Vollmond	
24.7.2021	06:07:06	Mond 9,5° südlich Beta Capricorni	174,6°
24.7.2021	06:52:45	Merkur 9,4° südlich Kastor	9,55°
24.7.2021	13:50:55	Ceres 10,7° südlich der Plejaden	61,6°
24.7.2021	16:45:17	Mond 4,5° südlich Saturn	170,85°
25.7.2021	11:35:52	Merkur 5,7° südlich Pollux	8,25°
25.7.2021	15:48:52	Mond 3,05° südlich Delta Capricorni	158,9°
26.7.2021	02:22:33	Mond 5,1° südlich Jupiter	153°
26.7.2021	21:12:12	Mond in größter Südbreite	
27.7.2021	16:44:12	Mond 16,9° südlich Pallas	127,3°
27.7.2021	18:01:13	Mond 5° südlich Neptun	131,9°
29.7.2021	16:58:32	Mars 41' nördlich Regulus	23,15°
31.7.2021	02:44:54	Mond 14,6° südlich Hamal	90,1°
31.7.2021	14:16:15	Letztes Viertel	
31.7.2021	15:23:06	Merkur 4,7' nördlich M44	1,9°

Planeten

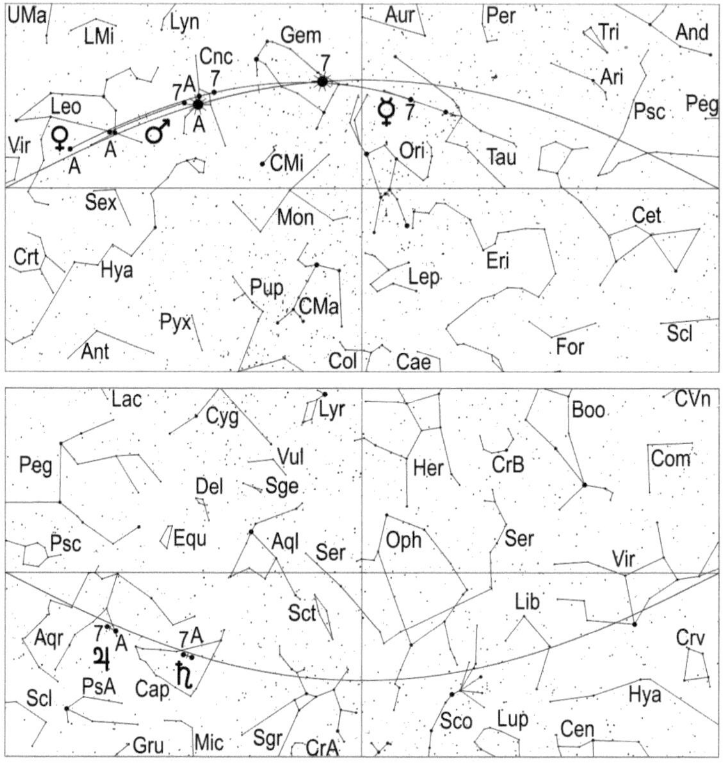

Merkur erreicht am 4. mit 21,6° seine größte westliche Elongation, doch kommt es zumindest nördlich des 48. Breitengrades nicht zu einer Morgensichtbarkeit. Am Tag der Elongation geht der 0,6 mag helle Merkur um 3.10 Uhr MEZ (4.10 Uhr MESZ) auf, 28 Minuten vor Beginn der bürgerlichen Dämmerung. Dies reicht für den innersten Planeten nicht aus, um eine ausreichende Höhe über dem Horizont zu erreichen, um in der Morgendämmerung für das bloße Auge zu erscheinen. Beobachter südlich des 48. nördlichen Breitengrades können versuchen, den flinken Planeten um den 16. herum am Morgenhimmel aufzustöbern, wobei dies um so leichter geht, je südlicher man sich befindet. Für Beobachter auf den 48. nördlichen Breitengrad geht der -0,7 mag helle Merkur um 3.24 Uhr (4.24 Uhr MESZ) auf und kann bei guter Horizontsicht 20 Minuten später in der Dämmerung ausgemacht werden.
Am 15 um 12.41 Uhr MEZ (13.41 Uhr MESZ) steht Merkur nur 11" nördlich des 2,9 mag hellen Fixsterns Mü Geminorum. Eine Beobachtung dieses Ereignisses zum

98

Zeitpunkt der größten Annäherung ist in Mitteleuropa, weil es am Tage stattfindet, nur mit größeren Fernrohren (ab 15 cm Objektivdurchmesser) unter Einhaltung großer Vorsichtsmaßnahmen (Gefahr durch die Sonne) möglich. An der nordamerikanischen Westküste findet die größte Annäherung von Merkur und Mü Geminorum zu einer Zeit statt, in der Merkur in der Morgendämmerung über dem Horizont steht.

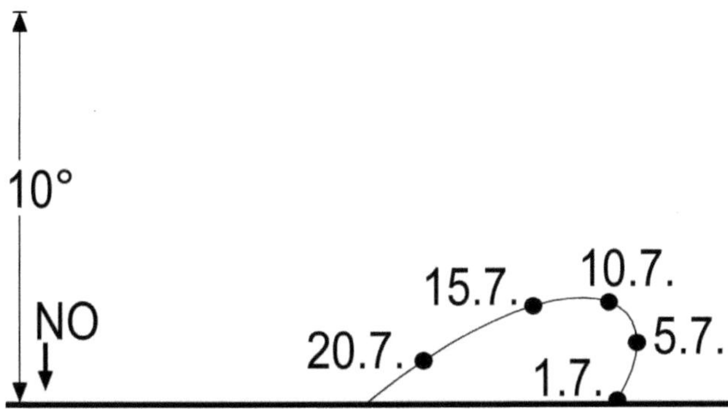

Position des Planeten Merkur am Morgenhimmel, 1 Stunde vor Sonnenaufgang

Venus durchwandert die Sternbilder Krebs und Löwe und verlagert ihre Untergangszeiten trotz zunehmender Elongation zu immer früheren Werten: am 1. versinkt der -3,9 mag helle Abendstern um 22.07 Uhr MEZ (23.07 Uhr MESZ), am 15. um 21.52 Uhr MEZ (22.52 Uhr MESZ) und am 31. um 21.24 Uhr MEZ (22.24 Uhr MESZ) unter dem Horizont.
Am 3. passiert Venus den Sternhaufen Praesepe (M44) 5' nördlich, am 13. steht sie 30' nördlich von Mars und am 21. zieht sie 1,2° nördlich an Regulus vorbei. Alle diese drei Konjunktionen sind ohne optische Hilfsmittel nicht sichtbar. Im Fernrohr zeigt sich Venus am 1. als zu 90% beleuchtetes Scheibchen mit 11,2" Durchmesser und am 31. als zu 82% beleuchtetes Scheibchen mit 12,6" Durchmesser.
Am 12. läuft der Mond 2,8° nördlich an Venus vorbei, was man in der Abenddämmerung beobachten kann.

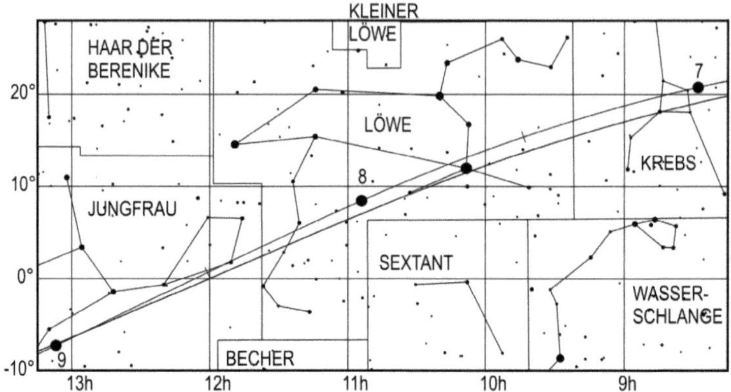

Lauf des Planeten Venus von Juli bis September 2021. Die Zahl gibt die Position zum 1. des entsprechenden Monats an, also 8 die Position am 1.8.

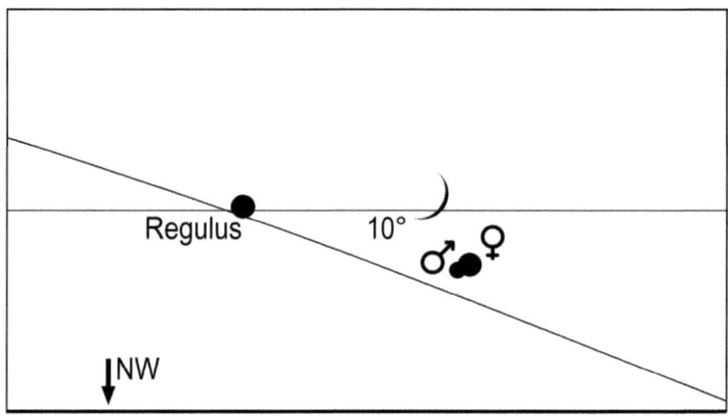

Mond, Venus, Mars und Regulus am Abend des 12.7.2021 um 21 Uhr MEZ (22 Uhr MESZ). Mit bloßem Auge sind Mars und Regulus nicht zu sehen.

Mars hat im Juni seine Abendsichtbarkeit beendet und kann ohne optische Hilfsmittel nicht in der Abenddämmerung beobachtet werden. Dies gilt auch für seine Konjunktion mit der Venus am 13. bei der er 30' südlich des Abendsternes steht.

100

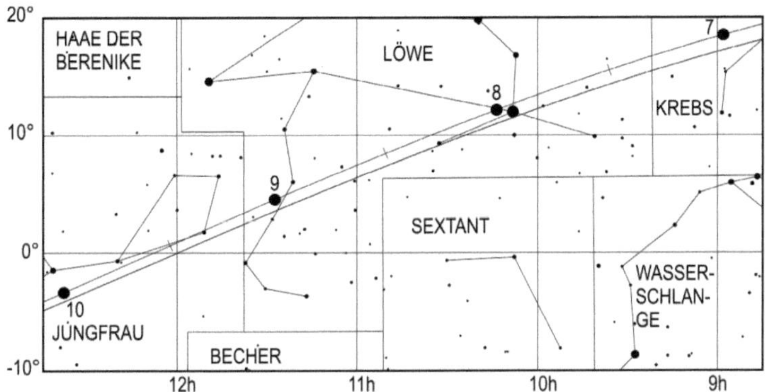

Lauf des Planeten Mars von Juli bis Oktober 2021. Die Zahl gibt die Position zum 1. des entsprechenden Monats an, also 8 die Position am 1.8.

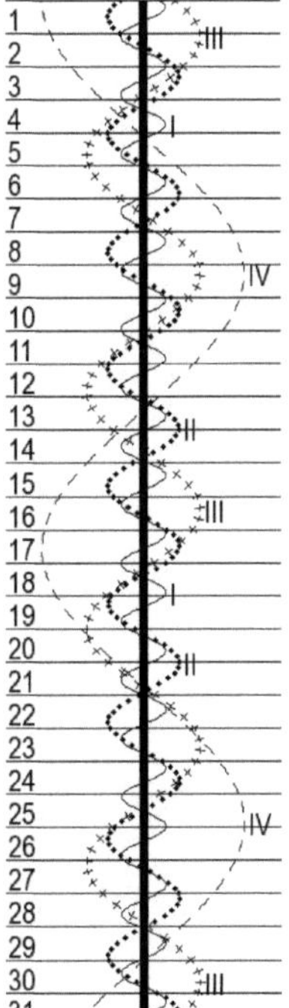

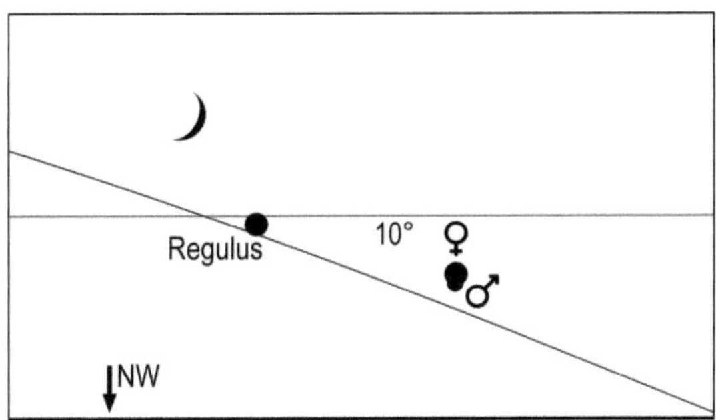

Mond, Venus, Mars und Regulus am Abend des 13.7.2021 um 21 Uhr MEZ (22 Uhr MESZ)

Stellung der 4 hellen Jupitermonde im Juli 2021

Jupiter, rückläufig im Wassermann, geht am 1. um 22.54 Uhr MEZ (23.54 Uhr MESZ), am 15. um 21.58 Uhr MEZ (22.58 Uhr MESZ) und am 31. um 20.52 Uhr MEZ (21.52 Uhr MESZ) auf, womit er am Monatsende fast während der gesamten Nacht über dem Horizont steht. Am 1. beträgt seine Helligkeit -2,6 mag und sein Durchmesser 45,2". Bis zum Monatsende steigt seine Helligkeit auf -2,8 mag und sein Durchmesser auf 48,4". Er ist jetzt für Fernrohrbeobachter ein interessantes Objekt, welches allerdings nur eine maximale Höhe von 28° erreicht, was Probleme mit der Luftunruhe bedeuten kann.

Am Morgen des 26. zieht der Mond 5,1 südlich am größten Planeten unseres Sonnensystems vorbei.

Saturn strebt seiner Opposition entgegen und geht am 1. um 22.09 Uhr MEZ (23.09 Uhr MESZ), am 15. um 21.13 Uhr MEZ (22.13 Uhr MESZ) und am 31. um 20.07 Uhr MEZ (21.07 Uhr MESZ) auf. Seine Helligkeit steigt im Laufe des Monats von 0,4 mag auf 0,2 mag und sein Scheibchen wächst von 18,3" auf 18,7". Im Fernrohr kann sehr deutlich sein Ring gesehen werden, dessen Öffnungswinkel im Laufe des Monats von 17° auf 18° anwächst. Am 24. wandert der Mond 4,5° südlich an Saturn vorbei.

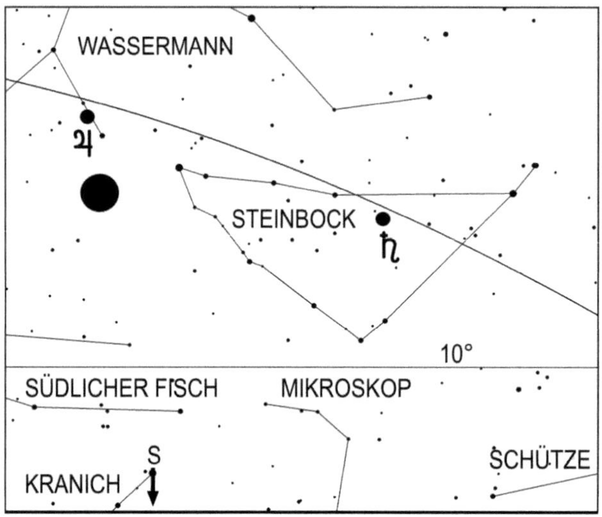

Mond, Jupiter und Saturn am 26.7.2021 um 2 Uhr MEZ (3 Uhr MESZ)

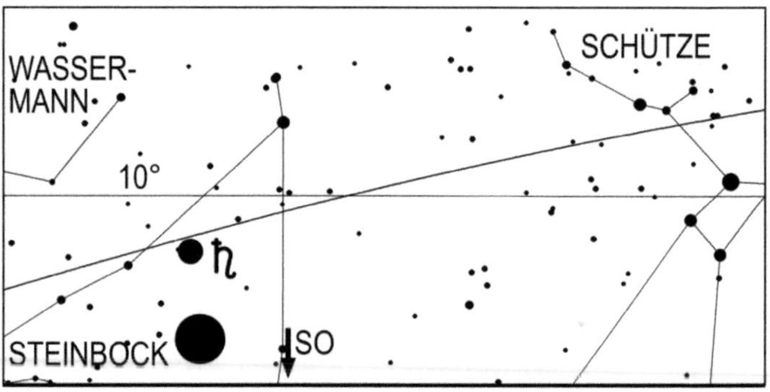

Mond und Saturn am 24.7.2021 um 21.30 Uhr MEZ (22.30 Uhr MESZ)

Uranus, rechtläufig im Sternbild Widder, erscheint am 1. um 1.11 Uhr MEZ (2.11 Uhr MESZ), am 15. um 0.17 Uhr MEZ (1.17 Uhr MESZ) und am 31. um 23.11 Uhr MEZ (0.11 Uhr MESZ) über dem Horizont. Kurz vor Einbruch der Morgendämmerung kann der 5,8 mag helle Planet mit einem Fernglas aufgesucht werden (Aufsuchkarte, Seite 155).

Neptun, rückläufig im Wassermann, geht am Monatsersten um 23.35 Uhr MEZ (0.35 Uhr MESZ), zur Monatsmitte um 22.39 Uhr MEZ (23.39 Uhr MESZ) und am Monatsende bereits um 21.36 Uhr (22.36 Uhr MESZ) auf. Der lichtschwache Planet, dessen Helligkeit im Laufe des Monats von 7,9 mag auf 7,8 mag ansteigt, kann am besten kurz vor Einbruch der Morgendämmerung mit einem Fernrohr aufgesucht werden (Aufsuchkarte, Seite 127), wo er zum Monatsende schon seinen höchsten Stand erreicht.

Klein- und Zwergplaneten

Ceres kann in der zweiten. Monatshälfte bei guten Sichtbedingungen mit einem Fernrohr zu Beginn der Morgendämmerung im Sternbild Stier aufgesucht werden. Der Zwergplanet, dessen Helligkeit im Laufe des Monats von 9,2 mag auf 9,1 mag ansteigt, erscheint am 15. um 1.22 Uhr MEZ (2.22 Uhr MESZ) und am 31. um 0.33 Uhr MEZ (1.33 Uhr MESZ) über dem Horizont (Aufsuchkarte, Seite 156).

Pallas setzt am 18. im Grenzgebiet der Sternbilder Fische und Pegasus zu ihrer Oppositionsschleife an und verlagert ihren Aufgang von 22.30 Uhr MEZ (23.30 Uhr MESZ) am 1., auf 21.40 Uhr MEZ (22.40 Uhr MESZ) am 15. und auf 20.41 Uhr MEZ (21.41 Uhr MESZ) am 31. immer mehr in die erste Nachthälfte. Der Kleinplanet, dessen Helligkeit von 10 mag auf 9,5 mag ansteigt, kann am besten zum Beginn der Morgendämmerung mit einem Fernrohr ab 6 Zentimeter Objektivöffnung aufgesucht werden (Aufsuchkarte, Seite 129).

Juno, rückläufig im Schlangenträger, geht am 1. um 4.18 Uhr MEZ (5.18 Uhr MESZ), am 15. um 3.13 Uhr MEZ (4.13 Uhr MESZ) und am 31. um 2.01 Uhr MEZ (3.01 Uhr MESZ) unter. Wegen ihrer geringen Helligkeit, die von 10,3 mag auf 10,7 mag abnimmt, sollte zu ihrer Suche ein Fernrohr von mindestens 10 cm Objektivöffnung verwendet werden (Aufsuchkarte, Seite 88).
Die beste Gelegenheit hierfür ist ihre Kulmination, welche am 1. um 22.33 Uhr MEZ (23.33 Uhr MESZ), am 15. um 21.30 Uhr MEZ (22.30 Uhr MESZ) und am 31. um 20.23 Uhr MEZ (21.23 Uhr MESZ) zum Ende der Abenddämmerung erfolgt.

Vesta, rechtläufig in der Jungfrau, verfrüht ihren Untergang im Laufe des Monats von 0.19 Uhr MEZ (1.19 Uhr MESZ) am 1., auf 23.27 Uhr MEZ (0.27 Uhr MESZ) am 15. und auf 22.33 Uhr MEZ (23.33 Uhr MESZ) am 31. Die Beobachtung dieses Klein-planeten, dessen Helligkeit von 7,7 mag auf 7,9 mag sinkt, wird dadurch immer schwieriger (Aufsuchkarten, Seite 54 und 116).

Pluto erreicht am 17. seine Opposition. Da seine Helligkeit nur 14,3 mag beträgt, ist zur Beobachtung ein Fernrohr von mindestens 30 cm Durchmesser nötig. Er befindet sich im Ostteil des Sternbildes Schütze und kann mit geeigneten Geräten zwischen April und Oktober aufgesucht werden.

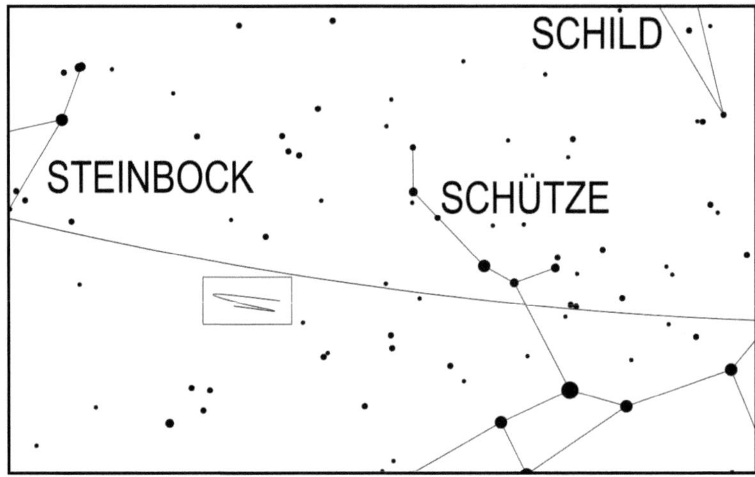

Übersichtskarte zum Aufsuchen des Zwergplaneten Pluto. Die nächste Sternkarte zeigt vergrößert den rechteckigen Ausschnitt

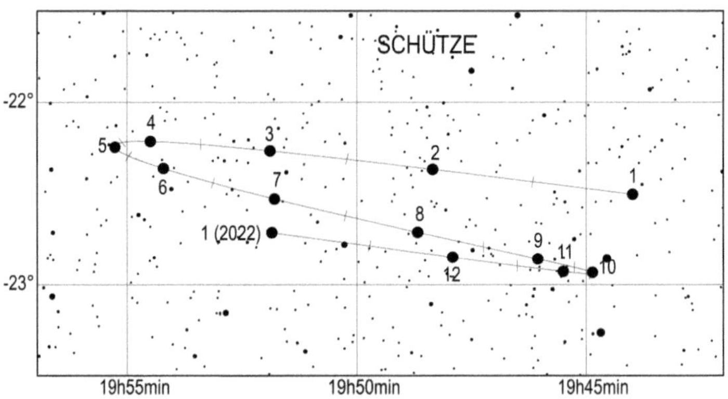

Lauf des Zwergplaneten Pluto im Jahr 2021. Die Zahl gibt die Position zum 1. des entsprechenden Monats an, also 4 die Position am 1.4.

Periodische Sternschnuppenströme

Am 28. um 21 Uhr MEZ erreicht der Meteorstrom der Südlichen Delta-Aquariden mit
bis zu 3 Meteoren pro Stunde sein Maximum. Nur 2 Tage zuvor, am 26. um 13 Uhr
MEZ erreichen die Nördlichen Delta-Aquariden mit einer Rate von 1 Meteor pro
Stunde ihr Maximum. Zusammen liefern beide Schwärme zwischen den 26. und den
28. etwa bis zu 4 Meteore pro Stunde.
Die Nördlichen Delta-Aquariden sind vom 15.7. bis zum 25.8. aktiv, die Südlichen
Delta-Aquariden vom 8.7. bis zum 19.8.
Leider stört der noch fast volle Mond, der sich zum Zeitpunkt der Maximatage in der
Nähe der Radianten der Delta-Aquariden aufhält, in hohem Maße bei den
Beobachtungen. Ab dem 17. tauchen die ersten Perseiden auf.

Sonnenuntergang und Dämmerung

	Astr. Anf.	Naut. Anf.	Bürg. Anf.	Aufgang	Kulm.	Untergang	Bürg. Ende	Naut. Ende	Astr. Ende	Zeitgl.
1.7.2021	----	2:30	3:35	4:19	12:28	20:36	21:21	22:24	----	3m47s
2.7.2021	----	2:31	3:36	4:20	12:28	20:36	21:20	22:24	----	3m59s
3.7.2021	----	2:33	3:37	4:20	12:28	20:36	21:20	22:23	----	4m10s
4.7.2021	----	2:34	3:38	4:21	12:29	20:35	21:19	22:22	----	4m21s
5.7.2021	----	2:35	3:39	4:22	12:29	20:35	21:19	22:21	----	4m31s
6.7.2021	----	2:36	3:39	4:23	12:29	20:34	21:18	22:20	----	4m42s
7.7.2021	----	2:38	3:40	4:23	12:29	20:34	21:17	22:19	----	4m52s
8.7.2021	----	2:39	3:42	4:24	12:29	20:33	21:17	22:18	----	5m01s
9.7.2021	----	2:41	3:43	4:25	12:29	20:32	21:16	22:16	----	5m11s
10.7.2021	----	2:42	3:44	4:26	12:29	20:32	21:15	22:15	----	5m19s
11.7.2021	----	2:44	3:45	4:27	12:30	20:31	21:14	22:14	----	5m28s
12.7.2021	0:39	2:45	3:46	4:28	12:30	20:30	21:13	22:12	0:21	5m36s
13.7.2021	0:52	2:47	3:47	4:29	12:30	20:29	21:12	22:11	23:59	5m43s
14.7.2021	1:01	2:49	3:48	4:30	12:30	20:28	21:11	22:09	23:53	5m50s
15.7.2021	1:08	2:51	3:50	4:31	12:30	20:27	21:10	22:08	23:47	5m57s
16.7.2021	1:14	2:52	3:51	4:33	12:30	20:27	21:09	22:06	23:42	6m03s
17.7.2021	1:19	2:54	3:52	4:34	12:30	20:26	21:07	22:05	23:37	6m08s
18.7.2021	1:24	2:56	3:54	4:35	12:30	20:24	21:06	22:03	23:33	6m13s
19.7.2021	1:29	2:58	3:55	4:36	12:30	20:23	21:05	22:01	23:29	6m17s
20.7.2021	1:33	3:00	3:56	4:37	12:30	20:22	21:03	21:59	23:24	6m21s
21.7.2021	1:37	3:02	3:58	4:39	12:30	20:21	21:02	21:58	23:20	6m24s
22.7.2021	1:42	3:04	3:59	4:40	12:31	20:20	21:01	21:56	23:16	6m26s
23.7.2021	1:46	3:06	4:01	4:41	12:31	20:19	20:59	21:54	23:12	6m28s
24.7.2021	1:50	3:08	4:02	4:42	12:31	20:17	20:58	21:52	23:08	6m30s
25.7.2021	1:53	3:10	4:04	4:44	12:31	20:16	20:56	21:50	23:05	6m31s
26.7.2021	1:57	3:12	4:05	4:45	12:31	20:15	20:55	21:48	23:01	6m31s
27.7.2021	2:01	3:14	4:07	4:46	12:31	20:13	20:53	21:46	22:57	6m31s
28.7.2021	2:04	3:16	4:08	4:48	12:31	20:12	20:51	21:44	22:54	6m30s
29.7.2021	2:07	3:18	4:10	4:49	12:31	20:11	20:50	21:42	22:50	6m28s
30.7.2021	2:11	3:20	4:11	4:51	12:30	20:09	20:48	21:40	22:47	6m26s
31.7.2021	2:14	3:22	4:13	4:52	12:30	20:08	20:46	21:38	22:44	6m23s

Mondlauf

	Rektaszension	Deklination	Elong.	Phase		mag	Auf- gang	Kulm.	Unter- gang
1.7.2021	0h05m48,7s	-5°45'16"	100,6°	0,59	☽	-10,4	0:15	6:01	11:59
2.7.2021	0h50m26,3s	-0°25'31"	89,2°	0,49		-10,0	0:31	6:42	13:07
3.7.2021	1h34m08,4s	4°46'16"	78,0°	0,4		-9,5	0:46	7:23	14:14
4.7.2021	2h17m54,4s	9°41'05"	67,0°	0,3		-9,0	1:02	8:05	15:22
5.7.2021	3h02m36,8s	14°10'13"	56,2°	0,22		-8,4	1:20	8:48	16:30
6.7.2021	3h48m57,9s	18°04'29"	45,3°	0,15		-7,8	1:41	9:32	17:37
7.7.2021	4h37m25,7s	21°13'50"	34,4°	0,09		-7,0	2:08	10:20	18:43
8.7.2021	5h28m07,1s	23°27'48"	23,5°	0,04		-6,1	2:41	11:09	19:44
9.7.2021	6h20m43,2s	24°36'39"	12,6°	0,01		-5,1	3:25	12:01	20:37
10.7.2021	7h14m30,1s	24°33'14"	3,3°	0	●	-4,1	4:19	12:54	21:21
11.7.2021	8h08m29,4s	23°14'45"	11,1°	0,01		-5,0	5:24	13:46	21:56
12.7.2021	9h01m45,7s	20°43'33"	22,5°	0,04		-6,1	6:34	14:37	22:23
13.7.2021	9h53m43,1s	17°06'48"	34,3°	0,09		-7,1	7:49	15:26	22:46
14.7.2021	10h44m14,1s	12°35'07"	46,4°	0,16		-7,9	9:05	16:13	23:05
15.7.2021	11h33m38,4s	7°21'07"	58,7°	0,24		-8,7	10:21	17:00	23:23
16.7.2021	12h22m37,6s	1°38'32"	71,2°	0,34		-9,3	11:38	17:47	23:41
17.7.2021	13h12m08,3s	-4°17'41"	84,0°	0,45	☾	-9,9	12:57	18:35	23:59
18.7.2021	14h03m15,7s	-10°10'56"	97,0°	0,56		-10,4	14:18	19:26	
19.7.2021	14h57m04,8s	-15°41'54"	110,2°	0,67		-10,9	15:43	20:20	0:21
20.7.2021	15h54m27,3s	-20°28'09"	123,6°	0,78		-11,3	17:07	21:19	0:48
21.7.2021	16h55m38,6s	-24°05'20"	137,2°	0,87		-11,7	18:27	22:21	1:24
22.7.2021	17h59m53,8s	-26°10'57"	150,8°	0,94		-12,0	19:36	23:25	2:12
23.7.2021	19h05m21,0s	-26°30'44"	164,2°	0,98		-12,4	20:29		3:15
24.7.2021	20h09m34,1s	-25°04'08"	175,6°	1	○	-12,7	21:09	0:27	4:29
25.7.2021	21h10m29,7s	-22°04'39"	167,9°	0,99		-12,4	21:39	1:25	5:50
26.7.2021	22h07m07,5s	-17°54'32"	155,3°	0,95		-12,1	22:01	2:19	7:10
27.7.2021	22h59m30,1s	-12°58'02"	142,9°	0,9		-11,7	22:19	3:08	8:27
28.7.2021	23h48m20,3s	-7°36'44"	130,8°	0,83		-11,4	22:36	3:54	9:41
29.7.2021	0h34m38,6s	-2°07'53"	119,1°	0,74		-11,0	22:51	4:37	10:52
30.7.2021	1h19m29,2s	3°15'11"	107,7°	0,65		-10,6	23:07	5:19	12:01
31.7.2021	2h03m53,5s	8°21'56"	96,5°	0,56	☽	-10,2	23:24	6:01	13:09

Jupitermond-Ereignisse

Datum	Uhrzeit (MEZ)	Mond	Erscheinung	Phase
4.7.2021	00:50:01	Europa	Schattenvorübergang	Anfang
4.7.2021	02:54:46	Europa	Durchgang	Anfang
4.7.2021	03:41:25	Europa	Schattenvorübergang	Ende
5.7.2021	00:44:39	Kallisto	Bedeckung	Anfang
5.7.2021	02:25:05	Io	Schattenvorübergang	Anfang
5.7.2021	03:27:14	Io	Durchgang	Anfang
5.7.2021	23:43:38	Io	Verfinsterung	Anfang
6.7.2021	00:06:54	Europa	Bedeckung	Ende

Datum	Uhrzeit (MEZ)	Mond	Erscheinung	Phase
6.7.2021	03:01:00	Io	Bedeckung	Ende
7.7.2021	00:11:53	Io	Durchgang	Ende
10.7.2021	23:16:33	Ganymed	Schattenvorübergang	Ende
10.7.2021	23:25:36	Ganymed	Durchgang	Anfang
11.7.2021	03:00:11	Ganymed	Durchgang	Ende
11.7.2021	03:24:25	Europa	Schattenvorübergang	Anfang
13.7.2021	01:37:23	Io	Verfinsterung	Anfang
13.7.2021	02:28:43	Europa	Bedeckung	Ende
13.7.2021	03:30:04	Kallisto	Schattenvorübergang	Ende
13.7.2021	23:40:53	Io	Durchgang	Anfang
14.7.2021	01:06:19	Io	Schattenvorübergang	Ende
14.7.2021	01:58:38	Io	Durchgang	Ende
14.7.2021	23:13:46	Io	Bedeckung	Ende
17.7.2021	23:37:56	Ganymed	Schattenvorübergang	Anfang
18.7.2021	02:52:37	Ganymed	Durchgang	Anfang
18.7.2021	03:16:52	Ganymed	Schattenvorübergang	Ende
20.7.2021	00:24:13	Europa	Verfinsterung	Anfang
20.7.2021	03:31:13	Io	Verfinsterung	Anfang
21.7.2021	00:42:29	Io	Schattenvorübergang	Anfang
21.7.2021	01:26:44	Io	Durchgang	Anfang
21.7.2021	03:00:46	Io	Schattenvorübergang	Ende
21.7.2021	03:44:28	Io	Durchgang	Ende
21.7.2021	23:29:41	Europa	Durchgang	Ende
22.7.2021	00:58:59	Io	Bedeckung	Ende
25.7.2021	03:39:22	Ganymed	Schattenvorübergang	Anfang
27.7.2021	03:01:31	Europa	Verfinsterung	Anfang
28.7.2021	02:37:02	Io	Schattenvorübergang	Anfang
28.7.2021	03:11:49	Io	Durchgang	Anfang
28.7.2021	21:50:28	Europa	Schattenvorübergang	Anfang
28.7.2021	22:56:53	Europa	Durchgang	Anfang
28.7.2021	23:30:31	Ganymed	Bedeckung	Ende
28.7.2021	23:53:38	Io	Verfinsterung	Anfang
29.7.2021	00:41:10	Europa	Schattenvorübergang	Ende
29.7.2021	01:45:12	Europa	Durchgang	Ende
29.7.2021	02:43:27	Io	Bedeckung	Ende
29.7.2021	22:11:40	Kallisto	Durchgang	Anfang
29.7.2021	23:23:57	Io	Schattenvorübergang	Ende
29.7.2021	23:55:42	Io	Durchgang	Ende
30.7.2021	02:31:59	Kallisto	Durchgang	Ende

August

Sternenhimmel

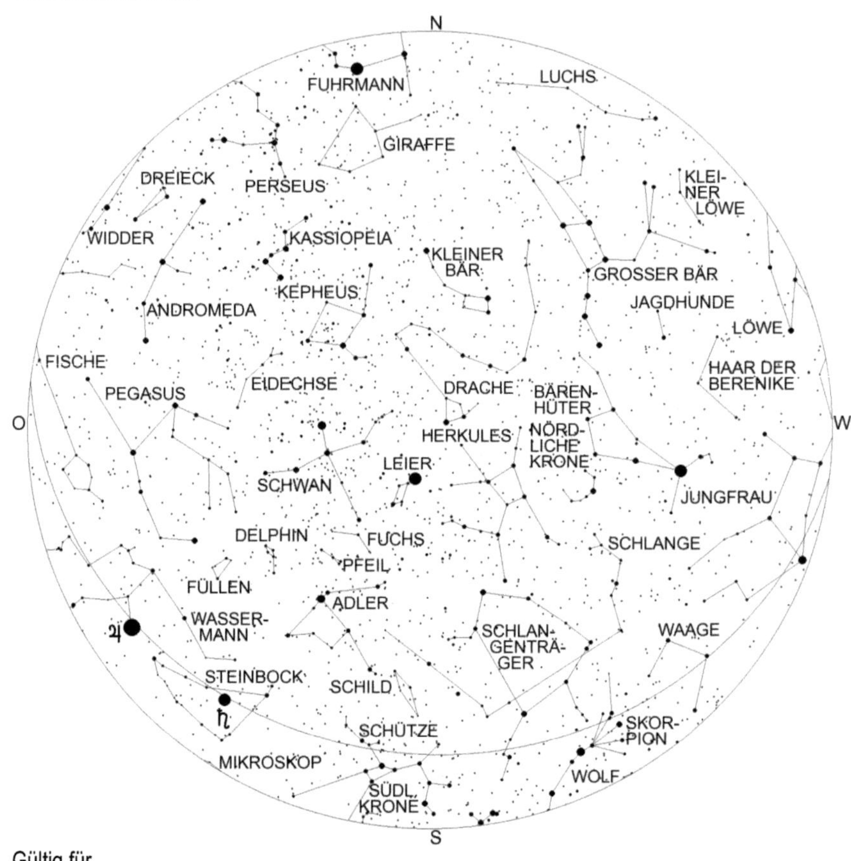

1.5. 4 Uhr	15.5. 3 Uhr
1.6. 2 Uhr	15.6. 1 Uhr
1.7. 0 Uhr	15.7. 23 Uhr
1.8. 22 Uhr	15.8. 21 Uhr

108

Tief im Süden ist jetzt das Sternbild Schütze zu sehen. Für Fernrohrbeobachter ist dieses Sternbild sehr interessant, denn es gibt hier zahlreiche Nebel, wie den Lagunennebel und helle Sternhaufen. Im Westen verschwinden gerade die Jungfrau und der Löwe. Höher im Westen erkennt man Arktur im Bärenhüter und die Nördliche Krone.

Oberhalb des Skorpions und des Schützens sind die ausgedehnten Sternbilder Schlange und Schlangenträger sowie der Adler mit seinem hellen Hauptstern Atair zu finden. Hoch im Süden sieht man die Leier mit Wega und den Schwan mit seinem Hauptstern Deneb. In beiden Sternbildern gibt es bemerkenswerte Doppelsterne: Albireo im Schwan, der das südliche Ende des kreuzförmigen Sternbildes bildet, ist ein schon im Feldstecher trennbarer Doppelstern mit schönen orange-blau Kontrast. Der Stern Epsilon (ε) Lyrae, der sich nordöstlich von Wega befindet, kann bei guten Sichtbedingungen schon freiäugig getrennt werden. In einem Fernrohr ab ca. 6 cm-Durchmesser erkennt man, dass beide Komponenten wiederum Doppelsterne sind. Auch der Stern Beta (β) Lyrae ist ein schon mit einem Fernglas auflösbarer Doppelstern.

Im Südosten ist das lichtschwache Sternbild Steinbock, in dem sich zur Zeit der Planet Saturn aufhält, aufgegangen. Auch Teile der ebenfalls lichtschwachen Tierkreissternbilder Wassermann und Fische sind bereits zu sehen.

In diesem Jahr findet man allerdings ein sehr helles Objekt in dieser Gegend, und zwar den Planeten Jupiter.

Höher über dem Horizont erkennt man die Sternbilder Andromeda und Pegasus, zwei typische Herbststernbilder. Das bekannte Herbstviereck, gebildet aus dem südwestlichsten Stern der Andromeda und drei Sternen des Pegasus erinnert jetzt an ein himmlisches Vorfahrtstraßenschild.

Astronomische Ereignisse

Datum	Uhrzeit	Ereignis	Elongation
1.8.2021	00:13:23	Mond 2,7° südlich Uranus	84,3°
1.8.2021	15:07:45	Merkur in oberer Konjunktion zur Sonne	1,7°
2.8.2021	07:16:41	Saturnopposition	
2.8.2021	08:28:27	Mond 5,5° südlich der Plejaden	70°
2.8.2021	08:36:21	Mond im Apogäum	
2.8.2021	14:46:12	Mond 5,4° nördlich Ceres	68,7°
3.8.2021	03:50:52	Mond im aufsteigenden Knoten	
3.8.2021	07:02:15	Merkur in größter Nordbreite	
3.8.2021	07:44:39	Mond 5,3° nördlich Aldebaran	60,3°
4.8.2021	06:59:21	Mond 4,65° südlich Elnath	49,45°
5.8.2021	04:21:49	Mond 2,4° nördlich Eta Geminorum	39,2°
5.8.2021	08:46:46	Mond 2,7° nördlich Mü Geminorum	37,5°
5.8.2021	16:44:38	Mond 8,6° nördlich Alhena	34,6°
5.8.2021	19:11:41	Mond 14' südlich Epsilon Geminorum	33,3°
6.8.2021	06:02:16	Juno stationär, dann rechtläufig	
6.8.2021	06:05:55	Vesta 3,2° nördlich Porrima	55,4°

Datum	Uhrzeit	Ereignis	Elongation
6.8.2021	17:42:39	Mond 7,5° südlich Kastor	22,8°
6.8.2021	21:40:11	Mond 4° südlich Pollux	20,5°
7.8.2021	21:51:53	Mond 1,9° nördlich M44	8,2°
8.8.2021	14:50:15	Neumond	4,1°
9.8.2021	03:30:26	Mond 2,7° nördlich Merkur	8,1°
9.8.2021	12:57:26	Mond 4,3° nördlich Regulus	12,3°
10.8.2021	01:42:37	Mond 3,45° nördlich Mars	18,6°
10.8.2021	06:14:57	Mond in größter Nordbreite	
11.8.2021	06:49:23	Mond 3,8° nördlich Venus	34,1°
11.8.2021	19:12:01	Merkur 1,2° nördlich Regulus	10,5°
12.8.2021	13:32:09	Mond 1° nördlich Porrima	50,1°
12.8.2021	20:32:47	Mond 2,6° südlich Vesta	52,1°
13.8.2021	09:51:51	Mond 5,7° nördlich Spika	61,2°
15.8.2021	03:11:18	Mond 57' nördlich Zuben-el-dschenubi	82,6°
15.8.2021	16:19:45	Erstes Viertel	
16.8.2021	09:35:32	Mond 1,1° südlich Akrab	99,8°
16.8.2021	17:03:20	Mond im absteigenden Knoten	
16.8.2021	20:27:45	Mond 3,5° nördlich Antares	105,4°
17.8.2021	01:54:09	Mond 16,15° südlich Juno	105,2°
17.8.2021	09:37:04	Mond im Perigäum	
19.8.2021	05:09:16	Merkur 4,85' südlich Mars	16,4°
19.8.2021	05:26:47	Mond 1,4' nördlich Nunki	136,1°
20.8.2021	01:03:22	Mond 2,9° südlich Pluto	146,8°
20.8.2021	01:28:00	Jupiteropposition	
20.8.2021	04:25:19	Uranus stationär, dann rückläufig	
20.8.2021	13:05:32	Mond 9,5° südlich Beta Capricorni	154°
20.8.2021	23:16:51	Mond 4,6° südlich Saturn	158,9°
22.8.2021	02:03:57	Mond 3,2° südlich Delta Capricorni	171,5°
22.8.2021	07:03:59	Mond 4,4° südlich Jupiter	173,35°
22.8.2021	13:02:07	Vollmond	
23.8.2021	02:13:43	Mond in größter Südbreite	
23.8.2021	19:24:38	Mond 14,6° südlich Pallas	157°
24.8.2021	03:26:45	Mond 4,7° südlich Neptun	158,8°
26.8.2021	00:37:11	Venus 2,8° südlich Porrima	37,5°
26.8.2021	16:21:23	Merkur im absteigenden Knoten	
27.8.2021	13:02:44	Mond 14,1° südlich Hamal	116,05°
28.8.2021	11:12:23	Mond 2° südlich Uranus	110,6°
29.8.2021	05:30:31	Venus im absteigenden Knoten	
29.8.2021	16:33:29	Mond 5,55° südlich der Plejaden	96,2°
30.8.2021	03:22:22	Mond im Apogäum	
30.8.2021	06:12:04	Mond im aufsteigenden Knoten	
30.8.2021	08:13:24	Letztes Viertel	
30.8.2021	12:45:31	Mond 6,2° nördlich Ceres	88,6°

Datum	Uhrzeit	Ereignis	Elongation
30.8.2021	16:29:59	Mond 5,2° nördlich Aldebaran	86,7°
31.8.2021	16:26:51	Mond 4,7° südlich Elnath	75,6°
31.8.2021	20:31:16	Vesta 7,6° nördlich Spika	42,9°

Planeten

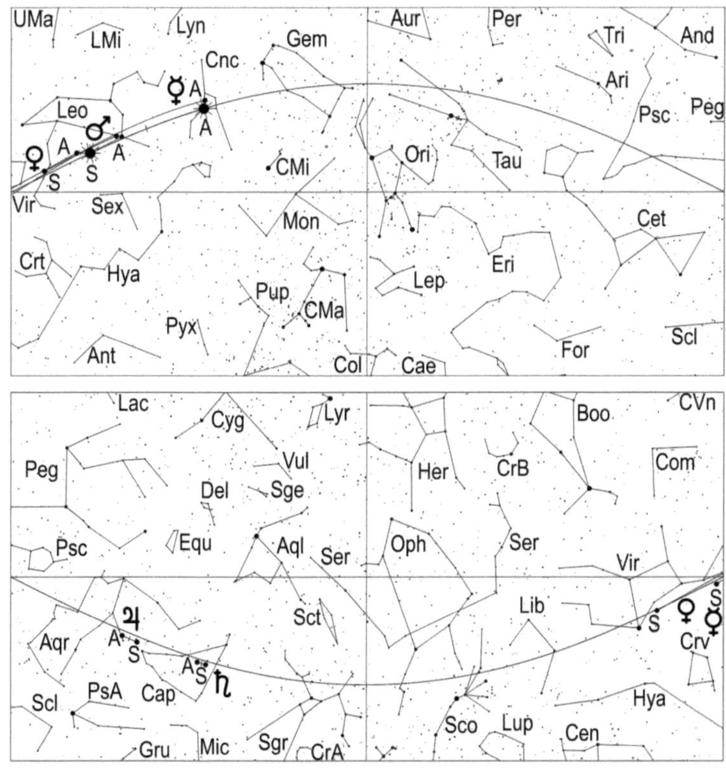

Merkur steht am 1. in oberer Konjunktion zur Sonne und ist in diesem Monat nicht
zu sehen.

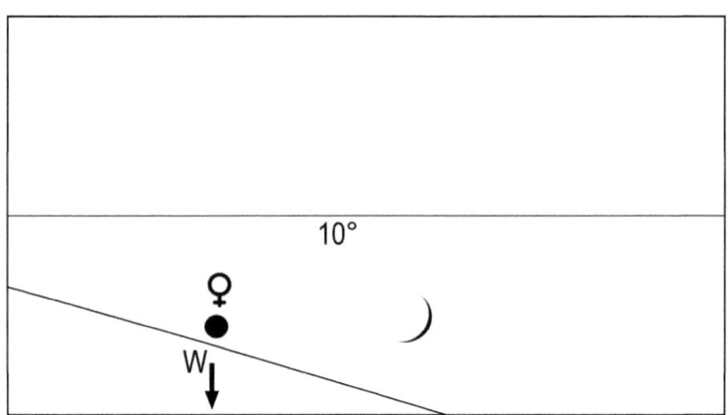

Mond und Venus in der hellen Dämmerung am 10.8.2018 um 20.30 Uhr MEZ (21.30 Uhr MESZ)

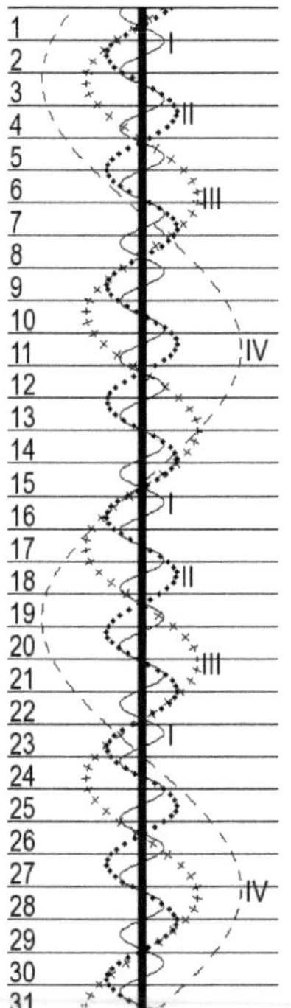

Stellung der 4 hellen Jupitermonde im August 2021

Venus ist weiterhin Abendstern, doch kann sie, weil sie bei ihrer Wanderung durch das Sternbild Jungfrau immer südlicheren Deklinationen entgegenstrebt, trotz zunehmender Elongation ihre Sichtbarkeit nicht verbessern.
Unser innerer Nachbarplanet, dessen Helligkeit im Laufe des Monats von -3,9 mag auf -4,0 mag ansteigt, geht am 1. um 21.22 Uhr MEZ (22.22 Uhr MESZ), am 15. um 20.53 Uhr MEZ (21.53 Uhr MESZ) und am 31. um 20.19 Uhr MEZ (21.19 Uhr MESZ) unter.
Der beleuchtete Teil des Venusscheibchens nimmt im Laufe des Monats von 82% auf 73% ab, während sein Durchmesser von 12,7" auf 15" zunimmt.
Am 10. findet man den zunehmenden Mond in der Nähe des Abendsterns.

Mars ist zur Zeit nicht zu sehen, weil er am Himmel zu nahe bei der Sonne steht.

Jupiter steht am 20. in Opposition zur Sonne und ist in diesem Monat während der ganzen Nacht zu sehen. Der Riesenplanet, der rückläufig vom Wassermann in den Steinbock wandert, hat am Oppositionstag eine Helligkeit von -2,9 mag und einen Winkeldurchmesser von 49,1". Somit ist er ein interessantes Objekt für Fernrohrbeobachter, doch kann es hierbei Probleme mit der Luftunruhe geben, weil er nur eine Höhe von bis zu 27° über dem Horizont erreichen kann.
Am 22. zieht der Vollmond 4,4° südlich an Jupiter vorbei.

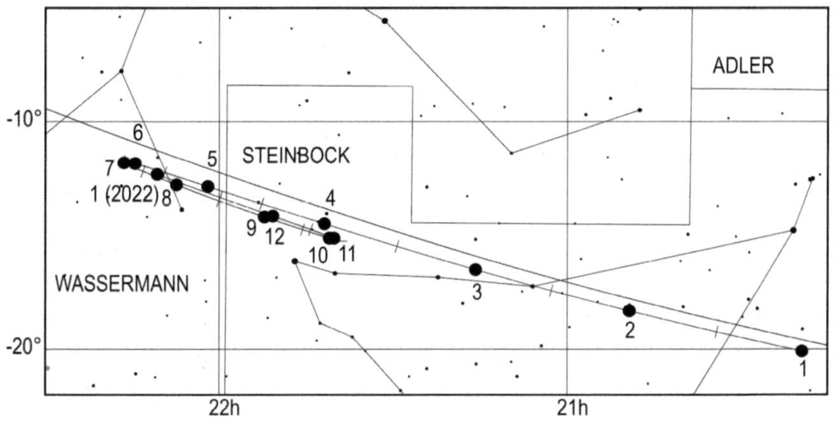

Lauf des Planeten Jupiter im Jahr 2021. Die Zahl gibt die Position zum 1. des entsprechenden Monats an, also 4 die Position am 1.4.

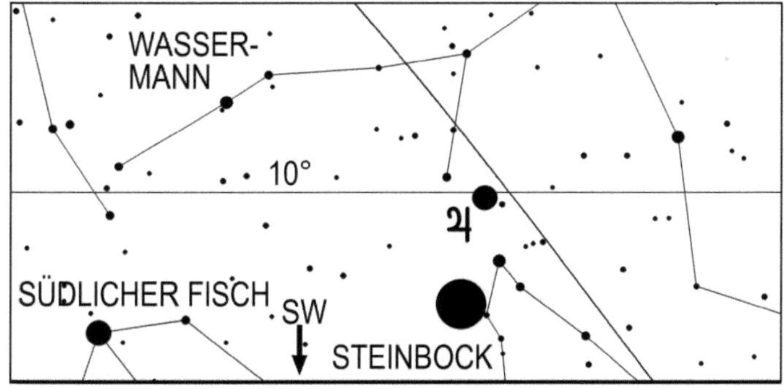

Mond und Jupiter am 22.8.2021 um 4 Uhr MEZ (5 Uhr MESZ)

Saturn erreicht am 2. seine Opposition und kann ebenfalls die ganze Nacht über beobachtet werden. Er wandert rückläufig durch den Steinbock und hat am Oppositionstag eine Helligkeit von 0,2 mag und einen Scheibchendurchmesser von 18,7". Im Fernrohr kann man gut seinen Ring, dessen Öffnungswinkel am Tag der Opposition 18° beträgt, gut erkennen. Allerdings werden wegen seiner geringen Höhe über dem Horizont, welche maximal 21° beträgt, detaillierte Fernrohrbeobachtungen häufig durch die Luftunruhe vereitelt.

Am Monatsende versinkt der Ringplanet schon vor Beginn der astronomischen Dämmerung, um 2.57 Uhr MEZ (3.57 Uhr MESZ), unter dem Horizont.

Der Mond läuft am 20. 4,6° südlich an Saturn vorbei.

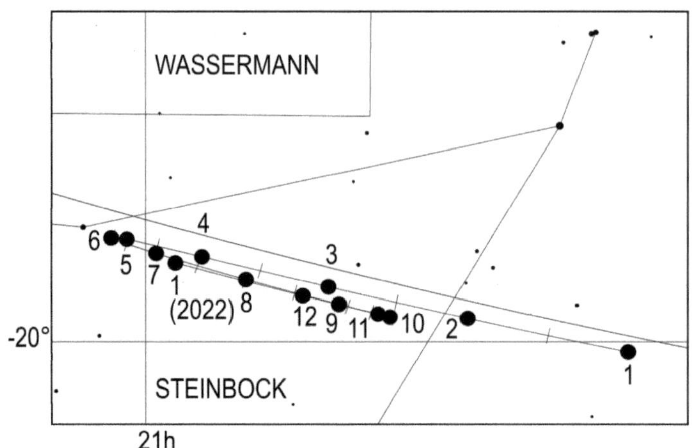

Lauf des Planeten Saturn im Jahr 2021. Die Zahl gibt die Position zum 1. des entsprechenden Monats an, also 4 die Position am 1.4.

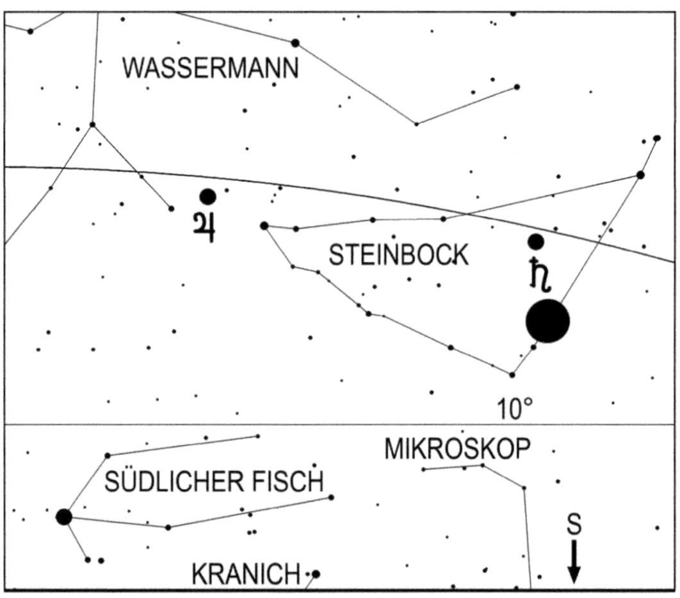

Mond, Jupiter und Saturn am 20.8.2021 um 23 Uhr MEZ (24 Uhr MESZ)

Uranus, setzt am 20. im Sternbild Widder zu seiner Oppositionsschleife an und geht am 1. um 23.07 Uhr MEZ (0.07 Uhr MESZ), am 15. um 22.12 Uhr MEZ (23.12 Uhr MESZ) und am 31. bereits um 21.10 Uhr MEZ (22.10 Uhr MESZ) auf. Er kann am

besten, unmittelbar vor Beginn der Morgendämmerung, mit einem Fernglas oder
Fernrohr (Aufsuchkarte, Seite 155) aufgesucht werden.

Neptun, rückläufig im Sternbild Wassermann, verlagert seinen Aufgang im Laufe
des Monats von 21.32 Uhr MEZ (22.32 Uhr MESZ) am 1., auf 20.36 Uhr MEZ (21.36
Uhr MESZ) am 15. und auf 19.33 Uhr MEZ (20.33 Uhr MESZ) am Monatsletzten. Er
erreicht seine Kulmination am Monatsersten um 3.20 Uhr (4.20 Uhr MESZ) und am
Monatsletzten um 1.20 Uhr MEZ (2.20 Uhr MESZ). Der ohne optische Hilfsmittel
nicht sichtbare Planet hat eine Helligkeit von 7,8 mag und kann am leichtesten zur
Kulminationszeit beobachtet werden (Aufsuchkarte, Seite 127).

Klein- und Zwergplaneten

Ceres, rechtläufig im Stier, kann mit einem Fernrohr, am besten kurz vor Beginn der
Morgendämmerung, aufgesucht werden (Aufsuchkarte, Seite 156). Der Kleinplanet,
dessen Helligkeit im Laufe des Monats von 9,0 mag auf 8,8 mag ansteigt, geht am 1.
um 0.29 Uhr MEZ (1.29 Uhr MESZ), am 15. um 23.43 Uhr MEZ (0.43 Uhr MESZ)
und am 31. um 22.51 Uhr MEZ (23.51 Uhr MESZ) auf.

Pallas, rückläufig im Westteil des Sternbildes Fische, steigert im Laufe des Monats
ihre Helligkeit von 9,5 mag auf 8,7 mag. Sie strebt ihrer Opposition entgegen und
erscheint am 1. um 20.37 Uhr MEZ (21.37 Uhr MESZ), am 15. um 19.47 Uhr MEZ
(20.47 Uhr MESZ) und am 31. um 18.48 Uhr MEZ (19.48 Uhr MESZ) über dem
Horizont. Am besten kann dieser Kleinplanet zur Kulmination, die am 1. um 3.19 Uhr
MEZ (4.19 MESZ), am 15. um 2.18 Uhr MEZ (3.18 Uhr MESZ) und am 31. kurz nach
1 Uhr MEZ (2 Uhr MESZ) erfolgt, mit einem Fernrohr aufgesucht werden
(Aufsuchkarte, Seite 129).

Juno beendet am 6. ihre Oppositionsschleife und bewegt sich dann wieder
rechtläufig durch den Schlangenträger. Der Kleinplanet, dessen Helligkeit im Laufe
des Monats von 10,7 mag auf 11,0 mag zurückgeht, versinkt am 1. um 1.56 Uhr
MEZ (2.56 Uhr MESZ), am 15. um 0.57 Uhr MEZ (1.57 Uhr MESZ) und am 31. um
23.49 Uhr MEZ (0.49 Uhr MESZ) unter dem Horizont. Der lichtschwache Kleinplanet
kann am besten zum Ende der Abenddämmerung mit einem Fernrohr ab 10–15
Zentimeter Objektivöffnung aufgesucht werden (Aufsuchkarte, Seite 88).

Vesta kann in der ersten Augusthälfte noch bei guter Horizontsicht mit einem
Fernrohr im Sternbild Jungfrau aufgefunden werden (Aufsuchkarte, Seite 116). Am
1. geht der 7,9 mag helle Kleinplanet um 22.29 Uhr MEZ (23.29 Uhr MESZ) unter,
etwa eine halbe bis eine Stunde zuvor dürfte es bei guter Horizontsicht möglich sein,
diesen Kleinplaneten aufzusuchen. Zur Monatsmitte versinkt Vesta um 21.44 Uhr
MEZ (22.44 Uhr MESZ) unter dem Horizont. Da die nautische Dämmerung Mitte
August erst um 21.03 Uhr MEZ (22.03 Uhr MESZ) endet, dürfte es zu dieser Zeit
nicht mehr möglich sein, Vesta aufzustöbern.

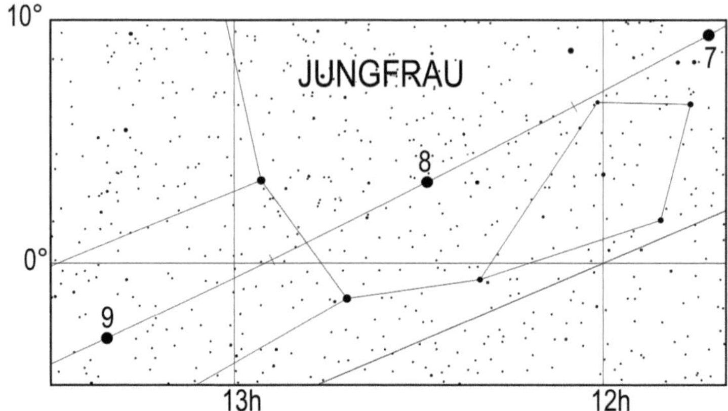

Lauf des Kleinplaneten Vesta von Juli 2021 bis September 2021. Die Zahl gibt die Position zum 1. des entsprechenden Monats an, also 8 die Position am 1.8.

Periodische Sternschnuppenströme

Am 13. um 2 Uhr MEZ erreichen die Perseiden mit bis zu 60 schnellen Meteoren pro Stunde ihr Maximum. Der Mond geht an diesem Tag schon in den späten Abendstunden unter und hat noch nicht einmal die Halbmondphase erreicht, so daß er bei der Beobachtung nicht stört.
Vom 3. bis zum 31. kann man die Kappa-Cygniden beobachten, welche am 18. um 23 Uhr MEZ ihr Maximum mit ca. 1 Meteor pro Stunde erreichen. Der zunehmende Mond - 3 Tage nach Halbmond – geht an diesem Tag kurz nach Mitternacht unter, so daß die zweite Nachthälfte die beste Beobachtungszeit ist.
Ab dem 25. ist der schwache Meteorstrom der Alpha-Aurigiden beobachtbar.

Sonnenuntergang und Dämmerung

	Astr. Anf.	Naut. Anf.	Bürg. Anf.	Auf-gang	Kulm.	Unter-gang	Bürg. Ende	Naut. Ende	Astr. Ende	Zeitgl.
1.8.2021	2:17	3:24	4:15	4:53	12:30	20:06	20:45	21:36	22:40	6m20s
2.8.2021	2:21	3:26	4:16	4:55	12:30	20:05	20:43	21:33	22:37	6m16s
3.8.2021	2:24	3:28	4:18	4:56	12:30	20:03	20:41	21:31	22:34	6m11s
4.8.2021	2:27	3:30	4:19	4:58	12:30	20:02	20:39	21:29	22:30	6m06s
5.8.2021	2:30	3:32	4:21	4:59	12:30	20:00	20:37	21:27	22:27	6m01s
6.8.2021	2:33	3:34	4:23	5:01	12:30	19:58	20:35	21:24	22:24	5m54s
7.8.2021	2:36	3:36	4:24	5:02	12:30	19:57	20:34	21:22	22:21	5m48s
8.8.2021	2:39	3:38	4:26	5:04	12:30	19:55	20:32	21:20	22:17	5m40s
9.8.2021	2:42	3:40	4:28	5:05	12:30	19:53	20:30	21:17	22:14	5m32s
10.8.2021	2:45	3:42	4:29	5:07	12:29	19:51	20:28	21:15	22:11	5m24s
11.8.2021	2:48	3:44	4:31	5:08	12:29	19:50	20:26	21:13	22:08	5m14s
12.8.2021	2:50	3:46	4:33	5:10	12:29	19:48	20:24	21:10	22:05	5m05s

	Astr. Anf.	Naut. Anf.	Bürg. Anf.	Auf-gang	Kulm.	Unter-gang	Bürg. Ende	Naut. Ende	Astr. Ende	Zeitgl.
13.8.2021	2:53	3:48	4:34	5:11	12:29	19:46	20:22	21:08	22:02	4m54s
14.8.2021	2:56	3:50	4:36	5:13	12:29	19:44	20:20	21:06	21:59	4m43s
15.8.2021	2:59	3:52	4:38	5:14	12:28	19:42	20:18	21:03	21:56	4m32s
16.8.2021	3:01	3:54	4:39	5:16	12:28	19:40	20:16	21:01	21:53	4m20s
17.8.2021	3:04	3:56	4:41	5:17	12:28	19:39	20:14	20:58	21:50	4m07s
18.8.2021	3:07	3:58	4:43	5:18	12:28	19:37	20:12	20:56	21:47	3m54s
19.8.2021	3:09	4:00	4:44	5:20	12:28	19:35	20:09	20:54	21:44	3m41s
20.8.2021	3:12	4:02	4:46	5:21	12:27	19:33	20:07	20:51	21:41	3m26s
21.8.2021	3:14	4:04	4:48	5:23	12:27	19:31	20:05	20:49	21:38	3m12s
22.8.2021	3:17	4:06	4:49	5:24	12:27	19:29	20:03	20:46	21:35	2m57s
23.8.2021	3:19	4:08	4:51	5:26	12:27	19:27	20:01	20:44	21:33	2m41s
24.8.2021	3:22	4:09	4:52	5:27	12:26	19:25	19:59	20:41	21:30	2m25s
25.8.2021	3:24	4:11	4:54	5:29	12:26	19:23	19:57	20:39	21:27	2m09s
26.8.2021	3:26	4:13	4:56	5:30	12:26	19:21	19:55	20:37	21:24	1m52s
27.8.2021	3:29	4:15	4:57	5:32	12:25	19:18	19:53	20:34	21:21	1m35s
28.8.2021	3:31	4:17	4:59	5:33	12:25	19:16	19:50	20:32	21:18	1m17s
29.8.2021	3:33	4:19	5:01	5:35	12:25	19:14	19:48	20:29	21:15	1m00s
30.8.2021	3:35	4:20	5:02	5:36	12:25	19:12	19:46	20:27	21:12	0m41s
31.8.2021	3:38	4:22	5:04	5:38	12:24	19:10	19:44	20:24	21:10	0m23s

Mondlauf

	Rektaszension	Deklination	Elong.	Phase		mag	Auf-gang	Kulm.	Unter-gang
1.8.2021	2h48m46,9s	13°03'14"	85,6°	0,46		-9,8	23:44	6:43	14:17
2.8.2021	3h34m56,7s	17°10'15"	74,7°	0,37		-9,3		7:27	15:25
3.8.2021	4h22m58,2s	20°33'43"	63,9°	0,28		-8,8	0:08	8:14	16:31
4.8.2021	5h13m08,5s	23°03'48"	53,0°	0,2		-8,2	0:39	9:02	17:34
5.8.2021	6h05m21,5s	24°30'51"	41,9°	0,13		-7,5	1:19	9:53	18:30
6.8.2021	6h59m04,8s	24°46'46"	30,8°	0,07		-6,7	2:09	10:46	19:18
7.8.2021	7h53m25,7s	23°46'56"	19,5°	0,03		-5,8	3:11	11:39	19:56
8.8.2021	8h47m26,6s	21°31'41"	8,6°	0,01 ●		-4,7	4:20	12:31	20:26
9.8.2021	9h40m22,3s	18°06'40"	6,7°	0		-4,6	5:35	13:21	20:51
10.8.2021	10h31m52,4s	13°42'03"	17,6°	0,02		-5,7	6:52	14:10	21:11
11.8.2021	11h22m04,6s	8°31'10"	29,8°	0,07		-6,8	8:10	14:58	21:30
12.8.2021	12h11m30,3s	2°49'09"	42,4°	0,13		-7,7	9:28	15:45	21:47
13.8.2021	13h00m57,7s	-3°07'43"	55,1°	0,21		-8,5	10:47	16:33	22:05
14.8.2021	13h51m24,8s	-9°02'16"	68,0°	0,31		-9,2	12:07	17:23	22:25
15.8.2021	14h43m52,2s	-14°35'57"	81,1°	0,42 ☽		-9,8	13:30	18:15	22:50
16.8.2021	15h39m11,7s	-19°28'43"	94,2°	0,54		-10,3	14:52	19:11	23:22
17.8.2021	16h37m50,1s	-23°19'24"	107,4°	0,65		-10,8	16:12	20:11	
18.8.2021	17h39m29,3s	-25°47'51"	120,6°	0,76		-11,2	17:24	21:12	0:04
19.8.2021	18h42m54,6s	-26°39'07"	133,8°	0,85		-11,6	18:21	22:13	1:00
20.8.2021	19h46m08,7s	-25°48'01"	146,9°	0,92		-11,9	19:06	23:12	2:08
21.8.2021	20h47m13,3s	-23°21'24"	159,7°	0,97		-12,2	19:38		3:26
22.8.2021	21h44m50,6s	-19°35'59"	171,6°	0,99 ○		-12,5	20:03	0:07	4:46
23.8.2021	22h38m38,0s	-14°53'27"	172,4°	1		-12,5	20:23	0:58	6:05

	Rektaszension	Deklination	Elong.	Phase	mag	Auf- gang	Kulm.	Unter- gang
24.8.2021	23h28m57,8s	-9°35'42"	161,2°	0,97	-12,2	20:40	1:45	7:21
25.8.2021	0h16m37,2s	-4°02'04"	149,5°	0,93	-11,9	20:55	2:30	8:33
26.8.2021	1h02m33,0s	1°31'26"	137,9°	0,87	-11,6	21:11	3:13	9:44
27.8.2021	1h47m42,8s	6°51'52"	126,6°	0,8	-11,2	21:28	3:55	10:53
28.8.2021	2h33m00,1s	11°48'26"	115,5°	0,72	-10,9	21:46	4:37	12:02
29.8.2021	3h19m12,4s	16°11'31"	104,6°	0,62	-10,5	22:08	5:21	13:11
30.8.2021	4h06m56,8s	19°51'54"	93,7°	0,53 ☽	-10,1	22:36	6:07	14:18
31.8.2021	4h56m35,9s	22°40'16"	82,9°	0,44	-9,7	23:12	6:54	15:23

Jupitermond-Ereignisse

Datum	Uhrzeit (MEZ)	Mond	Erscheinung	Phase
4.8.2021	04:31:44	Io	Schattenvorübergang	Anfang
4.8.2021	21:40:51	Ganymed	Verfinsterung	Anfang
5.8.2021	00:25:00	Europa	Schattenvorübergang	Anfang
5.8.2021	01:11:06	Europa	Durchgang	Anfang
5.8.2021	01:47:41	Io	Verfinsterung	Anfang
5.8.2021	02:49:21	Ganymed	Bedeckung	Ende
5.8.2021	03:15:30	Europa	Schattenvorübergang	Ende
5.8.2021	03:59:27	Europa	Durchgang	Ende
5.8.2021	04:27:22	Io	Bedeckung	Ende
5.8.2021	23:00:24	Io	Schattenvorübergang	Anfang
5.8.2021	23:22:19	Io	Durchgang	Anfang
6.8.2021	01:18:40	Io	Schattenvorübergang	Ende
6.8.2021	01:40:04	Io	Durchgang	Ende
6.8.2021	22:31:23	Europa	Bedeckung	Ende
6.8.2021	22:53:16	Io	Bedeckung	Ende
7.8.2021	03:18:21	Kallisto	Verfinsterung	Anfang
12.8.2021	01:41:16	Ganymed	Verfinsterung	Anfang
12.8.2021	02:59:39	Europa	Schattenvorübergang	Anfang
12.8.2021	03:24:27	Europa	Durchgang	Anfang
12.8.2021	03:41:51	Io	Verfinsterung	Anfang
13.8.2021	00:55:15	Io	Schattenvorübergang	Anfang
13.8.2021	01:06:19	Io	Durchgang	Anfang
13.8.2021	03:13:30	Io	Schattenvorübergang	Ende
13.8.2021	03:24:05	Io	Durchgang	Ende
13.8.2021	21:35:03	Europa	Verfinsterung	Anfang
13.8.2021	22:10:24	Io	Verfinsterung	Anfang
14.8.2021	00:36:45	Io	Bedeckung	Ende
14.8.2021	00:46:57	Europa	Bedeckung	Ende
14.8.2021	21:42:16	Io	Schattenvorübergang	Ende
14.8.2021	21:50:07	Io	Durchgang	Ende
20.8.2021	02:50:12	Io	Durchgang	Anfang
20.8.2021	02:50:14	Io	Schattenvorübergang	Anfang
21.8.2021	00:03:19	Io	Bedeckung	Anfang
21.8.2021	00:10:21	Europa	Bedeckung	Anfang

Datum	Uhrzeit (MEZ)	Mond	Erscheinung	Phase
21.8.2021	02:21:59	Io	Verfinsterung	Ende
21.8.2021	03:06:28	Europa	Verfinsterung	Ende
21.8.2021	21:16:14	Io	Durchgang	Anfang
21.8.2021	21:19:03	Io	Schattenvorübergang	Anfang
21.8.2021	23:34:02	Io	Durchgang	Ende
21.8.2021	23:37:16	Io	Schattenvorübergang	Ende
22.8.2021	20:50:35	Io	Verfinsterung	Ende
22.8.2021	21:32:28	Europa	Durchgang	Ende
22.8.2021	21:41:52	Europa	Schattenvorübergang	Ende
22.8.2021	23:00:43	Ganymed	Durchgang	Ende
22.8.2021	23:20:24	Ganymed	Schattenvorübergang	Ende
23.8.2021	20:39:56	Kallisto	Bedeckung	Anfang
24.8.2021	02:07:06	Kallisto	Verfinsterung	Ende
28.8.2021	01:46:52	Io	Bedeckung	Anfang
28.8.2021	02:25:41	Europa	Bedeckung	Anfang
28.8.2021	23:00:19	Io	Durchgang	Anfang
28.8.2021	23:14:12	Io	Schattenvorübergang	Anfang
29.8.2021	01:18:10	Io	Durchgang	Ende
29.8.2021	01:32:22	Io	Schattenvorübergang	Ende
29.8.2021	20:12:49	Io	Bedeckung	Anfang
29.8.2021	20:57:00	Europa	Durchgang	Anfang
29.8.2021	21:26:46	Europa	Schattenvorübergang	Anfang
29.8.2021	22:42:02	Ganymed	Durchgang	Anfang
29.8.2021	22:45:02	Io	Verfinsterung	Ende
29.8.2021	23:43:54	Ganymed	Schattenvorübergang	Anfang
29.8.2021	23:45:51	Europa	Durchgang	Ende
30.8.2021	00:16:41	Europa	Schattenvorübergang	Ende
30.8.2021	02:17:18	Ganymed	Durchgang	Ende
30.8.2021	03:21:30	Ganymed	Schattenvorübergang	Ende
30.8.2021	19:44:11	Io	Durchgang	Ende
30.8.2021	20:01:06	Io	Schattenvorübergang	Ende

September

Sternenhimmel

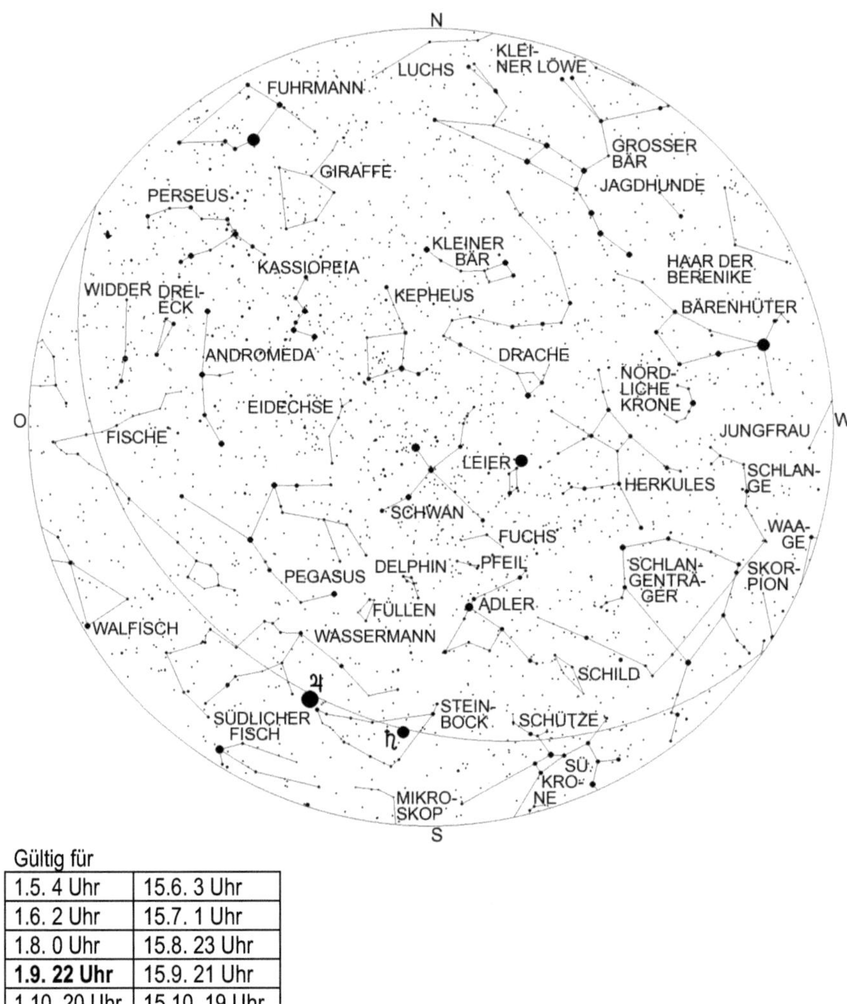

Gültig für

1.5. 4 Uhr	15.6. 3 Uhr
1.6. 2 Uhr	15.7. 1 Uhr
1.8. 0 Uhr	15.8. 23 Uhr
1.9. 22 Uhr	15.9. 21 Uhr
1.10. 20 Uhr	15.10. 19 Uhr

Die Sternbilder Waage, Skorpion und Jungfrau sind fast vollständig verschwunden und der Schlangenträger steht zusammen mit der Schlange über dem Südwesthorizont. Im Südsüdwesten erkennt man das Sternbild Schütze. Östlich davon, kurz vor der Kulmination, befindet sich das Sternbild Steinbock. Es besteht

120

nur aus schwachen Sternen, doch sieht man in diesem Jahr zwei helle Gestirne in dieser Konstellation: es sind die Planeten Jupiter und Saturn.

Im Südosten und Osten erblickt man die nur aus lichtschwachen Sternen bestehenden Sternbilder Wassermann und Fische. Letzteres setzt sich nur aus Sternen mit einer maximalen Helligkeit von 4 mag zusammen, während der Wassermann über einige Sterne 3. Größe verfügt.

Hoch am Himmel erblickt man den Schwan, durch den die Milchstraße verläuft, welche sich im Feldstecher als ein echtes „Sternenmeer" präsentiert. Der südlichste helle Stern des Schwans, Albireo, ist einer der schönsten Doppelsterne des Himmels. Er kann schon in einem Feldstecher aufgelöst werden. Albireo besteht aus einem orangerotem, 3,1 mag hellen Stern, der von einem 5,1 mag hellen, blauen Stern in 34" Abstand begleitet wird. Es ist bis heute nicht zweifelsfrei geklärt, ob beide Sterne einander umkreisen oder nur zufällig in der gleichen Richtung stehen.

Östlich des Schwans findet man den Pegasus und das Sternbild Andromeda. In diesem Sternbild gibt es neben den schon mit bloßem Auge als schwaches Nebelfleckchen sichtbaren Andromedanebel den Doppelstern Alamak, der schon in kleinen Fernrohren aufgelöst werden kann und aus einem orangefarbenen Hauptstern mit blauem Begleiter besteht.

Zwischen dem Horizont und dem Sternbild Andromeda erkennt man das Tierkreissternbild Widder und das kleine Sternbild Dreieck. Tief im Nordosten bemerkt man, dass der Fuhrmann und der Perseus wieder höher steigen – erste Vorboten des Winters.

Astronomische Ereignisse

Datum	Uhrzeit	Ereignis	Elongation
1.9.2021	14:50:08	Mond 2,6° nördlich Eta Geminorum	65,6°
1.9.2021	17:55:50	Mond 2,5° nördlich Mü Geminorum	63,9°
1.9.2021	23:04:25	Mond 8,7° nördlich Alhena	60,5°
2.9.2021	01:30:23	Mond bedeckt Epsilon Geminorum, siehe Seite 205	59,6°
3.9.2021	00:08:05	Mond 7,4° südlich Kastor	49°
3.9.2021	04:30:44	Mond 3,5° südlich Pollux	46,8°
4.9.2021	04:30:22	Mond 2,4° nördlich M44	34,4°
5.9.2021	06:36:06	Venus 1,7° nördlich Spika	40,6°
5.9.2021	21:47:34	Mond 3,9° nördlich Regulus	13,4°
6.9.2021	01:17:42	Merkur im Aphel	
6.9.2021	09:28:28	Mond in größter Nordbreite	
7.9.2021	01:51:51	Neumond	4,2°
7.9.2021	18:35:57	Mond 3,2° nördlich Mars	9,5°
8.9.2021	11:40:46	Venus 5,85° südlich Vesta	39,3°
8.9.2021	18:55:55	Merkur 5,1° südlich Porrima	24,3°
8.9.2021	22:07:06	Mond 27' nördlich Porrima	24°
8.9.2021	22:21:11	Mond 5,5° nördlich Merkur	24,2°
9.9.2021	18:33:24	Mond 4,9° nördlich Spika	35,15°
10.9.2021	01:36:00	Mond 2,5° südlich Vesta	38,6°

Datum	Uhrzeit	Ereignis	Elongation
10.9.2021	03:05:03	Mond 3,4° nördlich Venus	40,3°
10.9.2021	18:00:19	Pallasopposition	
11.9.2021	07:19:34	Mond 1° nördlich Zuben-el-dschenubi	56,3°
11.9.2021	11:45:49	Mond im Perigäum	
11.9.2021	20:09:13	Ceres 55' südlich Aldebaran	99,1°
12.9.2021	13:37:58	Jupiter 1,5° nördlich Delta Capricorni	153,75°
12.9.2021	15:15:31	Mond 1,8° südlich Akrab	73,4°
12.9.2021	17:33:54	Mond im absteigenden Knoten	
13.9.2021	02:19:27	Mond 3,6° nördlich Antares	79°
13.9.2021	10:21:34	Mond 14,3° südlich Juno	83°
13.9.2021	21:39:31	Erstes Viertel	
14.9.2021	05:10:11	Merkur in größter östlicher Elongation	26,75°
14.9.2021	10:28:14	Neptunopposition	
15.9.2021	09:50:49	Mond 6,3' südlich Nunki	109,9°
16.9.2021	06:30:37	Mond 2,6° südlich Pluto	120,3°
16.9.2021	19:59:48	Mond 10,1° südlich Beta Capricorni	127,7°
17.9.2021	04:36:25	Mond 4,2° südlich Saturn	131,6°
18.9.2021	08:27:19	Mond 4,4° südlich Jupiter	146,3°
18.9.2021	09:14:33	Mond 2,9° südlich Delta Capricorni	146,8°
19.9.2021	05:16:29	Mond in größter Südbreite	
19.9.2021	17:53:56	Mond 10,9° südlich Pallas	163,6°
20.9.2021	10:16:35	Mond 4,5° südlich Neptun	170,6°
21.9.2021	00:54:45	Vollmond	
22.9.2021	20:20:58	Herbstanfang	
23.9.2021	19:12:08	Mond 14,3° südlich Hamal	141,8°
24.9.2021	16:36:38	Mond 2,2° südlich Uranus	137,5°
24.9.2021	22:48:14	Venus 2,2° südlich Zuben-el-dschenubi	43,3°
25.9.2021	23:03:15	Mond 5,3° südlich der Plejaden	122,7°
26.9.2021	07:09:20	Merkur in größter Südbreite	
26.9.2021	08:30:59	Mond im aufsteigenden Knoten	
26.9.2021	22:26:46	Mond im Apogäum	
26.9.2021	22:41:50	Mond 5,4° nördlich Aldebaran	113,2°
27.9.2021	02:43:17	Mond 6,7° nördlich Ceres	111,6°
27.9.2021	05:08:25	Merkur stationär, dann rückläufig	
27.9.2021	22:33:30	Mond 4,5° südlich Elnath	102,1°
28.9.2021	21:05:22	Mond 2,6° nördlich Eta Geminorum	92,2°
29.9.2021	00:22:52	Mond 2,9° nördlich Mü Geminorum	90,45°
29.9.2021	02:57:16	Letztes Viertel	
29.9.2021	08:49:38	Mond 9,3° nördlich Alhena	87°
29.9.2021	12:08:22	Mond 24' nördlich Epsilon Geminorum	86,3°
30.9.2021	10:23:14	Mond 6,9° südlich Kastor	75,8°
30.9.2021	15:20:07	Mond 3,6° südlich Pollux	73,5°

Planeten

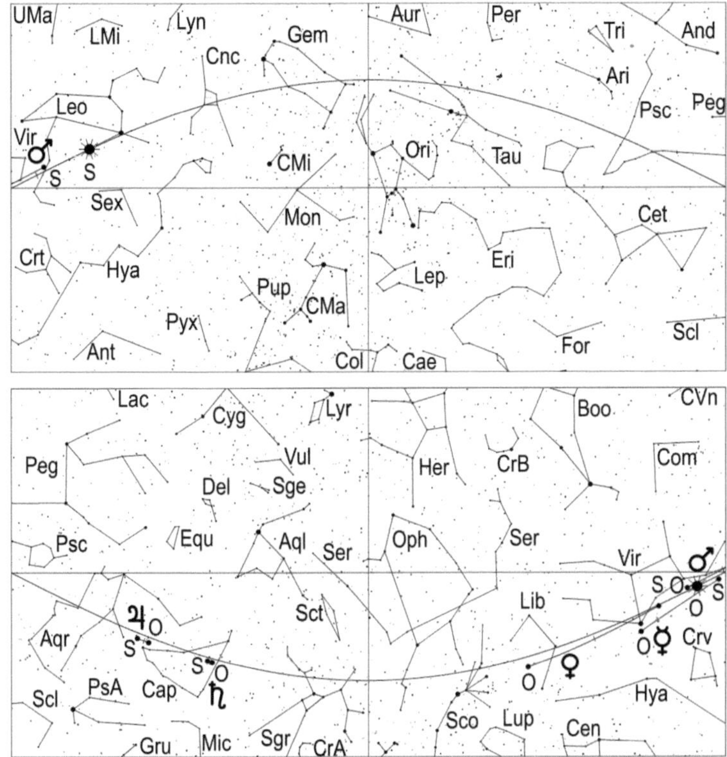

Merkur erreicht am 14. seine größte östliche Elongation mit 26,75°. Er kann aber in Mitteleuropa nicht freiäugig beobachtet werden, da, wenn der 0,2 mag helle Planet an diesen Tag um 19.09 Uhr MEZ (20.09 Uhr MESZ) unter dem Horizont verschwindet, noch helle Dämmerung herrscht, weil die Sonne erst um 18.39 Uhr MEZ (19.39 Uhr MESZ) untergegangen ist.
Am 27. wird der flinke Planet rückläufig und strebt der Sonne entgegen, mit der er am 9.10. in unterer Konjunktion stehen wird.

Venus ist weiterhin Abendstern und kann, weil sie weiterhin in immer südlichere Gefilde des Tierkreises vorstößt, nicht ihre Sichtbarkeit verbessern. Sie wandert durch die Sternbilder Jungfrau und Waage und geht am 1. um 20.17 Uhr MEZ (21.17 Uhr MESZ), am 15. um 19.48 Uhr MEZ (20.48 Uhr MESZ) und am 30. um 19.22 Uhr MEZ (20.22 Uhr MESZ) unter. Am 5. passiert sie Spika in 1,7° nördlichem und am 24. Zuben-el-dschenubi in 2,2° südlichem Abstand, was aber nur im Fernglas sichtbar ist. Ihre Helligkeit steigt im Laufe des Monats von -4,0 mag auf -4,2 mag an

und Fernrohrbeobachter bemerken, dass das Venusscheibchen größer und schlanker wird: am 1. hat es einen Durchmesser von 15" und ist zu 73% beleuchtet, am 30. misst es 18,8" und ist zu 62% illuminiert.
Am 9. erblickt man die zunehmende Mondsichel in der Nähe unseres inneren Nachbarplaneten.

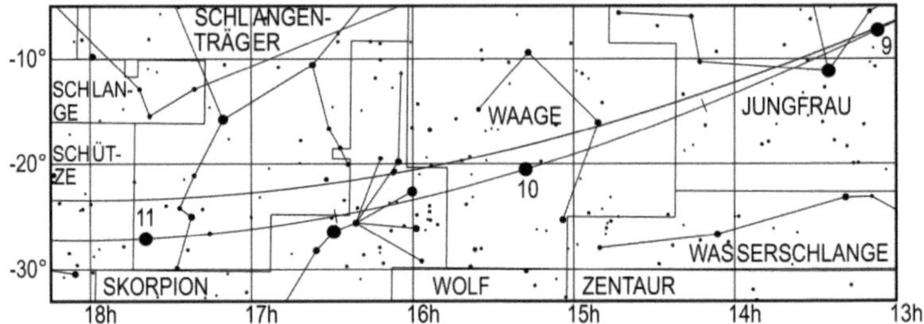

Lauf des Planeten Venus von September bis November 2021. Die Zahl gibt die Position zum 1. des entsprechenden Monats an, also 10 die Position am 1.10.

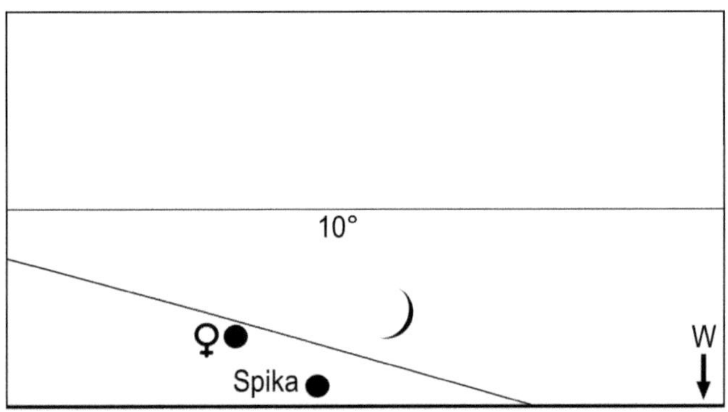

Mond, Venus und Spika am 9.9.2021 um 19.30 Uhr MEZ (20.30 Uhr MESZ). Mit bloßem Auge ist Spika nicht zu sehen.

Mars nähert sich seiner Konjunktion mit der Sonne und kann im September nicht beobachtet werden.

Jupiter ist rückläufig im Steinbock und passiert am 12. den Stern Delta Capricorni in 1,5° nördlichem Abstand. Er zieht sich langsam aus der zweiten Nachthälfte zurück und versinkt am 1. um 4.29 Uhr MEZ (5.29 Uhr MESZ), am 15. um 3.26 Uhr MEZ (4.26 Uhr MESZ) und am 30. um 2.19 Uhr MEZ (3.19 Uhr MESZ) unter dem Horizont. Seine Helligkeit sinkt im Laufe des Monats von –2,9 mag auf –2,7 mag und sein Scheibchendurchmesser schrumpft im September von 48,8" auf 46,3". Am 18. läuft der Mond 4,4° südlich an Jupiter vorbei.

124

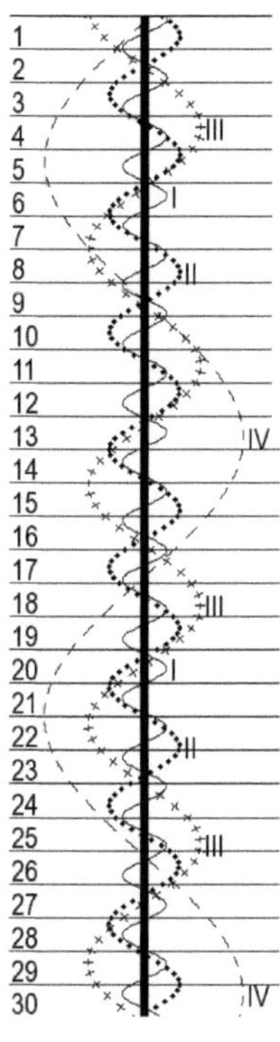

Stellung der 4
hellen Jupiter-
monde im
September 2021

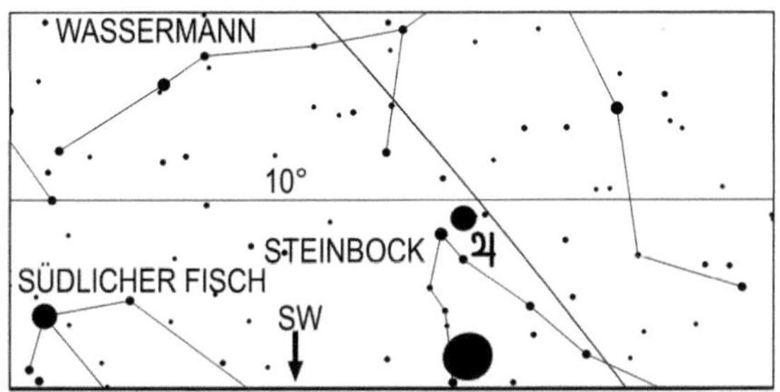

Mond und Jupiter am 18.9.2021 um 2 Uhr MEZ (3 Uhr MESZ)

Saturn, ebenfalls rückläufig im Sternbild Steinbock, geht am
Monatsersten um 2.52 Uhr MEZ (3.52Uhr MESZ), zur
Monatsmitte um 1.54 Uhr MEZ (2.54 Uhr MESZ) und am
Monatsletzten um 0.52 Uhr MEZ (1.52 Uhr MESZ) unter.
Seine Helligkeit geht im Laufe des Monats von 0,3 mag auf
0,5 mag und sein Scheibchendurchmesser von 18,4" auf
17,7" zurück.
Am 17. passiert der Mond den Ringplaneten in 4,2°
nördlichem Abstand.

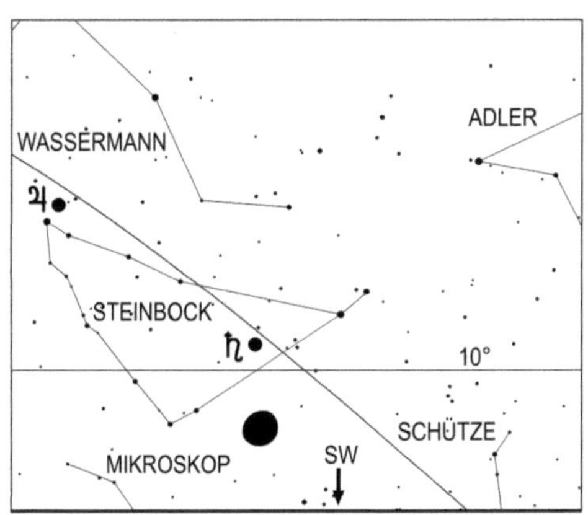

Mond, Jupiter und Saturn am 17.9.2021 um 0 Uhr MEZ (1 Uhr MESZ)

Uranus, rückläufig im Sternbild Widder, verlagert seinen Aufgang in die frühen
Abendstunden. Er geht am 1. um 21.06 Uhr MEZ (22.06 Uhr MESZ), am 15. um
20.10 Uhr MEZ (21.10 Uhr MESZ) und am 30. um 19.10 Uhr MEZ (20.10 Uhr MESZ)
auf und erreicht seine höchste Position am 1. um 4.32 Uhr MEZ (5.32Uhr MESZ),
am 15. um 3.36 Uhr MEZ (4.36 Uhr MESZ) und am 30. um 2.35 Uhr MEZ (3.35 Uhr
MESZ). Der 5,7 mag helle Uranus kann jetzt gut mit einem Fernglas oder Fernrohr

aufgesucht werden, vielleicht ist sogar bei klarem Himmel eine freiäugige
Beobachtung möglich (Aufsuchkarte, Seite 155).

Neptun steht am 14. in Opposition zur Sonne. Der 7,8 mag helle Planet kann am
besten um Mitternacht beobachtet werden, wofür mindestens ein Fernglas nötig ist.
Er erscheint im Feldstecher als Stern und zeigt sich in größeren Fernrohren als ein
kleines, bläuliches Scheibchen mit 2,3" Durchmesser (Aufsuchkarte, Seite 127).

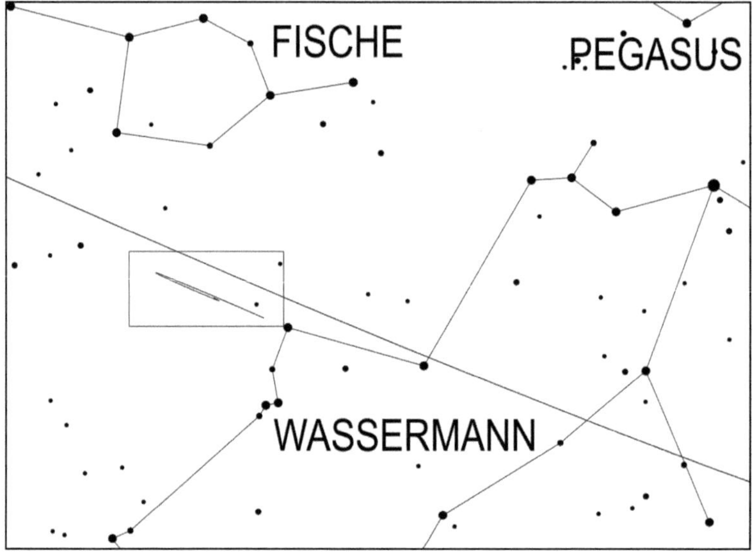

Übersichtskarte zum Aufsuchen des Planeten Neptun. Die nächste Sternkarte zeigt
vergrößert den rechteckigen Ausschnitt.

126

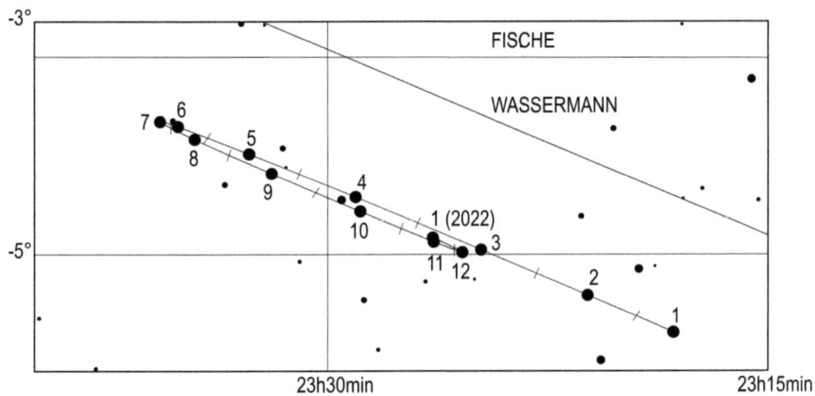

Lauf des Planeten Neptun im Jahr 2021. Die Zahl gibt die Position
zum 1. des entsprechenden Monats an, also 4 die Position am 1.4.

Klein- und Zwergplaneten

Ceres, rechtläufig im Stier südlich der Hyaden, kann am Morgenhimmel, am besten
vor Beginn der Morgendämmerung, mit einem Fernrohr aufgesucht werden
(Aufsuchkarte, Seite 156). Der Kleinplanet, dessen Helligkeit im Laufe des Monats
von 8,8 mag auf 8,3 mag ansteigt, geht zu Monatsbeginn um 22.48 Uhr MEZ (23.48
Uhr MESZ), zur Monatsmitte um 22.00 Uhr MEZ (23.00 Uhr MESZ) und am
Monatsende um 21.06 Uhr MEZ (22.06 Uhr MESZ) auf.
In den Abendstunden des 11. zieht Ceres 55' südlich an Aldebaran vorbei, was eine
gute Möglichkeit bietet, diesen Planetoiden in der Nacht vom 11. zum 12.
aufzusuchen.

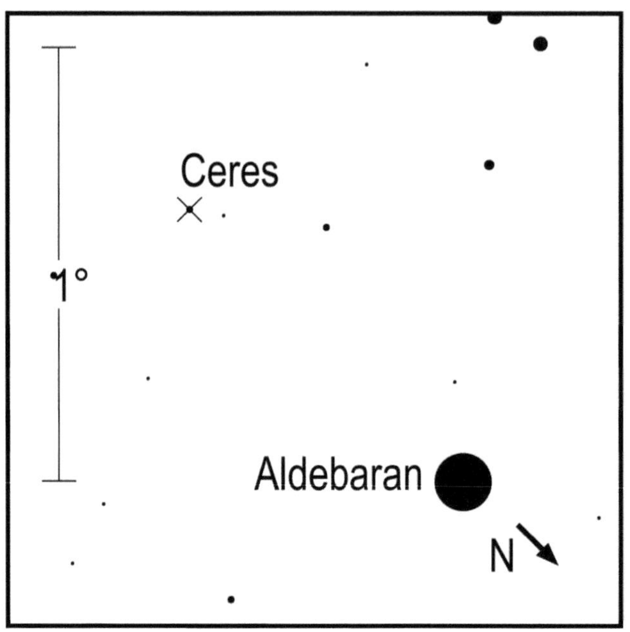

Anblick der Konjunktion zwischen Ceres und Aldebaran am 12.9.2021 um 0 Uhr MEZ
(1 Uhr MESZ) im umkehrenden Fernrohr

Pallas wandert rückläufig von den Fischen in den Wassermann und erreicht am 10.
ihre Opposition zur Sonne. Sie erreicht zum Oppositionszeitpunkt eine Helligkeit von
8,5 mag und kann am besten um Mitternacht mit einem lichtstarken Fernglas oder
einem Fernrohr aufgesucht werden (Aufsuchkarte, Seite 129).
Bis zum Monatsende, an dem Pallas um 4.27 Uhr MEZ (5.27 Uhr MESZ) untergeht,
sinkt ihre Helligkeit auf 8,9 mag.

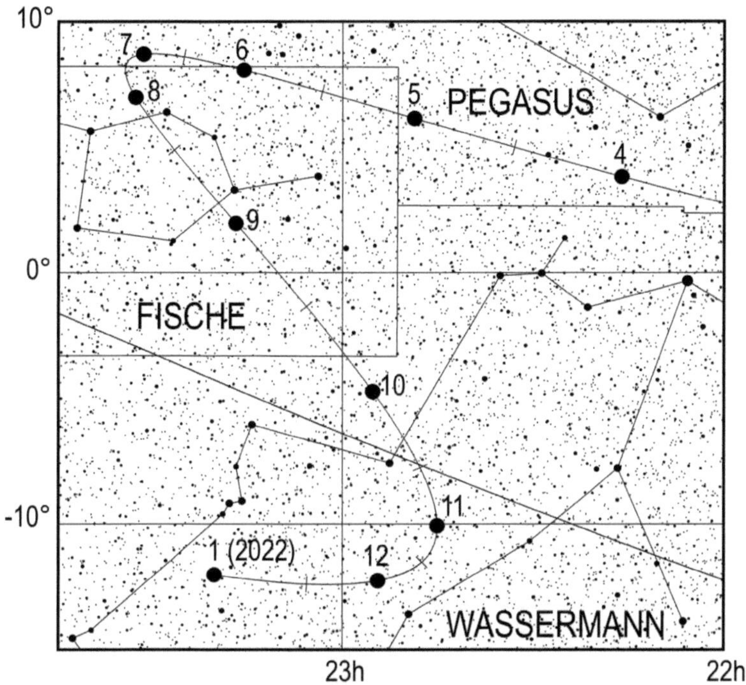

Lauf des Kleinplaneten Pallas von April 2021 bis Januar 2022. Die Zahl gibt die Position zum 1. des entsprechenden Monats an, also 9 die Position am 1.9.

Juno, deren Helligkeit im Laufe des Monats von 11,0 mag auf 11,2 mag zurückgeht, kann kurz nach Ende der Abenddämmerung mit einem Fernrohr ab 15 Zentimeter Öffnung im Schlangenträger aufgesucht werden (Aufsuchkarte, Seite 88). Ihr Untergang erfolgt am 1. um 23.45 Uhr MEZ (0.45 Uhr MESZ), am 15. um 22.53 Uhr MEZ (23.53 Uhr MESZ) und am 30. um 22 Uhr MEZ (23 Uhr MESZ).

Vesta kann im September nicht beobachtet werden.

Periodische Sternschnuppenströme

Bis zum 5. sind die Alpha-Aurigiden aktiv, welche am 1. um 7 Uhr MEZ ihr Maximum mit 2 Meteoren pro Stunde erreichen. Sie sind recht schnelle Sternschnuppen. Bei ihrer Beobachtung kann der abnehmende Sichelmond, der gegen Mitternacht aufgeht, stören.
Zwischen dem 5. und dem 23. sind die Epsilon-Perseiden beobachtbar. Dieser Strom erreicht am 9. um 13 Uhr sein Maximum mit bis zu 3 Sternschnuppen pro Stunde. Der Mond geht an diesem Tag noch in der Abenddämmerung unter, so das

von ihm keine Störungen ausgehen.
Während des ganzen Monats kann man die Pisciden beobachten, welche am 19. ihr
Maximum mit bis zu 4 Meteoren pro Stunde erreichen. Ihre Beobachtung ist in
hohem Maße durch den fast vollen Mond beeinträchtigt.
Ab dem 16. tauchen die ersten Nord-Tauriden auf, denen am 25. die ersten Süd-
Tauriden folgen. Am 29. erscheinen außerdem die ersten Delta-Aurigiden.

Sonnenuntergang und Dämmerung

	Astr. Anf.	Naut. Anf.	Bürg. Anf.	Auf- gang	Kulm.	Unter- gang	Bürg. Ende	Naut. Ende	Astr. Ende	Zeitgl.
1.9.2021	3:40	4:24	5:06	5:39	12:24	19:08	19:42	20:22	21:07	0m04s
2.9.2021	3:42	4:26	5:07	5:41	12:24	19:06	19:39	20:20	21:04	-0m14s
3.9.2021	3:44	4:28	5:09	5:42	12:23	19:04	19:37	20:17	21:01	-0m33s
4.9.2021	3:46	4:29	5:10	5:44	12:23	19:01	19:35	20:15	20:58	-0m53s
5.9.2021	3:48	4:31	5:12	5:45	12:23	18:59	19:33	20:12	20:56	-1m13s
6.9.2021	3:50	4:33	5:14	5:47	12:22	18:57	19:30	20:10	20:53	-1m33s
7.9.2021	3:52	4:35	5:15	5:48	12:22	18:55	19:28	20:08	20:50	-1m53s
8.9.2021	3:54	4:36	5:17	5:50	12:22	18:53	19:26	20:05	20:47	-2m14s
9.9.2021	3:56	4:38	5:18	5:51	12:21	18:50	19:24	20:03	20:45	-2m34s
10.9.2021	3:58	4:40	5:20	5:53	12:21	18:48	19:21	20:00	20:42	-2m55s
11.9.2021	4:00	4:42	5:21	5:54	12:21	18:46	19:19	19:58	20:39	-3m16s
12.9.2021	4:02	4:43	5:23	5:56	12:20	18:44	19:17	19:56	20:37	-3m37s
13.9.2021	4:04	4:45	5:25	5:57	12:20	18:42	19:14	19:53	20:34	-3m59s
14.9.2021	4:06	4:47	5:26	5:59	12:19	18:39	19:12	19:51	20:31	-4m20s
15.9.2021	4:08	4:48	5:28	6:00	12:19	18:37	19:10	19:49	20:29	-4m41s
16.9.2021	4:09	4:50	5:29	6:01	12:19	18:35	19:08	19:46	20:26	-5m03s
17.9.2021	4:11	4:52	5:31	6:03	12:18	18:33	19:05	19:44	20:24	-5m24s
18.9.2021	4:13	4:53	5:32	6:04	12:18	18:30	19:03	19:42	20:21	-5m46s
19.9.2021	4:15	4:55	5:34	6:06	12:18	18:28	19:01	19:39	20:19	-6m07s
20.9.2021	4:17	4:57	5:35	6:07	12:17	18:26	18:59	19:37	20:16	-6m29s
21.9.2021	4:18	4:58	5:37	6:09	12:17	18:24	18:56	19:35	20:14	-6m50s
22.9.2021	4:20	5:00	5:38	6:10	12:17	18:22	18:54	19:32	20:11	-7m11s
23.9.2021	4:22	5:02	5:40	6:12	12:16	18:19	18:52	19:30	20:09	-7m33s
24.9.2021	4:24	5:03	5:42	6:13	12:16	18:17	18:50	19:28	20:06	-7m54s
25.9.2021	4:25	5:05	5:43	6:15	12:16	18:15	18:47	19:25	20:04	-8m15s
26.9.2021	4:27	5:07	5:45	6:16	12:15	18:13	18:45	19:23	20:02	-8m35s
27.9.2021	4:29	5:08	5:46	6:18	12:15	18:11	18:43	19:21	19:59	-8m56s
28.9.2021	4:31	5:10	5:48	6:19	12:15	18:09	18:41	19:19	19:57	-9m16s
29.9.2021	4:32	5:11	5:49	6:21	12:14	18:06	18:38	19:16	19:55	-9m36s
30.9.2021	4:34	5:13	5:51	6:22	12:14	18:04	18:36	19:14	19:52	-9m56s

Mondlauf

	Rektaszension	Deklination	Elong.	Phase	mag	Auf- gang	Kulm.	Unter- gang
1.9.2021	5h48m12,5s	24°27'31"	72,0°	0,35	-9,3	23:58	7:44	16:21
2.9.2021	6h41m25,7s	25°05'34"	60,9°	0,26	-8,7		8:36	17:13
3.9.2021	7h35m34,4s	24°28'50"	49,7°	0,18	-8,1	0:55	9:29	17:54

	Rektaszension	Deklination	Elong.	Phase	mag	Auf-gang	Kulm.	Unter-gang
4.9.2021	8h29m47,2s	22°35'38"	38,1°	0,11	-7,4	2:01	10:21	18:27
5.9.2021	9h23m18,3s	19°29'09"	26,4°	0,05	-6,5	3:15	11:12	18:53
6.9.2021	10h15m40,9s	15°17'18"	14,5°	0,02	-5,4	4:32	12:03	19:15
7.9.2021	11h06m53,4s	10°12'07"	5,1°	0 ●	-4,4	5:52	12:51	19:34
8.9.2021	11h57m18,0s	4°28'45"	12,8°	0,01	-5,3	7:12	13:40	19:52
9.9.2021	12h47m34,9s	-1°35'22"	25,4°	0,05	-6,5	8:32	14:29	20:10
10.9.2021	13h38m35,6s	-7°41'13"	38,4°	0,11	-7,5	9:54	15:19	20:29
11.9.2021	14h31m14,5s	-13°28'26"	51,6°	0,19	-8,4	11:18	16:11	20:53
12.9.2021	15h26m18,8s	-18°35'53"	64,9°	0,29	-9,1	12:42	17:07	21:22
13.9.2021	16h24m14,0s	-22°42'34"	78,1°	0,4 ☽	-9,7	14:04	18:05	22:01
14.9.2021	17h24m47,4s	-25°29'24"	91,3°	0,51	-10,2	15:18	19:05	22:51
15.9.2021	18h26m57,5s	-26°42'30"	104,3°	0,62	-10,7	16:18	20:06	23:55
16.9.2021	19h29m05,2s	-26°16'28"	117,2°	0,73	-11,1	17:05	21:04	
17.9.2021	20h29m26,0s	-24°16'05"	129,9°	0,82	-11,4	17:40	21:59	1:09
18.9.2021	21h26m45,9s	-20°54'47"	142,5°	0,9	-11,8	18:06	22:51	2:27
19.9.2021	22h20m37,8s	-16°31'06"	154,7°	0,95	-12,1	18:27	23:38	3:46
20.9.2021	23h11m15,6s	-11°24'47"	166,6°	0,99	-12,4	18:45		5:02
21.9.2021	23h59m19,0s	-5°54'35"	175,4°	1 ○	-12,6	19:01		6:15
22.9.2021	0h45m38,8s	-0°17'04"	168,0°	0,99	-12,4	19:16	1:07	7:27
23.9.2021	1h31m08,1s	5°13'21"	156,9°	0,96	-12,1	19:32	1:49	8:37
24.9.2021	2h16m37,5s	10°24'14"	145,8°	0,91	-11,8	19:49	2:32	9:47
25.9.2021	3h02m51,6s	15°04'25"	134,8°	0,85	-11,4	20:09	3:15	10:56
26.9.2021	3h50m26,1s	19°03'37"	123,9°	0,78	-11,1	20:34	4:00	12:05
27.9.2021	4h39m43,3s	22°12'08"	113,1°	0,7	-10,8	21:07	4:47	13:11
28.9.2021	5h30m48,0s	24°20'59"	102,2°	0,61	-10,5	21:48	5:36	14:12
29.9.2021	6h23m24,4s	25°22'23"	91,4°	0,51 ☾	-10,1	22:39	6:26	15:06
30.9.2021	7h16m58,1s	25°10'46"	80,3°	0,41	-9,6	23:42	7:18	15:51

Jupitermond-Ereignisse

Datum	Uhrzeit (MEZ)	Mond	Erscheinung	Phase
1.9.2021	02:31:29	Kallisto	Durchgang	Anfang
4.9.2021	03:30:48	Io	Bedeckung	Anfang
5.9.2021	00:44:49	Io	Durchgang	Anfang
5.9.2021	01:09:29	Io	Schattenvorübergang	Anfang
5.9.2021	03:02:42	Io	Durchgang	Ende
5.9.2021	21:56:52	Io	Bedeckung	Anfang
5.9.2021	23:10:57	Europa	Durchgang	Anfang
6.9.2021	00:01:51	Europa	Schattenvorübergang	Anfang
6.9.2021	00:39:37	Io	Verfinsterung	Ende
6.9.2021	01:59:43	Ganymed	Durchgang	Anfang
6.9.2021	02:00:01	Europa	Durchgang	Ende
6.9.2021	02:51:37	Europa	Schattenvorübergang	Ende
6.9.2021	19:38:15	Io	Schattenvorübergang	Anfang
6.9.2021	21:28:52	Io	Durchgang	Ende
6.9.2021	21:56:21	Io	Schattenvorübergang	Ende
7.9.2021	21:41:35	Europa	Verfinsterung	Ende

Datum	Uhrzeit (MEZ)	Mond	Erscheinung	Phase
9.9.2021	20:16:22	Kallisto	Verfinsterung	Ende
9.9.2021	21:21:49	Ganymed	Verfinsterung	Ende
12.9.2021	02:29:58	Io	Durchgang	Anfang
12.9.2021	23:41:36	Io	Bedeckung	Anfang
13.9.2021	01:26:11	Europa	Durchgang	Anfang
13.9.2021	02:34:20	Io	Verfinsterung	Ende
13.9.2021	02:37:09	Europa	Schattenvorübergang	Anfang
13.9.2021	20:56:19	Io	Durchgang	Anfang
13.9.2021	21:33:40	Io	Schattenvorübergang	Anfang
13.9.2021	23:14:15	Io	Durchgang	Ende
13.9.2021	23:51:43	Io	Schattenvorübergang	Ende
14.9.2021	20:08:27	Europa	Bedeckung	Anfang
14.9.2021	21:03:04	Io	Verfinsterung	Ende
15.9.2021	00:19:34	Europa	Verfinsterung	Ende
16.9.2021	19:00:43	Ganymed	Bedeckung	Anfang
17.9.2021	01:22:11	Ganymed	Verfinsterung	Ende
17.9.2021	21:27:20	Kallisto	Durchgang	Ende
17.9.2021	23:41:13	Kallisto	Schattenvorübergang	Anfang
20.9.2021	01:27:13	Io	Bedeckung	Anfang
20.9.2021	22:42:33	Io	Durchgang	Anfang
20.9.2021	23:29:11	Io	Schattenvorübergang	Anfang
21.9.2021	01:00:31	Io	Durchgang	Ende
21.9.2021	01:47:10	Io	Schattenvorübergang	Ende
21.9.2021	19:53:47	Io	Bedeckung	Anfang
21.9.2021	22:28:06	Europa	Bedeckung	Anfang
21.9.2021	22:57:57	Io	Verfinsterung	Ende
22.9.2021	19:27:17	Io	Durchgang	Ende
22.9.2021	20:16:06	Io	Schattenvorübergang	Ende
23.9.2021	19:41:50	Europa	Durchgang	Ende
23.9.2021	21:19:51	Europa	Schattenvorübergang	Ende
23.9.2021	22:25:48	Ganymed	Bedeckung	Anfang
26.9.2021	01:45:39	Kallisto	Bedeckung	Anfang
27.9.2021	19:27:47	Ganymed	Schattenvorübergang	Ende
28.9.2021	00:29:49	Io	Durchgang	Anfang
28.9.2021	01:24:47	Io	Schattenvorübergang	Anfang
28.9.2021	21:40:40	Io	Bedeckung	Anfang
29.9.2021	00:49:44	Europa	Bedeckung	Anfang
29.9.2021	00:52:57	Io	Verfinsterung	Ende
29.9.2021	18:56:51	Io	Durchgang	Anfang
29.9.2021	19:53:45	Io	Schattenvorübergang	Anfang
29.9.2021	21:14:51	Io	Durchgang	Ende
29.9.2021	22:11:39	Io	Schattenvorübergang	Ende
30.9.2021	19:12:05	Europa	Durchgang	Anfang
30.9.2021	19:21:41	Io	Verfinsterung	Ende
30.9.2021	21:06:08	Europa	Schattenvorübergang	Anfang
30.9.2021	22:01:59	Europa	Durchgang	Ende
30.9.2021	23:55:29	Europa	Schattenvorübergang	Ende

Oktober

Sternenhimmel

Gültig für

1.7. 4 Uhr	15.7. 3 Uhr
1.8. 2 Uhr	15.8. 1 Uhr
1.9. 0 Uhr	15.9. 23 Uhr
1.10. 22 Uhr	15.10. 21 Uhr
1.11. 20 Uhr	15.11. 19 Uhr
1.12. 18 Uhr	15.12. 17 Uhr

Der südliche Teil des Himmels wird von den Sternbildern Wassermann, Steinbock, Fische, Walfisch, Südlicher Fisch, Bildhauer und Mikroskop eingenommen, in denen es nur einen Stern erster Größe, Fomalhaut im Südlichen Fisch gibt, sowie zwei Sterne zweiter Größe, Menkar und Deneb Kaitos im Walfisch. Allerdings erkennt man in diesem Jahr zwei helle „Sterne" im Steinbock – es sind die Planeten Jupiter und Saturn.

Über diesen Sternbildern erkennt man den Pegasus und die Andromeda, von der ein Stern, Sirrah, zusammen mit 3 Sternen des Pegasus das Herbstviereck bilden. Bei klarem Himmel kann man schon mit bloßem Auge den Andromedanebel, der auch als M31 bekannt ist, sehen. Man findet ihn leicht, wenn man den mittleren hellen Stern der Andromeda, Mirach, als Ausgangspunkt nimmt und der dort in nördliche Richtung abzweigenden Sternenkette folgt. Westlich des 2. und letzten Sterns dieser Kette sieht man ein kleines Nebelfleckchen mit einer Helligkeit von 3,5 mag – den Andromedanebel. Er ist mit einer Entfernung von 2,5 Millionen Lichtjahren das weiteste Objekt, welches man mit bloßem Auge sehen kann und ist eine der nächsten Galaxien.

Mit einem Durchmesser von 140000 Lichtjahren ist der Andromedanebel bedeutend größer als unser Milchstraßensystem. Wenn man den Andromedanebel mit einem Fernrohr, dass über einen sogenannten Sucher verfügt, aufsucht, wird man feststellen, dass er im Sucher auch nicht viel kleiner erscheint als bei starker Vergrößerung. Schuld daran ist der Umstand, dass derartige Nebel nicht wie der Mond und Planeten scharf umgrenzte Objekte mit hoher Leuchtdichte sind, sondern Objekte geringer Leuchtdichte mit unscharfer Umgrenzung. Eine starke Vergrößerung bewirkt bei derartigen Objekten, dass die Helligkeit über einen größeren Bereich des Gesichtsfeldes verteilt wird, was das Erkennen desselben erschweren bis unmöglich machen kann.

In der Andromeda befindet sich auch ein schöner Doppelstern, Alamak. Er besteht aus einem 2,3 mag hellem orangerotem Stern mit einem blauem 4,8 mag hellem Begleiter in 9,6" Abstand. Schon ein Fernrohr mit 5 cm Öffnung zeigt diesen Doppelstern mit seinem schönen Farbkontrast getrennt. Der Begleiter kann mit einem großen Fernrohr ebenfalls in 2 Sterne aufgelöst werden. Der hellere dieser Sterne ist wiederum ein Doppelstern, was aber nur spektroskopisch nachweisbar ist. Insgesamt ist Alamak also ein vierfaches Sternsystem.

Östlich der Andromeda findet man das Dreieck und den Widder, zwei kleine aber relativ markante Sternbilder. Im Dreieck befindet sich eine weitere Nachbargalaxie unserer Milchstraße, welche die Bezeichnung M33 trägt. M33 hat eine Helligkeit von 5,5 mag, was sie eigentlich zu einem leichten Beobachtungsobjekt machen müsste. Trotzdem ist diese Galaxie nicht leicht aufzufinden, weil sie über eine geringe Flächenhelligkeit verfügt. Bei Verwendung hoher Vergrößerung kann man M33 deshalb leicht übersehen, auch wenn ein großes Fernrohr eingesetzt wird. Im Gebiet zwischen Pegasus, Schwan und Adler, der schon deutlich im Südwesten steht, erblickt man die kleinen Sternbilder Füllen, Delphin, Pfeil und Fuchs, von denen nur Pfeil und Delphin über hellere Sterne verfügen.

Im Delphin befindet sich ein schöner Doppelstern, Gamma (γ) Delphini, der schon in Fernrohren mit 5 cm Objektivöffnung getrennt werden kann. Er besteht aus einem 4,3 mag hellem orangerotem und einem 5,1 mag hellem, weißgelben Stern in 9"

Abstand. Beide Sterne umkreisen einander in 3249 Jahren. Die Entfernung von
Gamma Delphini zur Erde beträgt 101 Lichtjahre.
Im Südwesten versinken gerade der Schütze, die Schlange und der Schlangenträger
unter dem Horizont. Auch Arktur im Bärenhüter ist schon untergegangen, während
sich die Nördliche Krone noch über dem Horizont hält.
Im Osten kommen schon die ersten Wintersternbilder über den Horizont. So ist der
Stier schon komplett aufgegangen und auch der Fuhrmann ist vollständig zu sehen.
Bald werden auch die Zwillinge und der Orion über dem Horizont erscheinen.

Herbststernbilder

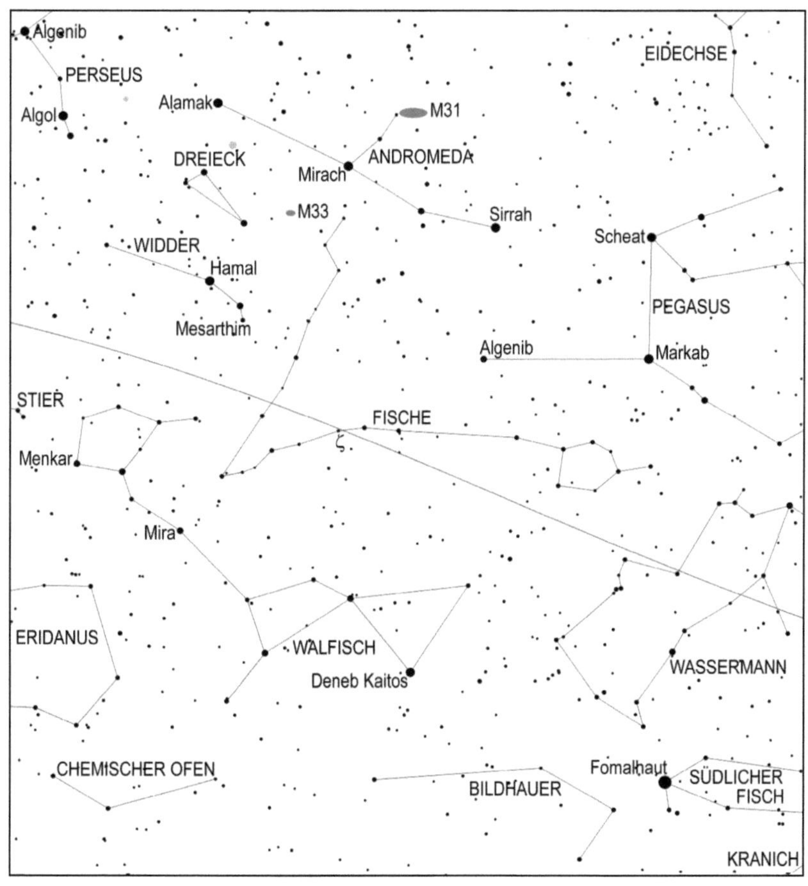

Astronomische Ereignisse

Datum	Uhrzeit	Ereignis	Elongation
1.10.2021	15:46:08	Mond 2,25° nördlich M44	61,2°
2.10.2021	11:01:16	Mars 2,3° südlich Porrima	2°
3.10.2021	01:50:14	Venus im Aphel	
3.10.2021	05:40:19	Mond 4,5° nördlich Regulus	40,1°
3.10.2021	14:57:52	Mond in größter Nordbreite	
6.10.2021	05:04:40	Mond 58' nördlich Porrima	3,9°
6.10.2021	09:58:24	Mond 3° nördlich Mars	0,9°
6.10.2021	12:05:26	Neumond	3,3°
6.10.2021	13:18:38	Pluto stationär, dann rechtläufig	
6.10.2021	19:41:26	Mond 5,9° nördlich Merkur	4,8°
7.10.2021	01:53:11	Mond 5,2° nördlich Spika	8,7°
8.10.2021	05:01:44	Mars in Konjunktion zur Sonne	39'
8.10.2021	08:22:44	Mond 2,8° südlich Vesta	25,5°
8.10.2021	16:32:57	Mond bedeckt Zuben-el-dschenubi (Alf2 Lib), siehe Seite 209	29,7°
8.10.2021	18:43:09	Mond im Perigäum	
8.10.2021	20:32:42	Ceres stationär, dann rückläufig	
9.10.2021	09:27:45	Merkur 2,9° südlich Mars	0,8°
9.10.2021	17:19:10	Merkur in unterer Konjunktion zur Sonne	-1,9°
9.10.2021	20:33:33	Mond im absteigenden Knoten	
9.10.2021	20:47:07	Mond 1,9° nördlich Venus	45,45°
9.10.2021	23:24:50	Mond 1,9° südlich Akrab	46,6°
10.10.2021	07:06:29	Mond 3,6° nördlich Antares	52,4°
11.10.2021	03:25:49	Saturn stationär, dann rechtläufig	
11.10.2021	03:27:22	Mond 13,4° südlich Juno	62,7°
11.10.2021	09:17:38	Venus 3,9° südlich Akrab	45,25°
12.10.2021	15:05:45	Mond 47' südlich Nunki	83,15°
13.10.2021	04:25:20	Erstes Viertel	
13.10.2021	10:15:16	Mond 3° südlich Pluto	93,5°
14.10.2021	02:40:31	Mond 9,8° südlich Beta Capricorni	101,1°
14.10.2021	07:59:50	Mond 4,4° südlich Saturn	104,6°
14.10.2021	11:24:06	Merkur 3,35° südlich Porrima	9,6°
15.10.2021	08:50:35	Merkur im aufsteigenden Knoten	
15.10.2021	10:27:44	Mond 4,75° südlich Jupiter	118,4°
15.10.2021	13:28:25	Mond 3,5° südlich Delta Capricorni	120,1°
15.10.2021	17:57:48	Vesta 3,7° nördlich Zuben-el-dschenubi	22,1°
16.10.2021	00:00:17	Mond in größter Südbreite	
16.10.2021	14:36:42	Venus 1,5° nördlich Antares	46,5°
16.10.2021	16:53:30	Mond 7° südlich Pallas	133,8°
17.10.2021	13:55:51	Mond 5° südlich Neptun	144,2°
18.10.2021	01:53:31	Merkur stationär, dann rechtläufig	

Datum	Uhrzeit	Ereignis	Elongation
18.10.2021	11:54:38	Jupiter stationär, dann rechtläufig	
19.10.2021	23:33:03	Pallas im absteigenden Knoten	
20.10.2021	00:56:28	Merkur im Perihel	
20.10.2021	07:11:07	Mars 2,8° nördlich Spika	3,6°
20.10.2021	15:56:48	Vollmond	
21.10.2021	04:59:54	Mond 13,6° südlich Hamal	165,9°
21.10.2021	17:27:21	Merkur 1,3° südlich Porrima	17,6°
21.10.2021	21:41:00	Mond 2,1° südlich Uranus	165,3°
23.10.2021	08:50:58	Mond 4,9° südlich der Plejaden	149,6°
23.10.2021	12:46:24	Mond im aufsteigenden Knoten	
24.10.2021	08:29:12	Mond 5,9° nördlich Aldebaran	140,2°
24.10.2021	10:59:57	Mond 6,3° nördlich Ceres	139°
24.10.2021	16:02:53	Mond im Apogäum	
25.10.2021	01:53:20	Venus in größter Südbreite	
25.10.2021	06:57:12	Merkur in größter westlicher Elongation	18,4°
25.10.2021	08:13:07	Mond 4° südlich Elnath	129°
26.10.2021	05:50:09	Mond 3,3° nördlich Eta Geminorum	119,25°
26.10.2021	10:14:18	Mond 3,1° nördlich Mü Geminorum	117,6°
26.10.2021	15:56:55	Mond 9° nördlich Alhena	113,8°
26.10.2021	18:09:26	Mond 19,4' nördlich Epsilon Geminorum	113,25°
27.10.2021	17:28:14	Mond 7,1° südlich Kastor	102,75°
27.10.2021	21:18:12	Mond 3,3° südlich Pollux	100,5°
28.10.2021	21:05:20	Letztes Viertel	
28.10.2021	22:08:41	Mond 2,6° nördlich M44	88,2°
29.10.2021	21:51:45	Venus in größter östlicher Elongation	47°
30.10.2021	06:18:44	Merkur in größter Nordbreite	
30.10.2021	16:55:44	Mond 4,1° nördlich Regulus	67,3°
30.10.2021	22:36:20	Mond in größter Nordbreite	
31.10.2021	14:26:34	Pallas stationär, dann rechtläufig	

Planeten

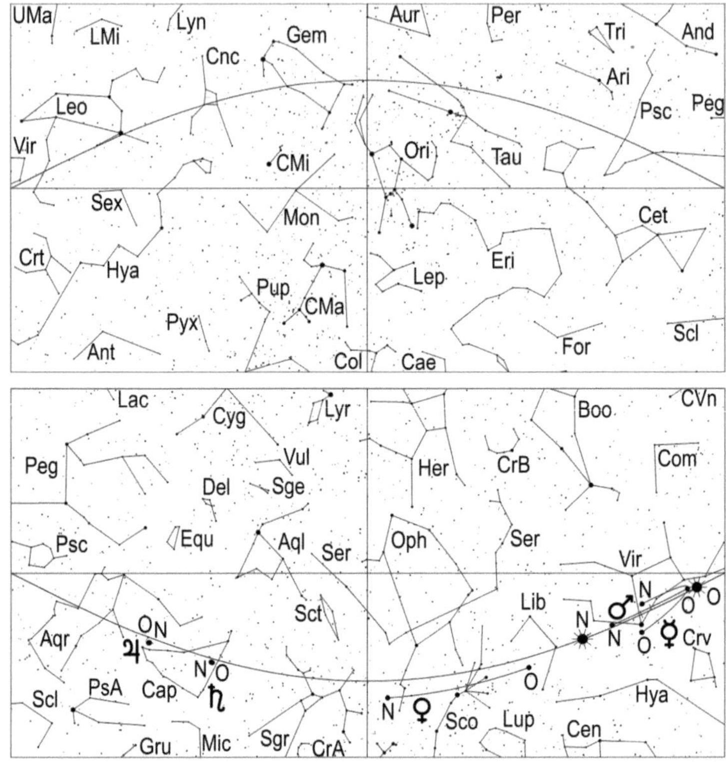

Merkur bewegt sich zunächst rückläufig durch die Jungfrau und steht am 9. in
unterer Konjunktion zur Sonne. Am 18. kehrt er seine Bewegungsrichtung um. An
diesem Tag geht der flinke Planet um 5.27 Uhr MEZ (6.27 Uhr MESZ) auf und ist 0,9
mag hell. Etwa 30 Minuten später dürfte Merkur bei klarem Himmel in der
Morgendämmerung sichtbar werden. Im Fernrohr zeigt er sich als zu 22%
beleuchtete Sichel mit 8,5" Durchmesser. In den folgenden Tagen vergrößert sich
sein Winkelabstand zur Sonne weiter, bis er am 25. seine größte westliche
Elongation mit 18,4° erreicht. Sein Aufgang verlagert sich von 5.19 Uhr MEZ (6.19
Uhr MESZ) am 20., auf 5.16 Uhr MEZ (6.16 Uhr MESZ) am 25., während seine
Helligkeit von 0,3 mag am 20. auf -0,5 mag am 25. anwächst. Gleichzeitig schrumpft
sein Scheibchen von 8" am 20. auf 6,9" am 25., während sein beleuchteter Anteil
von 32% am 20. auf 55% am 25. anwächst. Die Halbphase (Dichotomie) wird am 24.
erreicht.

Nach der Elongation verspätet sich sein Aufgang bis zum 31. auf 5.34 Uhr MEZ
(6.34 Uhr MESZ), während seine Helligkeit bis zum Monatsende auf -0,8 mag
ansteigt. Am Monatsletzten hat das Merkurscheibchen einen Durchmesser von 5,9"
und ist zu 77% beleuchtet.

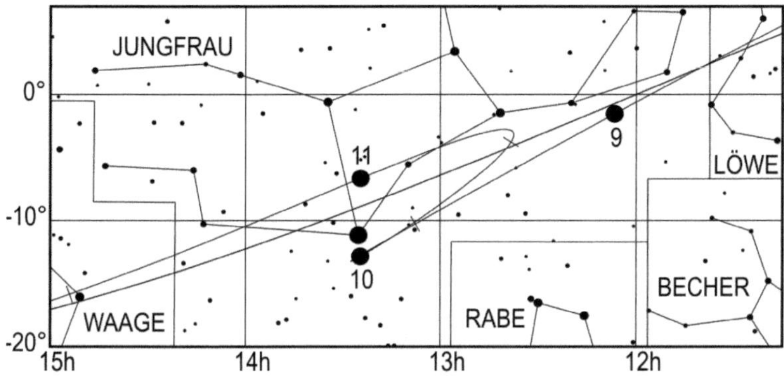

Lauf des Planeten Merkur von September bis November 2021. Die Zahl gibt die Position
zum 1. des entsprechenden Monats an, also 10 die Position am 1.10.

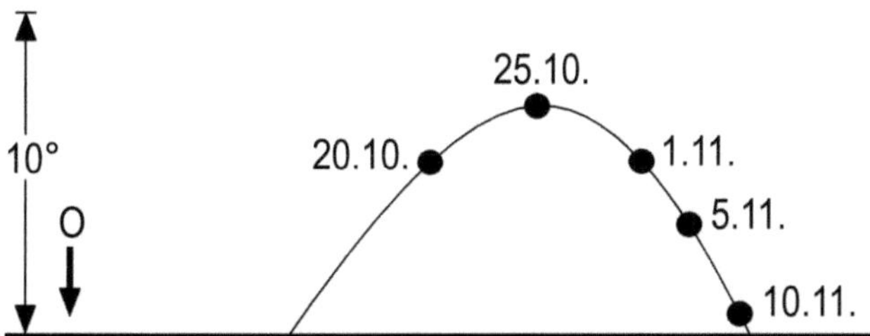

Position des Planeten Merkur am Morgenhimmel, 1 Stunde vor Sonnenaufgang

Venus erreicht am 29. ihre größte östliche Elongation mit 47° zur Sonne, doch da
Venus im Lauf des Monats den südlichsten Bereichen des Tierkreises entgegenstrebt, verfrüht sich ihr Untergang von 19.20 Uhr MEZ (20.20 Uhr MESZ) am 1., auf
19.04 Uhr MEZ (20.04 Uhr MESZ) am 15. und auf 18.57 Uhr MEZ (19.57 Uhr MESZ)
am Monatsletzten. Da sich aber der Sonnenuntergang im Laufe des Oktobers um
etwa eine Stunde verfrüht, ergibt sich trotzdem eine Verlängerung der Sichtbarkeit.
Die Helligkeit unseres inneren Nachbarplaneten wächst von -4,2 mag auf -4,4 mag
und der Durchmesser von 18,8" auf 25,6", während der beleuchtete Anteil des
Planeten von 62% auf 48% abnimmt, womit sie am Monatsende im Fernrohr als
dicke Sichel erscheint. Die Halbphase (Dichotomie) wird am 28. erreicht. Am 9. zieht
der Mond 1,9° nördlich an Venus vorbei.

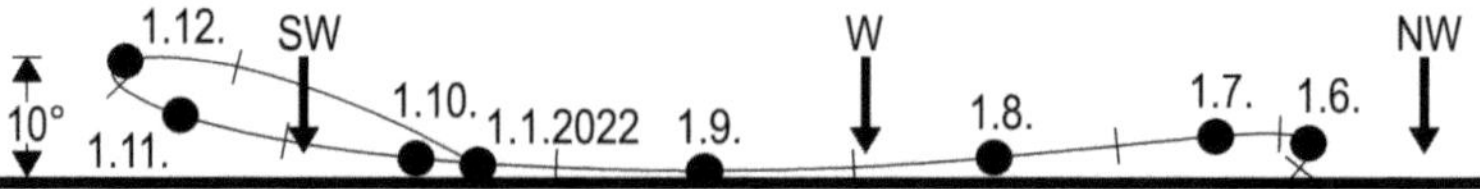

Position des Planeten Venus am Abendhimmel, 1 Stunde nach Sonnenuntergang

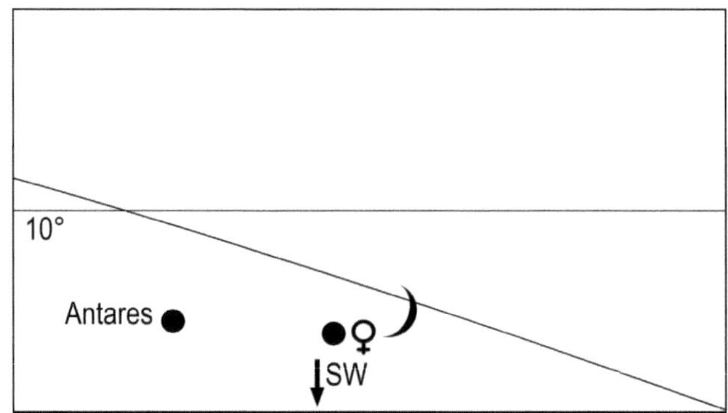

Mond, Venus und Antares in der Abenddämmerung des 9.10.2021
um 18.30 Uhr MEZ (19.30 Uhr MESZ). Antares dürfte in der hellen
Dämmerung mit bloßem Auge nicht zu sehen sein.

Mars steht am 8. in Konjunktion zur Sonne und ist in diesem Monat nicht zu sehen.

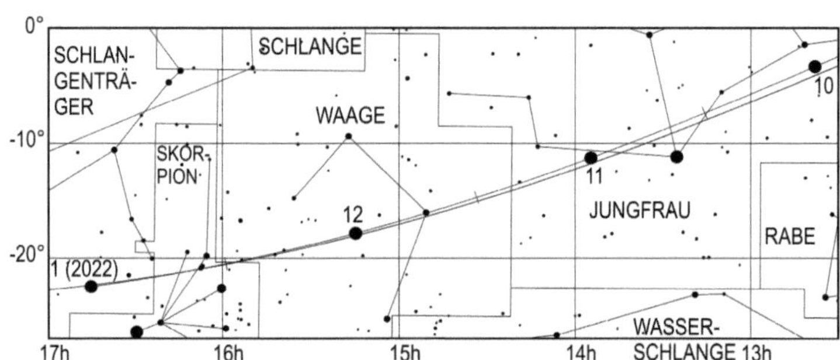

Lauf des Planeten Mars von Oktober bis Januar 2022. Die Zahl gibt die Position
zum 1. des entsprechenden Monats an, also 10 die Position am 1.10.

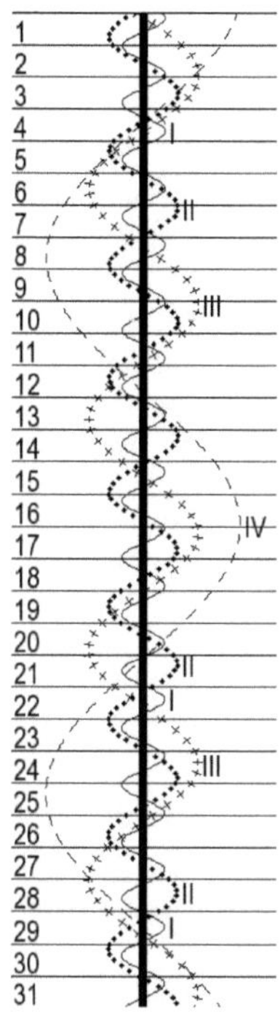

Stellung der 4
hellen Jupiter-
monde im
Oktober 2021

Jupiter im Steinbock beendet am 18. seine
Oppositionsschleife und versinkt am 1. um 2.15 Uhr MEZ
(3.15 Uhr MESZ), am 15. um 1.18 Uhr MEZ (2.18 Uhr MESZ)
und am 31. um 0.16 Uhr MEZ (1.16 Uhr MESZ) unter dem
Horizont. Seine Helligkeit sinkt im Laufe des Monats von –2,7
mag auf –2,5 mag und sein Scheibchendurchmesser von
46,3" auf 42,1". Am 15. läuft der Mond 4,75° südlich an
Jupiter vorbei.

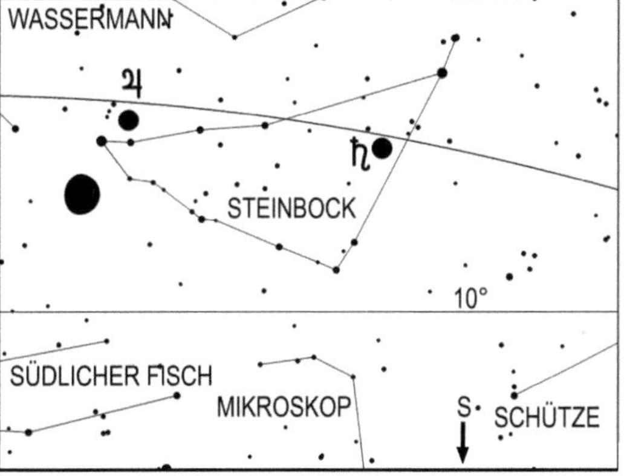

Mond, Jupiter und Saturn am 14.10.2021 um 19 Uhr MEZ (20 Uhr MESZ)

Saturn, im Sternbild
Steinbock, beendet
am 11. seine
Oppositionsschleife
und geht zu
Monatsbeginn um
0.48 Uhr MEZ (1.48
Uhr MESZ), zur
Monatsmitte um
23.49 Uhr MEZ
(0.49 Uhr MESZ)
und am Monatsende
um 22.47 Uhr MEZ

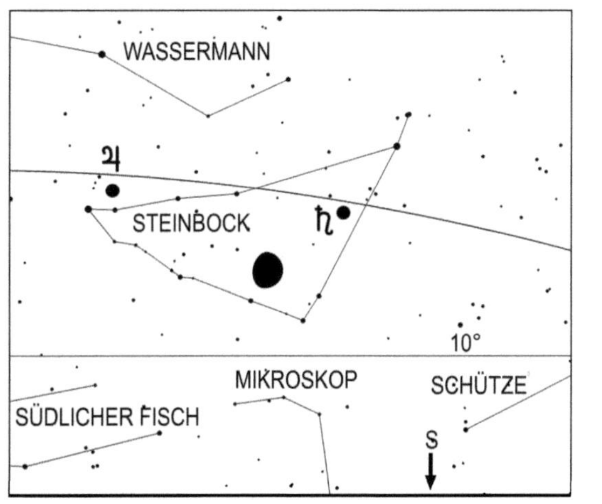

Mond, Jupiter und Saturn am 15.10.2021 um 19 Uhr MEZ (20 Uhr MESZ)

(23.47 Uhr MESZ) unter. Seine Helligkeit geht im Oktober von 0,5 mag auf 0,6 mag
zurück und sein Scheibchendurchmesser schrumpft von 17,7" auf 16,8". Am Abend
des 14. sieht man den Mond in der Nähe des Ringplaneten.

Uranus, rückläufig im Widder, strebt seiner Opposition entgegen. Der 5,7 mag helle
Planet, der am 1. um 19.06 Uhr MEZ (20.06 Uhr MESZ), am 15. um 18.10 Uhr MEZ
(19.10 Uhr MESZ) und am 31. um 17.06 Uhr MEZ (18.06 Uhr MESZ) aufgeht, kann
am besten kurz nach Mitternacht beobachtet werden. Hierfür genügt ein einfaches
Fernglas, vielleicht ist er sogar bei klarem, dunklem Himmel mit bloßem Auge als
schwacher Stern erkennbar.
Zum Aufsuchen und zur Identifikation ist die Sternkarte auf Seite 155 zu verwenden.

Neptun im Sternbild Wassermann, kann mit Hilfe eines Fernglases oder Fernrohres
(Aufsuchkarte, Seite 127) abends beobachtet werden.
Zu Monatsbeginn erreicht er seinen höchsten Stand um 23.11 Uhr MEZ (0.11 Uhr
MESZ) und geht um 4.56 Uhr MEZ (5.56 Uhr MESZ) unter. Zur Monatsmitte erfolgt
die Kulmination um 22.14 Uhr (23.14 Uhr MESZ) und der Untergang um 3.59 Uhr
(4.59 Uhr MESZ). Am Monatsende kulminiert Neptun um 21.10 Uhr MEZ (22.10 Uhr
MESZ) und versinkt um 2.54 Uhr MEZ (3.54 Uhr MESZ) unter dem Horizont.

Klein- und Zwergplaneten

Ceres, im Stier südöstlich der Hyaden, wird am 8. stationär und setzt zu ihrer
Oppositionsschleife an. Der Kleinplanet, dessen Helligkeit von 8,3 mag auf 7,6 mag
ansteigt, verfrüht seinen Aufgang von 21.02 Uhr MEZ (22.02 Uhr MESZ) am 1., auf
20.06 Uhr MEZ (21.06 Uhr MESZ) am 15. und auf 18.56 Uhr MEZ (19.56 Uhr MESZ)
am 31.
Sie kann am besten zum Zeitpunkt ihrer Kulmination mit einem Fernglas aufgesucht
werden. Diese erfolgt am 1. um 4.29 Uhr MEZ (5.29 Uhr MESZ), am 15. um 3.34 Uhr
MEZ (4.34 Uhr MESZ) und am 31. um 2.25 Uhr MEZ (3.25 Uhr MESZ).
(Aufsuchkarte, Seite 156).

Pallas, durchwandert rückläufig die westlichen Gebiete der Fische, bevor sie am
Monatsletzten ihre Oppositionsschleife beendet. Der Planetoid, dessen Helligkeit von
8,9 mag auf 9,4 mag sinkt, geht am 1. um 4.21 Uhr MEZ (5.21 Uhr MESZ), am 15.
um 3.06 Uhr MEZ (4.06 Uhr MESZ) und am 31. um 1.48 Uhr MEZ (2.48 Uhr MESZ)
unter.
Der beste Zeitpunkt für die Suche nach Pallas ist ihre Kulmination. Sie erreicht diese
am 1. um 22.38 Uhr MEZ (23.38 Uhr MESZ), am 15. um 21.36 Uhr MEZ (22.36 Uhr
MESZ) und am 31. um 20.30 Uhr MEZ (21.30 Uhr MESZ). (Aufsuchkarte, Seite 129).

Juno, rechtläufig im Schlangenträger, versinkt am 1. um 21.57 Uhr MEZ (22.57 Uhr
MESZ), am 15. um 21.12 Uhr MEZ (22.12 Uhr MESZ) und am 31. um 20.23 Uhr
MEZ (21.23 Uhr MESZ) unter dem Horizont. Der 11,2 mag helle Asteroid kann mit
einem Fernrohr ab 15 Zentimeter Durchmesser gegen Dämmerungsende aufgesucht
werden, wofür eine gute Horizontsicht nötig ist (Aufsuchkarten, Seite 88 und Seite
158).

Vesta ist in diesem Monat nicht zu sehen.

Pluto, im Ostteil des Schützen, beendet am 6. seine Oppositionsschleife, weshalb er in diesem Monat erwähnt wird. Er ist mit einer Helligkeit von 14,3 mag nur in Fernrohren mit mindestens 30 cm Durchmesser sichtbar (Aufsuchkarte, Seite 104).

Periodische Sternschnuppenströme

Vom 2. bis zum 16. kann man die Draconiden beobachten, die ihr Maximum am 8. um 21 Uhr MEZ erreichen. Ihre maximale Rate beträgt etwa 11 Meteore pro Stunde, doch gab es in der Vergangenheit, wie 1933, Ausbrüche mit bis zu 10000 Meteoren pro Stunde. Die Draconiden sind während der ganzen Nacht zu sehen, wobei es in diesem Jahr keine Störungen durch den Mond gibt, weil dieser schon in der Abenddämmerung unter dem Horizont versinkt.
Die Delta-Aurigiden erreichen am 4. ihr Maximum mit bis zu 2 Meteoren pro Stunde. Der abnehmende Mond, der in den frühen Morgenstunden aufgeht, stört bei der Beobachtung nur wenig, weil er schon sehr dünn ist. Die Delta-Aurigiden sind bis zum 18. aktiv.
Zwischen dem 2.10. und dem 7.11. treten die Orioniden auf, welche am 22. um 4 Uhr MEZ ihr Maximum mit bis zu 10 Meteoren pro Stunde erreichen.
Die Orioniden gehören zu den sehr schnellen Meteoren.
Ihre Beobachtung wird in diesem Jahr vom noch fast vollen Mond beeinträchtigt.
Ein weiterer, allerdings schwacher Meteorstrom sind die Epsilon Geminiden, die zwischen den 14. und 27. auftreten und ihr Maximum am 19. um 13 Uhr MEZ mit bis zu 1,5 Meteoren pro Stunde erreichen. Auch bei der Beobachtung dieses Stroms bereitet der fast volle Mond Probleme.
Ferner können während des ganzen Monats Meteore der Nord- und der Süd-Tauriden beobachtet werden.

Sonnenuntergang und Dämmerung

	Astr. Anf.	Naut. Anf.	Bürg. Anf.	Auf-gang	Kulm.	Unter-gang	Bürg. Ende	Naut. Ende	Astr. Ende	Zeitgl.
1.10.2021	4:36	5:15	5:52	6:24	12:14	18:02	18:34	19:12	19:50	-10m16s
2.10.2021	4:37	5:16	5:54	6:25	12:13	18:00	18:32	19:10	19:48	-10m35s
3.10.2021	4:39	5:18	5:55	6:27	12:13	17:58	18:30	19:07	19:46	-10m54s
4.10.2021	4:41	5:19	5:57	6:29	12:13	17:56	18:28	19:05	19:43	-11m12s
5.10.2021	4:42	5:21	5:58	6:30	12:12	17:54	18:25	19:03	19:41	-11m31s
6.10.2021	4:44	5:22	6:00	6:32	12:12	17:52	18:23	19:01	19:39	-11m49s
7.10.2021	4:46	5:24	6:01	6:33	12:12	17:49	18:21	18:59	19:37	-12m06s
8.10.2021	4:47	5:25	6:03	6:35	12:11	17:47	18:19	18:57	19:35	-12m23s
9.10.2021	4:49	5:27	6:04	6:36	12:11	17:45	18:17	18:55	19:33	-12m40s
10.10.2021	4:50	5:29	6:06	6:38	12:11	17:43	18:15	18:53	19:30	-12m56s
11.10.2021	4:52	5:30	6:07	6:40	12:11	17:41	18:13	18:50	19:28	-13m12s
12.10.2021	4:54	5:32	6:09	6:41	12:10	17:39	18:11	18:48	19:26	-13m27s
13.10.2021	4:55	5:33	6:10	6:43	12:10	17:37	18:09	18:46	19:24	-13m42s
14.10.2021	4:57	5:35	6:12	6:44	12:10	17:35	18:07	18:44	19:22	-13m56s

	Astr. Anf.	Naut. Anf.	Bürg. Anf.	Auf-gang	Kulm.	Unter-gang	Bürg. Ende	Naut. Ende	Astr. Ende	Zeitgl.
15.10.2021	4:58	5:36	6:13	6:46	12:10	17:33	18:05	18:42	19:20	-14m10s
16.10.2021	5:00	5:38	6:15	6:48	12:10	17:31	18:03	18:40	19:18	-14m23s
17.10.2021	5:02	5:39	6:16	6:49	12:09	17:29	18:01	18:38	19:16	-14m36s
18.10.2021	5:03	5:41	6:18	6:51	12:09	17:27	17:59	18:37	19:14	-14m48s
19.10.2021	5:05	5:42	6:19	6:52	12:09	17:25	17:58	18:35	19:12	-14m59s
20.10.2021	5:06	5:44	6:21	6:54	12:09	17:23	17:56	18:33	19:11	-15m10s
21.10.2021	5:08	5:45	6:22	6:56	12:09	17:21	17:54	18:31	19:09	-15m20s
22.10.2021	5:09	5:47	6:24	6:57	12:08	17:19	17:52	18:29	19:07	-15m30s
23.10.2021	5:11	5:48	6:26	6:59	12:08	17:17	17:50	18:27	19:05	-15m39s
24.10.2021	5:12	5:50	6:27	7:01	12:08	17:15	17:48	18:26	19:03	-15m47s
25.10.2021	5:14	5:51	6:29	7:02	12:08	17:13	17:47	18:24	19:01	-15m55s
26.10.2021	5:15	5:53	6:30	7:04	12:08	17:11	17:45	18:22	19:00	-16m01s
27.10.2021	5:17	5:54	6:32	7:06	12:08	17:10	17:43	18:21	18:58	-16m07s
28.10.2021	5:18	5:56	6:33	7:07	12:08	17:08	17:41	18:19	18:56	-16m13s
29.10.2021	5:20	5:57	6:35	7:09	12:08	17:06	17:40	18:17	18:55	-16m17s
30.10.2021	5:21	5:59	6:37	7:11	12:08	17:04	17:38	18:16	18:53	-16m21s
31.10.2021	5:23	6:00	6:38	7:12	12:08	17:02	17:36	18:14	18:52	-16m24s

Mondlauf

	Rektaszension	Deklination	Elong.	Phase	mag	Auf-gang	Kulm.	Unter-gang
1.10.2021	8h10m44,6s	23°43'44"	69,0°	0,32	-9,2		8:10	16:26
2.10.2021	9h04m02,7s	21°02'48"	57,5°	0,23	-8,6	0:52	9:01	16:55
3.10.2021	9h56m26,5s	17°13'25"	45,5°	0,15	-7,9	2:07	9:51	17:18
4.10.2021	10h47m52,5s	12°24'48"	33,2°	0,08	-7,1	3:26	10:40	17:38
5.10.2021	11h38m39,5s	6°49'35"	20,6°	0,03	-6,0	4:46	11:29	17:56
6.10.2021	12h29m24,5s	0°43'43"	8,0°	0,01 ●	-4,8	6:07	12:19	18:13
7.10.2021	13h20m56,6s	-5°33'43"	7,5°	0	-4,8	7:31	13:09	18:32
8.10.2021	14h14m09,3s	-11°40'51"	20,5°	0,03	-6,1	8:57	14:02	18:55
9.10.2021	15h09m49,7s	-17°13'42"	34,1°	0,09	-7,2	10:24	14:58	19:22
10.10.2021	16h08m23,1s	-21°48'00"	47,7°	0,16	-8,1	11:51	15:58	19:58
11.10.2021	17h09m35,1s	-25°01'57"	61,3°	0,26	-8,9	13:10	16:59	20:45
12.10.2021	18h12m21,1s	-26°40'01"	74,6°	0,37	-9,6	14:16	18:01	21:46
13.10.2021	19h14m57,4s	-26°36'27"	87,6°	0,48 ☽	-10,1	15:07	19:00	22:58
14.10.2021	20h15m36,0s	-24°56'22"	100,4°	0,59	-10,5	15:45	19:56	
15.10.2021	21h13m02,2s	-21°53'31"	112,9°	0,69	-10,9	16:12	20:48	0:15
16.10.2021	22h06m50,6s	-17°46'02"	125,2°	0,79	-11,3	16:34	21:35	1:33
17.10.2021	22h57m17,9s	-12°52'44"	137,2°	0,87	-11,6	16:52	22:20	2:48
18.10.2021	23h45m06,3s	-7°31'06"	149,0°	0,93	-11,9	17:08	23:04	4:02
19.10.2021	0h31m08,6s	-1°56'43"	160,6°	0,97	-12,2	17:22	23:46	5:13
20.10.2021	1h16m19,2s	3°36'30"	171,7°	0,99 ○	-12,5	17:38		6:23
21.10.2021	2h01m29,7s	8°55'52"	175,4°	1	-12,5	17:54	0:28	7:33
22.10.2021	2h47m25,1s	13°49'26"	165,1°	0,98	-12,3	18:12	1:10	8:42
23.10.2021	3h34m41,3s	18°05'48"	154,2°	0,95	-12,0	18:35	1:55	9:52
24.10.2021	4h23m40,1s	21°34'08"	143,3°	0,9	-11,7	19:05	2:41	10:59
25.10.2021	5h14m25,5s	24°04'29"	132,5°	0,84	-11,4	19:42	3:29	12:03

	Rektaszension	Deklination	Elong.	Phase	mag	Auf-gang	Kulm.	Unter-gang
26.10.2021	6h06m40,5s	25°28'39"	121,7°	0,76	-11,1	20:29	4:19	13:00
27.10.2021	6h59m49,4s	25°40'57"	110,9°	0,68	-10,8	21:26	5:10	13:48
28.10.2021	7h53m07,1s	24°39'06"	99,9°	0,58 ☽	-10,4	22:32	6:01	14:26
29.10.2021	8h45m51,8s	22°24'26"	88,6°	0,49	-10,0	23:44	6:51	14:56
30.10.2021	9h37m38,0s	19°01'39"	77,1°	0,39	-9,6		7:40	15:21
31.10.2021	10h28m22,5s	14°38'09"	65,2°	0,29	-9,1	0:59	8:29	15:41

Jupitermond-Ereignisse

Datum	Uhrzeit (MEZ)	Mond	Erscheinung	Phase
2.10.2021	18:54:18	Europa	Verfinsterung	Ende
4.10.2021	19:19:54	Ganymed	Durchgang	Ende
4.10.2021	19:53:04	Ganymed	Schattenvorübergang	Anfang
4.10.2021	22:25:55	Kallisto	Schattenvorübergang	Ende
4.10.2021	23:28:54	Ganymed	Schattenvorübergang	Ende
5.10.2021	23:28:43	Io	Bedeckung	Anfang
6.10.2021	20:45:33	Io	Durchgang	Anfang
6.10.2021	21:49:26	Io	Schattenvorübergang	Anfang
6.10.2021	23:03:34	Io	Durchgang	Ende
7.10.2021	00:07:16	Io	Schattenvorübergang	Ende
7.10.2021	21:16:50	Io	Verfinsterung	Ende
7.10.2021	21:34:16	Europa	Durchgang	Anfang
7.10.2021	23:42:02	Europa	Schattenvorübergang	Anfang
8.10.2021	00:24:23	Europa	Durchgang	Ende
8.10.2021	18:36:08	Io	Schattenvorübergang	Ende
9.10.2021	21:32:22	Europa	Verfinsterung	Ende
11.10.2021	19:19:00	Ganymed	Durchgang	Anfang
11.10.2021	22:56:15	Ganymed	Durchgang	Ende
11.10.2021	23:54:42	Ganymed	Schattenvorübergang	Anfang
12.10.2021	22:02:09	Kallisto	Bedeckung	Ende
13.10.2021	22:35:29	Io	Durchgang	Anfang
13.10.2021	23:45:12	Io	Schattenvorübergang	Anfang
14.10.2021	19:45:28	Io	Bedeckung	Anfang
14.10.2021	23:12:04	Io	Verfinsterung	Ende
14.10.2021	23:58:56	Europa	Durchgang	Anfang
15.10.2021	18:14:06	Io	Schattenvorübergang	Anfang
15.10.2021	19:21:08	Io	Durchgang	Ende
15.10.2021	20:31:49	Io	Schattenvorübergang	Ende
16.10.2021	18:53:33	Europa	Bedeckung	Anfang
17.10.2021	00:10:22	Europa	Verfinsterung	Ende
18.10.2021	18:25:20	Europa	Schattenvorübergang	Ende
18.10.2021	23:00:23	Ganymed	Durchgang	Anfang
21.10.2021	21:36:18	Io	Bedeckung	Anfang
22.10.2021	17:54:26	Ganymed	Verfinsterung	Anfang
22.10.2021	18:54:35	Io	Durchgang	Anfang
22.10.2021	20:09:54	Io	Schattenvorübergang	Anfang

Datum	Uhrzeit (MEZ)	Mond	Erscheinung	Phase
22.10.2021	21:12:36	Io	Durchgang	Ende
22.10.2021	21:29:01	Ganymed	Verfinsterung	Ende
22.10.2021	22:27:32	Io	Schattenvorübergang	Ende
23.10.2021	19:36:14	Io	Verfinsterung	Ende
23.10.2021	21:23:32	Europa	Bedeckung	Anfang
25.10.2021	18:12:39	Europa	Schattenvorübergang	Anfang
25.10.2021	18:31:13	Europa	Durchgang	Ende
25.10.2021	21:01:37	Europa	Schattenvorübergang	Ende
28.10.2021	23:28:22	Io	Bedeckung	Anfang
29.10.2021	20:18:13	Ganymed	Bedeckung	Ende
29.10.2021	20:47:17	Io	Durchgang	Anfang
29.10.2021	21:55:51	Ganymed	Verfinsterung	Anfang
29.10.2021	22:05:43	Io	Schattenvorübergang	Anfang
29.10.2021	22:27:42	Kallisto	Verfinsterung	Anfang
29.10.2021	23:05:17	Io	Durchgang	Ende
30.10.2021	17:56:35	Io	Bedeckung	Anfang
30.10.2021	21:31:40	Io	Verfinsterung	Ende
31.10.2021	17:33:41	Io	Durchgang	Ende
31.10.2021	18:52:14	Io	Schattenvorübergang	Ende

November

Sternenhimmel

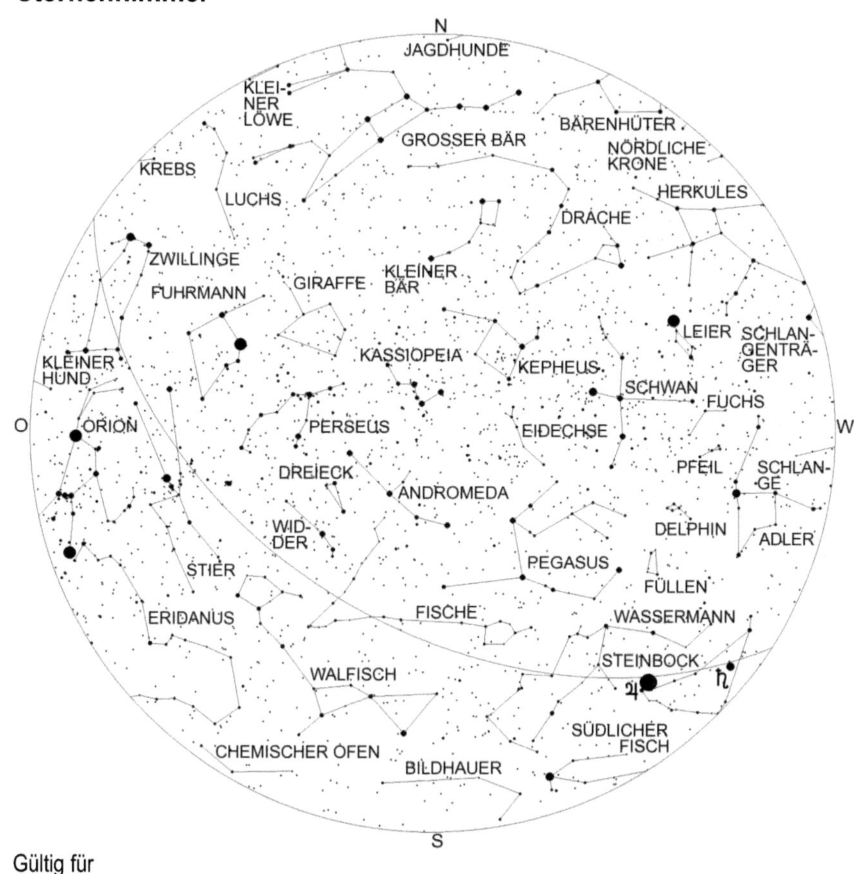

Gültig für

1.8. 4 Uhr	15.8. 3 Uhr
1.9. 2 Uhr	15.9. 1 Uhr
1.10. 0 Uhr	15.10. 23 Uhr
1.11. 22 Uhr	15.11. 21 Uhr
1.12. 20 Uhr	15.12. 19 Uhr
1.1. 18 Uhr	15.1. 17 Uhr

Noch immer wird der südliche Teil des Himmels von den überwiegend aus lichtschwachen Sternen bestehenden Konstellationen Steinbock – in diesem Jahr mit den hellen Planeten Jupiter und Saturn –, Wassermann, Fische, Südlicher Fisch, Bildhauer und Walfisch beherrscht, zu dem sich jetzt auch Teile des Eridanus gesellen. Über diesen findet man den Pegasus und die Andromeda. Der Andromedanebel kann jetzt sehr gut beobachtet werden. Er ist bei klarem Himmel schon freiäugig sichtbar, aber auf jedem Fall in einem Fernglas zu sehen. Auch der schon im kleinen Fernrohr trennbare Doppelstern Alamak, der sich am nordöstlichsten Ende der Sternfigur der Andromeda befindet, kann jetzt bestens beobachtet werden. Südlich der Andromeda findet man das Dreieck und den Widder. Im Widder gibt es auch einen Doppelstern, der schon mit kleinen Fernrohren aufgelöst werden kann, und zwar Gamma (γ) Arietis. Er besteht aus zwei gleich hellen weißen Sternen.
Südwestlich des Widders befindet sich das ausgedehnte, lichtschwache Tierkreissternbild der Fische.
Im Westen sieht man, dass der Adler schon kurz vor dem Untergang steht. Schlange und Schlangenträger sind schon fast vollständig untergegangen und auch der Herkules ist nur noch teilweise zu sehen. Tief im Norden erreicht jetzt der Große Wagen, der von den hellsten Sternen des Großen Bären gebildet wird, seinen niedrigsten Stand.
Im Osten bemerkt man, dass bereits einige der Wintersternbilder über dem Horizont erschienen sind. Stier und Zwillinge sind schon vollständig zu sehen. Der Orion ist schon zum größten Teil aufgegangen. Kleiner Hund und Krebs werden bald über dem Horizont erscheinen.

Astronomische Ereignisse

Datum	Uhrzeit	Ereignis	Elongation
1.11.2021	02:41:31	Merkur 4,4° nördlich Spika	14,9°
2.11.2021	11:35:43	Venus 14° südlich Juno	47°
2.11.2021	17:53:57	Mond 26' nördlich Porrima	30,2°
3.11.2021	13:12:24	Ceres 9,2' südlich Aldebaran	150,7°
3.11.2021	13:33:31	Mond 4,8° nördlich Spika	17,3°
3.11.2021	20:30:01	Mond 20' nördlich Merkur	15,1°
4.11.2021	04:26:43	Mond 1,9° nördlich Mars	8,9°
4.11.2021	22:14:43	Neumond	1,1°
5.11.2021	00:55:07	Uranusopposition	
5.11.2021	01:36:56	Mond 45' nördlich Zuben-el-dschenubi	2,6°
5.11.2021	20:52:24	Mond 3,8° südlich Vesta	12,4°
5.11.2021	23:18:50	Mond im Perigäum	
6.11.2021	04:44:48	Mond im absteigenden Knoten	
6.11.2021	06:43:45	Mond 1,7° südlich Akrab	19,5°
6.11.2021	17:54:49	Mond 2,9° nördlich Antares	25,2°
8.11.2021	00:37:15	Mond 12,9° südlich Juno	43°

Datum	Uhrzeit	Ereignis	Elongation
8.11.2021	05:42:51	Mond 41' nördlich Venus	46,7°
8.11.2021	23:51:11	Mond 33' südlich Nunki	56°
9.11.2021	18:31:18	Mond 3,45° südlich Pluto	66,5°
10.11.2021	05:04:12	Merkur 1,1° nördlich Mars	10,9°
10.11.2021	07:15:14	Mond 9,9° südlich Beta Capricorni	74°
10.11.2021	14:34:15	Mond 5,1° südlich Saturn	78°
11.11.2021	13:46:14	Erstes Viertel	
11.11.2021	18:04:31	Mond 5,3° südlich Jupiter	92°
11.11.2021	20:41:24	Mond 3,55° südlich Delta Capricorni	93°
12.11.2021	12:19:51	Mond in größter Südbreite	
13.11.2021	00:13:47	Mond 3,2° südlich Pallas	106,7°
13.11.2021	19:18:31	Mond 5,1° südlich Neptun	116,7°
15.11.2021	10:37:50	Merkur 31' nördlich Zuben-el-dschenubi	7,9°
17.11.2021	10:19:52	Mond 14° südlich Hamal	157,7°
18.11.2021	04:02:50	Mond 1,85° südlich Uranus	165,5°
19.11.2021	07:02:30	Partielle Mondfinsternis, Eintritt Halbschatten	
19.11.2021	08:20:00	Partielle Mondfinsternis, Eintritt Kernschatten	
19.11.2021	09:57:45	Vollmond	
19.11.2021	10:03:46	Partielle Mondfinsternis, Maximale Phase, Grösse: 0,977	
19.11.2021	11:47:31	Partielle Mondfinsternis, Austritt Kernschatten	
19.11.2021	13:05:01	Partielle Mondfinsternis, Austritt Kernschatten	
19.11.2021	13:46:55	Mond 5,3° südlich der Plejaden	175°
19.11.2021	18:57:49	Mond im aufsteigenden Knoten	
19.11.2021	19:52:26	Vesta 2,1° nördlich Akrab	5,9°
19.11.2021	21:03:04	Venus 12' südlich Nunki	45,1°
20.11.2021	08:10:45	Mond 4,9° nördlich Ceres	170,2°
20.11.2021	13:40:53	Mond 5,5° nördlich Aldebaran	167,1°
21.11.2021	03:01:19	Mond im Apogäum	
21.11.2021	13:42:22	Mond 4,35° südlich Elnath	156°
22.11.2021	08:20:01	Mars 3,7' südlich Zuben-el-dschenubi	14,8°
22.11.2021	12:32:07	Mond 2,9° nördlich Eta Geminorum	146,6°
22.11.2021	15:23:52	Mond 2,9° nördlich Mü Geminorum	144,9°
22.11.2021	15:37:10	Merkur im absteigenden Knoten	
22.11.2021	21:06:23	Mond 9,35° nördlich Alhena	140,85°
22.11.2021	22:25:32	Jupiter 1,6° nördlich Delta Capricorni	83,05°
23.11.2021	00:23:24	Mond 49' nördlich Epsilon Geminorum	140,6°
23.11.2021	22:59:30	Mond 6,6° südlich Kastor	130,1°
24.11.2021	05:23:47	Mond 3° südlich Pollux	128°
25.11.2021	06:40:30	Mond 2,8° nördlich M44	115,7°
26.11.2021	22:50:55	Mond 4,6° nördlich Regulus	94,7°
27.11.2021	01:55:02	Merkur 1,5° südlich Akrab	1,3°
27.11.2021	05:25:36	Ceresopposition	

Datum	Uhrzeit	Ereignis	Elongation
27.11.2021	06:11:53	Mond in größter Nordbreite	
27.11.2021	13:27:49	Letztes Viertel	
29.11.2021	05:39:07	Merkur in oberer Konjunktion zur Sonne	-43'
30.11.2021	01:50:49	Mond 1,1° nördlich Porrima	57,6°
30.11.2021	14:28:53	Vesta 7,5° nördlich Antares	2,85°
30.11.2021	17:08:15	Merkur 3,7° nördlich Antares	1,2°
30.11.2021	18:29:14	Merkur 3,7° südlich Vesta	1,2°
30.11.2021	23:02:12	Mond 5,3° nördlich Spika	44,8°

Planeten

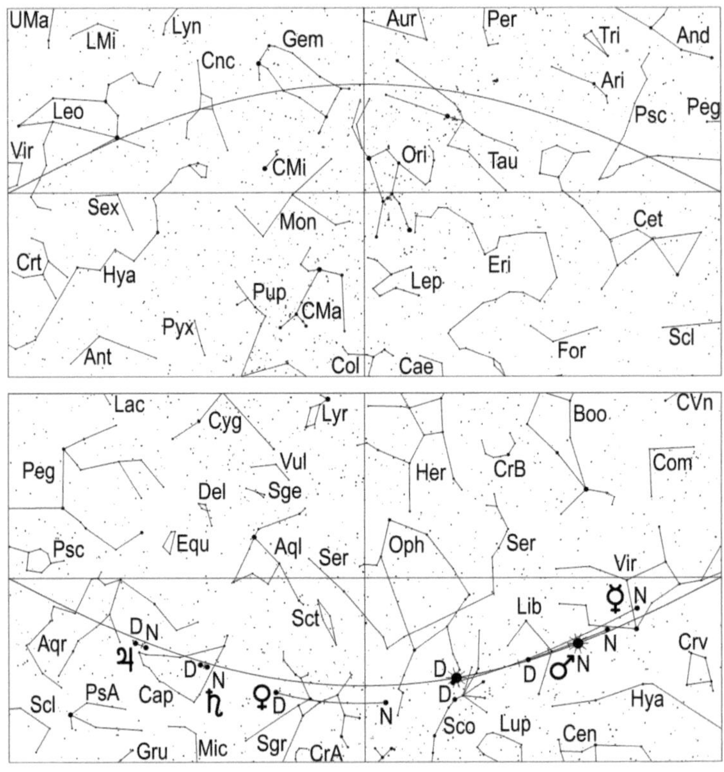

Merkur kann im ersten Monatsdrittel am Morgenhimmel beobachtet werden. Der
flinke Planet passiert am 1. Spika 4,4° nördlich, wobei letztere nur im Fernglas
sichtbar sein dürfte. Am 1. geht der -0,8 mag helle Merkur um 5.38 Uhr MEZ auf und
dürfte etwa 20 Minuten später in der Morgendämmerung erscheinen.

Bis zum 10. steigt seine Helligkeit leicht auf -0,9 mag, während sich sein Aufgang auf
5.57 Uhr MEZ am 5. und auf 6.23 Uhr MEZ am 10. verspätet.
Im Fernrohr erscheint Merkur am 1. als zu 80% beleuchtetes Scheibchen mit 5,8"
Durchmesser. Der Winkeldurchmesser des Merkurscheibchens schrumpft auf 5,4"
am 5. und auf 5,1" am 10., während sein beleuchteter Anteil auf 88% am 5. und auf
94% am 10. wächst. Am 3. hält sich der Mond in der Nähe des innersten Planeten
auf. Nach dem 10. ist Merkur, der am 29. in obere Konjunktion zur Sonne kommt,
nicht mehr zu sehen.

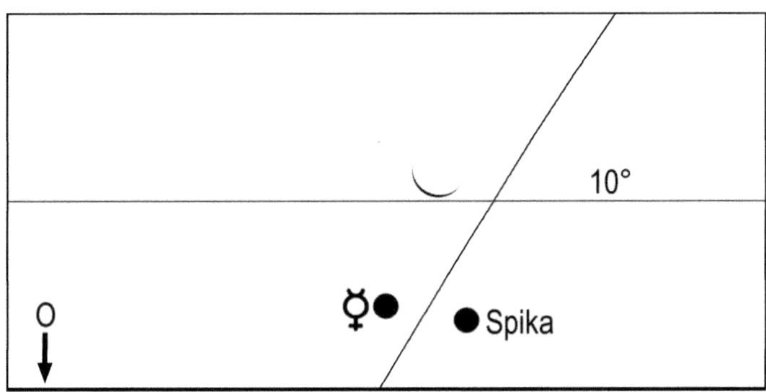

Mond, Merkur und Spika am 3. um 6.25 Uhr MEZ

Venus ist strahlender Abendstern und verläßt kurz nach Monatsbeginn den
Schlangenträger und durchläuft das Sternbild Schütze. Hierbei passiert sie am 19.
den Stern Nunki in 12' südlichem Abstand.
Der Untergang des Abendsterns verspätet sich nur unwesentlich von 18.57 Uhr MEZ
am 1., auf 19.02 Uhr MEZ am 15. und auf 19.05 Uhr MEZ am 30. Da sich aber
weiterhin der Sonnenuntergang verfrüht, ergibt dies einen Gewinn an
Sichtbarkeitszeit.
Die Helligkeit der Venus steigt von -4,4 mag am 1., auf -4,5 mag am 15. und auf -4,7
mag am 30., womit sie durchaus schon vor Sonnenuntergang sichtbar wird.
Im Fernrohr zeigt sie sich als Sichel, die am 1. zu 48% beleuchtet ist und einen
Durchmesser von 25,6" hat. Am 15. ist sie zu 40% beleuchtet und hat einen
Durchmesser von 30,6" und am Monatsletzten hat das zu 29% beleuchtete
Venusscheibchen einen Durchmesser von 38,6".
Am Abend des 8. sieht man den Mond in der Nähe des Abendsterns.

151

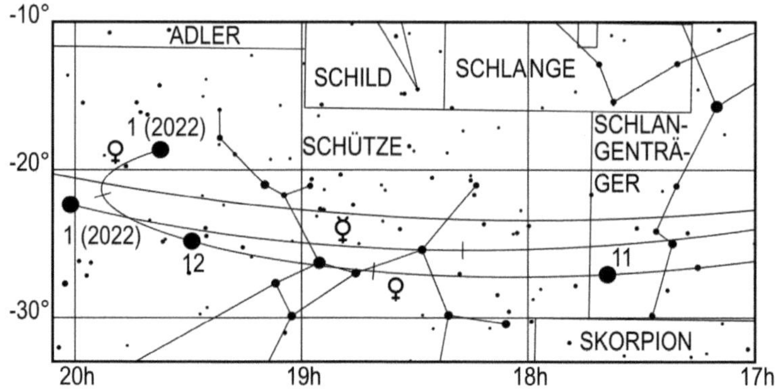

Lauf der Planeten Merkur und Venus am Ende des Jahres 2021. Die
Zahl gibt die Position zum 1. des entsprechenden Monats an, also
11 die Position am 1.11.

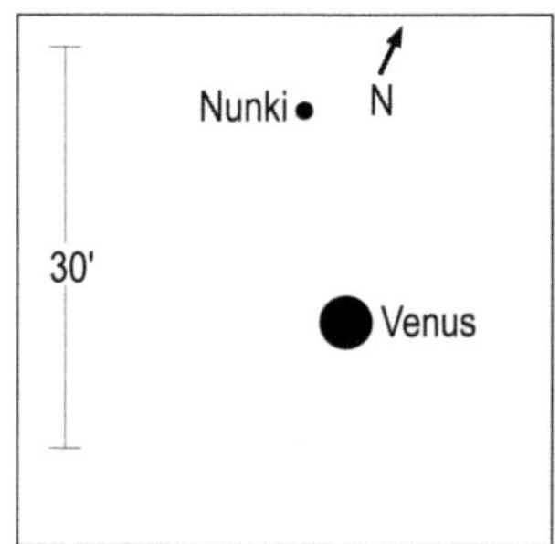

Anblick der Konjunktion zwischen Venus und Nunki am 19.11.2021 um 18 Uhr MEZ

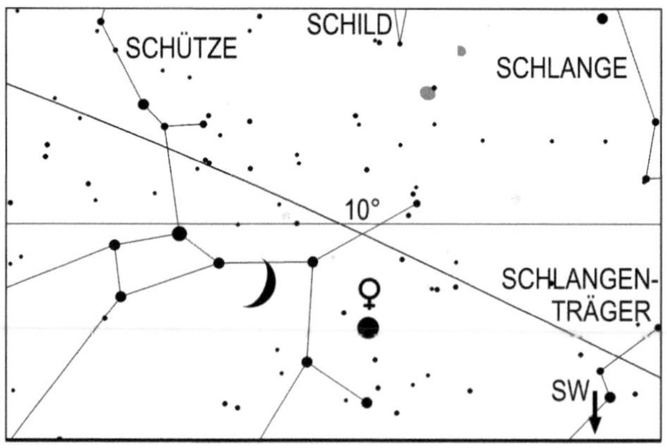

Mond und Venus am 8.11.2021 um 18 Uhr MEZ

Mars kann am Monatsletzten bei guter Horizontsicht am Morgenhimmel im Sternbild Waage erspäht werden. Am 30. geht der 1,6 mag helle rote Planet um 6.26 Uhr MEZ auf. Kurz nach 7 Uhr MEZ kann er bei guter Horizontsicht in der beginnenden Morgendämmerung erblickt werden, wofür ein Fernglas hilfreich ist.

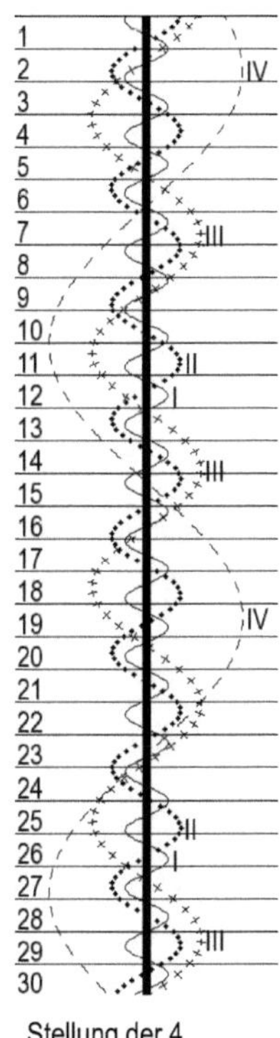

Stellung der 4 hellen Jupiter-monde im November 2021

Jupiter ist rechtläufig im östlichen Teil des Steinbocks und passiert am 22. Delta Capricorni 1,6° nördlich. Er ist Planet des Abendhimmels. Sein Untergang erfolgt am 1. um 0.13 Uhr MEZ, am 15. um 23.20 Uhr MEZ und am 30. um 22.30 Uhr MEZ.
Seine Helligkeit nimmt im Laufe des Monats von –2,5 mag auf –2,3 mag ab und sein Scheibchen schrumpft im November von 42,1" auf 38,3". Am 11. zieht der Mond 5,3° südlich an Jupiter vorbei.

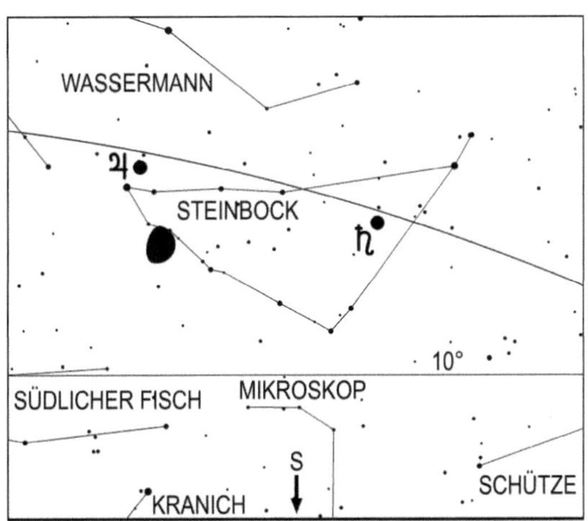

Mond, Jupiter und Saturn am 11. um 18 Uhr MEZ

Saturn, ebenfalls rechtläufig im Sternbild Steinbock, geht ebenfalls immer früher unter. Der Ringplanet versinkt am Monatsersten um 22.44 Uhr MEZ, zur Monatsmitte um 21.53 Uhr MEZ und am Monatsletzten um 20.59 Uhr MEZ unter dem Horizont. Seine Helligkeit geht von 0,6 mag auf 0,7 mag und sein Durchmesser von 16,8" auf 16,1" zurück, während der Öffnungswinkel seines Ringes etwa 19° beträgt. Der Mond läuft am 10. 5,1° südlich des Ringplaneten vorbei.

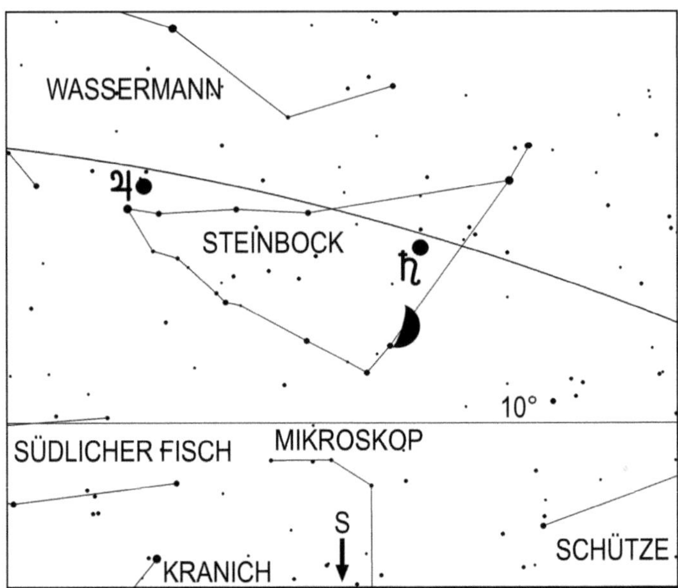

Mond, Jupiter und Saturn am 10. um 18 Uhr MEZ

Uranus erreicht am 5. seine Oppositionsstellung im Sternbild Widder. Der ferne
Planet erreicht hierbei eine Helligkeit von 5,6 mag, womit er prinzipiell mit bloßem
Auge als lichtschwacher Stern, auf jedem Fall mit einem Fernglas oder Fernrohr
(Aufsuchkarte, Seite 155) aufgesucht werden kann. In größeren Fernrohren
erscheint Uranus als kleines, grünliches und strukturloses Scheibchen mit 3,7"
Durchmesser.
Die beste Gelegenheit um nach Uranus Ausschau zu halten ist seine Kulmination,
welche am 1, um 0.25 Uhr MEZ, am 15. um 23.23 Uhr MEZ und am 30. um 22.22
Uhr MEZ erfolgt. Am 15. versinkt der grünliche Planet um 6.45 Uhr MEZ und am 30.
um 5.43 Uhr MEZ unter dem Horizont.

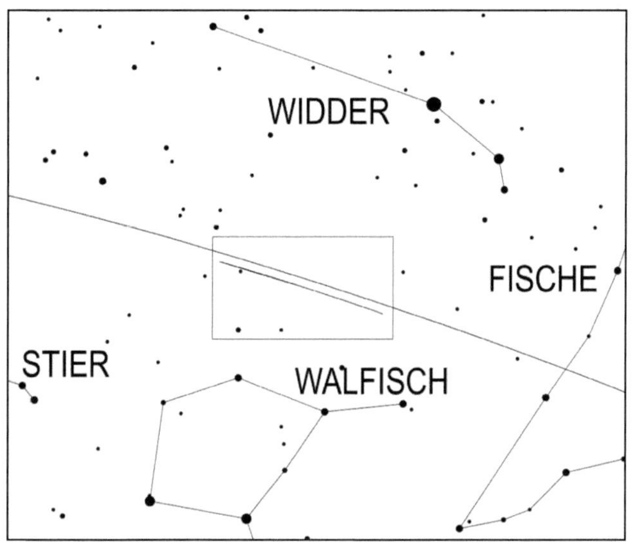

Übersichtskarte zum Aufsuchen des Planeten Uranus. Die nächste Sternkarte zeigt vergrößert den rechteckigen Ausschnitt.

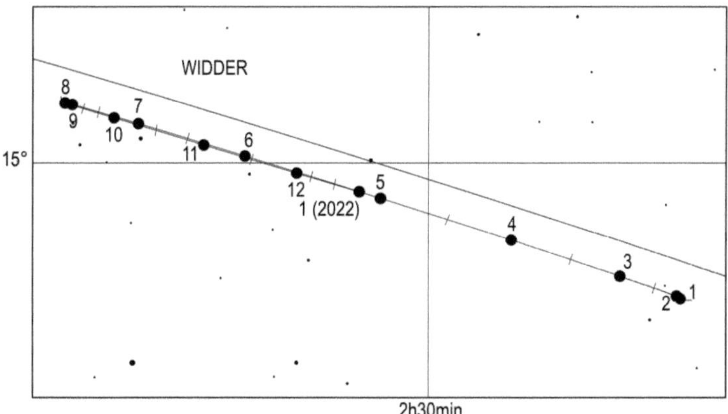

Lauf des Planeten Uranus im Jahr 2021. Die Zahl gibt die Position zum 1. des entsprechenden Monats an, also 4 die Position am 1.4.

Neptun kann mit einem Fernglas oder Fernrohr im Sternbild Wassermann beobachtet werden (Aufsuchkarte, Seite 127). Er kulminiert am 1. um 21.06 Uhr MEZ, am 15. um 20.10 Uhr MEZ und am 30. um 19.11 Uhr MEZ und geht am 1. um 2.50 Uhr MEZ, am 15. um 1.54 Uhr MEZ und am 30. um 0.54 Uhr MEZ unter.

Klein- und Zwergplaneten

Ceres erreicht am 27. die Oppositionsstellung im Sternbild Stier. Ihre Helligkeit steigt von Monatsbeginn bis zum Oppositionstag kräftig von 7,6 mag auf 6,9 mag, womit sie ein leichtes Feldstecherobjekt wird. Ein besonders günstiger Zeitpunkt, um Ceres aufzusuchen, ist der 3., denn an diesem Tag steht sie 9' südlich von Aldebaran, der als Aufsuchhilfe dienen kann. Ihre Kulmination erfolgt am 1. um 2.20 Uhr MEZ, am 15. um 1.15 Uhr MEZ und am 30. um 0.01 Uhr MEZ. Sie geht am 1. um 18.52 Uhr MEZ, am 15. um 17.45 Uhr MEZ und am 30. um 16.30 Uhr MEZ auf.

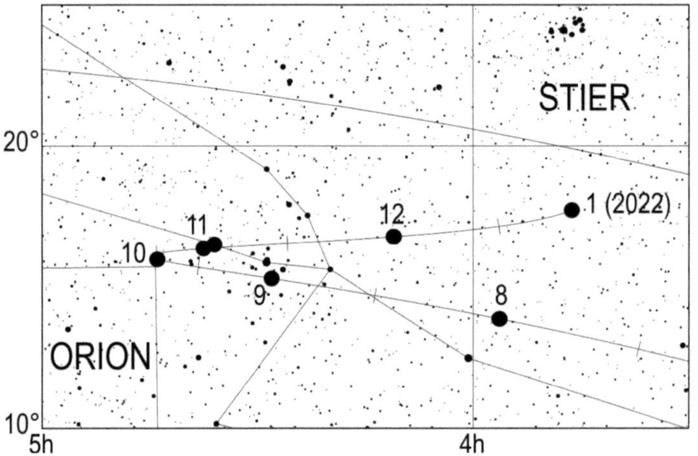

Lauf des Kleinplaneten Ceres von Juli 2021 bis Januar 2022. Die Zahl gibt die Position zum 1. des entsprechenden Monats an, also 12 die Position am 1.12.

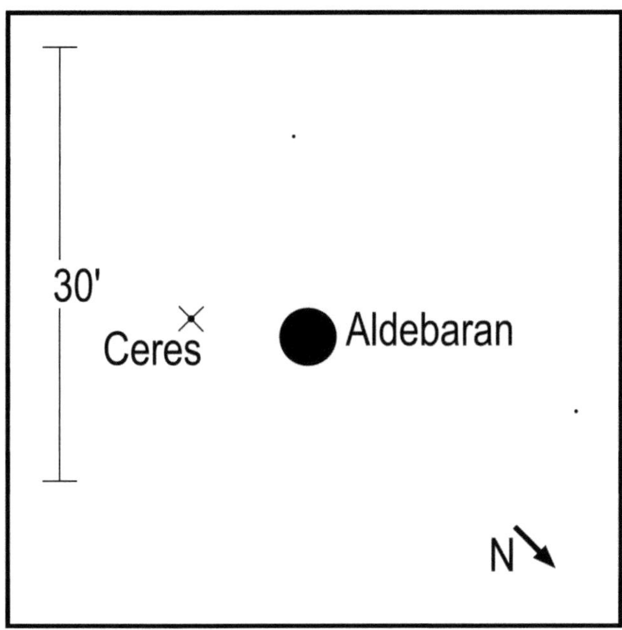

Anblick der Konjunktion zwischen Ceres und Aldebaran am 3.11.2021 um 21 Uhr MEZ im umkehrenden Fernrohr

Pallas durchwandert das Sternbild Wassermann und geht am 1. um 1.44 Uhr MEZ, am 15. um 0.43 Uhr MEZ und am 30. um 23.44 Uhr MEZ unter. Der Kleinplanet, dessen Helligkeit von 9,4 mag auf 9,8 mag zurückgeht, kann mit einem Fernrohr am besten in den frühen Abendstunden zur Zeit seiner Kulmination beobachtet werden (Aufsuchkarte, Seite 129).
Sie erfolgt am 1. um 20.26 Uhr MEZ, am 15. um 19.33 Uhr MEZ und am 30. um 18.40 Uhr MEZ.

Juno kann vielleicht noch in den ersten beiden Monatsdritteln bei guter Horizontsicht mit einem Fernrohr ab 15 cm Objektivöffnung im Sternbild Schlange aufgesucht werden. Am 1. geht der 11,2 mag helle Kleinplanet um 20.20 Uhr MEZ unter, zwei Stunden zuvor ist es dunkel genug, um nach ihm Ausschau zu halten. Am 15. versinkt der Kleinplanet schon um 19.41 Uhr MEZ und am 30. um 19.01 Uhr MEZ unter dem Horizont, so daß es zum Monatsende selbst bei besten Bedingungen nicht mehr möglich sein dürfte, Juno aufzusuchen (Aufsuchkarten, Seite 88 und Seite 158).

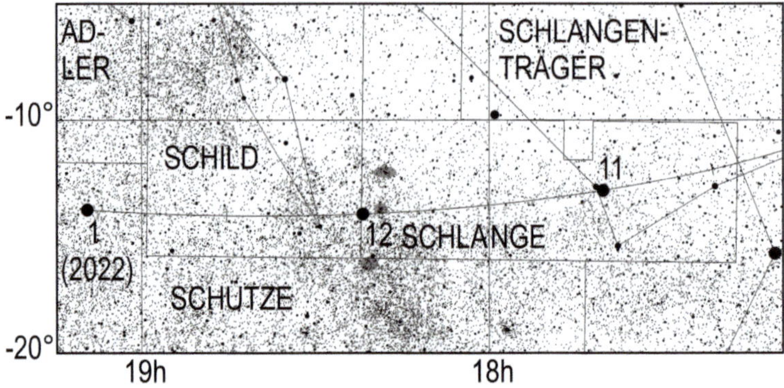

Lauf des Kleinplaneten Juno von November 2021 bis Januar 2022. Die Zahl gibt die Position zum 1. des entsprechenden Monats an, also 12 die Position am 1.12.

Vesta kann im November nicht beobachtet werden.

Periodische Sternschnuppenströme

Vom 10. bis zum 23. treten die Leoniden auf, die am 17. um 18 Uhr MEZ ihr Maximum mit etwa 7 Meteoren pro Stunde erreichen. Die Meteore der Leoniden gehören zu den langsameren ihrer Sorte. In der Vergangenheit sorgten die Leoniden gelegentlich für Meteorschauer mit bis zu 10000 Sternschnuppen pro Stunde. Die beste Beobachtungszeit sind die frühen Morgenstunden, weil dann ihr Radiant am höchsten steht und der fast volle Mond schon im Begriff ist, unter dem Horizont zu versinken.

Am 6. um 13 Uhr MEZ erreichen zeitgleich die Nord-Tauriden und die Süd-Tauriden ihr Maximum mit 4 Sternschnuppen pro Stunde. Beide Meteorströme bringen eher langsamere Sternschnuppen hervor und sind noch bis zum 29.12. bzw. 19.12. aktiv. Am Tag des Maximums geht der Mond zum Ende der Abenddämmerung unter und stört somit nicht bei der Beobachtung.

Zwischen dem 15. und dem 25. treten die Alpha-Monocerotiden auf, welche am 21. ihr Maximum mit etwa 1 Meteor pro Stunde erreichen.

Leider beeinträchtigt der noch fast volle Mond ihre Beobachtung.

Ferner erscheinen zwischen den 1. und dem 23. die Iota-Aurigiden, die am 16. ihr Maximum mit bis zu 5 Meteoren pro Stunde erreichen. Die Iota-Aurigiden sind mittel-schnelle Sternschnuppen. Bei ihrer Beobachtung bereitet der fast volle Mond bis in die frühen Morgenstunden Probleme.

Sonnenuntergang und Dämmerung

	Astr. Anf.	Naut. Anf.	Bürg. Anf.	Auf-gang	Kulm.	Unter-gang	Bürg. Ende	Naut. Ende	Astr. Ende	Zeitgl.
1.11.2021	5:24	6:02	6:40	7:14	12:08	17:01	17:35	18:13	18:50	-16m26s

	Astr. Anf.	Naut. Anf.	Bürg. Anf.	Auf-gang	Kulm.	Unter-gang	Bürg. Ende	Naut. Ende	Astr. Ende	Zeitgl.
2.11.2021	5:26	6:03	6:41	7:16	12:08	16:59	17:33	18:11	18:49	-16m27s
3.11.2021	5:27	6:05	6:43	7:17	12:08	16:57	17:32	18:10	18:47	-16m28s
4.11.2021	5:29	6:06	6:44	7:19	12:08	16:56	17:30	18:08	18:46	-16m27s
5.11.2021	5:30	6:07	6:46	7:21	12:08	16:54	17:29	18:07	18:44	-16m26s
6.11.2021	5:32	6:09	6:48	7:22	12:08	16:52	17:27	18:05	18:43	-16m24s
7.11.2021	5:33	6:10	6:49	7:24	12:08	16:51	17:26	18:04	18:42	-16m21s
8.11.2021	5:34	6:12	6:51	7:26	12:08	16:49	17:24	18:03	18:40	-16m18s
9.11.2021	5:36	6:13	6:52	7:27	12:08	16:48	17:23	18:02	18:39	-16m13s
10.11.2021	5:37	6:15	6:54	7:29	12:08	16:46	17:22	18:00	18:38	-16m08s
11.11.2021	5:39	6:16	6:55	7:31	12:08	16:45	17:20	17:59	18:37	-16m02s
12.11.2021	5:40	6:18	6:57	7:32	12:08	16:44	17:19	17:58	18:36	-15m55s
13.11.2021	5:41	6:19	6:58	7:34	12:08	16:42	17:18	17:57	18:35	-15m47s
14.11.2021	5:43	6:20	7:00	7:36	12:08	16:41	17:17	17:56	18:34	-15m38s
15.11.2021	5:44	6:22	7:01	7:37	12:09	16:40	17:15	17:55	18:33	-15m29s
16.11.2021	5:45	6:23	7:03	7:39	12:09	16:38	17:14	17:54	18:32	-15m19s
17.11.2021	5:47	6:25	7:04	7:40	12:09	16:37	17:13	17:53	18:31	-15m07s
18.11.2021	5:48	6:26	7:06	7:42	12:09	16:36	17:12	17:52	18:30	-14m55s
19.11.2021	5:49	6:27	7:07	7:44	12:09	16:35	17:11	17:51	18:29	-14m43s
20.11.2021	5:51	6:29	7:09	7:45	12:10	16:34	17:10	17:50	18:28	-14m29s
21.11.2021	5:52	6:30	7:10	7:47	12:10	16:33	17:09	17:49	18:27	-14m15s
22.11.2021	5:53	6:31	7:12	7:48	12:10	16:32	17:08	17:49	18:27	-13m59s
23.11.2021	5:54	6:33	7:13	7:50	12:10	16:31	17:08	17:48	18:26	-13m43s
24.11.2021	5:56	6:34	7:15	7:51	12:11	16:30	17:07	17:47	18:25	-13m27s
25.11.2021	5:57	6:35	7:16	7:53	12:11	16:29	17:06	17:46	18:25	-13m09s
26.11.2021	5:58	6:36	7:17	7:54	12:11	16:28	17:05	17:46	18:24	-12m51s
27.11.2021	5:59	6:38	7:19	7:56	12:12	16:27	17:05	17:45	18:24	-12m31s
28.11.2021	6:00	6:39	7:20	7:57	12:12	16:27	17:04	17:45	18:23	-12m12s
29.11.2021	6:01	6:40	7:21	7:58	12:12	16:26	17:03	17:44	18:23	-11m51s
30.11.2021	6:03	6:41	7:22	8:00	12:13	16:25	17:03	17:44	18:22	-11m30s

Mondlauf

	Rektaszension	Deklination	Elong.	Phase		mag	Auf-gang	Kulm.	Unter-gang
1.11.2021	11h18m24,8s	9°23'50"	52,9°	0,2		-8,4	2:17	9:17	15:59
2.11.2021	12h08m23,5s	3°31'10"	40,1°	0,12		-7,6	3:37	10:05	16:16
3.11.2021	12h59m10,7s	-2°44'08"	26,8°	0,05		-6,6	4:59	10:55	16:34
4.11.2021	13h51m45,8s	-9°02'23"	13,2°	0,01	●	-5,4	6:24	11:47	16:55
5.11.2021	14h47m05,6s	-14°59'38"	1,9°	0		-4,2	7:54	12:42	17:20
6.11.2021	15h45m48,8s	-20°08'48"	15,1°	0,02		-5,6	9:24	13:42	17:52
7.11.2021	16h47m53,3s	-24°02'44"	29,1°	0,06		-6,8	10:50	14:45	18:35
8.11.2021	17h52m16,9s	-26°19'33"	43,0°	0,13		-7,9	12:05	15:49	19:34
9.11.2021	18h57m01,6s	-26°48'23"	56,7°	0,23		-8,7	13:04	16:52	20:44
10.11.2021	19h59m52,7s	-25°32'21"	69,9°	0,33		-9,4	13:48	17:51	22:02
11.11.2021	20h59m10,3s	-22°46'12"	82,8°	0,44	◗	-9,9	14:18	18:45	23:21
12.11.2021	21h54m16,0s	-18°50'27"	95,3°	0,55		-10,4	14:41	19:34	
13.11.2021	22h45m25,1s	-14°05'57"	107,4°	0,65		-10,7	15:00	20:20	0:38

	Rektaszension	Deklination	Elong.	Phase	mag	Auf-gang	Kulm.	Unter-gang
14.11.2021	23h33m25,2s	-8°51'07"	119,2°	0,74	-11,1	15:16	21:03	1:52
15.11.2021	0h19m16,2s	-3°21'19"	130,8°	0,83	-11,4	15:31	21:45	3:03
16.11.2021	1h03m59,9s	2°10'23"	142,2°	0,89	-11,7	15:45	22:26	4:13
17.11.2021	1h48m34,0s	7°32'15"	153,4°	0,95	-12,0	16:00	23:08	5:22
18.11.2021	2h33m49,5s	12°33'01"	164,4°	0,98	-12,3	16:18	23:51	6:31
19.11.2021	3h20m27,6s	17°01'20"	175,4°	1 ○	-12,5	16:39		7:40
20.11.2021	4h08m55,5s	20°45'47"	173,7°	1	-12,5	17:06	0:37	8:49
21.11.2021	4h59m20,9s	23°35'21"	162,8°	0,98	-12,2	17:40	1:24	9:54
22.11.2021	5h51m27,4s	25°20'25"	152,0°	0,94	-11,9	18:23	2:14	10:54
23.11.2021	6h44m36,5s	25°54'11"	141,2°	0,89	-11,6	19:17	3:04	11:45
24.11.2021	7h37m55,7s	25°13'49"	130,3°	0,82	-11,3	20:19	3:55	12:26
25.11.2021	8h30m34,6s	23°20'44"	119,2°	0,74	-11,0	21:28	4:45	12:58
26.11.2021	9h21m59,6s	20°20'04"	108,0°	0,66	-10,7	22:40	5:34	13:24
27.11.2021	10h12m02,3s	16°19'32"	96,6°	0,56 ☾	-10,4	23:55	6:21	13:45
28.11.2021	11h00m59,7s	11°28'24"	84,8°	0,45	-9,9		7:08	14:03
29.11.2021	11h49m29,8s	5°57'15"	72,6°	0,35	-9,4	1:11	7:54	14:20
30.11.2021	12h38m26,7s	-0°01'34"	60,0°	0,25	-8,8	2:29	8:41	14:37

Finsternisse

In den Vormittagsstunden des 19. ereignet sich eine partielle Mondfinsternis mit einer Größe von 0,977. Die Finsternis nimmt folgenden Verlauf (alle Zeiten in MEZ).

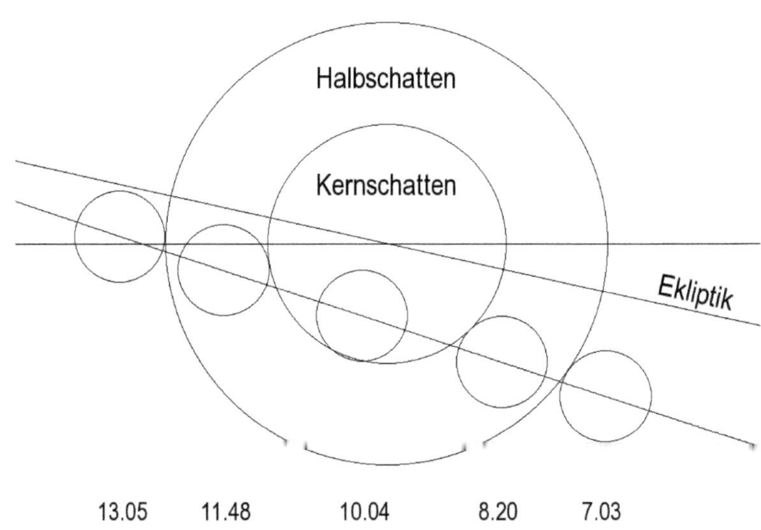

Monduntergang am 19.

Hamburg	Berlin	Hannover	Leipzig	Köln	Dresden
7.51	7.32	7.47	7.32	7.53	7.25

Frankfurt am Main	Nürnberg	Stuttgart	München	Bern	Wien
7.43	7.30	7.36	7.23	7.37	7.03

Von dieser Finsternis ist höchstens im nordwestlichen Mitteleuropa der Beginn der Halbschattenphase zu sehen. Da sich diese nur in einer leichten Verdunklung des Teils des Mondes, welcher den Kernschatten am nächsten liegt (hier des östlichen Teils des Mondes), ausdrückt, ist fraglich, ob irgendein Effekt sichtbar ist. Allerdings kommt die durch den Halbschatten verursachte Verdunklung des Mondes auf kurz belichteten Fotografien durchaus recht gut zur Geltung, so daß bei guter Horizontsicht in den nordwestlichen Gebieten Mitteleuropas versucht werden kann, diese Verdunklung zu fotografieren.
In Nordamerika und Ostsibirien kann diese Finsternis in ihrer gesamten Länge beobachtet werden.

Jupitermond-Ereignisse

Datum	Uhrzeit (MEZ)	Mond	Erscheinung	Phase
1.11.2021	18:11:32	Europa	Durchgang	Anfang
1.11.2021	20:49:15	Europa	Schattenvorübergang	Anfang
1.11.2021	21:02:21	Europa	Durchgang	Ende
3.11.2021	18:45:18	Europa	Verfinsterung	Ende
5.11.2021	20:33:46	Ganymed	Bedeckung	Anfang
5.11.2021	22:41:09	Io	Durchgang	Anfang
6.11.2021	17:38:04	Kallisto	Durchgang	Anfang
6.11.2021	19:50:10	Io	Bedeckung	Anfang
6.11.2021	22:15:51	Kallisto	Durchgang	Ende
7.11.2021	17:09:51	Io	Durchgang	Anfang
7.11.2021	18:30:33	Io	Schattenvorübergang	Anfang
7.11.2021	19:27:49	Io	Durchgang	Ende
7.11.2021	20:47:57	Io	Schattenvorübergang	Ende
8.11.2021	17:55:59	Io	Verfinsterung	Ende
8.11.2021	20:44:54	Europa	Durchgang	Anfang
9.11.2021	19:37:57	Ganymed	Schattenvorübergang	Ende
10.11.2021	21:23:00	Europa	Verfinsterung	Ende
13.11.2021	21:44:54	Io	Bedeckung	Anfang
14.11.2021	19:05:06	Io	Durchgang	Anfang
14.11.2021	20:26:21	Io	Schattenvorübergang	Anfang
14.11.2021	21:23:02	Io	Durchgang	Ende
15.11.2021	19:51:32	Io	Verfinsterung	Ende
15.11.2021	20:58:19	Kallisto	Verfinsterung	Ende
16.11.2021	17:12:31	Io	Schattenvorübergang	Ende

Datum	Uhrzeit (MEZ)	Mond	Erscheinung	Phase
16.11.2021	18:14:10	Ganymed	Durchgang	Ende
16.11.2021	20:06:34	Ganymed	Schattenvorübergang	Anfang
17.11.2021	18:26:49	Europa	Bedeckung	Anfang
19.11.2021	18:09:58	Europa	Schattenvorübergang	Ende
21.11.2021	21:01:23	Io	Durchgang	Anfang
22.11.2021	18:09:48	Io	Bedeckung	Anfang
22.11.2021	21:47:06	Io	Verfinsterung	Ende
23.11.2021	16:51:01	Io	Schattenvorübergang	Anfang
23.11.2021	17:48:26	Io	Durchgang	Ende
23.11.2021	18:40:49	Ganymed	Durchgang	Anfang
23.11.2021	19:08:11	Io	Schattenvorübergang	Ende
24.11.2021	21:06:37	Europa	Bedeckung	Anfang
26.11.2021	17:58:34	Europa	Schattenvorübergang	Anfang
26.11.2021	18:09:35	Europa	Durchgang	Ende
26.11.2021	20:47:00	Europa	Schattenvorübergang	Ende
27.11.2021	17:36:21	Ganymed	Verfinsterung	Ende
29.11.2021	20:06:52	Io	Bedeckung	Anfang
30.11.2021	17:28:00	Io	Durchgang	Anfang
30.11.2021	18:46:45	Io	Schattenvorübergang	Anfang
30.11.2021	19:45:48	Io	Durchgang	Ende
30.11.2021	21:03:48	Io	Schattenvorübergang	Ende

Dezember

Sternenhimmel

Gültig für

1.9. 4 Uhr	15.9. 3 Uhr
1.10. 2 Uhr	15.10. 1 Uhr
1.11. 0 Uhr	15.11. 23 Uhr
1.12. 22 Uhr	15.12. 21 Uhr
1.1. 20 Uhr	15.1. 19 Uhr

Der südliche und südwestliche Teil des Himmels wird von den lichtschwachen Herbststernbildern dominiert, von denen nur der Walfisch über zwei Sterne zweiter Größe verfügt. Im Südsüdosten erblickt man das Sternbild Eridanus, welches von allen Sternbildern die größte Ausdehnung in Nord-Süd-Richtung hat. Die nördlichsten Gebiete dieses Sternbildes, welches den Fluss Eridanus darstellen soll, in dem nach der griechischen Mythologie, Phaeton, der Sohn des Sonnengottes Helios gestürzt sein soll, nachdem er den Sonnenwagen seines Vaters lenken durfte, befinden sich nördlich des Himmelsäquators bei einer Deklination von 1°, während die südlichsten Regionen bei −58° liegen und erst bei 32° nördlicher Breite, das ist die Breite Nordafrikas, über den Horizont erscheinen.

Der Pegasus steht schon in südwestlicher Richtung. Von den Sommersternbildern sind nur noch der Schwan, die Leier, sowie die Kleinsternbilder Pfeil und Delphin vollständig zu sehen. Der Adler ist fast vollständig untergegangen, sein Hauptstern Atair, die südlichste Spitze des Sommerdreiecks ist im Horizontdunst verschwunden. Im Osten sind inzwischen die meisten Wintersternbilder aufgegangen. Orion, Stier, Zwillinge, Krebs, Hase und Kleiner Hund sind vollständig über dem Horizont erschienen. Sirius im Großen Hund geht gerade auf und dürfte wegen seiner großen Helligkeit bald sichtbar sein.

Astronomische Ereignisse

Datum	Uhrzeit	Ereignis	Elongation
1.12.2021	09:26:57	Vesta in Konjunktion zur Sonne	2,8°
1.12.2021	23:13:51	Neptun stationär, dann rechtläufig	
2.12.2021	14:16:50	Mond 11' nördlich Zuben-el-dschenubi	25,2°
3.12.2021	00:34:30	Merkur im Aphel	
3.12.2021	00:53:55	Mond 15' nördlich Mars	18,3°
3.12.2021	15:57:01	Mond im absteigenden Knoten	
3.12.2021	19:58:15	Mond 1,95° südlich Akrab	8°
4.12.2021	03:20:32	Mond 3,5° nördlich Antares	2,85°
4.12.2021	06:09:26	Mond 4,2° südlich Vesta	1,6°
4.12.2021	08:34:38	Totale Sonnenfinsternis, in Mitteleropa nicht sichtbar	
4.12.2021	08:43:11	Neumond	-1,6°
4.12.2021	11:05:19	Mond im Perigäum	
4.12.2021	14:15:50	Mond 1° südlich Merkur	3,2°
6.12.2021	00:58:38	Mond 12,6° südlich Juno	23,8°
6.12.2021	07:39:46	Mond 40' südlich Nunki	28,5°
7.12.2021	02:04:55	Mond 2,3° südlich Venus	38,3°
7.12.2021	03:56:16	Mond 3° südlich Pluto	39,65°
7.12.2021	16:39:05	Mond 10,4° südlich Beta Capricorni	46,4°
7.12.2021	17:10:55	Venus in größtem Glanz, -4.7 mag	
8.12.2021	03:06:04	Mond 4,6° südlich Saturn	52,3°
9.12.2021	03:50:42	Mond 3,2° südlich Delta Capricorni	65,65°

Datum	Uhrzeit	Ereignis	Elongation
9.12.2021	06:42:10	Mond 5,1° südlich Jupiter	67,6°
9.12.2021	18:53:21	Mond in größter Südbreite	
10.12.2021	11:28:53	Mond 59' südlich Pallas	82,7°
11.12.2021	02:35:46	Erstes Viertel	
11.12.2021	02:46:40	Mond 4,7° südlich Neptun	89,4°
11.12.2021	19:07:14	Venus 4,8' nördlich Pluto	35,4°
14.12.2021	14:49:34	Mond 14,2° südlich Hamal	130,3°
15.12.2021	07:29:32	Mond 2,2° südlich Uranus	137,1°
15.12.2021	08:09:25	Vesta im Perihel	
16.12.2021	19:32:53	Mond 5° südlich der Plejaden	154,2°
17.12.2021	01:10:12	Mond im aufsteigenden Knoten	
17.12.2021	01:31:10	Mond 2,9° nördlich Ceres	155,3°
17.12.2021	19:00:46	Mond 5,7° nördlich Aldebaran	163,2°
18.12.2021	03:37:38	Mond im Apogäum	
18.12.2021	11:58:41	Venus stationär, dann rückläufig	
18.12.2021	16:59:02	Mars 1° südlich Akrab	23,3°
18.12.2021	18:41:54	Mond 4,2° südlich Elnath	173,2°
19.12.2021	05:35:47	Vollmond	
19.12.2021	17:00:58	Mond 2,9° nördlich Eta Geminorum	174°
19.12.2021	17:39:54	Mars im absteigenden Knoten	
19.12.2021	20:40:56	Mond 3,2° nördlich Mü Geminorum	172,3°
20.12.2021	05:25:24	Mond 9,4° nördlich Alhena	167,2°
20.12.2021	08:19:49	Mond 30' nördlich Epsilon Geminorum	168,1°
20.12.2021	08:59:05	Venus im aufsteigenden Knoten	
20.12.2021	15:04:51	Juno 12,2° nördlich Nunki	14,2°
21.12.2021	07:15:12	Mond 6,8° südlich Kastor	156,8°
21.12.2021	11:39:15	Mond 3,45° südlich Pollux	155,4°
21.12.2021	16:59:06	Winteranfang	
21.12.2021	22:18:46	Merkur 1,2° nördlich Nunki	12,8°
22.12.2021	07:26:16	Merkur 10,95° südlich Juno	13°
22.12.2021	12:43:57	Mond 2,4° nördlich M44	143,3°
23.12.2021	06:25:10	Merkur in größter Südbreite	
23.12.2021	14:43:11	Venus 2,5° nördlich Pluto	23,8°
24.12.2021	07:01:29	Mond 4,4° nördlich Regulus	122,5°
24.12.2021	11:47:09	Mond in größter Nordbreite	
26.12.2021	18:51:30	Mars 4,55° nördlich Antares	25,5°
27.12.2021	03:23:56	Letztes Viertel	
27.12.2021	12:25:50	Mond 21' nördlich Porrima	85,5°
28.12.2021	09:00:50	Mond 4,8° nördlich Spika	72,7°
29.12.2021	02:04:52	Merkur 4,2° südlich Venus	16,45°
29.12.2021	18:47:37	Ceres 6,5° südlich der Plejaden	140,6°
29.12.2021	22:57:54	Mond 44' nördlich Zuben-el-dschenubi	53°
30.12.2021	10:07:55	Merkur 14' südlich Pluto	17,1°

Datum	Uhrzeit	Ereignis	Elongation
31.12.2021	01:52:12	Mond im absteigenden Knoten	
31.12.2021	05:08:05	Mond 1,9° südlich Akrab	35,9°
31.12.2021	16:28:49	Mond 3° nördlich Antares	30,4°
31.12.2021	21:29:55	Mond 1,4° südlich Mars	27,25°

Planeten

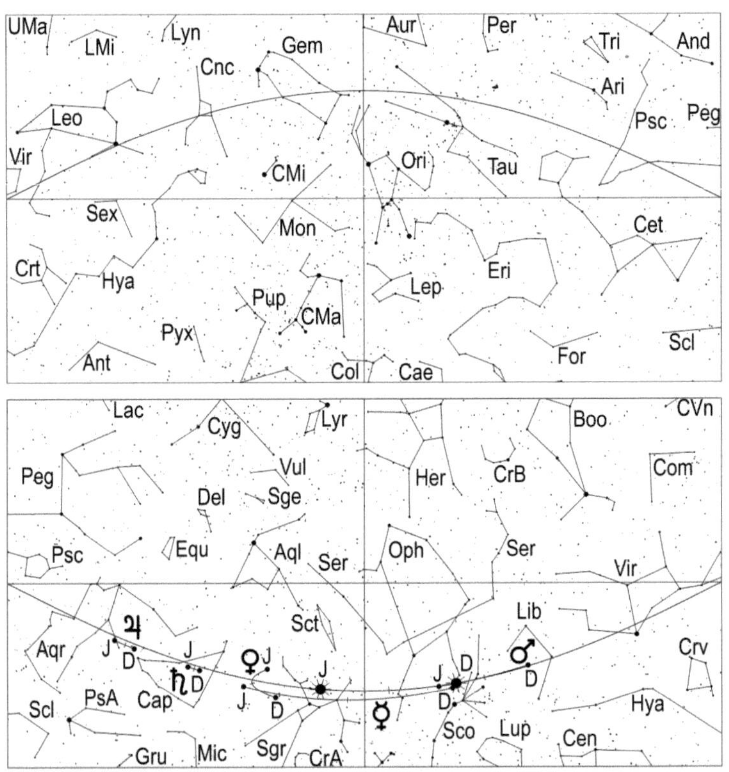

Merkur, durchwandert die Sternbilder Schlangenträger und Schütze, wobei er an
östlicher Elongation zur Sonne gewinnt. Am 29. steht er 4,2° südlich von Venus,
doch dürfte an diesem Tag seine Elongation noch nicht für eine freiäugige
Beobachtung in der Abenddämmerung reichen. Der -0,7 mag helle Merkur geht an
diesem Tag um 17.41 Uhr MEZ unter. Am folgenden Tag, an dem er um 17.46 Uhr
MEZ unter dem Horizont versinkt, könnte in der Abenddämmerung ab 17.10 Uhr

MEZ eine freiäugige Sichtung erstmals gelingen. Am letzten Tag des Jahres geht Merkur um 17.50 Uhr MEZ unter.
Im Fernrohr zeigt er sich zu 81% beleuchtet mit einem Scheibchendurchmesser von 5,7".

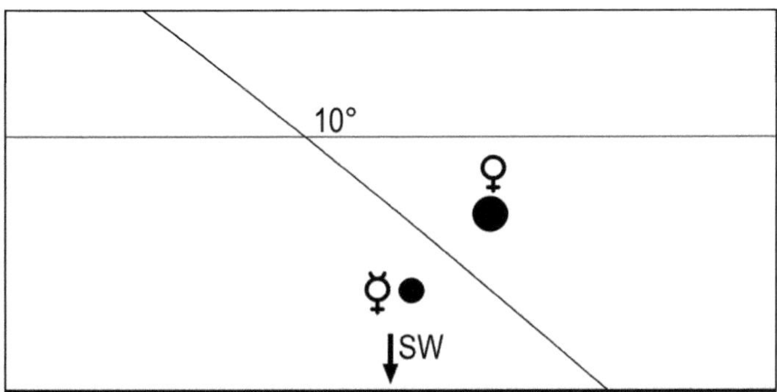

Merkur und Venus in der Abenddämmerung des 29.12.2021 um 17 Uhr MEZ. Merkur dürfte mit bloßem Auge nicht zu sehen sein.

Venus im Ostteil des Sternbildes Schütze ist nach wie vor am Abendhimmel zu sehen, wenn sich auch ihre Sichtbarkeit am Jahresende drastisch verkürzt. Am 1. geht der Abendstern um 19.05 Uhr MEZ unter und präsentiert sich im Fernrohr als zu 28% beleuchtete Sichel mit 39,2" Durchmesser. Ihre Helligkeit erreicht am 7. mit -4,7 mag ihr Maximum und sie ist in der ersten Monatshälfte bei klarem Himmel schon vor Sonnenuntergang freiäugig zu sehen.
Bis zum 15. geht ihre Untergangszeit leicht auf 18.49 Uhr MEZ zurück. Im Fernrohr erscheint ihr Scheibchen an diesem Tag zu 16% beleuchtet. Es hat einen Winkeldurchmesser von 49,1", womit Venus jetzt von allen Planeten den größten Scheibchendurchmesser hat.
3 Tage später wird Venus stationär und bewegt sich von diesem Zeitpunkt an rückläufig der Sonne entgegen, was eine rapide Verfrühung ihres Untergangs zur Folge hat. Dieser erfolgt am 18. um 18.42 Uhr MEZ, am 25. um 18.18 Uhr MEZ und am 31. um 17.51 Uhr MEZ. Die Helligkeit des Abendsterns sinkt von -4,6 mag am 18. auf -4,3 mag am 31., im Gegenzug hierzu nimmt der Durchmesser der immer dünner werdenden Venussichel stark zu: so mißt am 18. das zu 13% beleuchtete Venusscheibchen 51,7", am 25. hat das zu 6,8% beleuchtete Venusscheibchen einen Durchmesser von 57,1" und am 31. beträgt der Durchmesser des nur noch zu 2,6% beleuchteten Scheibchens 60,8". Somit kann zum Jahresende schon im Fernglas oder Fernrohrsucher leicht die Venussichel erkannt werden.
Am 6. kann man die zunehmende Mondsichel in der Nähe des Abendsterns erblicken. Am 29. kommt es zur Konjunktion mit Merkur, wobei letzterer nur mit einem Fernglas in der Abenddämmerung sichtbar sein dürfte.

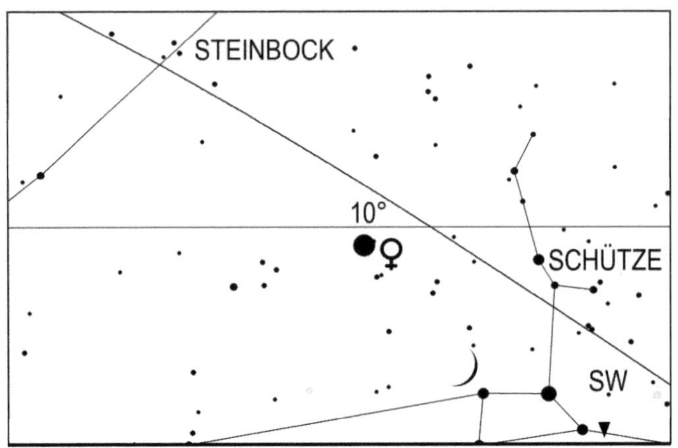

Mond und Venus am 6.12.2021 um 17.30 Uhr MEZ

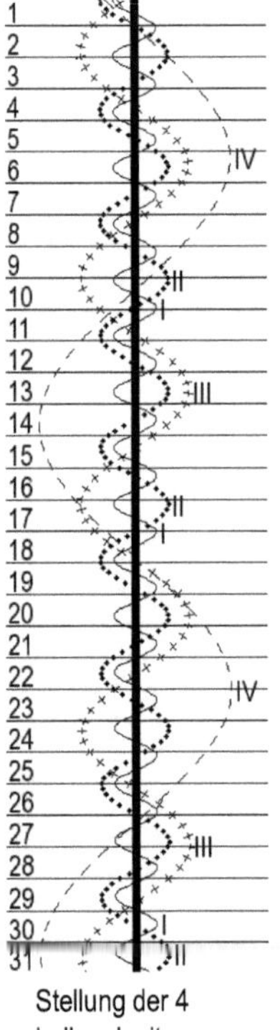

Stellung der 4 hellen Jupiter-monde im Dezember 2021

Mars, durchläuft die Sternbilder Waage und Skorpion und kann bei guter Horizontsicht in der beginnenden Morgendämmerung beobachtet werden. Der rote Planet, dessen Helligkeit im Laufe des Monats leicht von 1,6 mag auf 1,5 mag ansteigt, erscheint am 1. um 6.26 Uhr MEZ, am 15. um 6.25 Uhr MEZ und am 31. um 6.22 Uhr MEZ über dem Horizont. Etwa eine halbe Stunde später wird der rote Planet in der Morgendämmerung tief im Südosten sichtbar. Mit einem Scheibchendurchmesser von 4" am Jahresende ist er für Fernrohrbeobachter uninteressant. Am 18. wandert Mars an Akrab 1° südlich und am 26. an Antares, der heller als Mars ist, 4,55° nördlich vorbei. Die Konjunktion mit Akrab kann nur im Fernglas gesehen werden.

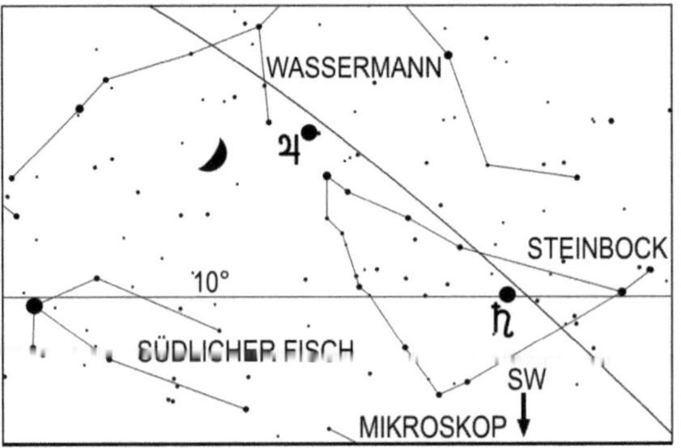

Mond, Jupiter und Saturn am 9.12.2021 um 19 Uhr MEZ

168

Jupiter, der vom Steinbock in den Wassermann wechselt, ist Planet des
Abendhimmels. Er geht am 1. um 22.27 Uhr MEZ, am 15. um 21.45 Uhr MEZ und
am 31. um 20.58 Uhr MEZ unter. Seine Helligkeit sinkt im Laufe des Monats von
-2,3 mag auf -2,1 mag. Der Durchmesser seines Scheibchens misst am 1. 38,2" und
am 31. 35,4".
Der Mond passiert Jupiter am 9. in 5,1° südlichem Abstand.

Saturn, rechtläufig im Steinbock, versinkt am 1. um 20.56 Uhr MEZ, am 15. um
20.07 Uhr MEZ und am 31. um 19.14 Uhr MEZ unter dem Horizont. Seine Helligkeit
beträgt 0,7 mag, während sein Scheibchendurchmesser im Laufe des Monats von
16,1" auf 15,5" schrumpft. Die Öffnung seines Ringsystems nimmt im Dezember von
19° auf 18° ab.
Am 8. hält sich der Mond zwischen Jupiter und Saturn auf.

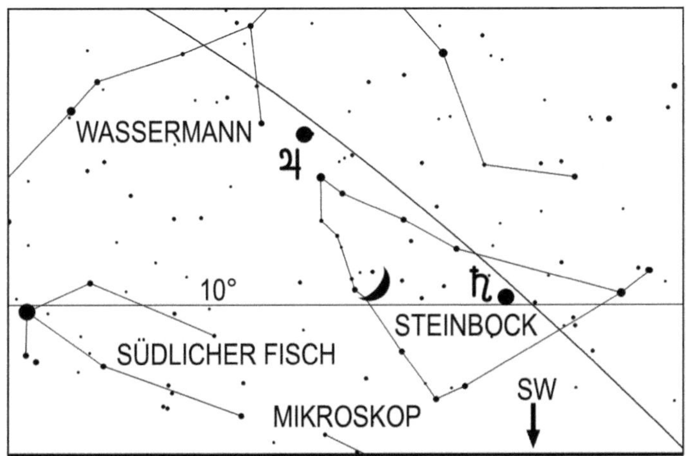

Mond, Jupiter und Saturn am 8.12.2021 um 19 Uhr MEZ

Uranus, rückläufig im Sternbild Widder, kann während der ersten Nachthälfte mit
einem Fernglas oder Fernrohr (Aufsuchkarte, Seite 155) beobachtet werden. Der 5,7
mag helle Uranus kulminiert am 1. um 22.18 Uhr MEZ, am 15. um 21.21 Uhr MEZ
und am 31. um 20.17 Uhr MEZ. Er geht am 1. um 5.39 Uhr MEZ, am 15. um 4.41
Uhr MEZ und an Silvester um 3.37 Uhr MEZ unter.

Neptun im Wassermann, beendet am 1. seine Oppositionsschleife und versinkt am
1. um 0.51 Uhr MEZ, am 15. um 23.52 Uhr MEZ und am 31. um 22.50 Uhr MEZ
unter dem Horizont. Der 7,9 mag helle Planet kulminiert am 1. um 19.07 Uhr MEZ,
am 15. um 18.12 Uhr MEZ und am letzten Tag des Jahres um 17.10 Uhr MEZ. Er ist
somit am besten gegen Ende der Abenddämmerung mit einem Fernglas oder
Fernrohr aufzusuchen (Aufsuchkarte, Seite 127).

Klein- und Zwergplaneten

Ceres, rückläufig im Stier, kann am besten am späten Abend beobachtet werden.
Der Kleinplanet, dessen Helligkeit im Laufe des Monats von 7,0 mag auf 7,7 mag
abnimmt, kulminiert am 1. um 23.53 Uhr MEZ, am 15. um 22.45 Uhr MEZ und am
31. um 21.31 Uhr MEZ. Er ist ein leichtes Feldstecherobjekt, welches am 1. um 7.24
Uhr MEZ, am 15. um 6.17 Uhr MEZ und am 31. um 5.07 Uhr MEZ unter dem
Horizont versinkt (Aufsuchkarte, Seite 129).

Pallas, rechtläufig im Wassermann, tritt am 1. um 23.40 Uhr MEZ, am 15. um 22.54
Uhr MEZ und am 31. um 22.08 Uhr MEZ von der Himmelsbühne ab. Der Kleinplanet,
dessen Helligkeit von 9,8 mag auf 10,0 mag abnimmt, kann am besten in den frühen
Abendstunden, möglichst mit einem Fernrohr von mindestens 8 Zentimetern Öffnung
aufgesucht werden (Aufsuchkarte, Seite 129). Er kulminiert am 1. um 18.37 Uhr
MEZ, am 15. um 17.52 Uhr MEZ und am 31. um 17.04 Uhr MEZ.

Juno kann im Dezember nicht beobachtet werden.

Vesta steht am 1. in Konjunktion zur Sonne und kann nicht beobachtet werden.

Periodische Sternschnuppenströme

Zwischen dem 7. und dem 17. treten die Geminiden auf, welche am 14. um 5 Uhr
MEZ ihr Maximum mit bis zu 50 mittelschnellen Meteoren pro Stunde erreichen. Die
beste Beobachtungszeit sind die frühen Morgenstunden, weil dann der zunehmende
Mond, welcher schon die Halbmondphase hinter sich hat, unter dem Horizont
versunken ist.
Vom 17. bis zum 26. sind die Ursae Minoriden aktiv, welche am 22. um 24 Uhr MEZ
ihr scharfes Maximum mit bis zu 3 Meteoren pro Stunde erreichen. Der noch recht
volle Mond beeinträchtigt ihre Beobachtung ab den frühen Abendstunden.
Ferner können vom 12. bis zum 15.1. noch die Coma-Bereniciden beobachtet
werden, welche am 25. ihr Maximum erreichen. Von diesem Schwarm sind bis zu 2
Meteore pro Stunde zu erwarten.
In diesem Jahr hält sich am Tag des Maximums der noch ziemlich volle,
abnehmende Mond in der Nähe des Radianten auf und stört stark bei der
Beobachtung.

Sonnenuntergang und Dämmerung

	Astr. Anf.	Naut. Anf.	Bürg. Anf.	Auf- gang	Kulm.	Unter- gang	Bürg. Ende	Naut. Ende	Astr. Ende	Zeitgl.
1.12.2021	6:04	6:43	7:24	8:01	12:13	16:25	17:02	17:43	18:22	-11m08s
2.12.2021	6:05	6:44	7:25	8:02	12:14	16:24	17:02	17:43	18:22	-10m45s
3.12.2021	6:06	6:45	7:26	8:03	12:14	16:24	17:02	17:43	18:21	-10m22s
4.12.2021	6:07	6:46	7:27	8:05	12:14	16:23	17:01	17:42	18:21	-9m58s
5.12.2021	6:08	6:47	7:28	8:06	12:15	16:23	17:01	17:42	18:21	-9m33s
6.12.2021	6:09	6:48	7:30	8:07	12:15	16:23	17:01	17:42	18:21	-9m08s
7.12.2021	6:10	6:49	7:31	8:08	12:16	16:22	17:01	17:42	18:21	-8m43s
8.12.2021	6:11	6:50	7:32	8:09	12:16	16:22	17:00	17:42	18:21	-8m17s
9.12.2021	6:12	6:51	7:33	8:10	12:16	16:22	17:00	17:42	18:21	-7m50s
10.12.2021	6:12	6:52	7:34	8:11	12:17	16:22	17:00	17:42	18:21	-7m23s
11.12.2021	6:13	6:53	7:35	8:12	12:17	16:22	17:00	17:42	18:21	-6m56s
12.12.2021	6:14	6:54	7:35	8:13	12:18	16:22	17:00	17:42	18:21	-6m28s
13.12.2021	6:15	6:55	7:36	8:14	12:18	16:22	17:00	17:42	18:21	-6m00s
14.12.2021	6:16	6:55	7:37	8:15	12:19	16:22	17:01	17:42	18:21	-5m32s
15.12.2021	6:16	6:56	7:38	8:16	12:19	16:22	17:01	17:43	18:21	-5m03s
16.12.2021	6:17	6:57	7:39	8:17	12:20	16:22	17:01	17:43	18:22	-4m34s
17.12.2021	6:18	6:57	7:39	8:17	12:20	16:23	17:01	17:43	18:22	-4m05s
18.12.2021	6:18	6:58	7:40	8:18	12:21	16:23	17:02	17:43	18:22	-3m36s
19.12.2021	6:19	6:59	7:41	8:19	12:21	16:23	17:02	17:44	18:23	-3m06s
20.12.2021	6:20	6:59	7:41	8:19	12:22	16:24	17:02	17:44	18:23	-2m37s
21.12.2021	6:20	7:00	7:42	8:20	12:22	16:24	17:03	17:45	18:24	-2m07s
22.12.2021	6:21	7:00	7:42	8:20	12:23	16:25	17:03	17:45	18:24	-1m37s
23.12.2021	6:21	7:01	7:43	8:21	12:23	16:25	17:04	17:46	18:25	-1m08s
24.12.2021	6:22	7:01	7:43	8:21	12:24	16:26	17:05	17:46	18:25	-0m38s
25.12.2021	6:22	7:02	7:43	8:21	12:24	16:27	17:05	17:47	18:26	-0m08s
26.12.2021	6:22	7:02	7:44	8:22	12:25	16:27	17:06	17:48	18:27	0m20s
27.12.2021	6:23	7:02	7:44	8:22	12:25	16:28	17:07	17:48	18:27	0m50s
28.12.2021	6:23	7:03	7:44	8:22	12:26	16:29	17:08	17:49	18:28	1m20s
29.12.2021	6:23	7:03	7:44	8:22	12:26	16:30	17:08	17:50	18:29	1m49s
30.12.2021	6:23	7:03	7:44	8:22	12:27	16:31	17:09	17:51	18:30	2m18s
31.12.2021	6:23	7:03	7:45	8:22	12:27	16:32	17:10	17:52	18:31	2m47s

Mondlauf

	Rektaszension	Deklination	Elong.	Phase		mag	Auf- gang	Kulm.	Unter- gang
1.12.2021	13h28m54,7s	-6°12'52"	46,8°	0,16		-8,1	3:51	9:30	14:55
2.12.2021	14h22m01,9s	-12°17'10"	33,3°	0,08		-7,2	5:17	10:23	15:17
3.12.2021	15h18m48,3s	-17°50'00"	19,3°	0,03		-6,0	6:46	11:21	15:45
4.12.2021	16h19m44,0s	-22°23'00"	5,2°	0	●	-4,6	8:16	12:23	16:22
5.12.2021	17h24m20,1s	-25°28'03"	9,2°	0,01		-5,0	9:40	13:29	17:14
6.12.2021	18h30m51,8s	-26°44'43"	23,4°	0,04		-6,4	10:50	14:35	18:21
7.12.2021	19h36m41,9s	-26°07'20"	37,3°	0,1		-7,5	11:42	15:38	19:40

	Rektaszension	Deklination	Elong.	Phase	mag	Auf-gang	Kulm.	Unter-gang
8.12.2021	20h39m23,4s	-23°46'42"	50,8°	0,18	-8,4	12:19	16:36	21:02
9.12.2021	21h37m34,6s	-20°04'34"	63,9°	0,28	-9,1	12:46	17:29	22:23
10.12.2021	22h31m07,2s	-15°25'40"	76,5°	0,38	-9,6	13:07	18:17	23:40
11.12.2021	23h20m42,9s	-10°12'13"	88,7°	0,49 ☽	-10,1	13:24	19:02	
12.12.2021	0h07m26,0s	-4°42'05"	100,5°	0,59	-10,5	13:39	19:44	0:53
13.12.2021	0h52m25,4s	0°50'46"	111,9°	0,69	-10,8	13:53	20:25	2:03
14.12.2021	1h36m47,1s	6°14'57"	123,2°	0,77	-11,2	14:08	21:07	3:13
15.12.2021	2h21m30,2s	11°20'08"	134,2°	0,85	-11,5	14:24	21:49	4:21
16.12.2021	3h07m24,6s	15°56'06"	145,1°	0,91	-11,8	14:44	22:34	5:30
17.12.2021	3h55m07,4s	19°52'07"	155,9°	0,96	-12,0	15:09	23:21	6:38
18.12.2021	4h44m56,6s	22°57'08"	166,6°	0,99	-12,3	15:40		7:45
19.12.2021	5h36m45,1s	25°00'33"	176,7°	1 ○	-12,6	16:20	0:10	8:47
20.12.2021	6h29m58,7s	25°53'55"	171,2°	0,99	-12,4	17:11	1:00	9:41
21.12.2021	7h23m42,0s	25°32'37"	160,4°	0,97	-12,2	18:11	1:51	10:25
22.12.2021	8h16m54,3s	23°56'58"	149,4°	0,93	-11,9	19:19	2:42	11:01
23.12.2021	9h08m48,1s	21°11'59"	138,3°	0,87	-11,6	20:29	3:31	11:29
24.12.2021	9h59m01,8s	17°26'10"	127,1°	0,8	-11,3	21:43	4:18	11:51
25.12.2021	10h47m42,5s	12°49'55"	115,6°	0,72	-11,0	22:56	5:04	12:09
26.12.2021	11h35m21,8s	7°34'23"	103,8°	0,62	-10,6		5:49	12:25
27.12.2021	12h22m49,6s	1°51'19"	91,7°	0,51 ☾	-10,2	0:10	6:34	12:41
28.12.2021	13h11m08,3s	-4°06'18"	79,3°	0,41	-9,8	1:28	7:20	12:58
29.12.2021	14h01m28,1s	-10°03'08"	66,4°	0,3	-9,2	2:48	8:09	13:17
30.12.2021	14h54m59,3s	-15°39'58"	53,2°	0,2	-8,5	4:12	9:02	13:41
31.12.2021	15h52m37,8s	-20°33'00"	39,6°	0,12	-7,7	5:41	10:01	14:12

Finsternisse

Am 4. kann in der Antarktis eine totale Sonnenfinsternis mit einer maximalen Länge von 1m54s beobachtet werden. In Südafrika, Südaustralien und Tasmanien ist sie als partielle Sonnenfinsternis mit geringer Größe zu sehen. In Europa kann sie nicht beobachtet werden.

Jupitermond-Ereignisse

Datum	Uhrzeit (MEZ)	Mond	Erscheinung	Phase
1.12.2021	18:11:40	Io	Verfinsterung	Ende
3.12.2021	17:59:26	Europa	Durchgang	Anfang
3.12.2021	20:35:54	Europa	Schattenvorübergang	Anfang
3.12.2021	20:50:44	Europa	Durchgang	Ende
4.12.2021	18:06:16	Ganymed	Verfinsterung	Anfang
5.12.2021	18:33:32	Europa	Verfinsterung	Ende
7.12.2021	19:26:16	Io	Durchgang	Anfang
7.12.2021	20:42:26	Io	Schattenvorübergang	Anfang

Datum	Uhrzeit (MEZ)	Mond	Erscheinung	Phase
8.12.2021	20:07:17	Io	Verfinsterung	Ende
9.12.2021	17:28:15	Io	Schattenvorübergang	Ende
10.12.2021	19:12:07	Kallisto	Schattenvorübergang	Anfang
10.12.2021	20:42:24	Europa	Durchgang	Anfang
11.12.2021	17:07:02	Ganymed	Bedeckung	Anfang
11.12.2021	20:44:26	Ganymed	Bedeckung	Ende
15.12.2021	18:33:31	Io	Bedeckung	Anfang
16.12.2021	17:06:56	Io	Schattenvorübergang	Anfang
16.12.2021	18:12:48	Io	Durchgang	Ende
16.12.2021	19:23:43	Io	Schattenvorübergang	Ende
18.12.2021	18:04:40	Kallisto	Bedeckung	Anfang
19.12.2021	18:38:38	Europa	Bedeckung	Anfang
21.12.2021	17:58:03	Europa	Schattenvorübergang	Ende
22.12.2021	19:47:53	Ganymed	Schattenvorübergang	Ende
22.12.2021	20:33:15	Io	Bedeckung	Anfang
23.12.2021	17:54:59	Io	Durchgang	Anfang
23.12.2021	19:02:27	Io	Schattenvorübergang	Anfang
23.12.2021	20:12:31	Io	Durchgang	Ende
24.12.2021	18:27:24	Io	Verfinsterung	Ende
27.12.2021	17:30:05	Kallisto	Schattenvorübergang	Ende
28.12.2021	17:47:54	Europa	Schattenvorübergang	Anfang
28.12.2021	18:28:33	Europa	Durchgang	Ende
29.12.2021	19:36:39	Ganymed	Durchgang	Ende
29.12.2021	20:19:44	Ganymed	Schattenvorübergang	Anfang
30.12.2021	19:55:21	Io	Durchgang	Anfang
31.12.2021	17:03:46	Io	Bedeckung	Anfang

Anhang
Liste der Sternbedeckungen durch den Mond

Datum	Stern	Vorgang	Berlin	Bern	Dresden	Frankfurt	Hamburg	Hannover	Köln	Leipzig	München	Nürnberg	Stuttgart	Wien
1.1	SAO 80634 7,7 mag	Eintritt	18:46 53°	-	18:43 58°	-	18:51 46°	-	-	18:45 55°	-	-	-	18:37 68°
1.1	SAO 80634 7,7 mag	Austritt	19:24 323°	-	19:23 318°	-	19:23 330°	-	-	19:23 320°	-	-	-	19:22 307°
2.1	SAO 98567 7,5 mag	Eintritt	5:00 115°	5:05 135°	5:03 118°	05:00 126°	4:55 117°	4:57 120°	4:57 126°	5:01 119°	5:06 127°	5:03 124°	5:03 128°	5:11 121°
2.1	SAO 98567 7,5 mag	Austritt	6:08 291°	6:12 274°	6:11 289°	6:09 282°	6:04 290°	6:06 287°	6:06 281°	6:10 288°	6:14 282°	6:12 284°	6:11 280°	6:18 288°
3.1	42 Leo 6,1 mag	Eintritt	5:39 82°	5:35 103°	5:40 85°	5:34 94°	5:33 84°	5:33 87°	5:31 94°	5:38 86°	5:40 94°	5:38 92°	5:36 96°	5:47 87°
3.1	42 Leo 6,1 mag	Austritt	6:34 333°	6:44 316°	6:38 331°	6:38 323°	6:31 331°	6:33 328°	6:35 322°	6:37 330°	6:44 323°	6:41 325°	6:41 321°	6:45 330°
3.1	SAO 99392 6,4 mag	Eintritt	21:24 70°	-	21:21 75°	-	21:28 63°	21:26 67°	-	21:22 73°	-	-	-	21:16 86°
3.1	SAO 99392 6,4 mag	Austritt	22:07 327°	-	22:08 322°	-	22:06 334°	22:07 329°	-	22:07 323°	22:07 313°	22:07 317°	-	22:08 310°
6.1	SAO 139010 7,8 mag	Eintritt	2:45 115°	2:40 138°	2:45 120°	2:41 126°	2:44 115°	2:43 119°	2:40 125°	2:44 120°	2:43 130°	2:42 127°	2:41 130°	2:46 126°
6.1	SAO 139010 7,8 mag	Austritt	3:52 307°	3:45 285°	3:53 303°	3:47 295°	3:49 306°	3:49 303°	3:46 296°	3:51 303°	3:50 293°	3:50 296°	3:48 292°	3:56 299°
7.1	SAO 139581 7,4 mag	Eintritt	6:56 50°	6:35 82°	6:54 55°	6:40 71°	6:48 56°	6:45 61°	6:37 72°	6:51 58°	6:45 71°	6:45 68°	6:40 74°	6:58 58°
7.1	SAO 139581 7,4 mag	Austritt	7:18 14°	7:31 345°	7:23 9°	7:25 354°	7:17 7°	7:20 3°	7:23 353°	7:22 6°	7:30 355°	7:27 358°	7:28 352°	7:30 7°
7.1	SAO 139584 7,0 mag	Eintritt	6:58 91°	6:49 109°	6:59 93°	6:51 102°	6:53 93°	6:52 96°	6:48 102°	6:57 94°	6:56 101°	6:55 99°	6:52 103°	7:04 94°
7.1	SAO 139584 7,0 mag	Austritt	08:00 332°	8:02 317°	8:02 331°	7:59 323°	7:55 330°	7:57 328°	7:56 322°	8:00 330°	8:04 324°	8:02 325°	8:01 322°	8:09 330°
8.1	SAO 158677 6,2 mag	Eintritt	2:44 81°	-	2:41 86°	-	-	-	-	2:41 86°	2:37 98°	2:38 94°	-	2:38 93°
8.1	SAO 158677 6,2 mag	Austritt	3:31 334°	3:30 310°	3:32 330°	3:31 321°	-	3:31 330°	-	3:31 329°	3:32 318°	3:31 322°	3:31 318°	3:33 323°
8.1	SAO 158686 7,4 mag	Eintritt	3:53 182°	-	3:57 192°	-	3:52 183°	3:56 193°	-	3:58 194°	-	-	-	-
8.1	SAO 158686 7,4 mag	Austritt	4:21 236°	-	4:16 226°	-	4:19 234°	4:13 224°	-	4:14 224°	-	-	-	-

Datum	Stern	Vorgang	Berlin	Bern	Dresden	Frankfurt	Hamburg	Hannover	Koeln	Leipzig	Muenchen	Nuernberg	Stuttgart	Wien
9.1	SAO 159452 7,7 mag	Eintritt	7:52 113°	7:46 128°	7:53 114°	7:47 122°	7:48 115°	7:48 117°	7:45 122°	7:51 116°	7:50 121°	7:49 120°	7:47 123°	-
9.1	SAO 159452 7,7 mag	Austritt	9:04 295°	8:58 283°	9:05 294°	8:59 289°	8:59 293°	8:59 292°	8:56 288°	9:03 293°	9:04 289°	9:02 290°	09:00 287°	-
10.1	SAO 184593 7,5 mag	Eintritt	-	-	-	-	-	-	8:46 97°	-	-	-	-	-
10.1	SAO 184593 7,5 mag	Austritt	-	-	-	-	-	-	9:57 299°	-	-	-	-	-
15.1	SAO 164827 6,4 mag	Eintritt	18:01 94°	18:04 103°	18:04 99°	18:00 95°	17:57 87°	17:58 90°	17:57 90°	18:02 96°	18:07 105°	18:04 100°	18:03 99°	18:13 113°
15.1	SAO 164827 6,4 mag	Austritt	-	18:54 203°	18:56 209°	18:56 212°	18:55 221°	18:56 218°	18:56 217°	18:56 212°	18:55 201°	18:55 207°	18:55 207°	18:53 195°
16.1	Tau2 Aqr 4,2 mag	Eintritt	16:15 30°	16:05 32°	16:14 34°	16:09 28°	16:13 23°	16:12 25°	16:09 24°	16:13 31°	16:10 36°	16:11 33°	16:08 31°	16:15 43°
16.1	Tau2 Aqr 4,2 mag	Austritt	17:19 269°	17:15 264°	17:21 265°	17:14 270°	17:13 277°	17:14 274°	17:11 275°	17:19 268°	17:21 261°	17:19 265°	17:16 266°	17:27 254°
17.1	SAO 146799 7,3 mag	Eintritt	-	-	-	-	-	-	-	-	-	-	-	15:37 6°
17.1	SAO 146799 7,3 mag	Austritt	-	-	-	-	-	-	-	-	-	-	-	16:28 286°
17.1	SAO 146815 6,8 mag	Eintritt	16:45 42°	16:34 44°	16:44 45°	16:38 40°	16:42 36°	16:41 38°	16:37 36°	16:43 43°	16:40 48°	16:40 45°	16:37 43°	16:46 55°
17.1	SAO 146815 6,8 mag	Austritt	17:58 252°	17:52 247°	17:59 249°	17:53 253°	17:53 259°	17:53 257°	17:50 257°	17:57 251°	17:57 244°	17:56 248°	17:54 249°	18:03 238°
18.1	SAO 128739 7,6 mag	Eintritt	17:00 45°	16:46 47°	16:59 48°	16:52 43°	16:57 39°	16:56 41°	16:51 39°	16:57 46°	16:53 51°	16:54 48°	16:51 46°	17:00 58°
18.1	SAO 128739 7,6 mag	Austritt	18:16 247°	18:08 242°	18:17 243°	18:10 247°	18:11 254°	18:11 251°	18:07 252°	18:15 245°	18:14 239°	18:13 243°	18:11 243°	18:20 233°
18.1	SAO 128787 7,0 mag	Eintritt	20:53 98°	21:02 119°	20:56 104°	20:54 104°	20:48 91°	20:50 96°	20:50 99°	20:54 102°	21:02 117°	20:58 109°	20:58 111°	21:07 122°
18.1	SAO 128787 7,0 mag	Austritt	21:45 205°	21:37 182°	21:44 199°	21:42 198°	21:45 211°	21:44 207°	21:43 202°	21:44 201°	21:39 185°	21:42 193°	21:41 191°	21:39 182°
19.1	SAO 109727 6,8 mag	Eintritt	20:38 19°	20:28 34°	20:36 25°	20:32 24°	20:38 12°	20:36 16°	20:32 19°	20:36 23°	20:33 34°	20:33 29°	20:31 30°	20:36 38°
19.1	SAO 109727 6,8 mag	Austritt	21:30 283°	21:36 265°	21:34 277°	21:31 276°	21:25 290°	21:27 285°	21:28 281°	21:32 279°	21:37 267°	21:35 272°	21:34 271°	21:40 265°

Datum	Stern	Vorgang	Berlin	Bern	Dresden	Frankfurt	Hamburg	Hannover	Koeln	Leipzig	Muenchen	Nuernberg	Stuttgart	Wien
19.1	SAO 109775 7,6 mag	Eintritt	22:49 78°	22:57 98°	22:52 83°	22:52 86°	22:47 74°	22:49 78°	22:50 83°	22:51 82°	22:56 93°	22:53 88°	22:54 91°	22:57 93°
19.1	SAO 109775 7,6 mag	Austritt	-	23:49 213°	-	23:50 225°	23:48 237°	23:49 233°	23:49 228°	-	-	23:50 223°	23:50 220°	-
20.1	SAO 110286 7,2 mag	Eintritt	23:49 66°	23:54 86°	23:50 71°	23:50 75°	23:47 64°	23:48 68°	23:49 73°	23:50 70°	23:54 81°	23:52 77°	23:52 79°	23:54 80°
21.1	SAO 110286 7,2 mag	Austritt	0:49 252°	0:53 231°	-	0:51 242°	0:48 253°	0:49 250°	0:51 244°	0:50 247°	0:52 237°	0:52 241°	0:52 238°	-
21.1	38 Ari 5,2 mag	Eintritt	23:10 35°	23:05 55°	23:10 40°	23:06 44°	23:08 31°	23:08 35°	23:05 41°	23:09 39°	23:08 51°	23:08 46°	23:07 49°	23:12 50°
22.1	38 Ari 5,2 mag	Austritt	0:05 285°	0:13 264°	0:08 280°	0:08 275°	0:01 288°	0:04 284°	0:06 277°	0:07 281°	0:13 269°	0:10 273°	0:11 271°	0:13 271°
22.1	SAO 93484 7,0 mag	Eintritt	23:59 60°	23:59 80°	24:00 65°	23:57 69°	23:56 58°	23:56 62°	23:55 67°	23:59 64°	24:01 75°	24:00 71°	23:59 73°	24:04 73°
23.1	SAO 93484 7,0 mag	Austritt	1:03 270°	1:08 250°	1:05 266°	1:05 260°	1:00 271°	1:02 268°	1:03 262°	1:04 266°	1:08 256°	1:07 259°	1:07 256°	1:09 259°
23.1	SAO 93504 7,8 mag	Eintritt	1:54 159°	-	-	-	1:50 155°	-	-	-	-	-	-	-
23.1	SAO 93504 7,8 mag	Austritt	2:02 176°	-	-	-	2:03 179°	-	-	-	-	-	-	-
23.1	SAO 93814 7,8 mag	Eintritt	18:34 16°	18:14 24°	18:29 22°	18:24 16°	18:37 5°	18:33 10°	18:27 10°	18:29 18°	18:19 27°	18:23 22°	18:20 21°	18:23 34°
23.1	SAO 93814 7,8 mag	Austritt	19:24 298°	19:13 287°	19:26 292°	19:15 296°	19:14 309°	19:15 304°	19:10 303°	19:23 295°	19:22 285°	19:21 290°	19:17 290°	19:32 278°
23.1	SAO 93840 7,5 mag	Eintritt	20:55 78°	20:44 91°	20:55 83°	20:47 82°	20:50 73°	20:49 76°	20:44 78°	20:53 81°	20:52 91°	20:51 86°	20:47 87°	21:01 94°
23.1	SAO 93840 7,5 mag	Austritt	22:15 247°	22:04 229°	22:16 242°	22:08 240°	22:11 251°	22:10 247°	22:06 243°	22:14 243°	22:12 232°	22:12 237°	22:09 235°	22:19 232°
23.1	SAO 93844 7,8 mag	Eintritt	21:24 119°	21:37 155°	21:29 126°	21:21 127°	21:16 112°	21:17 117°	21:15 121°	21:25 124°	21:38 146°	21:29 134°	21:27 136°	21:50 152°
23.1	SAO 93844 7,8 mag	Austritt	22:20 208°	21:46 167°	22:18 200°	22:08 197°	22:18 213°	22:16 208°	22:09 202°	22:17 202°	22:02 179°	22:09 191°	22:04 188°	22:07 175°
24.1	SAO 76962 7,0 mag	Eintritt	20:12 19°	19:49 34°	20:07 26°	20:00 24°	20:15 8°	20:09 14°	20:02 17°	20:07 23°	19:56 35°	19:59 29°	19:56 30°	20:01 40°
24.1	SAO 76962 7,0 mag	Austritt	20:57 311°	20:53 291°	21:01 303°	20:52 304°	20:46 321°	20:50 314°	20:47 310°	20:58 306°	21:01 292°	20:58 298°	20:55 297°	21:11 289°

Datum	Stern	Vorgang	Berlin	Bern	Dresden	Frankfurt	Hamburg	Hannover	Koeln	Leipzig	Muenchen	Nuernberg	Stuttgart	Wien
26.1	SAO 78038 7,9 mag	Eintritt	-	1:01 30°	-	-	-	-	-	-	-	-	1:17 4°	-
26.1	SAO 78038 7,9 mag	Austritt	-	1:36 334°	-	-	-	-	-	-	-	-	1:20 360°	-
26.1	SAO 78051 7,7 mag	Eintritt	1:04 67°	1:01 88°	1:05 71°	0:59 77°	0:59 66°	0:59 70°	0:57 76°	1:03 71°	1:05 81°	1:03 78°	1:01 81°	1:10 77°
26.1	SAO 78051 7,7 mag	Austritt	2:06 297°	2:14 277°	2:09 294°	2:09 286°	2:03 297°	2:05 293°	2:06 287°	2:08 293°	2:14 284°	2:12 287°	2:12 283°	2:16 289°
26.1	5 Gem 5,9 mag	Eintritt	-	2:19 23°	-	-	-	-	-	-	-	-	-	-
26.1	5 Gem 5,9 mag	Austritt	-	2:41 344°	-	-	-	-	-	-	-	-	-	-
26.1	8 Gem 6,1 mag	Eintritt	4:09 108°	4:21 126°	4:11 110°	4:14 117°	4:07 109°	4:09 112°	4:13 117°	4:11 111°	4:17 119°	4:15 116°	4:16 120°	4:15 113°
26.1	8 Gem 6,1 mag	Austritt	5:02 259°	5:08 242°	5:04 256°	5:06 250°	5:02 257°	5:03 255°	5:05 250°	5:04 256°	5:07 249°	5:06 251°	5:07 248°	5:06 254°
26.1	SAO 78855 6,8 mag	Eintritt	18:36 117°	18:28 127°	18:36 122°	18:31 119°	18:35 111°	18:33 114°	18:30 115°	18:35 120°	18:33 129°	18:32 124°	18:30 123°	18:39 136°
26.1	SAO 78855 6,8 mag	Austritt	19:34 232°	19:16 220°	19:30 227°	19:26 229°	19:35 238°	19:32 235°	19:27 234°	19:31 229°	19:21 219°	19:25 224°	19:22 224°	19:23 212°
26.1	SAO 78897 7,0 mag	Eintritt	20:00 30°	19:40 46°	19:55 37°	19:50 35°	20:05 19°	19:59 26°	19:52 29°	19:56 35°	19:45 46°	19:49 41°	19:46 41°	19:49 51°
26.1	SAO 78897 7,0 mag	Austritt	20:42 323°	20:37 304°	20:45 315°	20:37 316°	20:33 333°	20:35 326°	20:32 322°	20:42 318°	20:43 305°	20:42 310°	20:39 309°	20:52 301°
26.1	Ome Gem 5,2 mag	Eintritt	23:05 150°	-	23:12 159°	23:13 174°	22:57 145°	23:00 152°	23:03 163°	23:08 158°	-	-	-	-
26.1	Ome Gem 5,2 mag	Austritt	23:49 218°	-	23:45 209°	23:26 192°	23:45 222°	23:42 215°	23:30 202°	23:43 210°	-	-	-	-
27.1	SAO 79065 6,9 mag	Eintritt	1:38 130°	1:53 159°	1:42 134°	1:42 143°	1:33 130°	1:36 134°	1:38 142°	1:40 135°	1:50 147°	1:45 143°	1:46 148°	1:51 140°
27.1	SAO 79065 6,9 mag	Austritt	2:37 248°	2:29 219°	2:39 244°	2:33 235°	2:33 247°	2:33 243°	2:30 235°	2:37 243°	2:37 232°	2:36 236°	2:34 230°	2:43 239°
27.1	48 Gem 5,8 mag	Eintritt	4:01 96°	4:10 113°	4:04 99°	4:04 106°	3:59 98°	4:01 100°	4:03 106°	4:03 99°	4:08 106°	4:06 104°	4:07 108°	4:09 101°
27.1	48 Gem 5,8 mag	Austritt	4:59 283°	5:08 267°	5:02 281°	5:03 274°	4:58 281°	05:00 279°	5:02 274°	5:01 280°	5:06 274°	5:04 275°	5:05 272°	5:06 278°

Datum	Stern	Vorgang	Berlin	Bern	Dresden	Frankfurt	Hamburg	Hannover	Koeln	Leipzig	Muenchen	Nuernberg	Stuttgart	Wien
27.1	SAO 79688 7,8 mag	Eintritt	16:36 62°	16:30 68°	16:34 66°	16:34 62°	16:40 57°	16:38 59°	16:37 59°	16:35 64°	16:30 69°	16:32 66°	16:32 66°	16:28 74°
27.1	SAO 79688 7,8 mag	Austritt	17:25 298°	17:19 291°	17:24 294°	17:22 297°	17:25 304°	17:24 301°	17:23 301°	17:24 296°	17:21 289°	17:22 293°	17:21 293°	17:22 285°
27.1	SAO 79805 6,7 mag	Eintritt	20:39 65°	20:24 79°	20:37 70°	20:31 70°	20:39 59°	20:36 63°	20:31 66°	20:36 68°	20:30 78°	20:31 74°	20:29 74°	20:35 81°
27.1	SAO 79805 6,7 mag	Austritt	21:43 304°	21:35 287°	21:44 299°	21:37 297°	21:38 309°	21:38 305°	21:35 301°	21:42 300°	21:41 289°	21:41 294°	21:38 292°	21:49 288°
27.1	SAO 79804 7,5 mag	Eintritt	20:44 46°	20:25 63°	20:40 53°	20:34 52°	20:46 38°	20:41 44°	20:35 48°	20:40 51°	20:31 62°	20:34 57°	20:31 58°	20:35 65°
27.1	SAO 79804 7,5 mag	Austritt	21:33 323°	21:28 303°	21:35 316°	21:28 314°	21:26 330°	21:28 324°	21:25 319°	21:33 318°	21:34 305°	21:33 310°	21:30 309°	21:42 304°
27.1	SAO 79847 6,9 mag	Eintritt	22:55 153°	-	23:01 162°	23:00 172°	22:48 148°	22:51 154°	22:52 164°	22:58 160°	-	23:09 180°	-	-
27.1	SAO 79847 6,9 mag	Austritt	23:42 227°	-	23:39 218°	23:23 206°	23:39 230°	23:35 224°	23:24 213°	23:37 219°	-	23:22 199°	-	-
27.1	SAO 79864 6,4 mag	Eintritt	23:35 36°	23:11 67°	23:31 45°	23:19 53°	23:33 31°	23:28 40°	23:18 49°	23:29 45°	23:20 61°	23:22 55°	23:17 59°	23:30 58°
28.1	SAO 79864 6,4 mag	Austritt	0:08 346°	0:19 314°	0:15 337°	0:13 328°	0:00 350°	0:06 341°	0:08 331°	0:12 337°	0:21 322°	0:17 327°	0:17 323°	0:27 327°
28.1	SAO 79951 7,9 mag	Eintritt	3:02 162°	-	3:08 167°	-	2:59 164°	3:04 170°	-	3:07 169°	-	3:19 187°	-	3:18 175°
28.1	SAO 79951 7,9 mag	Austritt	3:38 229°	-	3:39 224°	-	3:33 227°	3:33 221°	-	3:37 222°	-	3:30 206°	-	3:42 218°
28.1	Gam Cnc 4,7 mag	Eintritt	16:18 97°	-	-	-	16:21 92°	-	-	-	-	-	-	-
28.1	Gam Cnc 4,7 mag	Austritt	17:09 275°	-	17:08 272°	-	17:12 280°	-	-	17:08 274°	-	-	-	17:03 263°
28.1	SAO 80552 7,5 mag	Eintritt	-	23:31 56°	-	23:46 34°	-	-	23:49 26°	-	23:42 47°	23:47 38°	23:40 45°	23:54 40°
29.1	SAO 80552 7,5 mag	Austritt	-	0:21 337°	-	0:09 359°	-	-	0:01 7°	-	0:21 348°	0:14 357°	0:17 349°	0:24 356°
29.1	SAO 80634 7,7 mag	Eintritt	-	4:11 50°	-	-	-	-	-	-	-	-	4:19 32°	-
29.1	SAO 80634 7,7 mag	Austritt	-	4:41 356°	-	-	-	-	-	-	-	-	4:30 13°	-

178

Datum	Stern	Vorgang	Berlin	Bern	Dresden	Frankfurt	Hamburg	Hannover	Koeln	Leipzig	Muenchen	Nuernberg	Stuttgart	Wien
30.1	SAO 98944 6,3 mag	Eintritt	6:01 / 151°	6:15 / 169°	6:04 / 153°	6:07 / 161°	5:58 / 154°	6:01 / 156°	6:05 / 162°	6:03 / 154°	6:11 / 161°	6:08 / 159°	6:10 / 163°	6:10 / 154°
30.1	SAO 98944 6,3 mag	Austritt	6:47 / 258°	6:51 / 242°	6:49 / 256°	6:48 / 249°	6:44 / 256°	6:46 / 254°	6:46 / 249°	6:49 / 255°	6:52 / 249°	6:50 / 251°	6:50 / 248°	6:54 / 255°
30.1	SAO 98984 7,8 mag	Eintritt	–	–	–	–	8:18 / 28°	8:17 / 35°	8:16 / 44°	–	–	–	–	–
30.1	SAO 98984 7,8 mag	Austritt	–	–	–	–	8:23 / 17°	8:28 / 10°	8:35 / 1°	–	–	–	–	–
30.1	SAO 99280 6,8 mag	Eintritt	21:54 / 108°	21:48 / 126°	21:53 / 113°	21:50 / 115°	21:54 / 105°	21:52 / 108°	21:50 / 112°	21:53 / 112°	21:50 / 123°	21:51 / 118°	21:49 / 120°	21:53 / 123°
30.1	SAO 99280 6,8 mag	Austritt	23:00 / 296°	22:50 / 276°	22:59 / 291°	22:54 / 287°	22:57 / 298°	22:56 / 295°	22:53 / 289°	22:58 / 292°	22:55 / 281°	22:55 / 285°	22:53 / 282°	23:00 / 282°
30.1	SAO 99287 7,6 mag	Eintritt	–	22:13 / 42°	–	–	–	–	–	–	–	–	–	–
30.1	SAO 99287 7,6 mag	Austritt	–	22:36 / 0°	–	–	–	–	–	–	–	–	–	–
1.2	Nu Vir 4,2 mag	Eintritt	1:45 / 97°	1:36 / 120°	1:45 / 101°	1:38 / 109°	1:41 / 98°	1:40 / 101°	1:36 / 108°	1:43 / 102°	1:41 / 112°	1:41 / 109°	1:38 / 113°	1:48 / 106°
1.2	Nu Vir 4,2 mag	Austritt	2:50 / 326°	2:49 / 304°	2:52 / 323°	2:48 / 314°	2:46 / 324°	2:47 / 321°	2:46 / 314°	2:51 / 322°	2:54 / 313°	2:52 / 315°	2:50 / 311°	2:59 / 319°
1.2	SAO 119101 7,9 mag	Eintritt	7:28 / 182°	–	7:32 / 184°	7:39 / 198°	7:27 / 185°	7:30 / 188°	7:38 / 200°	7:32 / 186°	7:44 / 198°	7:39 / 194°	7:46 / 206°	–
1.2	SAO 119101 7,9 mag	Austritt	7:55 / 234°	–	7:57 / 232°	7:50 / 220°	7:51 / 232°	7:52 / 229°	7:47 / 217°	7:55 / 231°	7:55 / 219°	7:55 / 223°	7:49 / 211°	–
1.2	SAO 119447 7,8 mag	Eintritt	22:18 / 128°	22:17 / 149°	22:18 / 133°	22:17 / 137°	22:18 / 125°	22:18 / 129°	22:17 / 134°	22:18 / 132°	22:17 / 144°	22:17 / 139°	22:17 / 142°	22:18 / 143°
1.2	SAO 119447 7,8 mag	Austritt	23:15 / 284°	23:05 / 262°	23:14 / 279°	23:10 / 275°	23:15 / 287°	23:14 / 283°	23:11 / 277°	23:13 / 280°	23:09 / 268°	23:10 / 273°	23:09 / 270°	23:11 / 270°
2.2	SAO 139325 7,6 mag	Eintritt	23:20 / 136°	23:21 / 160°	23:19 / 141°	23:19 / 146°	23:20 / 134°	23:19 / 138°		23:19 / 140°	23:20 / 153°	23:20 / 148°	23:20 / 151°	23:20 / 151°
3.2	SAO 139325 7,6 mag	Austritt	0:15 / 280°	0:03 / 255°	0:13 / 275°	0:09 / 268°	0:15 / 281°	0:13 / 277°	0:10 / 271°	0:13 / 275°	0:07 / 263°	0:09 / 267°	0:07 / 264°	0:10 / 267°
4.2	SAO 158507 7,5 mag	Eintritt	1:55 / 182°	–	1:59 / 193°	–	1:54 / 183°	1:58 / 193°	–	1:59 / 195°	–	–	–	–
4.2	SAO 158507 7,5 mag	Austritt	2:23 / 237°	–	2:18 / 227°	–	2:21 / 235°	2:15 / 226°	–	2:16 / 225°	–	–	–	–

Datum	Stern	Vorgang	Berlin	Bern	Dresden	Frankfurt	Hamburg	Hannover	Koeln	Leipzig	Muenchen	Nuernberg	Stuttgart	Wien
4.2	2 Lib 6,3 mag	Eintritt	3:10 186°	-	3:15 195°	-	3:10 190°	3:16 203°	-	3:16 199°	-	-	-	-
4.2	2 Lib 6,3 mag	Austritt	3:38 235°	-	3:34 227°	-	3:33 231°	3:25 218°	-	3:30 223°	-	-	-	-
4.2	SAO 158550 6,5 mag	Eintritt	3:21 132°	3:19 154°	3:21 135°	3:18 143°	3:19 133°	3:18 136°	3:17 143°	3:20 136°	3:21 145°	3:20 142°	3:19 146°	3:24 138°
4.2	SAO 158550 6,5 mag	Austritt	4:29 290°	4:18 269°	4:29 288°	4:22 279°	4:25 288°	4:24 285°	4:20 278°	4:27 287°	4:25 279°	4:25 281°	4:22 277°	4:32 286°
7.2	SAO 185239 6,7 mag	Eintritt	-	-	4:25 103°	-	-	-	-	-	4:21 112°	-	-	4:23 106°
7.2	SAO 185239 6,7 mag	Austritt	5:31 293°	5:20 275°	5:30 291°	-	-	-	-	5:29 290°	5:25 283°	5:26 285°	5:24 281°	5:30 289°
7.2	Omi Oph 5,4 mag	Eintritt	-	-	4:39 153°	-	-	-	-	4:39 155°	4:41 167°	4:40 163°	-	4:40 158°
7.2	Omi Oph 5,4 mag	Austritt	-	-	5:24 240°	-	-	-	-	5:23 239°	5:14 228°	5:16 232°	-	5:23 237°
7.2	SAO 185374 6,3 mag	Eintritt	-	-	-	-	-	-	8:05 36°	-	-	-	-	-
7.2	SAO 185374 6,3 mag	Austritt	-	-	-	-	-	-	8:34 349°	-	-	-	-	-
11.2	33 Cap 5,5 mag	Austritt	-	-	-	-	-	-	9:07 239°	-	-	-	-	-
13.2	SAO 165638 7,8 mag	Eintritt	-	-	-	-	17:27 124°	17:31 131°	17:32 135°	-	-	-	-	-
13.2	SAO 165638 7,8 mag	Austritt	-	-	-	-	17:56 176°	17:52 168°	17:49 163°	-	-	-	-	-
13.2	SAO 165651 7,6 mag	Eintritt	-	18:52 343°	-	-	-	-	-	-	-	-	-	-
13.2	SAO 165651 7,6 mag	Austritt	-	19:05 319°	-	-	-	-	-	-	-	-	-	-
15.2	SAO 128974 6,8 mag	Eintritt	15:57 51°	-	15:56 55°	-	-	-	-	-	-	-	-	15:59 65°
15.2	SAO 128974 6,8 mag	Austritt	17:14 242°	-	17:14 237°	-	-	-	-	-	-	-	-	17:17 226°
17.2	SAO 92922 7,3 mag	Eintritt	20:02 115°	-	20:08 123°	20:05 126°	19:55 108°	19:58 113°	19:59 119°	20:05 121°	-	20:12 133°	20:13 137°	-

Datum	Stern	Vorgang	Berlin	Bern	Dresden	Frankfurt	Hamburg	Hannover	Koeln	Leipzig	Muenchen	Nuernberg	Stuttgart	Wien
17.2	SAO 92922 7,3 mag	Austritt	20:50 197°	-	20:47 189°	20:41 184°	20:49 203°	20:47 197°	20:43 190°	20:47 191°	-	20:40 178°	20:36 172°	-
17.2	Xi Ari 5,5 mag	Eintritt	20:32 53°	20:30 70°	20:33 58°	20:29 60°	20:29 49°	20:29 53°	20:27 57°	20:32 57°	20:33 67°	20:32 63°	20:30 64°	20:37 68°
17.2	Xi Ari 5,5 mag	Austritt	21:39 262°	21:42 243°	21:41 257°	21:40 253°	21:36 265°	21:37 261°	21:38 256°	21:40 258°	21:43 247°	21:41 252°	21:41 249°	21:45 248°
17.2	SAO 92942 7,6 mag	Eintritt	20:58 96°	21:08 121°	21:01 102°	21:00 105°	20:53 92°	20:55 96°	20:56 102°	21:00 101°	21:07 115°	21:03 109°	21:03 111°	21:10 114°
17.2	SAO 92942 7,6 mag	Austritt	21:57 220°	21:50 194°	21:57 215°	21:54 210°	21:55 223°	21:55 219°	21:54 213°	21:56 215°	21:54 201°	21:55 207°	21:53 204°	21:56 204°
17.2	SAO 92948 7,5 mag	Eintritt	21:17 78°	21:22 98°	21:19 83°	21:17 86°	21:13 75°	21:15 79°	21:15 83°	21:18 82°	21:22 93°	21:20 89°	21:20 91°	21:25 93°
17.2	SAO 92948 7,5 mag	Austritt	22:21 240°	22:21 219°	22:22 235°	22:21 231°	22:19 242°	22:20 238°	22:20 233°	22:22 236°	22:22 225°	22:22 229°	22:22 226°	22:24 227°
17.2	SAO 92952 6,8 mag	Eintritt	21:38 109°	22:00 147°	21:42 115°	21:44 121°	21:34 105°	21:37 110°	21:40 117°	21:41 114°	21:53 133°	21:47 124°	21:49 129°	21:53 130°
17.2	SAO 92952 6,8 mag	Austritt	22:28 210°	22:13 171°	22:27 204°	22:24 197°	22:27 213°	22:27 208°	22:24 200°	22:27 204°	22:22 186°	22:24 194°	22:22 189°	22:24 190°
20.2	SAO 93763 7,9 mag	Eintritt	1:15 72°	1:23 91°	1:17 76°	1:19 82°	1:15 73°	1:16 76°	1:18 81°	1:17 76°	-	1:19 82°	1:20 85°	-
20.2	SAO 93763 7,9 mag	Austritt	-	-	-	-	2:10 268°	2:12 265°	2:14 260°	-	-	-	-	-
22.2	SAO 78521 7,9 mag	Eintritt	-	20:21 29°	-	-	-	-	-	-	20:33 22°	20:45 4°	20:34 15°	20:42 21°
22.2	SAO 78521 7,9 mag	Austritt	-	21:04 327°	-	-	-	-	-	-	21:06 336°	20:52 354°	20:57 342°	21:12 339°
22.2	SAO 78557 6,4 mag	Eintritt	21:38 96°	21:34 117°	21:39 101°	21:32 105°	21:32 94°	21:32 98°	21:29 103°	21:37 100°	21:39 111°	21:37 107°	21:35 110°	21:47 109°
22.2	SAO 78557 6,4 mag	Austritt	22:55 270°	22:50 248°	22:57 265°	22:51 259°	22:50 270°	22:51 267°	22:48 261°	22:55 265°	22:56 255°	22:55 259°	22:52 255°	23:03 259°
22.2	SAO 78572 6,7 mag	Eintritt	22:16 128°	22:31 163°	22:20 134°	22:17 142°	22:09 126°	22:12 131°	22:12 139°	22:18 134°	22:28 149°	22:22 143°	22:23 148°	22:32 144°
22.2	SAO 78572 6,7 mag	Austritt	23:18 239°	23:00 205°	23:19 235°	23:10 225°	23:14 240°	23:13 236°	23:08 227°	23:17 234°	23:13 219°	23:14 225°	23:09 220°	23:22 226°
22.2	SAO 78596 6,5 mag	Eintritt	22:49 89°	22:48 110°	22:51 93°	22:45 99°	22:43 88°	22:44 92°	22:42 98°	22:49 93°	22:52 104°	22:49 100°	22:48 103°	22:58 100°

Datum	Stern	Vorgang	Berlin	Bern	Dresden	Frankfurt	Hamburg	Hannover	Koeln	Leipzig	Muenchen	Nuernberg	Stuttgart	Wien
22.2	SAO 78596 6,5 mag	Austritt	24:01 281°	24:03 260°	24:04 277°	24:01 270°	23:57 281°	23:59 277°	23:58 271°	24:02 277°	24:06 267°	24:04 271°	24:03 267°	24:10 272°
23.2	SAO 78706 7,2 mag	Eintritt	2:04 27°	1:59 58°	2:04 33°	1:58 46°	2:00 30°	1:59 36°	1:57 46°	2:02 35°	2:02 48°	2:01 45°	1:59 50°	2:06 39°
23.2	SAO 78706 7,2 mag	Austritt	2:25 347°	2:45 318°	2:30 341°	2:37 329°	2:25 343°	2:29 338°	2:35 328°	2:30 339°	2:40 327°	2:37 330°	2:40 325°	2:36 336°
23.2	SAO 79477 7,9 mag	Eintritt	20:47 163°	-	-	-	20:37 155°	20:42 165°	-	20:56 179°	-	-	-	-
23.2	SAO 79477 7,9 mag	Austritt	21:17 209°	-	-	-	21:16 215°	21:10 206°	-	21:05 192°	-	-	-	-
23.2	SAO 79523 7,9 mag	Eintritt	22:05 64°	21:52 86°	22:05 69°	21:55 75°	22:01 62°	21:59 66°	21:53 72°	22:03 69°	22:00 80°	21:59 76°	21:56 79°	22:09 77°
23.2	SAO 79523 7,9 mag	Austritt	23:08 316°	23:12 293°	23:12 311°	23:08 304°	23:02 317°	23:04 312°	23:04 305°	23:10 311°	23:15 300°	23:12 304°	23:11 300°	23:21 305°
24.2	SAO 79580 6,0 mag	Eintritt	-	0:31 49°	-	0:40 26°	-	-	0:38 25°	-	0:42 33°	0:46 22°	0:37 36°	-
24.2	SAO 79580 6,0 mag	Austritt	-	1:12 338°	-	0:56 0°	-	-	0:53 1°	-	1:05 355°	0:56 6°	1:04 351°	-
24.2	SAO 79618 7,7 mag	Eintritt	2:15 187°	-	-	-	-	-	-	-	-	-	-	-
24.2	SAO 79618 7,7 mag	Austritt	2:22 199°	-	-	-	-	-	-	-	-	-	-	-
24.2	SAO 79688 7,8 mag	Eintritt	4:06 65°	4:12 80°	4:07 67°	4:08 74°	4:04 67°	4:06 69°	4:07 74°	4:07 68°	4:11 74°	4:09 73°	4:10 76°	4:10 69°
24.2	SAO 79688 7,8 mag	Austritt	4:48 319°	5:01 305°	4:51 317°	4:55 311°	4:48 317°	4:51 315°	4:55 311°	4:51 316°	4:57 311°	4:55 312°	4:57 310°	4:54 315°
25.2	Gam Cnc 4,7 mag	Eintritt	3:43 94°	3:50 108°	3:45 96°	3:45 102°	3:40 96°	3:42 98°	3:43 103°	3:44 97°	3:49 102°	3:47 101°	3:48 104°	3:50 97°
25.2	Gam Cnc 4,7 mag	Austritt	4:37 302°	4:47 290°	4:39 300°	4:42 295°	4:36 300°	4:38 298°	4:41 294°	4:39 299°	4:45 295°	4:43 296°	4:44 294°	4:43 299°
25.2	SAO 98567 7,5 mag	Eintritt	20:36 146°	20:45 183°	20:39 153°	20:34 158°	20:32 142°	20:32 147°	20:31 153°	20:37 152°	20:43 170°	20:39 162°	20:38 166°	20:49 168°
25.2	SAO 98567 7,5 mag	Austritt	21:32 248°	21:02 210°	21:30 242°	21:19 235°	21:29 251°	21:27 246°	21:19 239°	21:28 243°	21:17 224°	21:21 232°	21:15 227°	21:26 228°
26.2	SAO 98640 7,8 mag	Eintritt	0:24 83°	0:18 106°	0:25 87°	0:18 96°	0:18 84°	0:18 88°	0:14 95°	0:23 88°	0:23 98°	0:22 95°	0:19 99°	0:31 91°

Datum	Stern	Vorgang	Berlin	Bern	Dresden	Frankfurt	Hamburg	Hannover	Koeln	Leipzig	Muenchen	Nuernberg	Stuttgart	Wien
26.2	SAO 98640 7,8 mag	Austritt	1:25 325°	1:31 305°	1:28 322°	1:27 313°	1:20 323°	1:23 320°	1:23 313°	1:27 321°	1:33 313°	1:30 315°	1:30 311°	1:36 319°
26.2	42 Leo 6,1 mag	Eintritt	20:02 102°	19:53 119°	20:00 106°	19:56 109°	20:01 98°	19:59 101°	19:56 106°	20:00 105°	19:57 116°	19:57 111°	19:55 113°	20:00 116°
26.2	42 Leo 6,1 mag	Austritt	21:07 300°	20:58 280°	21:07 295°	21:01 291°	21:04 302°	21:03 298°	21:00 293°	21:06 295°	21:03 285°	21:03 289°	21:01 286°	21:08 286°
26.2	SAO 99150 7,1 mag	Eintritt	23:58 80°	23:47 104°	23:58 84°	23:50 93°	23:53 81°	23:52 85°	23:47 92°	23:56 85°	23:54 96°	23:53 93°	23:50 97°	24:03 90°
27.2	SAO 99150 7,1 mag	Austritt	0:55 336°	1:00 313°	0:59 332°	0:56 323°	0:51 334°	0:53 331°	0:53 323°	0:57 331°	1:03 322°	01:00 325°	0:59 320°	1:07 329°
27.2	SAO 99210 7,8 mag	Eintritt	5:02 166°	5:20 188°	5:05 168°	5:09 177°	5:00 169°	5:03 171°	5:08 178°	5:05 169°	5:14 176°	5:10 174°	5:13 179°	5:11 170°
27.2	SAO 99210 7,8 mag	Austritt	5:38 245°	5:39 225°	5:40 243°	5:38 236°	5:35 243°	5:36 241°	5:36 235°	5:39 242°	5:42 236°	5:40 238°	5:39 234°	5:44 241°
27.2	SAO 118813 6,7 mag	Eintritt	23:02 75°	22:48 101°	23:01 80°	22:52 89°	22:59 74°	22:57 79°	22:51 87°	22:59 81°	22:54 93°	22:55 89°	22:51 93°	23:01 88°
27.2	SAO 118813 6,7 mag	Austritt	23:52 344°	23:55 318°	23:55 339°	23:53 330°	23:48 343°	23:50 339°	23:50 331°	23:54 338°	23:58 327°	23:56 330°	23:55 326°	24:02 333°
28.2	SAO 118859 6,8 mag	Eintritt	-	1:41 65°	-	1:55 39°	-	-	1:50 42°	-	1:59 41°	-	1:50 50°	-
28.2	SAO 118859 6,8 mag	Austritt	-	2:20 1°	-	2:03 26°	-	-	2:02 22°	-	2:10 25°	-	2:11 16°	-
28.2	SAO 118892 6,7 mag	Eintritt	4:09 155°	4:21 173°	4:12 157°	4:13 165°	4:06 158°	4:08 160°	4:11 166°	4:11 158°	4:18 164°	4:15 163°	4:16 167°	4:19 158°
28.2	SAO 118892 6,7 mag	Austritt	05:00 264°	5:00 249°	5:02 263°	4:59 256°	4:55 262°	4:57 260°	4:56 255°	5:00 262°	5:04 256°	5:02 258°	5:01 254°	5:08 262°
1.3	SAO 119381 7,9 mag	Eintritt	4:56 138°	5:03 151°	4:59 140°	4:57 145°	4:52 140°	4:54 142°	4:55 146°	4:57 140°	5:03 145°	5:00 144°	5:00 147°	5:06 140°
1.3	SAO 119381 7,9 mag	Austritt	5:55 281°	5:59 271°	5:58 280°	5:56 276°	5:51 280°	5:53 279°	5:53 275°	5:57 280°	6:01 276°	5:59 277°	5:58 275°	6:04 279°
3.3	SAO 139713 6,5 mag	Eintritt	-	0:05 62°	-	-	-	-	-	-	0:19 39°	-	0:16 43°	-
3.3	SAO 139713 6,5 mag	Austritt	-	0:37 359°	-	-	-	-	-	-	0:28 23°	-	0:29 19°	-
3.3	SAO 139704 7,3 mag	Eintritt	0:18 149°	0:24 180°	0:19 153°	0:19 163°	0:17 150°	0:17 154°	0:18 162°	0:18 154°	0:21 167°	0:20 162°	0:20 168°	0:22 159°

Datum	Stern	Vorgang	Berlin	Bern	Dresden	Frankfurt	Hamburg	Hannover	Koeln	Leipzig	Muenchen	Nuernberg	Stuttgart	Wien
3.3	SAO 139704 7,3 mag	Austritt	1:15 273°	0:57 243°	1:14 269°	1:06 259°	1:12 271°	1:11 267°	1:05 259°	1:13 268°	1:07 256°	1:08 260°	1:04 254°	1:15 265°
3.3	96 Vir 6,5 mag	Eintritt	3:02 118°	2:57 136°	3:03 120°	2:57 128°	2:58 120°	2:58 122°	2:55 128°	3:01 121°	3:01 128°	3:00 126°	2:58 130°	3:07 121°
3.3	96 Vir 6,5 mag	Austritt	4:12 305°	4:08 290°	4:14 303°	4:08 296°	4:08 302°	4:08 300°	4:05 295°	4:12 302°	4:13 297°	4:12 298°	4:10 295°	4:20 303°
4.3	Nu Lib 5,3 mag	Eintritt	4:35 147°	4:37 165°	4:37 149°	4:34 157°	4:32 150°	4:32 152°	4:32 158°	4:35 150°	4:38 156°	4:36 155°	4:35 159°	4:42 150°
4.3	Nu Lib 5,3 mag	Austritt	5:37 265°	5:28 251°	5:38 264°	5:30 258°	5:31 263°	5:31 262°	5:27 257°	5:36 263°	5:36 258°	5:35 259°	5:31 256°	5:44 263°
5.3	SAO 184105 7,1 mag	Eintritt	-	5:08 57°	-	5:16 45°	-	5:25 32°	5:12 46°	-	5:21 44°	5:22 41°	5:15 48°	5:41 24°
5.3	SAO 184105 7,1 mag	Austritt	-	5:50 349°	-	5:45 359°	-	5:38 11°	5:43 358°	-	5:49 360°	5:46 3°	5:47 357°	5:45 17°
5.3	Ome1 Sco 4,1 mag	Eintritt	5:52 72°	5:41 85°	5:53 73°	5:44 79°	5:46 74°	5:46 75°	5:41 80°	5:50 74°	5:49 79°	5:48 77°	5:44 80°	5:58 74°
5.3	Ome1 Sco 4,1 mag	Austritt	6:50 327°	6:50 317°	6:53 326°	6:48 322°	6:45 326°	6:46 325°	6:45 322°	6:51 325°	6:54 321°	6:51 322°	6:50 321°	07:00 323°
5.3	Ome2 Sco 4,6 mag	Eintritt	6:12 104°	6:06 114°	6:13 105°	6:06 109°	6:06 105°	6:07 106°	6:03 110°	6:11 106°	6:11 109°	6:10 108°	6:07 110°	6:19 106°
5.3	Ome2 Sco 4,6 mag	Austritt	7:24 292°	7:22 286°	7:26 291°	7:21 289°	7:19 292°	7:20 291°	7:17 289°	7:24 291°	7:27 288°	7:25 289°	7:23 288°	7:33 289°
6.3	SAO 185074 7,9 mag	Eintritt	-	-	-	-	-	-	7:12 63°	-	-	-	-	-
6.3	SAO 185074 7,9 mag	Austritt	-	-	-	-	-	-	8:11 320°	-	-	-	-	-
7.3	SAO 186235 7,0 mag	Eintritt	4:41 75°	4:26 90°	4:39 76°	4:32 83°	4:38 76°	4:36 79°	4:31 84°	4:38 77°	4:33 84°	4:34 82°	4:31 85°	4:39 78°
7.3	SAO 186235 7,0 mag	Austritt	5:46 305°	5:37 293°	5:46 304°	5:40 298°	5:43 304°	5:42 302°	5:38 298°	5:44 303°	5:42 298°	5:42 299°	5:40 297°	5:48 302°
8.3	SAO 187650 7,5 mag	Eintritt	-	-	4:39 131°	-	-	-	-	-	4:38 132°	4:37 140°	4:37 138°	-	4:38 134°
8.3	SAO 187650 7,5 mag	Austritt	-	-	5:34 236°	-	-	-	-	-	5:32 235°	5:25 229°	5:27 231°	-	5:33 234°
8.3	SAO 187710 7,5 mag	Eintritt	-	6:12 7°	-	-	-	-	-	-	-	-	-	-	-

Datum	Stern	Vorgang	Berlin	Bern	Dresden	Frankfurt	Hamburg	Hannover	Koeln	Leipzig	Muenchen	Nuernberg	Stuttgart	Wien
8.3	SAO 187710 7,5 mag	Austritt	-	6:18 358°	-	-	-	-	-	-	-	-	-	-
12.3	Tau1 Aqr 5,7 mag	Eintritt	-	-	-	-	-	-	-	-	-	-	-	6:15 85°
12.3	Tau1 Aqr 5,7 mag	Austritt	-	-	7:22 237°	-	-	-	-	-	-	-	-	7:18 235°
16.3	SAO 110359 7,8 mag	Eintritt	19:34 114°	-	19:39 121°	19:40 128°	19:29 109°	19:33 115°	19:36 122°	19:37 120°	19:53 147°	19:44 132°	19:48 139°	19:52 142°
16.3	SAO 110359 7,8 mag	Austritt	20:18 201°	-	20:16 194°	20:13 187°	20:18 205°	20:17 200°	20:13 191°	20:16 195°	20:06 169°	20:12 183°	20:08 176°	20:10 175°
21.3	SAO 78038 7,9 mag	Eintritt	17:23 132°	-	17:27 140°	-	-	-	-	-	-	-	-	-
21.3	SAO 78038 7,9 mag	Austritt	18:18 215°	-	18:13 207°	-	-	-	-	-	-	-	-	-
21.3	5 Gem 5,9 mag	Eintritt	19:04 160°	-	-	-	18:52 150°	18:59 161°	-	-	-	-	-	-
21.3	5 Gem 5,9 mag	Austritt	19:29 195°	-	-	-	19:29 203°	19:21 192°	-	-	-	-	-	-
22.3	SAO 79054 7,2 mag	Eintritt	18:20 82°	18:07 98°	18:19 87°	18:11 89°	18:16 78°	18:14 82°	18:09 85°	18:18 86°	18:15 96°	18:14 92°	18:11 93°	18:23 97°
22.3	SAO 79054 7,2 mag	Austritt	19:40 284°	19:31 264°	19:41 279°	19:33 275°	19:34 286°	19:34 282°	19:30 277°	19:39 279°	19:39 269°	19:38 273°	19:35 270°	19:47 271°
22.3	SAO 79191 6,7 mag	Eintritt	23:06 66°	23:06 87°	23:08 69°	23:03 77°	23:02 67°	23:02 70°	23:01 77°	23:06 70°	23:08 79°	23:07 76°	23:05 80°	23:13 73°
22.3	SAO 79191 6,7 mag	Austritt	24:00 316°	24:12 296°	24:03 313°	24:05 305°	23:57 314°	24:00 311°	24:03 304°	24:03 312°	24:10 303°	24:07 306°	24:08 302°	24:10 309°
22.3	52 Gem 6,0 mag	Eintritt	-	23:33 28°	-	-	-	-	-	-	-	-	-	-
22.3	52 Gem 6,0 mag	Austritt	-	23:52 355°	-	-	-	-	-	-	-	-	-	-
23.3	SAO 79238 7,0 mag	Eintritt	0:13 84°	0:19 102°	0:15 87°	0:14 94°	0:10 86°	0:11 88°	0:12 94°	0:14 88°	0:19 95°	0:16 93°	0:17 96°	0:20 89°
23.3	SAO 79238 7,0 mag	Austritt	1:11 297°	1:21 281°	1:13 295°	1:16 288°	1:09 295°	1:11 293°	1:14 288°	1:13 294°	1:19 288°	1:17 290°	1:18 286°	1:18 293°
23.3	SAO 79864 6,4 mag	Eintritt	17:39 121°	-	17:40 127°	17:33 127°	17:35 116°	17:35 120°	-	17:38 125°	17:39 137°	17:37 131°	17:35 133°	17:47 139°

Datum	Stern	Vorgang	Berlin	Bern	Dresden	Frankfurt	Hamburg	Hannover	Koeln	Leipzig	Muenchen	Nuernberg	Stuttgart	Wien
23.3	SAO 79864 6,4 mag	Austritt	18:50 253°	-	18:48 247°	18:39 244°	18:46 256°	18:44 252°	-	18:46 248°	18:38 235°	18:41 241°	18:36 238°	18:46 236°
23.3	SAO 79868 7,5 mag	Eintritt	18:07 34°	17:42 59°	18:01 43°	17:53 45°	18:10 23°	18:03 33°	-	18:01 41°	17:50 56°	17:53 50°	17:49 52°	17:56 58°
23.3	SAO 79868 7,5 mag	Austritt	18:42 340°	18:45 313°	18:48 331°	18:42 327°	18:32 350°	18:37 340°	-	18:45 333°	18:50 317°	18:47 323°	18:45 320°	18:58 318°
23.3	SAO 79917 7,9 mag	Eintritt	19:47 87°	19:37 107°	19:48 91°	19:39 96°	19:43 84°	19:42 88°	19:37 94°	19:45 91°	19:44 102°	19:43 98°	19:40 100°	19:52 100°
23.3	SAO 79917 7,9 mag	Austritt	21:03 298°	21:00 277°	21:06 294°	21:00 287°	20:57 299°	20:59 295°	20:56 289°	21:04 294°	21:06 283°	21:04 287°	21:02 284°	21:13 288°
24.3	SAO 80024 6,4 mag	Eintritt	0:41 70°	0:44 89°	0:43 73°	0:41 81°	0:38 72°	0:39 75°	0:38 81°	0:42 74°	0:45 81°	0:43 79°	0:43 83°	0:48 75°
24.3	SAO 80024 6,4 mag	Austritt	1:30 323°	1:43 306°	1:33 321°	1:36 313°	1:29 321°	1:31 318°	1:35 313°	1:33 320°	1:40 313°	1:37 315°	1:39 312°	1:39 319°
24.3	SAO 80552 7,5 mag	Eintritt	18:28 95°	18:17 113°	18:27 100°	18:20 103°	18:25 92°	18:23 95°	18:19 99°	18:25 99°	18:22 110°	18:23 105°	18:20 107°	18:29 110°
24.3	SAO 80552 7,5 mag	Austritt	19:42 294°	19:32 274°	19:42 289°	19:35 285°	19:37 296°	19:37 292°	19:33 287°	19:40 290°	19:39 279°	19:38 283°	19:35 280°	19:47 281°
24.3	SAO 80634 7,7 mag	Eintritt	23:02 107°	23:04 127°	23:04 110°	23:00 118°	22:57 108°	22:58 112°	22:57 118°	23:02 111°	23:07 119°	23:04 117°	23:03 121°	23:12 113°
25.3	SAO 80634 7,7 mag	Austritt	0:11 297°	0:15 279°	0:14 295°	0:11 287°	0:06 296°	0:08 293°	0:08 287°	0:12 294°	0:17 287°	0:14 289°	0:14 285°	0:20 293°
26.3	SAO 98984 7,8 mag	Eintritt	3:24 80°	3:31 92°	3:26 81°	3:26 87°	3:22 82°	3:23 83°	3:24 87°	3:26 82°	3:30 87°	3:28 85°	3:28 88°	3:31 82°
26.3	SAO 98984 7,8 mag	Austritt	4:10 328°	4:22 318°	4:12 327°	4:15 322°	4:08 327°	4:11 325°	4:14 322°	4:12 326°	4:18 322°	4:16 323°	4:18 321°	4:17 325°
27.3	SAO 99455 7,3 mag	Eintritt	4:24 94°	4:32 103°	4:27 96°	4:27 99°	4:22 95°	4:24 97°	4:26 100°	4:26 96°	4:31 100°	4:29 98°	4:30 100°	4:31 97°
27.3	SAO 99455 7,3 mag	Austritt	5:14 317°	5:25 309°	5:17 316°	5:19 313°	5:13 316°	5:15 315°	5:18 313°	5:17 315°	5:22 312°	5:20 313°	5:22 312°	5:21 314°
27.3	Nu Vir 4,2 mag	Eintritt	19:39 93°	19:29 114°	19:37 98°	19:33 103°	19:38 90°	19:36 95°	19:33 100°	19:37 97°	19:33 109°	19:34 104°	19:32 107°	19:36 107°
27.3	Nu Vir 4,2 mag	Austritt	20:37 323°	20:33 300°	20:38 318°	20:34 312°	20:34 324°	20:34 320°	20:33 313°	20:36 318°	20:36 307°	20:36 311°	20:34 307°	20:41 310°
28.3	SAO 119101 7,9 mag	Eintritt	1:10 178°	-	1:13 181°	1:21 201°	1:07 182°	1:11 186°	1:21 206°	1:13 183°	1:25 199°	1:20 194°	-	1:21 182°

186

Datum	Stern	Vorgang	Berlin	Bern	Dresden	Frankfurt	Hamburg	Hannover	Koeln	Leipzig	Muenchen	Nuernberg	Stuttgart	Wien
28.3	SAO 119101 7,9 mag	Austritt	1:48 247°	-	1:49 245°	1:35 225°	1:41 243°	1:40 239°	1:29 220°	1:46 242°	1:43 228°	1:43 232°	-	1:55 243°
30.3	SAO 139527 7,1 mag	Eintritt	1:39 64°	1:25 89°	1:39 67°	1:28 79°	1:33 68°	1:31 72°	1:25 80°	1:36 69°	1:33 79°	1:33 76°	1:29 81°	1:44 69°
30.3	SAO 139527 7,1 mag	Austritt	2:16 0°	2:23 338°	2:19 358°	2:19 347°	2:13 356°	2:15 353°	2:16 345°	2:18 356°	2:24 348°	2:21 349°	2:21 345°	2:25 356°
30.3	SAO 139567 7,9 mag	Eintritt	3:57 58°	3:51 75°	3:59 60°	3:51 68°	3:51 61°	3:51 64°	3:47 70°	3:56 62°	3:57 68°	3:55 66°	3:52 70°	4:05 62°
30.3	SAO 139567 7,9 mag	Austritt	4:30 358°	4:39 344°	4:33 357°	4:33 350°	4:26 356°	4:29 354°	4:30 349°	4:32 356°	4:39 350°	4:35 352°	4:36 349°	4:41 354°
31.3	SAO 158722 7,2 mag	Eintritt	1:40 174°	-	1:42 177°	1:47 196°	1:38 178°	1:40 182°	1:47 200°	1:42 179°	1:51 195°	1:47 190°	1:54 206°	1:48 179°
31.3	SAO 158722 7,2 mag	Austritt	2:21 245°	-	2:20 243°	2:04 224°	2:14 241°	2:12 237°	02:00 220°	2:18 241°	2:10 227°	2:11 231°	02:00 215°	2:25 241°
2.4	SAO 184508 7,6 mag	Eintritt	0:40 128°	0:37 150°	0:39 131°	0:37 139°	0:39 129°	0:38 133°	0:37 140°	0:39 132°	0:38 141°	0:38 138°	0:37 142°	0:39 134°
2.4	SAO 184508 7,6 mag	Austritt	1:42 273°	1:27 253°	1:40 271°	1:33 263°	1:39 271°	1:37 269°	1:33 262°	1:39 270°	1:34 262°	1:35 265°	1:32 260°	1:41 269°
2.4	SAO 184607 6,9 mag	Eintritt	4:03 72°	3:51 84°	4:03 73°	3:54 79°	3:58 73°	3:57 75°	3:52 79°	4:01 74°	3:58 79°	3:58 77°	3:54 80°	4:07 74°
2.4	SAO 184607 6,9 mag	Austritt	5:03 320°	5:00 311°	5:05 319°	4:59 315°	4:59 319°	4:59 318°	4:57 315°	5:03 318°	5:05 315°	5:03 316°	5:01 314°	5:12 317°
5.4	SAO 188570 7,8 mag	Eintritt	-	-	-	-	-	-	-	-	-	-	-	3:02 117°
5.4	SAO 188570 7,8 mag	Austritt	-	-	-	-	-	-	-	-	-	-	-	4:04 240°
5.4	SAO 188673 7,9 mag	Eintritt	-	5:39 99°	-	5:43 95°	5:48 92°	5:46 93°	5:42 95°	-	5:46 97°	5:46 96°	5:43 97°	-
5.4	SAO 188673 7,9 mag	Austritt	-	6:56 247°	-	07:00 250°	7:03 252°	7:02 251°	6:57 251°	-	7:03 247°	7:03 248°	07:00 248°	-
7.4	SAO 190556 7,1 mag	Eintritt	-	-	4:28 73°	-	-	-	-	-	-	-	-	4:25 75°
7.4	SAO 190556 7,1 mag	Austritt	5:40 257°	5:25 251°	5:38 256°	5:31 255°	-	5:36 257°	-	5:37 256°	5:31 253°	5:33 254°	5:30 253°	5:37 254°
7.4	SAO 164601 6,2 mag	Eintritt	5:24 51°	5:08 59°	5:22 52°	5:16 54°	5:23 51°	5:21 52°	5:16 54°	5:21 52°	5:15 56°	5:17 54°	5:13 56°	5:20 55°

Datum	Stern	Vorgang	Berlin	Bern	Dresden	Frankfurt	Hamburg	Hannover	Koeln	Leipzig	Muenchen	Nuernberg	Stuttgart	Wien
7.4	SAO 164601 6,2 mag	Austritt	6:33 273°	6:19 269°	6:32 272°	6:24 272°	6:30 275°	6:28 274°	6:23 273°	6:30 273°	6:25 270°	6:26 271°	6:23 271°	6:32 269°
9.4	SAO 165638 7,8 mag	Eintritt	5:31 25°	-	5:28 27°	-	5:32 25°	5:29 26°	-	5:28 27°	5:20 31°	5:23 29°	5:20 31°	5:22 30°
9.4	SAO 165638 7,8 mag	Austritt	6:21 287°	6:09 281°	6:20 285°	6:15 285°	6:21 288°	6:19 287°	6:15 286°	6:19 286°	6:14 282°	6:15 284°	6:13 283°	6:18 281°
11.4	SAO 128974 6,8 mag	Austritt	-	-	-	-	-	-	-	-	-	-	-	5:58 287°
12.4	SAO 110207 7,2 mag	Eintritt	18:38 41°	18:39 62°	18:38 46°	18:38 51°	18:37 38°	18:37 43°	18:37 48°	18:38 46°	18:39 57°	18:38 52°	18:38 55°	-
12.4	SAO 110207 7,2 mag	Austritt	-	-	-	19:34 266°	19:29 278°	19:31 274°	19:33 268°	-	-	-	-	-
13.4	SAO 93029 7,7 mag	Eintritt	18:18 59°	18:21 78°	18:20 63°	18:18 67°	18:16 56°	18:17 60°	18:16 65°	18:19 63°	18:21 73°	18:20 69°	18:20 72°	18:23 72°
13.4	SAO 93029 7,7 mag	Austritt	19:20 262°	19:25 242°	19:22 258°	19:23 253°	19:18 264°	19:20 260°	19:21 255°	19:22 258°	19:25 248°	19:24 252°	19:24 249°	19:25 251°
15.4	Ome2 Tau 4,8 mag	Eintritt	-	21:39 31°	-	21:42 13°	-	-	21:42 12°	-	21:42 19°	21:43 12°	21:41 20°	-
15.4	Ome2 Tau 4,8 mag	Austritt	-	22:15 313°	-	22:03 330°	-	-	22:02 331°	-	22:07 325°	22:03 332°	22:08 324°	-
16.4	SAO 76954 6,7 mag	Eintritt	20:37 46°	20:36 69°	20:38 50°	20:35 58°	20:34 46°	20:34 50°	20:33 57°	20:37 51°	20:38 61°	20:37 58°	20:36 62°	20:41 56°
16.4	SAO 76954 6,7 mag	Austritt	21:25 306°	21:38 284°	21:29 302°	21:32 294°	21:23 305°	21:26 302°	21:30 295°	21:28 301°	21:35 292°	21:33 295°	21:34 291°	21:34 297°
16.4	SAO 77019 7,8 mag	Eintritt	23:04 68°	23:12 84°	-	23:08 77°	23:04 69°	23:05 71°	23:08 77°	23:06 71°	-	23:08 76°	23:09 79°	-
16.4	SAO 77019 7,8 mag	Austritt	23:55 285°	-	-	24:01 277°	23:56 284°	23:57 282°	24:01 277°	-	-	-	-	-
17.4	SAO 77769 7,4 mag	Eintritt	20:25 74°	20:27 95°	20:27 78°	20:24 85°	20:21 74°	20:22 78°	20:21 84°	20:25 78°	20:29 88°	20:27 85°	20:26 88°	20:32 83°
17.4	SAO 77769 7,4 mag	Austritt	21:29 289°	21:37 270°	21:31 286°	21:32 279°	21:26 288°	21:28 285°	21:30 279°	21:31 285°	21:36 277°	21:34 280°	21:35 276°	21:37 282°
17.4	SAO 77776 7,8 mag	Eintritt	20:37 73°	20:40 93°	20:39 76°	20:37 83°	20:34 73°	20:35 76°	20:34 83°	20:38 77°	20:41 86°	20:39 83°	20:39 87°	20:45 81°
17.4	SAO 77776 7,8 mag	Austritt	21:39 291°	21:48 272°	21:42 288°	21:43 281°	21:37 290°	21:39 287°	21:42 281°	21:42 287°	21:47 279°	21:45 281°	21:46 278°	21:48 284°

Datum	Stern	Vorgang	Berlin	Bern	Dresden	Frankfurt	Hamburg	Hannover	Koeln	Leipzig	Muenchen	Nuernberg	Stuttgart	Wien
17.4	SAO 77790 7,6 mag	Eintritt	-	21:10 46°	-	21:13 30°	-	21:23 6°	21:11 29°	21:26 5°	21:15 34°	21:16 28°	21:13 35°	21:23 22°
17.4	SAO 77790 7,6 mag	Austritt	-	21:55 320°	-	21:43 335°	-	21:28 358°	21:41 336°	21:30 359°	21:49 332°	21:44 337°	21:48 330°	21:43 344°
18.4	SAO 78885 7,6 mag	Eintritt	22:54 62°	22:58 80°	22:55 64°	22:54 72°	22:51 63°	22:52 66°	22:53 72°	22:55 65°	22:58 73°	22:56 71°	22:56 74°	22:59 67°
18.4	SAO 78885 7,6 mag	Austritt	23:41 315°	23:54 298°	23:43 313°	23:48 305°	23:40 313°	23:43 311°	23:47 305°	23:43 312°	23:50 305°	23:48 307°	23:50 303°	23:48 310°
18.4	SAO 78898 7,6 mag	Eintritt	23:11 69°	23:17 86°	23:13 72°	23:13 79°	23:09 71°	23:11 73°	23:12 79°	23:12 73°	23:16 79°	23:14 77°	23:15 81°	23:17 74°
19.4	SAO 78898 7,6 mag	Austritt	0:01 307°	0:13 292°	0:04 305°	0:08 298°	0:01 305°	0:03 303°	0:07 298°	0:04 304°	0:10 298°	0:08 300°	0:10 297°	0:07 303°
18.4	SAO 78897 7,0 mag	Eintritt	23:22 148°	-	23:26 151°	23:33 163°	23:22 150°	23:25 154°	23:32 164°	23:26 152°	23:36 164°	23:33 160°	23:37 167°	23:31 154°
18.4	SAO 78897 7,0 mag	Austritt	23:59 228°	-	24:00 225°	23:58 214°	23:57 226°	23:58 223°	23:56 213°	23:59 224°	23:59 213°	23:59 216°	23:58 210°	24:02 222°
19.4	SAO 79649 6,8 mag	Eintritt	19:12 126°	19:20 153°	19:15 131°	19:12 138°	19:06 125°	19:08 129°	19:08 137°	19:13 131°	19:21 144°	19:16 139°	19:16 143°	19:25 138°
19.4	SAO 79649 6,8 mag	Austritt	20:23 259°	20:12 232°	20:24 255°	20:16 246°	20:17 258°	20:17 255°	20:13 247°	20:22 254°	20:21 243°	20:21 247°	20:17 242°	20:30 250°
19.4	Kap Gem 3,7 mag	Eintritt	19:22 87°	19:17 108°	19:23 91°	19:16 97°	19:16 86°	19:16 90°	19:13 96°	19:21 91°	19:22 101°	19:20 98°	19:18 101°	19:30 97°
19.4	Kap Gem 3,7 mag	Austritt	20:35 299°	20:38 278°	20:38 296°	20:35 288°	20:30 298°	20:32 295°	20:31 289°	20:36 295°	20:41 286°	20:39 289°	20:37 285°	20:46 291°
19.4	SAO 79739 7,0 mag	Eintritt	22:49 59°	22:50 79°	22:50 62°	22:47 71°	22:45 61°	22:46 64°	22:45 71°	22:49 63°	22:52 71°	22:50 69°	22:49 73°	22:55 64°
19.4	SAO 79739 7,0 mag	Austritt	23:32 330°	23:46 311°	23:35 327°	23:39 319°	23:30 328°	23:33 325°	23:38 319°	23:35 326°	23:43 319°	23:40 321°	23:42 317°	23:41 325°
20.4	SAO 79804 7,5 mag	Eintritt	1:08 101°	1:19 112°	1:10 102°	1:14 107°	1:08 102°	1:10 103°	1:13 107°	1:11 103°	1:15 107°	1:14 106°	1:15 108°	1:13 103°
20.4	SAO 79804 7,5 mag	Austritt	2:01 284°	2:10 274°	2:02 283°	2:06 279°	2:01 283°	2:03 282°	2:06 279°	2:03 282°	2:07 278°	2:06 280°	2:07 278°	-
20.4	SAO 79805 6,7 mag	Eintritt	1:12 115°	1:24 127°	1:14 116°	1:18 121°	1:12 116°	1:14 118°	1:18 122°	1:15 117°	1:20 122°	1:18 120°	1:20 123°	1:17 118°
20.4	SAO 79805 6,7 mag	Austritt	2:03 270°	2:12 259°	2:04 268°	2:08 264°	2:03 269°	2:05 267°	2:08 264°	2:05 268°	2:09 264°	2:07 265°	2:09 263°	-

Datum	Stern	Vorgang	Berlin	Bern	Dresden	Frankfurt	Hamburg	Hannover	Koeln	Leipzig	Muenchen	Nuernberg	Stuttgart	Wien
22.4	SAO 99144 7,8 mag	Eintritt	19:40 65°	19:23 93°	19:38 71°	19:28 80°	19:36 65°	19:33 70°	19:26 79°	19:36 72°	19:31 85°	19:31 81°	19:27 85°	19:40 79°
22.4	SAO 99144 7,8 mag	Austritt	20:25 350°	20:33 323°	20:29 345°	20:28 335°	20:20 349°	20:23 344°	20:25 335°	20:28 344°	20:35 332°	20:31 336°	20:31 331°	20:38 339°
22.4	SAO 99150 7,1 mag	Eintritt	20:06 141°	20:13 169°	20:09 145°	20:06 154°	20:01 142°	20:03 146°	20:03 153°	20:07 146°	20:13 158°	20:09 154°	20:09 159°	20:17 151°
22.4	SAO 99150 7,1 mag	Austritt	21:14 276°	21:03 250°	21:16 273°	21:07 263°	21:09 274°	21:09 271°	21:04 263°	21:13 272°	21:12 261°	21:11 265°	21:08 260°	21:22 269°
22.4	46 Leo 5,7 mag	Eintritt	21:59 94°	21:56 114°	22:00 97°	21:54 105°	21:53 96°	21:53 99°	21:51 106°	21:58 98°	22:00 106°	21:58 104°	21:56 108°	22:07 99°
22.4	46 Leo 5,7 mag	Austritt	23:01 325°	23:08 308°	23:05 323°	23:03 315°	22:57 323°	22:59 320°	23:00 314°	23:03 322°	23:09 315°	23:06 317°	23:06 313°	23:12 322°
23.4	SAO 99202 7,7 mag	Eintritt	-	0:29 54°	-	-	-	-	0:31 35°	-	-	-	0:35 38°	-
23.4	SAO 99202 7,7 mag	Austritt	-	0:55 5°	-	-	-	-	0:38 23°	-	-	-	0:44 21°	-
23.4	SAO 118813 6,7 mag	Eintritt	19:43 108°	19:37 131°	19:43 112°	19:37 120°	19:39 108°	19:39 112°	19:35 119°	19:42 113°	19:41 123°	19:40 120°	19:38 123°	19:47 118°
23.4	SAO 118813 6,7 mag	Austritt	20:53 313°	20:49 292°	20:55 310°	20:49 302°	20:48 312°	20:49 309°	20:47 302°	20:53 309°	20:54 300°	20:53 303°	20:51 299°	21:01 306°
23.4	SAO 118859 6,8 mag	Eintritt	22:32 72°	22:23 97°	22:33 76°	22:24 87°	22:26 76°	22:25 79°	22:20 88°	22:30 77°	22:30 87°	22:28 85°	22:25 89°	22:39 78°
23.4	SAO 118859 6,8 mag	Austritt	23:17 352°	23:27 331°	23:20 350°	23:21 339°	23:13 349°	23:16 346°	23:18 338°	23:19 348°	23:27 340°	23:23 342°	23:24 337°	23:28 348°
24.4	SAO 118892 6,7 mag	Eintritt	1:20 199°	-	-	-	-	-	-	-	-	-	-	-
24.4	SAO 118892 6,7 mag	Austritt	1:31 219°	-	-	-	-	-	-	-	-	-	-	-
25.4	SAO 119381 7,9 mag	Eintritt	1:45 137°	1:52 148°	1:48 138°	1:47 143°	1:41 139°	1:43 140°	1:44 144°	1:47 139°	1:52 142°	1:49 141°	1:50 144°	1:55 138°
25.4	SAO 119381 7,9 mag	Austritt	2:43 282°	2:48 274°	2:46 282°	2:44 278°	2:40 281°	2:41 280°	2:42 277°	2:45 281°	2:49 278°	2:47 279°	2:47 277°	2:51 280°
26.4	SAO 139704 7,3 mag	Eintritt	19:36 121°	19:34 144°	19:36 125°	19:34 132°	19:36 120°	19:35 124°	19:34 131°	19:36 126°	19:34 136°	19:35 133°	19:34 136°	19:36 132°
26.4	SAO 139704 7,3 mag	Austritt	20:36 299°	20:27 276°	20:35 295°	20:31 287°	20:34 298°	20:33 295°	20:31 288°	20:34 294°	20:31 284°	20:32 287°	20:30 283°	20:35 290°

Datum	Stern	Vorgang	Berlin	Bern	Dresden	Frankfurt	Hamburg	Hannover	Koeln	Leipzig	Muenchen	Nuernberg	Stuttgart	Wien
26.4	96 Vir 6,5 mag	Eintritt	22:11 94°	22:01 116°	22:10 97°	22:03 106°	22:07 96°	22:06 99°	22:02 106°	22:09 98°	22:06 107°	22:06 104°	22:03 109°	22:12 100°
26.4	96 Vir 6,5 mag	Austritt	23:09 330°	23:08 310°	23:11 328°	23:07 319°	23:06 328°	23:07 325°	23:05 318°	23:09 326°	23:11 319°	23:10 321°	23:08 317°	23:15 326°
27.4	SAO 158485 7,7 mag	Eintritt	4:09 170°	4:19 182°	4:12 172°	4:11 175°	4:04 170°	4:07 171°	4:08 174°	4:11 172°	4:18 178°	4:14 175°	4:15 177°	4:21 178°
27.4	SAO 158485 7,7 mag	Austritt	4:41 236°	4:42 226°	4:43 234°	4:41 233°	4:38 238°	4:39 236°	4:39 234°	4:42 235°	4:44 229°	4:43 231°	4:42 230°	4:46 227°
27.4	Nu Lib 5,3 mag	Eintritt	21:57 123°	21:53 145°	21:56 126°	21:53 135°	21:55 125°	21:55 128°	21:53 135°	21:56 127°	21:55 136°	21:54 134°	21:53 138°	21:57 130°
27.4	Nu Lib 5,3 mag	Austritt	23:00 293°	22:50 273°	23:00 291°	22:54 283°	22:57 291°	22:56 289°	22:53 282°	22:59 290°	22:56 282°	22:56 284°	22:54 280°	23:02 289°
27.4	22 Lib 6,6 mag	Eintritt	22:23 165°	-	22:24 169°	22:27 185°	22:22 167°	22:23 172°	22:27 185°	22:24 171°	22:30 187°	22:27 181°	22:31 192°	22:28 173°
27.4	22 Lib 6,6 mag	Austritt	23:08 252°	-	23:06 249°	22:53 233°	23:04 249°	23:01 245°	22:52 232°	23:04 247°	22:55 232°	22:57 237°	22:50 227°	23:07 246°
28.4	Ome1 Sco 4,1 mag	Eintritt	-	-	-	-	-	-	-	-	-	-	-	21:32 57°
28.4	Ome1 Sco 4,1 mag	Austritt	-	-	-	-	-	-	-	-	-	-	-	22:05 351°
28.4	Ome2 Sco 4,6 mag	Eintritt	21:47 83°	-	21:45 87°	-	-	-	-	21:45 88°	21:40 97°	21:41 94°	-	21:43 91°
28.4	Ome2 Sco 4,6 mag	Austritt	22:39 324°	22:35 302°	22:39 320°	22:37 312°	-	-	-	22:39 319°	22:37 310°	22:38 313°	22:37 309°	22:40 317°
29.4	SAO 184240 6,7 mag	Eintritt	0:54 59°	0:37 80°	0:53 61°	0:42 71°	0:49 62°	0:47 65°	0:40 72°	0:51 63°	0:46 71°	0:46 69°	0:42 73°	0:55 63°
29.4	SAO 184240 6,7 mag	Austritt	1:36 344°	1:36 327°	1:38 342°	1:35 334°	1:33 341°	1:34 339°	1:33 333°	1:36 341°	1:39 334°	1:37 336°	1:36 332°	1:43 341°
30.4	SAO 185313 6,6 mag	Eintritt	3:02 58°	2:49 69°	3:02 59°	2:53 64°	2:57 59°	2:56 60°	2:51 64°	3:00 60°	2:57 64°	2:57 63°	2:53 65°	3:06 61°
30.4	SAO 185313 6,6 mag	Austritt	3:55 323°	3:52 315°	3:57 322°	3:51 320°	3:50 324°	3:51 322°	3:48 320°	3:55 322°	3:57 318°	3:55 320°	3:53 318°	4:04 319°
30.4	The Oph 3,4 mag	Eintritt	3:07 77°	2:57 86°	3:08 78°	03:00 82°	3:02 78°	3:02 79°	2:57 82°	3:06 79°	3:04 82°	3:03 81°	3:00 83°	3:12 80°
30.4	The Oph 3,4 mag	Austritt	4:14 303°	4:09 297°	4:15 302°	4:09 301°	4:08 304°	4:09 303°	4:06 301°	4:13 302°	4:15 299°	4:13 300°	4:11 300°	4:22 299°

Datum	Stern	Vorgang	Berlin	Bern	Dresden	Frankfurt	Hamburg	Hannover	Koeln	Leipzig	Muenchen	Nuernberg	Stuttgart	Wien
30.4	SAO 185346 7,4 mag	Eintritt	3:41 87°	3:33 94°	3:42 88°	3:35 91°	3:36 87°	3:36 88°	3:32 91°	3:40 88°	3:40 92°	3:39 90°	3:36 92°	3:47 90°
30.4	SAO 185346 7,4 mag	Austritt	4:51 290°	4:48 286°	4:53 289°	4:47 289°	4:46 291°	4:47 290°	4:44 289°	4:51 289°	4:53 286°	4:51 288°	4:49 287°	05:00 285°
1.5	SAO 186687 6,7 mag	Eintritt	-	0:26 49°	-	-	-	-	-	-	0:36 37°	0:40 32°	-	0:50 20°
1.5	SAO 186687 6,7 mag	Austritt	-	1:07 331°	-	-	-	-	-	-	1:06 343°	1:05 347°	-	1:03 358°
1.5	SAO 186770 7,8 mag	Eintritt	1:53 94°	1:42 106°	1:52 95°	1:46 101°	1:51 95°	1:49 97°	1:45 101°	1:51 96°	1:47 101°	1:48 99°	1:45 102°	1:54 97°
1.5	SAO 186770 7,8 mag	Austritt	3:05 278°	2:54 270°	3:05 277°	2:57 274°	3:01 278°	3:00 277°	2:56 274°	3:03 277°	3:01 273°	3:01 275°	2:57 273°	3:08 276°
1.5	SAO 186837 6,2 mag	Eintritt	3:44 118°	3:36 125°	3:45 119°	3:38 121°	3:40 118°	3:39 119°	3:35 121°	3:43 119°	3:42 122°	3:41 121°	3:38 122°	3:50 121°
1.5	SAO 186837 6,2 mag	Austritt	4:51 246°	4:42 241°	4:51 244°	4:44 244°	4:46 247°	4:46 246°	4:41 245°	4:49 245°	4:48 242°	4:48 243°	4:45 243°	4:55 241°
1.5	SAO 186843 6,3 mag	Eintritt	4:11 152°	4:10 165°	4:13 154°	4:07 157°	4:06 151°	4:06 153°	4:04 156°	4:11 154°	4:14 160°	4:11 157°	4:09 159°	4:22 161°
1.5	SAO 186843 6,3 mag	Austritt	4:47 210°	4:33 200°	4:47 208°	4:39 207°	4:43 212°	4:42 211°	4:37 209°	4:45 209°	4:41 202°	4:42 206°	4:38 205°	4:47 200°
1.5	SAO 186863 6,5 mag	Eintritt	4:18 103°	4:10 109°	4:19 104°	4:12 105°	4:13 103°	4:13 103°	4:09 105°	4:17 104°	4:17 107°	4:15 106°	4:13 106°	4:24 107°
1.5	SAO 186863 6,5 mag	Austritt	5:30 257°	5:24 254°	5:31 256°	5:25 257°	5:25 259°	5:25 258°	5:22 258°	5:29 256°	5:29 254°	5:28 255°	5:26 255°	5:36 251°
2.5	SAO 188125 7,5 mag	Eintritt	1:37 120°	1:31 137°	1:36 122°	1:33 129°	-	-	-	1:36 123°	1:33 129°	1:34 127°	1:33 131°	1:36 124°
2.5	SAO 188125 7,5 mag	Austritt	2:37 240°	2:20 227°	2:36 238°	2:27 233°	-	-	-	2:34 238°	2:28 233°	2:30 234°	2:26 232°	2:36 236°
2.5	SAO 188263 7,6 mag	Eintritt	4:43 68°	4:31 72°	4:43 69°	4:35 69°	4:39 67°	4:38 67°	4:33 69°	4:41 69°	4:39 71°	4:39 70°	4:35 71°	-
2.5	SAO 188263 7,6 mag	Austritt	5:56 276°	5:49 274°	5:58 275°	5:50 277°	5:51 279°	5:51 278°	5:47 278°	5:55 276°	5:56 273°	5:54 275°	5:51 275°	-
3.5	SAO 189321 6,9 mag	Eintritt	2:31 45°	2:14 58°	2:28 47°	2:21 52°	2:29 46°	2:26 48°	-	2:27 47°	2:20 52°	2:22 51°	2:19 53°	2:26 49°
3.5	SAO 189321 6,9 mag	Austritt	3:28 299°	3:17 289°	3:27 297°	3:21 294°	3:25 298°	3:24 297°	3:20 294°	3:26 297°	3:22 293°	3:23 294°	3:20 293°	3:28 295°

Datum	Stern	Vorgang	Berlin	Bern	Dresden	Frankfurt	Hamburg	Hannover	Koeln	Leipzig	Muenchen	Nuernberg	Stuttgart	Wien
4.5	SAO 190337 7,3 mag	Eintritt	3:26 51°	3:10 59°	3:24 52°	3:17 55°	3:25 51°	3:22 52°	3:17 54°	3:23 52°	3:16 56°	3:18 54°	3:15 56°	3:22 54°
4.5	SAO 190337 7,3 mag	Austritt	4:33 277°	4:19 272°	4:32 276°	4:25 276°	4:30 278°	4:28 278°	4:23 276°	4:31 277°	4:26 274°	4:27 275°	4:24 274°	4:33 273°
4.5	35 Cap 6,0 mag	Eintritt	3:49 107°	3:37 115°	3:47 108°	3:41 110°	3:47 107°	3:45 108°	3:41 110°	3:46 108°	3:42 112°	3:43 110°	3:40 112°	3:47 111°
4.5	35 Cap 6,0 mag	Austritt	4:50 220°	4:34 215°	4:49 218°	4:41 218°	4:48 221°	4:46 220°	4:40 219°	4:47 219°	4:41 216°	4:43 217°	4:39 217°	4:48 214°
5.5	SAO 164998 7,4 mag	Eintritt	4:32 14°	4:13 22°	4:29 16°	4:22 17°	4:31 12°	4:28 14°	4:22 16°	4:28 15°	4:20 20°	4:22 18°	4:19 19°	4:25 21°
5.5	SAO 164998 7,4 mag	Austritt	5:16 301°	5:03 297°	5:15 299°	5:07 301°	5:12 304°	5:10 303°	5:05 302°	5:13 300°	5:10 296°	5:10 299°	5:06 299°	5:18 293°
10.5	SAO 110337 6,7 mag	Eintritt	-	4:48 105°	-	4:52 101°	-	-	4:53 100°	-	4:49 104°	4:51 103°	4:50 103°	-
10.5	SAO 110337 6,7 mag	Austritt	-	5:31 203°	-	5:38 207°	-	-	5:40 208°	-	5:33 203°	5:36 205°	5:35 205°	-
14.5	SAO 77363 7,0 mag	Eintritt	-	-	-	-	-	-	-	-	18:28 100°	-	-	18:30 96°
14.5	SAO 77363 7,0 mag	Austritt	-	-	-	-	-	-	-	-	19:34 260°	-	-	19:36 265°
15.5	SAO 78521 7,9 mag	Eintritt	19:31 132°	19:51 162°	19:35 135°	19:38 145°	19:28 132°	19:31 136°	19:36 145°	19:34 136°	19:44 148°	19:40 144°	19:43 150°	19:43 140°
15.5	SAO 78521 7,9 mag	Austritt	20:24 241°	20:20 212°	20:25 237°	20:22 228°	20:21 239°	20:22 236°	20:20 228°	20:24 236°	20:25 226°	20:24 229°	20:23 224°	20:29 234°
16.5	SAO 79416 7,9 mag	Eintritt	19:11 116°	19:21 138°	19:14 120°	19:13 128°	19:06 117°	19:09 120°	19:10 127°	19:13 120°	19:20 130°	19:16 127°	19:17 131°	19:22 124°
16.5	SAO 79416 7,9 mag	Austritt	20:17 268°	20:19 248°	20:20 266°	20:17 258°	20:14 267°	20:15 264°	20:15 258°	20:19 265°	20:22 257°	20:20 259°	20:19 255°	20:25 263°
16.5	SAO 79523 7,9 mag	Eintritt	22:21 135°	22:37 153°	22:24 137°	22:29 144°	22:20 137°	22:23 139°	22:28 145°	22:24 138°	22:31 145°	22:29 143°	22:31 146°	22:28 139°
16.5	SAO 79523 7,9 mag	Austritt	23:07 248°	23:12 232°	23:09 246°	23:10 240°	23:06 246°	23:08 244°	23:09 239°	23:09 245°	23:12 239°	23:11 241°	23:11 238°	23:11 244°
16.5	SAO 79562 6,3 mag	Eintritt	23:35 79°	23:44 90°	23:37 80°	23:40 85°	23:35 80°	23:37 81°	23:39 85°	23:37 81°	-	23:40 84°	23:41 86°	-
17.5	SAO 79562 6,3 mag	Austritt	0:23 302°	-	0:25 301°	0:29 297°	0:24 301°	0:26 300°	0:29 296°	0:25 300°	-	-	0:31 295°	-

Datum	Stern	Vorgang	Berlin	Bern	Dresden	Frankfurt	Hamburg	Hannover	Koeln	Leipzig	Muenchen	Nuernberg	Stuttgart	Wien
16.5	SAO 79580 6,0 mag	Eintritt	-	-	-	-	23:59 102°	24:00 104°	24:04 107°	-	-	-	-	-
17.5	SAO 79580 6,0 mag	Austritt	-	-	-	-	0:49 278°	0:51 277°	0:54 274°	-	-	-	-	-
19.5	SAO 98567 7,5 mag	Eintritt	0:40 161°	0:57 177°	0:43 162°	0:48 168°	0:40 162°	0:43 164°	0:47 169°	0:43 163°	-	0:48 167°	0:51 170°	-
19.5	SAO 98567 7,5 mag	Austritt	1:13 238°	1:17 223°	1:14 237°	1:16 232°	1:12 238°	1:13 236°	1:15 231°	1:14 236°	-	1:16 232°	1:16 229°	-
20.5	SAO 99392 6,4 mag	Eintritt	-	-	-	-	-	-	-	-	-	-	-	18:14 100°
20.5	SAO 99392 6,4 mag	Austritt	-	-	-	-	-	-	-	-	-	-	-	19:25 324°
20.5	SAO 99455 7,3 mag	Eintritt	23:26 170°	23:45 193°	23:30 172°	23:34 181°	23:24 173°	23:27 175°	23:32 183°	23:29 173°	23:38 180°	23:35 178°	23:37 183°	23:36 173°
20.5	SAO 99455 7,3 mag	Austritt	24:04 247°	24:03 226°	24:06 246°	24:03 237°	24:00 245°	24:01 243°	24:00 236°	24:05 244°	24:08 238°	24:06 240°	24:05 235°	24:11 244°
23.5	SAO 139527 7,1 mag	Eintritt	-	23:20 69°	23:40 37°	23:23 59°	23:29 44°	23:27 49°	23:19 61°	23:34 43°	23:30 57°	23:29 54°	23:24 61°	23:44 41°
23.5	SAO 139527 7,1 mag	Austritt	-	24:02 355°	23:47 24°	23:54 5°	23:44 18°	23:48 13°	23:52 3°	23:49 19°	23:59 6°	23:56 8°	23:58 3°	23:57 20°
24.5	SAO 139567 7,9 mag	Eintritt	1:39 53°	1:38 66°	1:41 55°	1:36 60°	1:34 54°	1:35 56°	1:33 60°	1:39 56°	1:41 61°	1:39 59°	1:38 62°	1:45 59°
24.5	SAO 139567 7,9 mag	Austritt	2:07 359°	2:18 348°	2:10 357°	2:11 354°	2:03 359°	2:06 358°	2:08 354°	2:09 357°	2:17 351°	2:13 353°	2:14 352°	2:19 352°
24.5	SAO 158722 7,2 mag	Eintritt	23:08 140°	23:08 156°	23:09 142°	23:05 149°	23:04 143°	23:04 145°	23:03 150°	23:08 143°	23:10 148°	23:08 147°	23:07 150°	23:15 142°
25.5	SAO 158722 7,2 mag	Austritt	0:11 276°	0:06 264°	0:13 275°	0:06 269°	0:06 274°	0:06 273°	0:03 269°	0:11 274°	0:12 270°	0:10 271°	0:08 268°	0:19 274°
25.5	41 Lib 5,5 mag	Eintritt	22:27 152°	22:30 176°	22:28 154°	22:26 164°	22:25 154°	22:25 157°	22:25 165°	22:27 155°	22:29 164°	22:28 161°	22:28 166°	22:32 155°
25.5	41 Lib 5,5 mag	Austritt	23:22 259°	23:06 238°	23:22 257°	23:12 248°	23:17 256°	23:16 254°	23:10 247°	23:20 256°	23:17 249°	23:17 251°	23:12 246°	23:26 256°
26.5	Kap Lib 5,0 mag	Eintritt	0:11 164°	0:19 187°	0:13 166°	0:12 175°	0:08 167°	0:09 169°	0:10 176°	0:12 167°	0:16 174°	0:14 172°	0:14 177°	0:19 167°
26.5	Kap Lib 5,0 mag	Austritt	0:54 241°	0:40 221°	0:55 239°	0:46 232°	0:49 239°	0:48 237°	0:42 231°	0:53 238°	0:51 232°	0:50 234°	0:46 230°	1:00 237°

Datum	Stern	Vorgang	Berlin	Bern	Dresden	Frankfurt	Hamburg	Hannover	Koeln	Leipzig	Muenchen	Nuernberg	Stuttgart	Wien
26.5	SAO 184508 7,6 mag	Eintritt	-	-	20:25 102°	-	-	-	-	20:25 103°	20:21 112°	20:22 109°	20:21 113°	20:23 106°
26.5	SAO 184508 7,6 mag	Austritt	-	21:18 283°	21:25 300°	-	-	-	-	21:24 299°	21:21 291°	21:22 293°	21:20 289°	21:25 297°
26.5	SAO 184607 6,9 mag	Eintritt	-	23:37 44°	-	-	-	-	23:50 22°	-	-	-	23:49 28°	-
26.5	SAO 184607 6,9 mag	Austritt	-	24:06 355°	-	-	-	-	23:54 16°	-	-	-	24:00 10°	-
28.5	Sig Sgr 2,1 mag	Eintritt	-	-	-	-	-	-	-	-	-	-	-	23:04 34°
28.5	Sig Sgr 2,1 mag	Austritt	-	-	-	-	-	-	-	-	-	-	-	23:37 337°
30.5	SAO 188977 7,2 mag	Eintritt	-	4:19 122°	-	4:19 119°	-	4:20 117°	4:16 116°	-	4:26 124°	4:24 122°	4:21 121°	-
30.5	SAO 188977 7,2 mag	Austritt	-	5:11 209°	-	5:14 213°	-	5:15 215°	5:13 216°	-	5:15 206°	5:16 209°	5:14 210°	-
31.5	SAO 190040 7,7 mag	Eintritt	3:29 70°	3:16 73°	3:29 71°	3:21 70°	3:26 68°	3:24 69°	3:19 69°	3:27 70°	3:23 73°	3:23 71°	3:20 71°	3:31 75°
31.5	SAO 190040 7,7 mag	Austritt	4:45 253°	4:34 251°	4:45 251°	4:38 254°	4:41 256°	4:40 255°	4:35 256°	4:43 252°	4:41 250°	4:41 251°	4:38 252°	4:49 245°
4.6	SAO 128739 7,6 mag	Eintritt	2:54 21°	2:40 27°	2:51 23°	2:48 23°	2:56 20°	2:53 21°	2:49 22°	2:51 22°	2:44 26°	2:47 24°	2:45 24°	2:45 27°
4.6	SAO 128739 7,6 mag	Austritt	3:45 283°	3:32 280°	3:43 281°	3:37 283°	3:44 285°	3:42 285°	3:38 284°	3:42 282°	3:37 279°	3:38 281°	3:36 281°	3:41 276°
7.6	SAO 93006 7,0 mag	Eintritt	2:44 7°	-	-	-	-	-	-	-	-	-	-	2:34 14°
7.6	SAO 93006 7,0 mag	Austritt	3:13 305°	-	-	-	-	-	-	-	-	-	-	3:08 297°
9.6	Ome1 Tau 5,7 mag	Eintritt	3:24 51°	-	3:21 53°	-	3:27 49°	-	-	3:23 52°	-	-	-	-
9.6	Ome1 Tau 5,7 mag	Austritt	4:14 270°	-	4:12 269°	-	4:16 273°	4:15 272°	-	4:13 270°	-	-	-	4:07 265°
11.6	SAO 78331 6,6 mag	Eintritt	20:51 27°	20:51 51°	-	20:50 41°	20:50 30°	20:50 34°	20:49 42°	20:50 32°	-	20:51 40°	20:51 44°	-
11.6	SAO 78331 6,6 mag	Austritt	21:11 340°	21:29 318°	-	21:22 327°	21:13 337°	21:16 334°	21:22 326°	21:15 335°	-	21:21 328°	21:24 324°	-

Datum	Stern	Vorgang	Berlin	Bern	Dresden	Frankfurt	Hamburg	Hannover	Koeln	Leipzig	Muenchen	Nuernberg	Stuttgart	Wien
12.6	52 Gem 6,0 mag	Eintritt	-	-	-	-	-	-	-	-	-	-	-	18:58 95°
12.6	52 Gem 6,0 mag	Austritt	-	-	-	-	-	-	-	-	-	-	-	19:57 287°
12.6	SAO 79191 6,7 mag	Eintritt	-	-	-	-	-	-	-	-	-	-	-	19:01 139°
12.6	SAO 79191 6,7 mag	Austritt	-	-	-	-	-	-	-	-	-	-	-	19:48 243°
12.6	SAO 79238 7,0 mag	Eintritt	20:08 158°	-	20:11 161°	20:22 179°	20:07 161°	20:11 165°	-	20:12 163°	20:26 181°	20:20 174°	-	20:17 165°
12.6	SAO 79238 7,0 mag	Austritt	20:38 222°	-	20:38 219°	20:33 201°	20:35 219°	20:36 215°	-	20:37 217°	20:34 199°	20:36 206°	-	20:40 215°
13.6	SAO 80024 6,4 mag	Eintritt	21:11 125°	21:24 138°	21:13 126°	21:17 132°	21:10 126°	21:12 128°	21:16 133°	21:13 127°	21:20 132°	21:17 131°	21:19 133°	21:17 128°
13.6	SAO 80024 6,4 mag	Austritt	22:02 265°	22:10 253°	22:04 263°	22:06 259°	22:01 264°	22:03 262°	22:05 258°	22:04 263°	22:08 258°	22:06 260°	22:07 257°	22:06 262°
14.6	SAO 80634 7,7 mag	Eintritt	21:10 135°	21:23 149°	21:13 136°	21:16 142°	21:08 136°	21:11 138°	21:14 143°	21:12 137°	21:19 142°	21:17 141°	21:18 144°	21:18 137°
14.6	SAO 80634 7,7 mag	Austritt	22:01 265°	22:08 253°	22:03 264°	22:05 259°	22:00 264°	22:01 263°	22:03 258°	22:03 263°	22:07 259°	22:06 260°	22:06 258°	22:07 263°
16.6	SAO 99280 6,8 mag	Eintritt	19:06 113°	19:09 131°	19:09 116°	-	-	-	-	19:07 117°	19:11 123°	19:08 122°	19:07 125°	19:16 117°
16.6	SAO 99280 6,8 mag	Austritt	20:15 307°	20:21 292°	20:18 306°	-	-	-	-	20:17 305°	20:22 299°	20:19 301°	20:19 297°	20:25 305°
21.6	SAO 158485 7,7 mag	Eintritt	0:24 186°	-	0:29 189°	0:30 196°	0:20 185°	0:23 188°	0:27 195°	0:27 189°	-	0:34 198°	-	-
21.6	SAO 158485 7,7 mag	Austritt	0:43 222°	-	0:44 218°	0:39 212°	0:40 224°	0:41 221°	0:38 215°	0:43 219°	-	0:41 210°	-	-
21.6	Nu Lib 5,3 mag	Eintritt	-	-	-	-	-	-	-	-	-	-	-	18:53 122°
21.6	Nu Lib 5,3 mag	Austritt	-	-	-	-	-	-	-	-	-	-	-	20:02 298°
21.6	22 Lib 6,6 mag	Eintritt	-	-	19:17 158°	-	-	-	-	-	-	-	-	19:20 161°
21.6	22 Lib 6,6 mag	Austritt	-	-	20:10 260°	-	-	-	-	-	-	-	-	20:12 258°

Datum	Stern	Vorgang	Berlin	Bern	Dresden	Frankfurt	Hamburg	Hannover	Koeln	Leipzig	Muenchen	Nuernberg	Stuttgart	Wien
22.6	Ome2 Sco 4,6 mag	Eintritt	-	-	-	-	-	-	-	-	-	-	-	19:16 65°
22.6	Ome2 Sco 4,6 mag	Austritt	-	-	-	-	-	-	-	-	-	-	-	19:59 344°
22.6	SAO 184141 7,9 mag	Eintritt	19:54 170°	-	19:56 175°	-	-	-	-	19:56 177°	-	20:02 192°	-	19:59 179°
22.6	SAO 184141 7,9 mag	Austritt	20:30 237°	-	20:28 233°	-	-	-	-	20:26 231°	-	20:16 216°	-	20:29 230°
22.6	SAO 184240 6,7 mag	Eintritt	-	22:27 49°	-	22:36 35°	-	-	22:32 37°	-	22:41 34°	22:43 29°	22:35 39°	-
22.6	SAO 184240 6,7 mag	Austritt	-	23:01 354°	-	22:54 6°	-	-	22:52 4°	-	22:59 6°	22:54 12°	22:57 3°	-
24.6	SAO 185313 6,6 mag	Eintritt	0:34 40°	0:23 50°	0:34 42°	0:26 45°	0:29 40°	0:28 41°	0:24 44°	0:32 42°	0:30 47°	0:30 45°	0:27 47°	0:38 47°
24.6	SAO 185313 6,6 mag	Austritt	1:11 336°	1:11 329°	1:14 334°	1:08 334°	1:05 339°	1:06 337°	1:04 335°	1:11 335°	1:15 330°	1:13 332°	1:11 332°	1:23 328°
24.6	The Oph 3,4 mag	Eintritt	0:34 65°	0:26 71°	0:35 66°	0:28 68°	0:29 64°	0:29 65°	0:25 67°	0:33 66°	0:33 69°	0:31 68°	0:29 69°	0:40 69°
24.6	The Oph 3,4 mag	Austritt	1:32 311°	1:31 307°	1:34 310°	1:29 310°	1:26 313°	1:27 312°	1:25 311°	1:32 310°	1:35 307°	1:33 309°	1:31 309°	1:42 305°
24.6	SAO 185346 7,4 mag	Eintritt	1:05 78°	01:00 83°	1:06 79°	01:00 80°	01:00 77°	1:00 78°	0:57 79°	1:04 79°	1:05 82°	1:04 80°	1:01 81°	1:11 83°
24.6	SAO 185346 7,4 mag	Austritt	2:09 295°	2:09 292°	2:12 293°	2:07 295°	2:04 298°	2:05 297°	2:04 296°	2:10 294°	2:13 291°	2:11 293°	2:09 293°	2:18 289°
24.6	SAO 186770 7,8 mag	Eintritt	22:28 82°	22:16 94°	22:27 83°	22:20 88°	22:25 83°	22:24 84°	22:19 89°	22:26 84°	22:22 88°	22:22 87°	22:19 89°	22:29 84°
24.6	SAO 186770 7,8 mag	Austritt	23:36 290°	23:27 282°	23:37 289°	23:29 286°	23:32 289°	23:32 288°	23:28 286°	23:35 289°	23:33 285°	23:33 286°	23:30 285°	23:40 287°
25.6	SAO 186837 6,2 mag	Eintritt	0:12 105°	0:03 112°	0:12 107°	0:05 109°	0:07 105°	0:07 106°	0:03 108°	0:10 107°	0:09 110°	0:08 108°	0:06 110°	0:17 109°
25.6	SAO 186837 6,2 mag	Austritt	1:21 258°	1:14 253°	1:22 256°	1:15 256°	1:17 259°	1:17 258°	1:13 257°	1:20 257°	1:20 254°	1:19 255°	1:16 255°	1:27 253°
25.6	SAO 186843 6,3 mag	Eintritt	0:31 133°	0:26 141°	0:32 135°	0:26 137°	0:26 133°	0:26 134°	0:23 136°	0:30 135°	0:31 138°	0:29 137°	0:27 138°	0:38 138°
25.6	SAO 186843 6,3 mag	Austritt	1:24 229°	1:15 223°	1:25 227°	1:18 227°	1:20 231°	1:20 230°	1:16 229°	1:23 228°	1:21 224°	1:21 226°	1:18 226°	1:28 222°

Datum	Stern	Vorgang	Berlin	Bern	Dresden	Frankfurt	Hamburg	Hannover	Koeln	Leipzig	Muenchen	Nuernberg	Stuttgart	Wien
25.6	SAO 186863 6,5 mag	Eintritt	0:46 92°	0:38 97°	0:47 93°	0:40 94°	0:41 91°	0:41 92°	0:37 93°	0:45 93°	0:44 96°	0:43 94°	0:40 95°	0:52 96°
25.6	SAO 186863 6,5 mag	Austritt	1:57 268°	1:52 265°	1:59 267°	1:53 268°	1:52 270°	1:53 269°	1:50 269°	1:57 267°	1:58 265°	1:56 266°	1:54 266°	2:04 262°
25.6	SAO 188263 7,6 mag	Eintritt	23:52 56°	23:36 65°	23:51 57°	23:42 60°	23:48 56°	23:46 57°	23:41 60°	23:49 57°	23:44 61°	23:45 60°	23:41 62°	23:52 60°
26.6	SAO 188263 7,6 mag	Austritt	0:55 295°	0:45 289°	0:55 293°	0:47 293°	0:50 296°	0:49 295°	0:45 293°	0:53 294°	0:52 291°	0:51 292°	0:48 291°	01:00 290°
27.6	SAO 189509 6,7 mag	Eintritt	-	-	-	-	1:10 159°	-	-	-	-	-	-	-
27.6	SAO 189509 6,7 mag	Austritt	-	-	-	-	1:20 175°	-	-	-	-	-	-	-
27.6	SAO 189549 6,3 mag	Eintritt	2:01 65°	1:49 67°	2:01 66°	1:53 65°	1:57 63°	1:56 63°	1:51 64°	1:59 65°	1:56 68°	1:56 67°	1:53 66°	2:04 71°
27.6	SAO 189549 6,3 mag	Austritt	3:14 261°	3:06 260°	3:15 259°	3:08 263°	3:09 265°	3:09 264°	3:05 265°	3:13 261°	3:12 258°	3:11 260°	3:08 261°	3:19 253°
27.6	SAO 189617 7,9 mag	Eintritt	3:57 54°	3:50 55°	3:57 56°	3:52 52°	3:53 49°	3:53 50°	3:50 49°	3:56 55°	3:55 58°	3:55 56°	3:53 55°	4:01 64°
27.6	SAO 189617 7,9 mag	Austritt	5:03 266°	5:01 264°	5:05 263°	5:00 268°	4:58 272°	4:59 270°	4:57 271°	5:03 265°	5:05 261°	5:04 264°	5:02 265°	5:10 255°
28.6	SAO 190556 7,1 mag	Eintritt	4:01 41°	3:51 42°	4:01 44°	3:55 39°	3:58 36°	3:57 37°	3:54 36°	3:59 42°	3:57 45°	3:57 43°	3:55 42°	4:03 51°
28.6	SAO 190556 7,1 mag	Austritt	5:07 268°	5:02 266°	5:09 265°	5:02 270°	5:02 274°	5:02 272°	4:59 274°	5:07 267°	5:08 262°	5:06 265°	5:04 267°	5:14 256°
28.6	SAO 164601 6,2 mag	Eintritt	-	4:49 38°	-	-	-	-	-	-	-	-	-	-
28.6	SAO 164601 6,2 mag	Austritt	-	5:55 267°	-	-	-	-	-	-	-	-	-	-
30.6	33 Psc 4,7 mag	Eintritt	24:02 42°	-	23:59 43°	-	-	-	-	-	-	-	-	23:54 46°
1.7	33 Psc 4,7 mag	Austritt	1:00 267°	-	0:58 266°	0:54 265°	1:01 268°	0:59 267°	-	0:58 266°	0:52 263°	0:54 265°	0:52 264°	0:55 262°
1.7	SAO 128621 6,0 mag	Eintritt	2:54 81°	2:39 81°	2:52 82°	2:45 79°	2:52 77°	2:50 78°	2:45 77°	2:51 81°	2:45 83°	2:47 81°	2:43 81°	2:52 87°
1.7	SAO 128621 6,0 mag	Austritt	4:03 216°	3:47 216°	4:01 214°	3:54 218°	4:02 220°	3:59 219°	3:54 221°	4:00 215°	3:53 213°	3:55 215°	3:52 216°	3:58 206°

Datum	Stern	Vorgang	Berlin	Bern	Dresden	Frankfurt	Hamburg	Hannover	Koeln	Leipzig	Muenchen	Nuernberg	Stuttgart	Wien
2.7	SAO 128974 6,8 mag	Eintritt	-	-	-	-	-	-	-	-	-	-	-	0:13 2°
2.7	SAO 128974 6,8 mag	Austritt	-	-	-	-	-	-	-	-	-	-	-	0:43 305°
2.7	SAO 129029 7,7 mag	Eintritt	3:23 130°	3:07 130°	3:24 135°	3:11 125°	3:17 121°	3:15 122°	3:09 120°	3:20 130°	3:19 140°	3:16 132°	3:12 129°	-
2.7	SAO 129029 7,7 mag	Austritt	3:45 166°	3:30 166°	3:39 160°	3:40 172°	3:50 176°	3:47 174°	3:43 177°	3:42 166°	3:29 155°	3:36 164°	3:35 167°	-
2.7	SAO 109552 7,9 mag	Eintritt	-	4:11 107°	-	4:16 104°	-	4:20 102°	4:14 100°	-	4:21 113°	4:20 109°	4:16 107°	-
2.7	SAO 109552 7,9 mag	Austritt	-	4:59 184°	-	5:07 188°	-	5:13 190°	5:09 192°	-	5:02 177°	5:06 181°	5:04 184°	-
4.7	SAO 92922 7,3 mag	Eintritt	3:32 110°	3:20 111°	3:31 112°	3:25 107°	3:31 105°	3:29 106°	3:25 105°	3:30 110°	3:25 114°	3:26 111°	3:23 110°	3:31 122°
4.7	SAO 92922 7,3 mag	Austritt	4:17 190°	4:02 190°	4:12 188°	4:10 194°	4:19 197°	4:16 195°	4:13 197°	4:13 190°	4:04 186°	4:08 189°	4:07 191°	4:03 177°
4.7	Xi Ari 5,5 mag	Eintritt	4:02 54°	3:48 54°	3:59 56°	3:55 52°	4:03 50°	4:00 51°	3:56 50°	3:59 54°	3:52 57°	3:55 55°	3:53 54°	3:55 62°
4.7	Xi Ari 5,5 mag	Austritt	5:13 244°	4:58 244°	5:11 241°	5:05 246°	5:12 249°	5:10 248°	5:05 249°	5:10 243°	5:04 240°	5:06 243°	5:03 244°	5:08 234°
4.7	SAO 92942 7,6 mag	Eintritt	-	4:16 105°	-	4:22 102°	-	-	4:21 98°	-	4:23 109°	4:24 106°	4:21 104°	-
4.7	SAO 92942 7,6 mag	Austritt	-	5:05 192°	-	5:14 196°	-	-	5:16 200°	-	5:09 187°	5:13 191°	5:11 193°	-
4.7	SAO 92948 7,5 mag	Eintritt	-	4:35 90°	-	-	-	-	-	-	-	-	4:39 90°	-
4.7	SAO 92948 7,5 mag	Austritt	-	5:36 205°	-	-	-	-	-	-	-	-	5:42 206°	-
8.7	121 Tau 5,3 mag	Eintritt	3:13 7°	-	3:09 11°	3:13 5°	-	3:19 357°	-	3:11 8°	3:04 16°	3:08 11°	-	2:59 22°
8.7	121 Tau 5,3 mag	Austritt	3:30 329°	-	3:30 324°	3:28 331°	-	3:27 339°	-	3:29 327°	3:29 319°	3:29 324°	-	3:30 312°
8.7	SAO 77363 7,0 mag	Eintritt	-	4:49 32°	-	-	-	-	-	-	-	-	-	-
8.7	SAO 77363 7,0 mag	Austritt	-	5:31 299°	-	-	-	-	-	-	-	-	-	-

Datum	Stern	Vorgang	Berlin	Bern	Dresden	Frankfurt	Hamburg	Hannover	Koeln	Leipzig	Muenchen	Nuernberg	Stuttgart	Wien
10.7	SAO 79804 7,5 mag	Eintritt	19:21 122°	19:33 136°	19:23 124°	-	-	-	-	19:23 125°	19:29 130°	19:27 128°	19:29 131°	19:27 125°
10.7	SAO 79804 7,5 mag	Austritt	20:11 264°	20:19 252°	20:13 262°	-	-	-	-	20:13 262°	20:17 257°	20:15 258°	20:17 256°	20:15 261°
10.7	SAO 79805 6,7 mag	Eintritt	19:28 138°	19:43 155°	19:30 140°	-	-	-	-	19:30 141°	19:37 147°	19:35 145°	19:38 149°	19:34 142°
10.7	SAO 79805 6,7 mag	Austritt	20:11 247°	20:16 233°	20:12 246°	-	-	-	-	20:12 245°	20:15 240°	20:14 241°	20:15 238°	20:14 244°
14.7	SAO 118892 6,7 mag	Eintritt	-	-	-	-	22:23 154°	22:25 155°	22:29 158°	-	-	-	-	-
14.7	SAO 118892 6,7 mag	Austritt	-	-	-	-	-	23:06 255°	23:09 254°	-	-	-	-	-
16.7	SAO 139130 7,5 mag	Eintritt	19:26 115°	19:27 128°	19:29 116°	19:24 123°	19:21 117°	19:22 119°	19:21 124°	19:27 117°	19:30 122°	19:28 121°	19:26 124°	19:36 116°
16.7	SAO 139130 7,5 mag	Austritt	20:34 308°	20:39 298°	20:37 307°	20:35 303°	20:30 307°	20:32 306°	20:32 302°	20:36 307°	20:41 303°	20:38 304°	20:37 302°	20:44 307°
17.7	SAO 139626 6,9 mag	Eintritt	20:22 167°	20:32 186°	20:25 168°	20:25 177°	20:18 169°	20:20 171°	20:22 178°	20:24 169°	20:30 175°	20:27 174°	20:28 178°	20:32 169°
17.7	SAO 139626 6,9 mag	Austritt	21:09 251°	21:03 236°	21:11 250°	21:04 244°	21:03 250°	21:04 248°	21:00 243°	21:08 249°	21:10 244°	21:08 245°	21:06 242°	21:17 249°
18.7	SAO 158842 7,4 mag	Eintritt	20:47 93°	20:43 104°	20:49 94°	20:42 99°	20:42 94°	20:42 96°	20:39 100°	20:47 94°	20:48 98°	20:46 97°	20:44 100°	20:55 94°
18.7	SAO 158842 7,4 mag	Austritt	21:52 318°	21:54 310°	21:54 317°	21:51 314°	21:47 317°	21:48 316°	21:48 314°	21:53 317°	21:57 313°	21:54 314°	21:53 313°	22:02 315°
18.7	SAO 158870 7,8 mag	Eintritt	21:47 130°	21:49 138°	21:49 131°	21:46 134°	21:42 131°	21:43 132°	21:43 134°	21:48 131°	21:52 134°	21:49 133°	21:48 135°	21:57 132°
18.7	SAO 158870 7,8 mag	Austritt	22:51 276°	22:54 270°	22:54 275°	22:50 274°	22:47 276°	22:48 276°	22:48 274°	22:52 275°	22:56 272°	22:54 273°	22:53 272°	23:00 272°
19.7	SAO 183829 7,7 mag	Eintritt	21:39 141°	21:40 151°	21:41 142°	21:37 146°	21:34 142°	21:35 143°	21:34 146°	21:40 143°	21:43 146°	21:40 145°	21:39 147°	21:49 144°
19.7	SAO 183829 7,7 mag	Austritt	22:39 257°	22:36 250°	22:41 256°	22:35 254°	22:34 257°	22:35 256°	22:32 254°	22:39 256°	22:41 253°	22:39 254°	22:37 253°	22:47 253°
19.7	Lam Lib 5,1 mag	Eintritt	-	23:39 50°	-	23:39 45°	23:39 38°	23:39 41°	23:37 42°	23:41 44°	23:42 49°	23:41 47°	23:40 47°	-
20.7	Lam Lib 5,1 mag	Austritt	-	0:18 340°	-	0:11 346°	0:04 353°	0:07 351°	0:07 349°	0:12 346°	0:20 340°	0:16 343°	0:15 343°	-

Datum	Stern	Vorgang	Berlin	Bern	Dresden	Frankfurt	Hamburg	Hannover	Koeln	Leipzig	Muenchen	Nuernberg	Stuttgart	Wien
22.7	Sig Sgr 2,1 mag	Eintritt	-	-	-	-	-	-	-	-	19:21 47°	-	-	19:28 39°
22.7	Sig Sgr 2,1 mag	Austritt	-	-	-	-	-	-	-	-	20:04 324°	-	-	20:05 331°
24.7	SAO 188977 7,2 mag	Eintritt	0:40 139°	0:34 143°	0:43 142°	0:33 137°	0:33 133°	0:33 135°	0:28 134°	0:39 140°	0:42 146°	0:39 142°	0:35 141°	-
24.7	SAO 188977 7,2 mag	Austritt	1:13 193°	1:04 190°	1:12 189°	1:09 195°	1:12 200°	1:11 198°	1:08 199°	1:12 192°	1:07 185°	1:09 190°	1:07 191°	-
24.7	SAO 190040 7,7 mag	Eintritt	22:47 90°	22:34 96°	22:46 91°	22:39 92°	22:45 89°	22:43 90°	22:38 92°	22:45 91°	22:40 94°	22:41 92°	22:38 93°	22:47 94°
24.7	SAO 190040 7,7 mag	Austritt	23:57 238°	23:43 235°	23:56 236°	23:48 237°	23:54 240°	23:52 239°	23:47 239°	23:54 237°	23:50 235°	23:51 236°	23:48 236°	23:57 232°
25.7	SAO 190165 7,2 mag	Eintritt	2:46 104°	2:40 106°	2:48 107°	2:40 101°	2:39 98°	2:40 99°	2:36 98°	2:45 104°	2:47 110°	2:45 106°	2:42 105°	2:57 119°
25.7	SAO 190165 7,2 mag	Austritt	3:40 209°	3:36 206°	3:40 205°	3:38 211°	3:39 216°	3:39 214°	3:37 215°	3:40 208°	3:38 202°	3:39 206°	3:38 207°	3:38 192°
26.7	SAO 165425 6,3 mag	Eintritt	24:14 91°	24:00 94°	24:13 93°	24:05 91°	24:12 89°	24:10 89°	24:05 89°	24:11 92°	24:06 94°	24:07 93°	24:04 92°	24:13 97°
27.7	SAO 165425 6,3 mag	Austritt	1:18 213°	1:03 213°	1:16 211°	1:10 215°	1:16 217°	1:14 216°	1:09 217°	1:15 213°	1:10 210°	1:11 212°	1:08 213°	1:14 205°
29.7	SAO 109775 7,6 mag	Eintritt	-	-	-	-	-	-	-	-	-	-	-	22:27 107°
29.7	SAO 109775 7,6 mag	Austritt	23:19 206°	-	23:16 204°	-	-	-	-	23:17 205°	-	-	-	23:09 200°
31.7	SAO 110359 7,8 mag	Eintritt	2:58 104°	2:42 104°	2:57 107°	2:48 101°	2:54 98°	2:52 99°	2:47 97°	2:55 104°	2:50 109°	2:51 105°	2:47 103°	3:00 119°
31.7	SAO 110359 7,8 mag	Austritt	3:49 191°	3:33 190°	3:45 187°	3:42 194°	3:51 198°	3:48 197°	3:43 199°	3:46 190°	3:36 185°	3:40 189°	3:38 191°	3:35 173°
3.8	SAO 76571 6,1 mag	Eintritt	-	-	0:20 351°	-	-	-	-	-	-	-	-	0:09 5°
3.8	SAO 76571 6,1 mag	Austritt	-	-	0:29 333°	-	-	-	-	-	-	-	-	0:30 318°
5.8	SAO 78038 7,9 mag	Eintritt	-	-	-	-	1:50 153°	1:50 157°	-	-	-	-	-	-
5.8	SAO 78038 7,9 mag	Austritt	-	-	-	-	2:06 190°	2:03 186°	-	-	-	-	-	-

Datum	Stern	Vorgang	Berlin	Bern	Dresden	Frankfurt	Hamburg	Hannover	Koeln	Leipzig	Muenchen	Nuernberg	Stuttgart	Wien
6.8	SAO 79054 7,2 mag	Eintritt	2:40 94°	2:37 98°	2:38 97°	2:39 94°	2:42 90°	2:41 92°	2:41 91°	2:39 95°	2:36 99°	2:37 97°	2:37 96°	2:34 103°
6.8	SAO 79054 7,2 mag	Austritt	3:33 258°	3:27 255°	3:31 256°	3:31 259°	3:36 263°	3:34 261°	3:33 262°	3:32 257°	3:27 253°	3:29 255°	3:29 256°	3:25 248°
7.8	SAO 79864 6,4 mag	Eintritt	2:48 125°	-	-	-	-	-	-	-	-	-	-	-
7.8	SAO 79864 6,4 mag	Austritt	3:31 240°	-	-	-	-	-	-	-	-	-	-	-
7.8	SAO 79868 7,5 mag	Eintritt	3:03 41°	-	03:00 45°	-	-	-	-	-	-	-	-	2:53 55°
7.8	SAO 79868 7,5 mag	Austritt	3:35 323°	-	3:35 319°	-	-	-	-	-	-	-	-	3:34 309°
7.8	SAO 79917 7,9 mag	Eintritt	4:15 109°	4:11 114°	4:14 112°	4:14 109°	4:17 104°	4:16 106°	4:15 106°	4:14 110°	4:12 116°	4:13 113°	4:12 112°	4:11 121°
7.8	SAO 79917 7,9 mag	Austritt	5:10 256°	5:01 249°	5:07 252°	5:06 255°	5:12 261°	5:10 259°	5:08 258°	5:08 254°	5:02 247°	5:05 251°	5:04 251°	5:01 242°
8.8	SAO 80552 7,5 mag	Eintritt	4:09 97°	-	4:07 100°	-	4:12 92°	4:11 94°	-	4:08 99°	-	-	-	4:04 109°
8.8	SAO 80552 7,5 mag	Austritt	5:02 279°	-	5:00 275°	-	5:04 284°	5:03 282°	-	5:01 277°	-	4:59 274°	-	4:56 266°
8.8	SAO 98567 7,5 mag	Eintritt	18:42 124°	18:54 135°	18:44 125°	-	-	-	-	18:44 126°	18:50 130°	18:48 129°	18:50 131°	18:48 127°
8.8	SAO 98567 7,5 mag	Austritt	19:33 276°	19:42 268°	19:35 275°	-	-	-	-	19:35 275°	19:40 271°	19:38 272°	19:40 271°	19:38 274°
17.8	SAO 185433 7,0 mag	Eintritt	18:40 93°	18:29 106°	18:40 95°	18:33 100°	18:36 95°	18:35 97°	18:31 101°	18:38 95°	18:35 100°	18:35 99°	18:32 101°	18:42 96°
17.8	SAO 185433 7,0 mag	Austritt	19:53 290°	19:44 282°	19:53 289°	19:46 286°	19:48 290°	19:48 289°	19:44 286°	19:51 289°	19:51 286°	19:50 287°	19:47 285°	19:58 288°
20.8	SAO 188570 7,8 mag	Eintritt	-	0:55 65°	-	0:54 61°	-	-	0:52 57°	-	0:58 67°	0:56 65°	0:55 63°	-
20.8	SAO 188570 7,8 mag	Austritt	-	2:01 264°	-	1:58 270°	-	-	1:55 273°	-	2:02 262°	2:01 265°	2:00 266°	-
20.8	SAO 189549 6,3 mag	Eintritt	20:22 69°	20:08 76°	20:21 70°	20:14 72°	20:20 69°	20:18 70°	20:13 72°	20:20 70°	20:14 73°	20:16 72°	20:12 74°	20:21 72°
20.8	SAO 189549 6,3 mag	Austritt	21:34 266°	21:21 262°	21:33 265°	21:26 265°	21:30 267°	21:29 266°	21:24 266°	21:32 265°	21:28 263°	21:28 264°	21:25 264°	21:36 261°

Datum	Stern	Vorgang	Berlin	Bern	Dresden	Frankfurt	Hamburg	Hannover	Koeln	Leipzig	Muenchen	Nuernberg	Stuttgart	Wien
20.8	SAO 189617 7,9 mag	Eintritt	22:22 44°	22:09 47°	22:22 46°	22:14 44°	22:19 42°	22:18 42°	22:13 43°	22:20 45°	22:16 48°	22:17 46°	22:14 46°	22:23 50°
20.8	SAO 189617 7,9 mag	Austritt	23:27 281°	23:19 280°	23:29 279°	23:20 282°	23:22 285°	23:21 284°	23:17 285°	23:26 280°	23:26 277°	23:25 279°	23:21 280°	23:34 272°
21.8	SAO 189703 7,9 mag	Eintritt	0:32 115°	0:27 117°	0:35 119°	0:26 113°	0:25 109°	0:26 110°	0:22 109°	0:32 116°	0:35 122°	0:32 118°	0:29 116°	0:46 132°
21.8	SAO 189703 7,9 mag	Austritt	1:20 203°	1:16 200°	1:20 199°	1:18 206°	1:20 211°	1:19 209°	1:18 210°	1:20 202°	1:18 195°	1:19 200°	1:18 202°	1:17 184°
21.8	SAO 190463 7,0 mag	Austritt	-	-	-	-	-	-	-	-	-	-	-	19:44 288°
21.8	SAO 190556 7,1 mag	Eintritt	22:29 51°	22:14 53°	22:28 53°	22:20 51°	22:26 49°	22:24 50°	22:19 49°	22:26 52°	22:21 54°	22:22 53°	22:19 52°	22:28 57°
21.8	SAO 190556 7,1 mag	Austritt	23:40 263°	23:29 262°	23:40 261°	23:32 264°	23:35 267°	23:35 266°	23:30 267°	23:38 262°	23:36 259°	23:36 261°	23:32 263°	23:44 255°
21.8	SAO 164601 6,2 mag	Eintritt	23:25 43°	23:13 43°	23:24 44°	23:17 41°	23:22 39°	23:21 39°	23:16 39°	23:23 43°	23:19 46°	23:20 44°	23:17 43°	23:26 50°
22.8	SAO 164601 6,2 mag	Austritt	0:33 268°	0:24 267°	0:34 265°	0:26 270°	0:28 273°	0:27 272°	0:23 273°	0:32 267°	0:31 264°	0:30 266°	0:27 268°	0:39 258°
22.8	SAO 164697 6,1 mag	Eintritt	-	4:15 47°	-	-	-	-	-	-	-	-	-	-
24.8	SAO 146729 6,5 mag	Eintritt	0:57 1°	0:44 1°	0:55 5°	0:52 356°	1:00 350°	0:57 353°	0:55 349°	0:55 2°	0:48 7°	0:51 3°	0:49 1°	0:50 16°
24.8	SAO 146729 6,5 mag	Austritt	1:40 293°	1:28 291°	1:42 288°	1:29 297°	1:29 305°	1:30 301°	1:23 305°	1:38 292°	1:38 285°	1:36 290°	1:32 292°	1:49 276°
25.8	SAO 128707 7,0 mag	Eintritt	4:22 349°	4:08 3°	4:18 358°	4:17 351°	-	4:27 336°	4:23 337°	4:19 354°	4:11 7°	4:14 0°	4:12 359°	4:12 15°
25.8	SAO 128707 7,0 mag	Austritt	4:50 304°	4:54 287°	4:56 295°	4:48 300°	-	4:39 317°	4:38 314°	4:52 299°	4:59 284°	4:55 291°	4:53 292°	5:07 278°
26.8	SAO 109653 7,0 mag	Eintritt	-	-	-	-	-	-	-	-	2:49 338°	-	-	2:44 356°
26.8	SAO 109653 7,0 mag	Austritt	-	-	-	-	-	-	-	-	3:09 309°	-	-	3:26 292°
27.8	SAO 110154 7,3 mag	Eintritt	1:49 72°	1:33 72°	1:47 75°	1:39 70°	1:46 67°	1:44 68°	1:39 66°	1:46 73°	1:40 76°	1:41 74°	1:38 72°	1:48 83°
27.8	SAO 110154 7,3 mag	Austritt	3:03 220°	2:47 218°	3:01 216°	2:54 222°	3:01 226°	2:59 224°	2:54 226°	03:00 219°	2:53 214°	2:55 217°	2:52 218°	2:58 206°

Datum	Stern	Vorgang	Berlin	Bern	Dresden	Frankfurt	Hamburg	Hannover	Koeln	Leipzig	Muenchen	Nuernberg	Stuttgart	Wien
27.8	SAO 110207 7,2 mag	Eintritt	4:46 127°	-	-	4:40 129°	4:34 113°	4:36 118°	4:31 118°	4:49 134°	-	-	-	-
27.8	SAO 110207 7,2 mag	Austritt	5:14 169°	-	-	5:04 164°	5:19 182°	5:15 177°	5:09 175°	5:08 161°	-	-	-	-
28.8	SAO 93004 7,6 mag	Eintritt	1:14 30°	0:59 30°	1:10 32°	1:06 27°	1:15 24°	1:12 25°	1:08 24°	1:10 30°	1:03 33°	1:06 31°	1:03 29°	1:05 40°
28.8	SAO 93004 7,6 mag	Austritt	2:18 268°	2:02 267°	2:16 264°	2:08 270°	2:14 274°	2:12 273°	2:06 274°	2:15 267°	2:09 262°	2:10 265°	2:07 267°	2:17 255°
28.8	31 Ari 5,7 mag	Eintritt	2:49 54°	2:33 56°	2:47 57°	2:40 52°	2:48 48°	2:45 50°	2:40 49°	2:46 55°	2:39 60°	2:41 57°	2:38 55°	2:46 66°
28.8	31 Ari 5,7 mag	Austritt	4:08 242°	3:52 237°	4:07 238°	3:58 243°	4:04 249°	4:02 246°	3:57 247°	4:05 241°	04:00 234°	4:01 238°	3:57 239°	4:06 228°
28.8	SAO 93029 7,7 mag	Eintritt	-	-	-	-	3:43 142°	-	-	-	-	-	-	-
28.8	SAO 93029 7,7 mag	Austritt	-	-	-	-	3:51 155°	-	-	-	-	-	-	-
28.8	SAO 93350 7,3 mag	Eintritt	21:35 91°	-	21:33 92°	-	21:38 89°	-	-	21:34 92°	-	-	-	21:29 96°
28.8	SAO 93350 7,3 mag	Austritt	22:26 224°	-	22:23 222°	-	22:29 226°	22:27 225°	-	22:24 223°	-	22:21 222°	-	22:17 218°
30.8	SAO 76846 7,5 mag	Eintritt	23:56 101°	23:50 103°	23:54 103°	23:53 100°	23:58 97°	23:56 98°	23:55 98°	23:54 101°	23:50 105°	23:52 103°	23:51 102°	23:50 109°
31.8	SAO 76846 7,5 mag	Austritt	0:47 225°	0:38 223°	0:44 222°	0:43 226°	0:50 229°	0:48 228°	0:46 229°	0:45 224°	0:38 220°	0:41 223°	0:41 224°	0:36 215°
1.9	SAO 77571 7,9 mag	Eintritt	0:11 40°	0:05 42°	0:08 42°	0:10 39°	0:15 35°	0:13 36°	0:12 36°	0:09 40°	0:04 44°	0:07 42°	0:07 41°	0:01 49°
1.9	SAO 77571 7,9 mag	Austritt	0:54 297°	0:48 294°	0:53 294°	0:51 298°	0:55 302°	0:54 301°	0:52 301°	0:53 296°	0:49 291°	0:51 294°	0:50 295°	0:50 286°
1.9	SAO 77569 7,2 mag	Eintritt	0:13 31°	0:07 35°	0:10 34°	0:12 30°	0:18 26°	0:16 27°	0:15 27°	0:12 32°	0:06 37°	0:09 34°	0:09 33°	0:03 42°
1.9	SAO 77569 7,2 mag	Austritt	0:51 305°	0:46 302°	0:50 302°	0:48 306°	0:51 311°	0:50 309°	0:49 310°	0:50 304°	0:47 299°	0:48 302°	0:47 303°	0:48 293°
1.9	132 Tau 5,0 mag	Eintritt	0:28 75°	0:23 77°	0:26 77°	0:27 74°	0:31 71°	0:30 72°	0:29 72°	0:27 76°	0:23 79°	0:25 77°	0:24 76°	0:21 83°
1.9	132 Tau 5,0 mag	Austritt	1:26 261°	1:17 258°	1:23 258°	1:22 262°	1:27 265°	1:26 264°	1:24 264°	1:24 260°	1:19 256°	1:21 258°	1:20 259°	1:18 251°

Datum	Stern	Vorgang	Berlin	Bern	Dresden	Frankfurt	Hamburg	Hannover	Koeln	Leipzig	Muenchen	Nuernberg	Stuttgart	Wien
1.9	SAO 77790 7,6 mag	Eintritt	-	-	-	5:34 156°	5:28 135°	5:29 141°	5:25 144°	-	-	-	-	-
1.9	SAO 77790 7,6 mag	Austritt	-	-	-	5:52 182°	6:13 205°	6:07 198°	5:59 194°	-	-	-	-	-
2.9	Eps Gem 3,2 mag	Eintritt	1:05 101°	1:01 104°	1:04 103°	1:04 100°	1:08 96°	1:06 98°	1:05 97°	1:04 101°	1:01 106°	1:02 103°	1:02 102°	1:00 110°
2.9	Eps Gem 3,2 mag	Austritt	1:59 247°	1:51 243°	1:57 244°	1:56 247°	2:02 252°	2:00 250°	1:58 250°	1:57 246°	1:52 241°	1:54 244°	1:54 244°	1:50 236°
2.9	SAO 78778 7,2 mag	Eintritt	3:48 53°	3:35 60°	3:45 57°	3:42 54°	3:51 47°	3:47 49°	3:44 50°	3:45 55°	3:38 62°	3:41 58°	3:39 58°	3:39 67°
2.9	SAO 78778 7,2 mag	Austritt	4:47 295°	4:36 285°	4:47 290°	4:40 293°	4:44 302°	4:43 298°	4:39 297°	4:45 292°	4:42 284°	4:42 288°	4:40 289°	4:47 279°
2.9	SAO 78813 6,6 mag	Eintritt	-	4:58 26°	5:17 14°	5:15 7°	-	-	-	5:21 6°	5:03 28°	5:09 19°	5:06 19°	5:04 35°
2.9	SAO 78813 6,6 mag	Austritt	-	5:37 322°	5:41 337°	5:31 342°	-	-	-	5:36 344°	5:44 321°	5:40 330°	5:38 329°	5:54 316°
2.9	SAO 78827 7,4 mag	Eintritt	5:31 112°	5:21 124°	5:31 117°	5:23 115°	5:27 106°	5:26 109°	5:22 111°	5:29 115°	5:27 125°	5:27 120°	5:24 120°	-
2.9	SAO 78827 7,4 mag	Austritt	6:41 242°	6:20 225°	6:38 236°	6:30 236°	6:39 247°	6:36 243°	6:30 240°	6:37 238°	6:28 226°	6:31 232°	6:27 231°	-
3.9	SAO 79562 6,3 mag	Eintritt	1:10 130°	-	1:09 134°	1:09 130°	1:11 125°	1:10 127°	1:10 127°	1:09 132°	1:08 138°	1:08 134°	-	1:08 145°
3.9	SAO 79562 6,3 mag	Austritt	1:50 230°	-	1:47 226°	1:49 230°	1:54 235°	1:52 233°	1:51 233°	1:48 228°	1:42 221°	1:45 225°	-	1:38 214°
3.9	Kap Gem 3,7 mag	Eintritt	3:44 122°	3:38 130°	3:43 126°	3:40 123°	3:43 115°	3:42 118°	3:40 119°	3:43 124°	3:40 132°	3:41 127°	3:39 127°	3:44 139°
3.9	Kap Gem 3,7 mag	Austritt	4:39 240°	4:24 229°	4:35 235°	4:32 237°	4:41 246°	4:38 243°	4:34 241°	4:36 237°	4:27 227°	4:31 232°	4:29 233°	4:27 221°
3.9	SAO 79718 7,2 mag	Eintritt	-	5:54 107°	-	-	-	-	5:57 95°	-	-	-	-	-
3.9	SAO 79718 7,2 mag	Austritt	-	7:07 258°	-	-	-	-	7:12 271°	-	-	-	-	-
6.9	SAO 99144 7,8 mag	Eintritt	-	-	-	-	-	-	-	-	4:58 40°	5:06 25°	5:04 28°	4:54 47°
6.9	SAO 99144 7,8 mag	Austritt	-	-	-	-	-	-	-	-	5:20 353°	5:14 8°	5:15 4°	5:23 347°

Datum	Stern	Vorgang	Berlin	Bern	Dresden	Frankfurt	Hamburg	Hannover	Koeln	Leipzig	Muenchen	Nuernberg	Stuttgart	Wien
6.9	SAO 99150 7,1 mag	Eintritt	5:08 123°	5:06 136°	5:07 128°	5:07 127°	5:09 118°	5:08 121°	5:07 123°	5:07 126°	5:06 135°	5:07 131°	5:06 131°	5:07 139°
6.9	SAO 99150 7,1 mag	Austritt	6:03 273°	5:54 258°	6:01 268°	5:59 268°	6:04 278°	6:03 274°	6:01 271°	6:02 270°	5:56 259°	5:58 264°	5:57 263°	5:57 257°
6.9	SAO 99321 6,8 mag	Eintritt	17:51 143°	-	17:53 144°	-	-	-	-	17:53 145°	18:00 149°	17:57 147°	17:59 149°	17:58 146°
6.9	SAO 99321 6,8 mag	Austritt	18:38 267°	-	18:40 266°	-	-	-	-	18:40 266°	18:44 262°	18:42 263°	18:43 262°	-
7.9	SAO 118813 6,7 mag	Eintritt	-	-	-	-	-	-	-	-	-	5:44 70°	-	-
7.9	SAO 118813 6,7 mag	Austritt	-	-	-	-	-	-	-	-	6:26 327°	6:25 332°	-	-
10.9	SAO 158485 7,7 mag	Eintritt	-	18:38 38°	-	-	-	-	-	-	-	-	-	-
10.9	SAO 158485 7,7 mag	Austritt	-	18:52 14°	-	-	-	-	-	-	-	-	-	-
11.9	26 Lib 6,3 mag	Eintritt	18:42 102°	18:42 108°	18:45 103°	18:40 105°	18:37 102°	18:38 103°	18:37 105°	18:43 103°	18:46 106°	18:44 105°	18:42 106°	18:51 105°
11.9	26 Lib 6,3 mag	Austritt	19:48 299°	19:52 294°	19:51 297°	19:48 297°	19:44 300°	19:45 299°	19:45 298°	19:49 298°	19:54 295°	19:51 296°	19:51 296°	19:58 294°
12.9	SAO 184188 6,9 mag	Eintritt	17:38 131°	17:35 141°	17:40 132°	17:34 136°	17:33 132°	17:34 133°	-	17:38 132°	17:39 136°	17:38 135°	17:36 137°	17:46 133°
12.9	SAO 184188 6,9 mag	Austritt	18:45 265°	18:40 258°	18:47 264°	18:40 262°	18:40 265°	18:40 264°	-	18:45 264°	18:46 261°	18:44 262°	18:42 261°	18:53 262°
12.9	SAO 184251 7,4 mag	Eintritt	19:41 64°	19:39 70°	19:43 66°	19:38 66°	19:37 63°	19:37 64°	19:35 66°	19:41 65°	19:43 69°	19:41 67°	19:40 68°	19:48 70°
12.9	SAO 184251 7,4 mag	Austritt	20:34 322°	20:38 318°	20:37 320°	20:33 321°	20:28 325°	20:30 324°	20:30 323°	20:35 321°	20:40 317°	20:37 319°	20:36 319°	20:45 315°
12.9	SAO 184259 7,1 mag	Eintritt	19:57 111°	19:58 115°	19:59 113°	19:55 112°	19:52 110°	19:53 111°	19:52 111°	19:57 112°	20:01 115°	19:59 113°	19:57 114°	20:06 116°
12.9	SAO 184259 7,1 mag	Austritt	-	21:06 270°	-	21:02 274°	-	21:00 275°	21:00 275°	-	21:07 270°	21:05 272°	21:04 272°	-
13.9	SAO 185138 6,3 mag	Eintritt	18:09 102°	18:01 110°	18:10 103°	18:03 106°	18:04 103°	18:04 104°	18:00 106°	18:08 103°	18:08 107°	18:07 106°	18:04 107°	18:15 105°
13.9	SAO 185138 6,3 mag	Austritt	19:23 279°	19:18 274°	19:25 278°	19:18 277°	19:18 280°	19:18 279°	19:15 278°	19:23 278°	19:24 276°	19:22 277°	19:20 276°	19:31 275°

Datum	Stern	Vorgang	Berlin	Bern	Dresden	Frankfurt	Hamburg	Hannover	Koeln	Leipzig	Muenchen	Nuernberg	Stuttgart	Wien
13.9	SAO 185219 7,1 mag	Eintritt	20:21 79°	20:18 82°	20:22 80°	20:17 79°	20:16 77°	20:17 78°	20:14 78°	20:21 79°	20:23 82°	20:21 81°	20:19 81°	20:28 85°
13.9	SAO 185219 7,1 mag	Austritt	21:26 292°	21:28 289°	21:29 290°	21:25 292°	21:21 295°	21:23 294°	21:22 295°	21:27 291°	21:31 288°	21:28 290°	21:27 290°	21:35 284°
14.9	SAO 186612 4,7 mag	Eintritt	20:07 143°	20:04 149°	20:10 145°	20:02 144°	20:01 140°	20:01 141°	19:58 142°	20:07 144°	20:10 148°	20:07 146°	20:05 146°	20:20 153°
14.9	SAO 186612 4,7 mag	Austritt	20:50 216°	20:44 212°	20:51 213°	20:47 216°	20:47 220°	20:47 219°	20:45 219°	20:50 215°	20:49 210°	20:49 213°	20:47 214°	20:52 204°
15.9	SAO 188125 7,5 mag	Eintritt	-	22:59 69°	-	22:58 65°	-	-	22:56 62°	-	23:02 72°	-	22:59 68°	-
16.9	SAO 188125 7,5 mag	Austritt	-	0:06 264°	-	0:03 269°	-	-	0:01 273°	-	0:07 262°	-	0:05 266°	-
16.9	SAO 189178 7,8 mag	Eintritt	19:26 67°	19:12 71°	19:25 68°	19:17 68°	19:23 66°	19:21 66°	19:16 68°	19:24 67°	19:20 70°	19:20 69°	19:17 69°	19:27 70°
16.9	SAO 189178 7,8 mag	Austritt	20:40 267°	20:30 265°	20:41 266°	20:33 268°	20:36 270°	20:35 269°	20:30 269°	20:39 267°	20:37 265°	20:36 266°	20:33 266°	20:45 262°
16.9	SAO 189321 6,9 mag	Eintritt	-	23:47 43°	23:50 43°	23:48 38°	-	23:48 34°	23:47 33°	23:49 40°	23:50 46°	23:49 42°	23:48 41°	23:52 52°
17.9	SAO 189321 6,9 mag	Austritt	-	0:48 276°	0:47 278°	0:44 282°	-	0:41 287°	0:41 287°	0:46 280°	0:50 273°	0:48 277°	0:47 278°	0:53 267°
17.9	SAO 190165 7,2 mag	Eintritt	-	-	17:31 58°	-	-	-	-	-	17:24 63°	-	-	17:28 60°
17.9	SAO 190165 7,2 mag	Austritt	18:38 276°	-	18:36 275°	18:30 272°	-	-	-	18:35 275°	18:30 271°	18:31 272°	18:29 271°	18:36 272°
17.9	33 Cap 5,5 mag	Eintritt	-	23:25 339°	23:27 346°	-	-	-	-	-	23:20 354°	23:27 343°	-	23:18 8°
17.9	33 Cap 5,5 mag	Austritt	-	23:31 329°	23:41 324°	-	-	-	-	-	23:46 314°	23:37 327°	-	23:58 300°
17.9	SAO 190337 7,3 mag	Eintritt	23:54 82°	23:50 85°	23:55 85°	23:49 81°	23:49 76°	23:49 78°	23:47 77°	23:53 83°	23:55 88°	23:53 85°	23:51 84°	24:02 96°
18.9	SAO 190337 7,3 mag	Austritt	0:58 227°	0:56 222°	0:59 223°	0:56 228°	0:56 234°	0:56 231°	0:55 232°	0:58 226°	0:58 219°	0:58 223°	0:57 224°	0:59 212°
18.9	SAO 164998 7,4 mag	Eintritt	23:29 80°	23:20 81°	23:30 83°	23:22 78°	23:24 74°	23:24 76°	23:19 74°	23:28 80°	23:27 85°	23:26 82°	23:23 80°	23:36 92°
19.9	SAO 164998 7,4 mag	Austritt	0:37 221°	0:31 217°	0:37 217°	0:33 222°	0:34 227°	0:34 225°	0:31 226°	0:36 220°	0:34 214°	0:34 217°	0:33 219°	0:37 206°

Datum	Stern	Vorgang	Berlin	Bern	Dresden	Frankfurt	Hamburg	Hannover	Koeln	Leipzig	Muenchen	Nuernberg	Stuttgart	Wien
19.9	SAO 165504 7,6 mag	Eintritt	21:50 33°	21:35 33°	21:48 35°	21:42 31°	21:49 29°	21:46 30°	21:42 28°	21:47 33°	21:41 36°	21:43 34°	21:40 33°	21:47 41°
19.9	SAO 165504 7,6 mag	Austritt	22:58 265°	22:45 265°	22:58 262°	22:49 268°	22:52 270°	22:51 269°	22:46 271°	22:55 264°	22:53 261°	22:52 263°	22:49 265°	23:01 254°
20.9	SAO 165578 6,4 mag	Eintritt	2:43 34°	2:40 43°	2:43 39°	2:41 35°	2:43 27°	2:42 30°	2:41 31°	2:43 36°	2:42 45°	2:42 40°	2:41 40°	2:45 50°
20.9	SAO 165578 6,4 mag	Austritt	3:41 265°	3:44 253°	3:44 260°	3:42 261°	3:38 272°	3:39 268°	3:39 266°	3:42 262°	3:46 252°	3:44 257°	3:44 257°	3:48 248°
21.9	SAO 147017 6,8 mag	Eintritt	0:29 79°	0:17 81°	0:29 83°	0:21 77°	0:24 73°	0:23 74°	0:18 73°	0:27 80°	0:25 85°	0:25 82°	0:21 80°	0:35 94°
21.9	SAO 147017 6,8 mag	Austritt	1:37 211°	1:27 206°	1:36 207°	1:31 212°	1:35 218°	1:34 216°	1:31 216°	1:35 210°	1:31 203°	1:32 207°	1:30 208°	1:34 194°
24.9	SAO 93169 7,8 mag	Eintritt	19:34 28°	-	19:31 30°	-	19:37 26°	-	-	-	-	-	-	-
24.9	SAO 93169 7,8 mag	Austritt	20:16 284°	-	20:14 283°	-	20:18 287°	-	-	20:15 284°	-	-	-	20:10 278°
25.9	SAO 93331 7,6 mag	Eintritt	-	-	-	-	-	-	6:35 88°	-	-	-	-	-
25.9	SAO 93331 7,6 mag	Austritt	-	-	-	-	-	-	7:44 232°	-	-	-	-	-
27.9	SAO 76729 7,4 mag	Eintritt	-	3:17 356°	-	-	-	-	-	-	3:21 1°	-	-	3:22 12°
27.9	SAO 76729 7,4 mag	Austritt	-	3:42 321°	-	-	-	-	-	-	3:52 319°	-	-	4:06 310°
28.9	SAO 77252 6,9 mag	Eintritt	1:41 67°	1:27 71°	1:38 70°	1:33 66°	1:41 61°	1:39 63°	1:34 62°	1:38 68°	1:31 73°	1:33 70°	1:31 69°	1:35 79°
28.9	SAO 77252 6,9 mag	Austritt	2:54 263°	2:39 256°	2:52 259°	2:45 262°	2:51 269°	2:49 267°	2:44 266°	2:51 261°	2:45 254°	2:47 258°	2:43 258°	2:51 249°
28.9	SAO 78207 7,9 mag	Eintritt	22:13 63°	-	22:11 65°	22:13 62°	22:17 59°	22:15 60°	22:15 60°	22:12 64°	22:08 67°	22:10 65°	22:10 64°	22:05 71°
28.9	SAO 78207 7,9 mag	Austritt	23:04 280°	22:59 278°	23:02 278°	23:02 281°	23:06 285°	23:04 283°	23:03 284°	23:03 280°	22:59 276°	23:01 278°	23:00 279°	22:58 271°
28.9	SAO 78251 7,3 mag	Eintritt	22:59 116°	22:55 119°	22:57 119°	22:57 115°	23:00 111°	22:59 113°	22:58 112°	22:58 117°	22:55 121°	22:56 119°	22:56 118°	22:55 127°
28.9	SAO 78251 7,3 mag	Austritt	23:45 227°	23:37 223°	23:42 223°	23:43 228°	23:49 232°	23:47 230°	23:45 231°	23:43 226°	23:37 220°	23:40 223°	23:40 224°	23:34 214°

Datum	Stern	Vorgang	Berlin	Bern	Dresden	Frankfurt	Hamburg	Hannover	Koeln	Leipzig	Muenchen	Nuernberg	Stuttgart	Wien
28.9	SAO 78250 7,9 mag	Eintritt	-	-	-	-	-	-	-	-	-	-	-	23:12 11°
28.9	SAO 78250 7,9 mag	Austritt	-	-	-	-	-	-	-	-	-	-	-	23:32 330°
30.9	57 Gem 5,1 mag	Eintritt	3:38 165°	-	-	-	3:28 150°	3:29 157°	3:28 161°	-	-	-	-	-
30.9	57 Gem 5,1 mag	Austritt	3:56 194°	-	-	-	4:03 209°	3:57 201°	3:49 196°	-	-	-	-	-
3.10	Eta Leo 3,6 mag	Eintritt	4:46 57°	4:31 77°	4:42 64°	4:38 65°	4:49 49°	4:45 56°	4:40 60°	4:42 62°	4:34 75°	4:37 69°	4:35 71°	4:36 77°
3.10	Eta Leo 3,6 mag	Austritt	5:27 340°	5:26 318°	5:29 333°	5:25 330°	5:22 347°	5:24 340°	5:23 334°	5:27 334°	5:29 321°	5:28 326°	5:27 324°	5:33 320°
4.10	SAO 99392 6,4 mag	Eintritt	5:04 44°	4:47 71°	4:58 55°	4:55 57°	5:13 26°	5:04 43°	4:58 51°	4:59 52°	4:50 68°	4:53 62°	4:51 64°	4:50 70°
4.10	SAO 99392 6,4 mag	Austritt	5:27 0°	5:32 331°	5:31 350°	5:30 346°	5:18 17°	5:25 1°	5:27 351°	5:30 352°	5:34 335°	5:32 342°	5:32 339°	5:36 335°
6.10	48 Vir 6,5 mag	Eintritt	17:05 79°	17:10 86°	17:07 80°	17:06 82°	17:02 79°	17:03 80°	17:04 82°	17:06 80°	17:11 83°	17:08 82°	17:08 83°	-
6.10	48 Vir 6,5 mag	Austritt	17:50 334°	18:00 328°	17:53 333°	17:54 332°	17:47 335°	17:49 334°	17:52 333°	17:52 333°	17:58 329°	17:56 331°	17:57 330°	-
7.10	SAO 139627 6,8 mag	Eintritt	-	-	-	-	-	-	-	-	-	-	-	16:33 65°
7.10	SAO 139627 6,8 mag	Austritt	-	-	-	-	-	-	-	-	-	-	-	17:13 346°
7.10	SAO 139640 7,9 mag	Eintritt	16:46 105°	16:50 111°	16:48 106°	16:46 108°	16:41 105°	16:43 106°	16:43 108°	16:47 106°	16:51 109°	16:49 108°	16:48 109°	16:54 108°
7.10	SAO 139640 7,9 mag	Austritt	17:45 306°	17:53 301°	17:48 304°	17:48 304°	17:42 306°	17:44 306°	17:45 304°	17:47 305°	17:52 302°	17:50 303°	17:50 303°	17:54 301°
8.10	Alf1 Lib 5,3 mag	Eintritt	-	-	-	-	-	-	-	-	-	-	-	16:25 160°
8.10	Alf1 Lib 5,3 mag	Austritt	-	-	-	-	-	-	-	-	-	-	-	17:10 246°
8.10	Alf2 Lib 2,9 mag	Eintritt	-	-	-	-	-	-	-	-	-	-	-	16:36 167°
8.10	Alf2 Lib 2,9 mag	Austritt	-	-	-	-	-	-	-	-	-	-	-	17:14 238°

Datum	Stern	Vorgang	Berlin	Bern	Dresden	Frankfurt	Hamburg	Hannover	Koeln	Leipzig	Muenchen	Nuernberg	Stuttgart	Wien
9.10	SAO 183833 7,8 mag	Eintritt	-	-	16:05 98°	-	-	-	-	-	-	-	-	16:11 99°
9.10	SAO 183833 7,8 mag	Austritt	-	-	17:15 301°	-	-	-	-	-	-	-	-	17:22 298°
10.10	SAO 184715 7,5 mag	Eintritt	16:39 165°	-	16:41 167°	-	-	-	-	-	-	-	-	16:50 172°
10.10	SAO 184715 7,5 mag	Austritt	17:12 221°	-	17:13 218°	-	-	-	-	-	-	-	-	17:16 213°
11.10	SAO 185965 7,3 mag	Eintritt	17:02 99°	16:53 105°	17:02 100°	16:55 101°	16:57 99°	16:56 99°	16:52 101°	17:00 100°	17:00 102°	16:59 101°	16:56 102°	17:08 102°
11.10	SAO 185965 7,3 mag	Austritt	18:15 270°	18:10 266°	18:17 269°	18:10 269°	18:10 271°	18:10 271°	18:07 270°	18:14 269°	18:15 267°	18:14 268°	18:11 268°	18:22 265°
12.10	SAO 187716 7,0 mag	Eintritt	-	21:09 72°	-	-	-	-	-	-	-	-	-	-
13.10	SAO 188977 7,2 mag	Eintritt	-	21:27 69°	21:31 69°	21:27 65°	21:26 61°	21:26 63°	21:25 62°	21:29 67°	21:31 72°	21:30 69°	21:28 68°	21:35 78°
13.10	SAO 188977 7,2 mag	Austritt	-	22:37 254°	22:37 255°	22:34 259°	22:31 264°	22:32 262°	22:32 263°	22:35 257°	22:38 251°	22:37 255°	22:36 256°	22:40 245°
14.10	SAO 189940 7,6 mag	Eintritt	17:30 101°	17:18 106°	17:30 102°	17:22 103°	17:27 100°	17:26 101°	17:21 102°	17:28 101°	17:24 104°	17:25 103°	17:21 104°	17:31 105°
14.10	SAO 189940 7,6 mag	Austritt	18:37 226°	18:23 224°	18:37 225°	18:29 226°	18:34 228°	18:33 228°	18:27 228°	18:35 226°	18:31 223°	18:31 225°	18:28 225°	18:37 220°
14.10	SAO 190040 7,7 mag	Eintritt	21:24 58°	21:19 59°	21:25 60°	21:20 56°	21:21 52°	21:21 54°	21:18 53°	21:24 58°	21:23 62°	21:23 60°	21:21 58°	21:29 69°
14.10	SAO 190040 7,7 mag	Austritt	22:33 255°	22:32 251°	22:35 251°	22:31 256°	22:29 261°	22:30 259°	22:28 260°	22:33 254°	22:35 248°	22:34 252°	22:32 253°	22:39 242°
15.10	SAO 164759 7,7 mag	Eintritt	18:13 137°	18:04 147°	18:13 140°	18:05 138°	18:08 133°	18:07 134°	18:03 136°	18:11 138°	18:11 146°	18:09 141°	18:06 142°	-
15.10	SAO 164759 7,7 mag	Austritt	18:39 179°	18:20 171°	18:36 175°	18:31 179°	18:39 184°	18:37 182°	18:32 182°	18:36 178°	18:26 170°	18:30 175°	18:27 175°	-
16.10	Tau1 Aqr 5,7 mag	Eintritt	18:00 33°	17:44 37°	17:58 35°	17:52 34°	17:59 32°	17:57 32°	17:52 33°	17:57 34°	17:50 37°	17:52 35°	17:49 36°	17:55 38°
16.10	Tau1 Aqr 5,7 mag	Austritt	19:02 275°	18:47 273°	19:01 273°	18:53 276°	18:59 278°	18:57 277°	18:52 277°	19:00 274°	18:55 272°	18:56 274°	18:52 274°	19:02 268°
17.10	SAO 146799 7,3 mag	Eintritt	18:04 33°	17:49 37°	18:02 34°	17:57 34°	18:05 31°	18:02 32°	17:58 33°	18:01 33°	17:54 36°	17:57 35°	17:54 35°	17:57 38°

Datum	Stern	Vorgang	Berlin	Bern	Dresden	Frankfurt	Hamburg	Hannover	Koeln	Leipzig	Muenchen	Nuernberg	Stuttgart	Wien
17.10	SAO 146799 7,3 mag	Austritt	19:05 270°	18:50 269°	19:04 269°	18:56 272°	19:03 273°	19:01 273°	18:56 273°	19:02 270°	18:57 268°	18:58 269°	18:55 270°	19:03 264°
17.10	SAO 146815 6,8 mag	Eintritt	19:14 65°	18:59 66°	19:12 66°	19:06 64°	19:13 62°	19:10 63°	19:06 62°	19:11 65°	19:05 67°	19:07 66°	19:04 65°	19:11 71°
17.10	SAO 146815 6,8 mag	Austritt	20:28 233°	20:12 233°	20:26 231°	20:19 235°	20:25 237°	20:23 236°	20:18 237°	20:25 233°	20:19 230°	20:21 232°	20:17 233°	20:25 225°
17.10	SAO 146842 7,1 mag	Eintritt	21:48 357°	21:35 357°	21:45 1°	21:44 351°	21:53 343°	21:50 346°	21:48 342°	21:46 357°	21:38 3°	21:41 359°	21:40 356°	21:40 13°
17.10	SAO 146842 7,1 mag	Austritt	22:28 294°	22:17 292°	22:30 289°	22:17 299°	22:15 309°	22:17 305°	22:09 310°	22:26 293°	22:27 286°	22:25 291°	22:20 293°	22:39 276°
19.10	SAO 128806 6,8 mag	Eintritt	0:41 58°	0:34 65°	0:42 62°	0:36 58°	0:38 52°	0:37 54°	0:34 54°	0:40 60°	0:39 67°	0:39 63°	0:36 62°	0:46 73°
19.10	SAO 128806 6,8 mag	Austritt	1:53 235°	1:48 224°	1:54 230°	1:50 232°	1:50 241°	1:50 238°	1:48 236°	1:53 232°	1:52 223°	1:52 228°	1:50 228°	1:55 218°
19.10	33 Cet 6,2 mag	Eintritt	19:59 111°	19:44 111°	19:57 113°	19:50 108°	19:56 106°	19:54 107°	19:49 105°	19:56 111°	19:51 115°	19:52 112°	19:49 110°	19:59 124°
19.10	33 Cet 6,2 mag	Austritt	20:40 184°	20:25 185°	20:37 181°	20:34 188°	20:43 190°	20:40 189°	20:36 191°	20:37 184°	20:29 180°	20:32 183°	20:30 185°	20:27 169°
20.10	89 Psc 5,3 mag	Eintritt	-	-	-	-	1:23 127°	1:31 140°	-	-	-	-	-	-
20.10	89 Psc 5,3 mag	Austritt	-	-	-	-	1:48 166°	1:39 152°	-	-	-	-	-	-
20.10	SAO 109835 7,0 mag	Eintritt	4:51 34°	4:50 54°	4:51 40°	4:50 43°	4:51 30°	4:50 35°	4:49 40°	4:51 39°	4:51 50°	4:51 46°	4:50 48°	4:52 50°
20.10	SAO 109835 7,0 mag	Austritt	5:43 275°	5:51 255°	5:46 270°	5:47 266°	5:41 279°	5:44 274°	5:46 268°	5:45 271°	5:50 259°	5:48 264°	5:49 261°	-
20.10	SAO 110207 7,2 mag	Eintritt	18:51 87°	18:41 90°	18:49 89°	18:46 87°	18:52 85°	18:50 86°	18:47 86°	18:49 88°	18:43 90°	18:45 89°	18:44 89°	18:45 93°
20.10	SAO 110207 7,2 mag	Austritt	19:47 214°	19:34 213°	19:44 212°	19:41 215°	19:49 217°	19:46 217°	19:43 217°	19:44 214°	19:37 211°	19:40 213°	19:38 214°	19:38 207°
21.10	SAO 110295 7,7 mag	Eintritt	1:07 79°	0:56 86°	1:08 83°	0:59 79°	1:02 72°	1:01 75°	0:56 75°	1:05 81°	1:04 89°	1:03 84°	01:00 84°	1:14 96°
21.10	SAO 110295 7,7 mag	Austritt	2:19 218°	2:07 206°	2:18 213°	2:12 215°	2:17 225°	2:16 221°	2:12 220°	2:17 215°	2:13 205°	2:14 210°	2:11 210°	2:17 200°
21.10	31 Ari 5,7 mag	Eintritt	17:44 61°	-	17:42 62°	-	17:47 60°	-	-	17:43 62°	-	-	-	17:36 65°

Datum	Stern	Vorgang	Berlin	Bern	Dresden	Frankfurt	Hamburg	Hannover	Koeln	Leipzig	Muenchen	Nuernberg	Stuttgart	Wien
21.10	31 Ari 5,7 mag	Austritt	18:40 249°	-	18:37 248°	18:37 249°	18:42 251°	18:40 250°	-	18:38 248°	18:33 246°	18:35 247°	18:34 247°	18:32 244°
22.10	SAO 93188 7,7 mag	Eintritt	5:53 94°	6:04 118°	5:56 99°	5:56 104°	5:50 91°	5:52 95°	5:54 101°	5:55 98°	6:02 111°	5:59 106°	06:00 109°	6:03 109°
22.10	SAO 93188 7,7 mag	Austritt	6:52 229°	6:49 204°	6:53 225°	6:51 218°	6:51 231°	6:51 227°	6:50 220°	6:52 225°	6:52 212°	6:52 217°	6:51 213°	6:54 216°
22.10	SAO 93473 7,2 mag	Eintritt	22:29 23°	22:14 24°	22:25 26°	22:22 20°	22:32 16°	22:28 18°	22:24 16°	22:25 24°	22:17 28°	22:20 25°	22:18 24°	22:18 35°
22.10	SAO 93473 7,2 mag	Austritt	23:25 281°	23:10 278°	23:25 277°	23:16 283°	23:21 289°	23:19 287°	23:13 288°	23:23 280°	23:18 274°	23:19 278°	23:15 279°	23:26 267°
22.10	SAO 93494 6,4 mag	Eintritt	24:17 150°	-	-	24:02 142°	23:59 126°	23:59 130°	23:53 128°	-	-	-	-	-
23.10	SAO 93494 6,4 mag	Austritt	0:20 155°	-	-	0:15 161°	0:34 180°	0:28 174°	0:23 175°	-	-	-	-	-
23.10	53 Tau 5,4 mag	Eintritt	21:46 85°	21:34 86°	21:43 87°	21:40 83°	21:46 80°	21:44 81°	21:41 80°	21:43 85°	21:38 89°	21:40 86°	21:38 85°	21:40 94°
23.10	53 Tau 5,4 mag	Austritt	22:50 230°	22:35 228°	22:47 227°	22:43 231°	22:51 235°	22:48 234°	22:44 235°	22:47 229°	22:39 224°	22:42 227°	22:40 229°	22:41 218°
23.10	SAO 76565 7,0 mag	Eintritt	23:10 134°	23:00 142°	23:13 143°	23:00 130°	23:04 122°	23:03 125°	22:58 124°	23:09 136°	-	23:07 142°	23:02 138°	-
23.10	SAO 76565 7,0 mag	Austritt	23:38 180°	23:17 170°	23:29 169°	23:31 182°	23:44 192°	23:40 188°	23:36 190°	23:34 177°	-	23:25 170°	23:25 174°	-
25.10	SAO 77918 7,0 mag	Eintritt	22:59 74°	22:48 77°	22:56 76°	22:54 73°	23:01 68°	22:58 70°	22:55 69°	22:57 75°	22:51 79°	22:53 76°	22:52 76°	22:52 85°
25.10	SAO 77918 7,0 mag	Austritt	24:06 263°	23:53 258°	24:03 259°	23:59 263°	24:05 268°	24:03 266°	23:59 266°	24:03 261°	23:57 255°	23:59 259°	23:57 259°	24:00 250°
26.10	SAO 78029 7,6 mag	Eintritt	1:28 76°	1:13 85°	1:26 80°	1:19 78°	1:27 70°	1:24 73°	1:19 74°	1:25 78°	1:19 86°	1:21 82°	1:18 82°	1:26 91°
26.10	SAO 78029 7,6 mag	Austritt	2:48 265°	2:32 253°	2:47 261°	2:38 261°	2:43 271°	2:42 267°	2:37 265°	2:45 262°	2:40 253°	2:41 258°	2:37 257°	2:48 250°
26.10	SAO 78795 6,9 mag	Eintritt	20:35 27°	-	20:31 31°	-	20:41 19°	20:39 22°	-	20:33 28°	-	-	-	20:24 40°
26.10	SAO 78795 6,9 mag	Austritt	21:02 324°	-	21:02 320°	-	21:02 332°	21:02 329°	-	21:02 322°	-	-	-	21:00 310°
26.10	SAO 78813 6,6 mag	Eintritt	20:46 62°	-	20:44 64°	20:46 61°	20:50 58°	20:49 59°	20:49 59°	20:45 63°	20:42 67°	20:44 64°	20:44 64°	20:38 71°

Datum	Stern	Vorgang	Berlin	Bern	Dresden	Frankfurt	Hamburg	Hannover	Koeln	Leipzig	Muenchen	Nuernberg	Stuttgart	Wien
26.10	SAO 78813 6,6 mag	Austritt	21:36 288°	-	21:34 285°	21:34 289°	21:37 293°	21:36 291°	21:35 292°	21:35 287°	21:31 283°	21:33 285°	21:33 286°	21:30 278°
26.10	SAO 78824 7,5 mag	Eintritt	21:16 39°	21:11 43°	21:13 42°	21:15 38°	21:21 32°	21:19 34°	21:19 34°	21:14 40°	21:09 45°	21:12 42°	21:12 41°	21:06 50°
26.10	SAO 78824 7,5 mag	Austritt	21:54 311°	21:50 306°	21:53 307°	21:52 312°	21:54 318°	21:53 315°	21:52 316°	21:53 310°	21:51 304°	21:52 307°	21:51 308°	21:51 298°
26.10	37 Gem 5,8 mag	Eintritt	-	-	-	-	22:27 159°	22:29 167°	22:26 165°	-	-	-	-	-
26.10	37 Gem 5,8 mag	Austritt	-	-	-	-	22:43 191°	22:37 183°	22:36 185°	-	-	-	-	-
27.10	40 Gem 6,3 mag	Eintritt	0:15 37°	0:00 46°	0:11 42°	0:09 38°	0:20 28°	0:16 32°	0:12 32°	0:12 39°	0:03 48°	0:06 43°	0:05 43°	0:03 54°
27.10	40 Gem 6,3 mag	Austritt	1:01 313°	0:53 302°	1:02 307°	0:55 311°	0:56 322°	0:56 318°	0:53 316°	01:00 310°	0:58 300°	0:58 305°	0:55 305°	1:04 295°
27.10	SAO 79121 7,0 mag	Eintritt	5:56 92°	5:52 113°	5:58 96°	5:51 102°	5:51 90°	5:51 94°	5:47 100°	5:56 96°	5:57 107°	5:55 103°	5:53 106°	6:05 104°
27.10	SAO 79121 7,0 mag	Austritt	7:16 285°	7:14 264°	7:19 281°	7:13 274°	7:10 285°	7:12 282°	7:10 275°	7:17 281°	7:20 271°	7:17 274°	7:16 271°	7:26 276°
27.10	SAO 79124 7,7 mag	Eintritt	6:02 90°	5:57 111°	6:03 94°	5:56 100°	5:56 88°	5:56 92°	5:53 98°	6:01 94°	6:03 104°	6:01 100°	5:58 104°	6:10 101°
27.10	SAO 79124 7,7 mag	Austritt	7:21 288°	7:20 267°	7:23 284°	7:19 277°	7:15 288°	7:17 284°	7:15 278°	7:22 284°	7:25 274°	7:23 277°	7:21 274°	7:31 279°
27.10	SAO 79718 7,2 mag	Eintritt	22:43 152°	22:43 165°	22:44 159°	22:41 152°	22:42 143°	22:41 146°	22:40 146°	22:43 154°	22:48 173°	22:43 160°	22:42 159°	-
27.10	SAO 79718 7,2 mag	Austritt	23:11 210°	22:58 196°	23:05 202°	23:08 209°	23:17 219°	23:14 216°	23:12 215°	23:08 207°	22:55 187°	23:03 200°	23:03 202°	-
28.10	SAO 79803 7,7 mag	Eintritt	1:37 94°	1:26 104°	1:35 99°	1:30 97°	1:36 89°	1:34 92°	1:31 93°	1:34 97°	1:30 105°	1:31 101°	1:29 101°	1:34 109°
28.10	SAO 79803 7,7 mag	Austritt	2:50 273°	2:35 259°	2:48 268°	2:42 268°	2:48 278°	2:46 274°	2:41 272°	2:47 270°	2:42 260°	2:43 265°	2:40 264°	2:47 257°
28.10	SAO 79910 7,8 mag	Eintritt	6:30 72°	6:19 95°	6:30 77°	6:21 84°	6:24 71°	6:23 76°	6:18 82°	6:28 77°	6:26 88°	6:25 84°	6:22 88°	6:35 84°
28.10	SAO 79910 7,8 mag	Austritt	7:36 319°	7:42 296°	7:40 315°	7:38 306°	7:31 318°	7:34 314°	7:34 307°	7:39 314°	7:45 304°	7:42 307°	7:41 303°	7:50 310°
29.10	SAO 80496 7,6 mag	Eintritt	4:35 74°	4:19 94°	4:33 79°	4:25 83°	4:33 70°	4:30 75°	4:24 80°	4:32 78°	4:26 90°	4:27 85°	4:24 88°	4:34 89°

Datum	Stern	Vorgang	Berlin	Bern	Dresden	Frankfurt	Hamburg	Hannover	Koeln	Leipzig	Muenchen	Nuernberg	Stuttgart	Wien
29.10	SAO 80496 7,6 mag	Austritt	5:42 319°	5:39 296°	5:45 314°	5:39 308°	5:36 321°	5:38 317°	5:36 310°	5:43 314°	5:45 302°	5:43 307°	5:41 303°	5:53 306°
29.10	SAO 80529 7,0 mag	Eintritt	6:21 108°	6:17 130°	6:22 112°	6:15 119°	6:15 107°	6:16 111°	6:12 117°	6:20 112°	6:22 123°	6:20 119°	6:17 123°	6:29 119°
29.10	SAO 80529 7,0 mag	Austritt	7:41 294°	7:36 272°	7:43 290°	7:36 282°	7:35 293°	7:36 290°	7:33 283°	7:41 290°	7:43 280°	7:41 283°	7:38 279°	7:50 286°
30.10	SAO 98742 6,6 mag	Eintritt	3:33 48°	3:13 72°	3:28 57°	3:22 59°	3:37 39°	3:31 47°	3:24 54°	3:28 55°	3:18 69°	3:22 63°	3:19 65°	3:22 71°
30.10	SAO 98742 6,6 mag	Austritt	4:10 347°	4:11 321°	4:13 339°	4:09 335°	4:03 355°	4:06 347°	4:06 339°	4:11 340°	4:15 325°	4:13 331°	4:11 328°	4:20 326°
30.10	SAO 98750 6,9 mag	Eintritt	4:12 72°	3:57 92°	4:10 78°	4:03 81°	4:12 68°	4:09 73°	4:03 78°	4:09 77°	4:03 89°	4:04 84°	4:01 86°	4:08 89°
30.10	SAO 98750 6,9 mag	Austritt	5:11 327°	5:08 305°	5:14 322°	5:08 317°	5:06 331°	5:07 326°	5:06 319°	5:12 322°	5:13 310°	5:12 315°	5:10 312°	5:20 313°
31.10	46 Leo 5,7 mag	Eintritt	2:04 164°	-	2:07 173°	2:06 173°	2:02 156°	2:03 161°	2:03 166°	2:06 170°	-	2:10 183°	2:11 187°	-
31.10	46 Leo 5,7 mag	Austritt	2:39 234°	-	2:33 225°	2:30 223°	2:42 241°	2:38 236°	2:34 230°	2:34 228°	-	2:25 214°	2:22 209°	-
31.10	SAO 99202 7,7 mag	Eintritt	4:03 153°	4:13 191°	4:05 160°	4:03 165°	04:00 149°	4:01 154°	4:00 160°	4:03 159°	4:10 178°	4:06 169°	4:06 173°	4:13 177°
31.10	SAO 99202 7,7 mag	Austritt	4:55 253°	4:26 213°	4:52 246°	4:44 240°	4:54 256°	4:51 251°	4:45 244°	4:51 247°	4:39 227°	4:44 237°	4:39 232°	4:45 231°
1.11	SAO 118859 6,8 mag	Eintritt	3:32 108°	3:27 125°	3:31 113°	3:29 115°	3:32 104°	3:31 108°	3:29 112°	3:31 112°	3:28 122°	3:29 118°	3:28 120°	3:29 123°
1.11	SAO 118859 6,8 mag	Austritt	4:33 302°	4:25 282°	4:32 297°	4:29 293°	4:32 305°	4:31 301°	4:29 296°	4:32 297°	4:29 287°	4:29 291°	4:28 289°	4:32 288°
4.11	SAO 158554 6,6 mag	Eintritt	-	-	-	15:51 132°	15:46 129°	15:47 130°	-	15:51 131°	15:56 134°	15:53 133°	15:53 133°	-
4.11	SAO 158554 6,6 mag	Austritt	-	-	-	16:48 274°	16:43 276°	16:45 276°	-	16:47 274°	16:52 271°	16:50 272°	16:50 272°	-
6.11	SAO 184377 6,6 mag	Eintritt	15:40 134°	-	15:42 135°	-	15:35 133°	15:36 134°	-	15:40 135°	15:44 138°	15:41 136°	-	15:50 138°
6.11	SAO 184377 6,6 mag	Austritt	16:38 253°	-	16:39 251°	-	16:33 255°	16:34 254°	-	16:38 252°	16:40 249°	16:39 250°	-	16:44 247°
6.11	SAO 184383 7,1 mag	Eintritt	15:40 119°	-	15:42 120°	15:37 121°	15:35 119°	15:36 120°	-	15:40 120°	15:43 123°	15:41 122°	15:39 123°	15:49 123°

Datum	Stern	Vorgang	Berlin	Bern	Dresden	Frankfurt	Hamburg	Hannover	Koeln	Leipzig	Muenchen	Nuernberg	Stuttgart	Wien
6.11	SAO 184383 7,1 mag	Austritt	16:44 267°	-	16:46 265°	16:42 266°	16:40 269°	16:41 268°	-	16:45 266°	16:48 263°	16:46 265°	16:44 265°	16:52 261°
6.11	Rho Oph 5,9 mag	Eintritt	15:43 128°	-	15:45 129°	15:40 130°	15:38 128°	15:39 128°	-	15:43 129°	15:47 132°	15:44 131°	15:43 131°	15:53 132°
6.11	Rho Oph 5,9 mag	Austritt	16:43 258°	-	16:45 257°	16:42 257°	16:39 260°	16:40 259°	-	16:44 257°	16:46 254°	16:45 256°	16:44 256°	16:50 252°
6.11	Rho Oph 5,2 mag	Eintritt	15:43 128°	-	15:45 129°	15:40 130°	15:38 128°	15:39 128°	-	15:43 129°	15:47 132°	15:44 131°	15:43 131°	15:53 132°
6.11	Rho Oph 5,2 mag	Austritt	16:43 258°	-	16:45 257°	16:42 257°	16:39 260°	16:40 259°	-	16:44 257°	16:46 254°	16:45 256°	16:44 256°	16:50 252°
7.11	SAO 185474 6,0 mag	Eintritt	16:08 96°	16:04 100°	16:10 98°	16:04 98°	16:03 95°	16:04 96°	16:01 97°	16:08 97°	16:09 100°	16:08 98°	16:05 99°	16:16 101°
7.11	SAO 185474 6,0 mag	Austritt	17:17 274°	17:16 271°	17:19 272°	17:15 274°	17:13 276°	17:13 275°	17:12 275°	17:17 273°	17:20 270°	17:18 272°	17:17 272°	17:25 267°
8.11	SAO 187014 7,8 mag	Eintritt	15:02 95°	-	15:02 96°	-	-	-	-	-	-	-	-	15:06 98°
8.11	SAO 187014 7,8 mag	Austritt	16:15 266°	-	16:16 264°	-	-	-	-	-	-	-	-	16:21 261°
9.11	SAO 188559 7,6 mag	Eintritt	18:32 119°	18:29 121°	18:35 122°	18:27 117°	18:26 114°	18:27 115°	18:24 114°	18:32 120°	18:36 125°	18:33 122°	18:30 120°	18:46 134°
9.11	SAO 188559 7,6 mag	Austritt	19:22 212°	19:20 209°	19:22 209°	19:21 214°	19:21 219°	19:21 217°	19:20 218°	19:22 211°	19:21 205°	19:22 209°	19:21 211°	19:21 196°
10.11	SAO 189669 7,2 mag	Eintritt	17:53 31°	17:42 32°	17:52 33°	17:46 29°	17:50 26°	17:49 27°	17:45 26°	17:51 31°	17:48 34°	17:48 32°	17:46 31°	17:53 39°
10.11	SAO 189669 7,2 mag	Austritt	18:50 290°	18:43 289°	18:52 287°	18:43 292°	18:42 296°	18:43 295°	18:39 296°	18:49 289°	18:50 285°	18:48 288°	18:45 289°	18:59 279°
10.11	SAO 189703 7,9 mag	Eintritt	-	-	-	-	-	-	-	-	19:11 351°	-	-	19:08 7°
10.11	SAO 189703 7,9 mag	Austritt	-	-	-	-	-	-	-	-	19:27 326°	-	-	19:43 309°
11.11	SAO 164654 7,9 mag	Eintritt	20:34 59°	20:29 62°	20:34 62°	20:30 58°	20:30 53°	20:30 55°	20:28 54°	20:33 60°	20:33 65°	20:32 62°	20:30 61°	20:39 72°
11.11	SAO 164654 7,9 mag	Austritt	21:42 246°	21:41 241°	21:43 242°	21:40 246°	21:38 252°	21:39 250°	21:38 250°	21:42 244°	21:43 238°	21:42 242°	21:41 243°	21:46 232°
13.11	SAO 165638 7,8 mag	Eintritt	15:59 14°	-	15:56 16°	15:51 16°	16:00 12°	15:57 13°	15:52 15°	15:56 15°	15:48 19°	15:51 17°	15:48 18°	15:51 20°

Datum	Stern	Vorgang	Berlin	Bern	Dresden	Frankfurt	Hamburg	Hannover	Koeln	Leipzig	Muenchen	Nuernberg	Stuttgart	Wien
13.11	SAO 165638 7,8 mag	Austritt	16:45 292°	-	16:43 290°	16:36 292°	16:42 295°	16:40 294°	16:36 294°	16:42 292°	16:37 288°	16:38 290°	16:35 290°	16:43 235°
13.11	SAO 146729 6,5 mag	Eintritt	21:47 3°	21:36 9°	21:45 9°	21:43 1°	21:51 350°	21:48 355°	21:45 353°	21:45 5°	21:40 13°	21:42 8°	21:40 7°	21:42 2°
13.11	SAO 146729 6,5 mag	Austritt	22:30 290°	22:29 280°	22:34 283°	22:26 289°	22:20 302°	22:23 297°	22:20 297°	22:31 287°	22:35 277°	22:32 282°	22:30 283°	22:42 269°
14.11	SAO 128648 7,8 mag	Eintritt	21:14 342°	20:58 347°	21:08 350°	21:12 333°	-	-	-	21:10 344°	21:00 355°	21:04 349°	21:04 345°	21:00 -°
14.11	SAO 128648 7,8 mag	Austritt	21:37 307°	21:31 299°	21:42 297°	21:25 314°	-	-	-	21:37 303°	21:42 291°	21:38 298°	21:33 301°	21:54 280°
15.11	SAO 128707 7,0 mag	Eintritt	1:33 30°	1:31 46°	1:33 35°	1:32 36°	1:33 24°	1:33 28°	1:31 32°	1:33 34°	1:32 44°	1:32 40°	1:32 41°	1:34 47°
15.11	SAO 128707 7,0 mag	Austritt	2:26 273°	2:32 254°	2:28 267°	2:29 265°	2:23 278°	2:25 273°	2:27 269°	2:28 269°	2:32 257°	2:30 262°	2:31 260°	-
16.11	SAO 109653 7,0 mag	Eintritt	0:44 61°	0:41 74°	0:45 66°	0:41 65°	0:41 56°	0:41 59°	0:39 61°	0:44 64°	0:45 74°	0:44 69°	0:42 70°	0:50 78°
16.11	SAO 109653 7,0 mag	Austritt	1:52 238°	1:50 222°	1:53 233°	1:51 232°	1:50 243°	1:51 239°	1:50 236°	1:52 235°	1:53 224°	1:52 229°	1:51 228°	1:55 222°
17.11	SAO 92914 7,9 mag	Eintritt	17:01 109°	16:53 112°	16:59 110°	16:57 108°	17:02 106°	17:00 107°	16:58 107°	16:59 109°	16:55 113°	16:56 111°	16:55 110°	16:56 116°
17.11	SAO 92914 7,9 mag	Austritt	17:43 196°	17:31 194°	17:39 194°	17:38 197°	17:46 200°	17:43 199°	17:41 200°	17:40 196°	17:33 192°	17:36 195°	17:35 195°	17:32 187°
18.11	SAO 93012 7,9 mag	Eintritt	-	2:16 342°	-	-	-	-	-	-	-	-	-	-
18.11	SAO 93012 7,9 mag	Austritt	-	2:26 327°	-	-	-	-	-	-	-	-	-	-
18.11	SAO 93041 7,5 mag	Eintritt	5:00 4°	4:51 36°	4:57 13°	4:54 22°	5:01 360°	4:57 9°	4:54 19°	4:57 13°	4:54 29°	4:54 24°	4:53 28°	4:56 25°
18.11	SAO 93041 7,5 mag	Austritt	5:23 319°	5:42 286°	5:29 310°	5:34 300°	5:20 322°	5:26 313°	5:32 303°	5:29 310°	5:38 294°	5:35 299°	5:37 295°	5:36 299°
18.11	SAO 93331 7,6 mag	Eintritt	18:58 18°	18:46 19°	18:54 20°	18:53 15°	19:02 12°	18:59 13°	18:56 12°	18:55 18°	18:48 22°	18:51 19°	18:50 18°	18:47 28°
18.11	SAO 93331 7,6 mag	Austritt	19:45 286°	19:32 286°	19:44 283°	19:37 289°	19:43 293°	19:41 291°	19:36 293°	19:43 286°	19:38 282°	19:39 285°	19:36 286°	19:43 275°
19.11	SAO 93473 7,2 mag	Eintritt	6:46 66°	6:53 85°	-	6:49 76°	6:46 66°	6:47 69°	6:49 75°	6:48 69°	-	-	6:51 79°	-

Datum	Stern	Vorgang	Berlin	Bern	Dresden	Frankfurt	Hamburg	Hannover	Koeln	Leipzig	Muenchen	Nuernberg	Stuttgart	Wien
19.11	SAO 93473 7,2 mag	Austritt	-	-	-	-	7:40 268°	7:42 265°	7:45 259°	-	-	-	-	-
19.11	SAO 76393 6,8 mag	Eintritt	19:47 15°	19:35 17°	19:43 19°	19:43 12°	19:52 8°	19:49 10°	19:46 8°	19:44 16°	19:36 21°	19:40 17°	19:39 16°	19:35 27°
19.11	SAO 76393 6,8 mag	Austritt	20:30 296°	20:17 294°	20:29 292°	20:21 299°	20:26 304°	20:25 302°	20:20 304°	20:27 295°	20:23 289°	20:24 293°	20:21 295°	20:29 282°
20.11	51 Tau 5,6 mag	Eintritt	6:29 12°	6:21 45°	6:27 20°	6:23 32°	6:27 12°	6:25 20°	6:22 31°	6:26 21°	6:24 36°	6:24 32°	6:23 37°	6:27 29°
20.11	51 Tau 5,6 mag	Austritt	6:50 330°	7:11 298°	6:56 323°	7:02 311°	6:49 330°	6:55 322°	7:01 312°	6:56 322°	7:06 307°	7:03 312°	7:06 307°	7:03 314°
20.11	53 Tau 5,4 mag	Eintritt	6:54 158°	-	-	-	6:53 159°	-	-	-	-	-	-	-
20.11	53 Tau 5,4 mag	Austritt	7:08 185°	-	-	-	7:06 184°	-	-	-	-	-	-	-
20.11	SAO 76812 6,6 mag	Eintritt	21:00 40°	20:47 42°	20:57 43°	20:54 38°	21:03 34°	21:00 35°	20:57 34°	20:57 41°	20:50 46°	20:53 43°	20:51 41°	20:51 52°
20.11	SAO 76812 6,6 mag	Austritt	22:01 280°	21:47 276°	21:59 276°	21:52 281°	21:58 287°	21:56 285°	21:51 285°	21:58 279°	21:53 273°	21:54 276°	21:51 277°	21:59 266°
20.11	SAO 76853 7,7 mag	Eintritt	22:34 103°	22:21 109°	22:33 107°	22:25 102°	22:31 96°	22:29 98°	22:24 98°	22:32 104°	22:28 112°	22:28 108°	22:25 106°	22:38 121°
20.11	SAO 76853 7,7 mag	Austritt	23:40 219°	23:20 210°	23:36 214°	23:30 218°	23:40 226°	23:36 223°	23:31 222°	23:36 217°	23:26 207°	23:30 212°	23:26 213°	23:29 199°
21.11	SAO 76952 7,3 mag	Eintritt	4:06 104°	4:13 129°	4:09 109°	4:06 115°	4:00 102°	4:02 106°	4:02 112°	4:07 109°	4:14 121°	4:10 116°	4:09 120°	4:18 118°
21.11	SAO 76952 7,3 mag	Austritt	5:15 244°	5:08 219°	5:16 239°	5:11 232°	5:11 244°	5:11 241°	5:09 234°	5:15 239°	5:14 227°	5:14 232°	5:11 228°	5:20 232°
21.11	103 Tau 5,5 mag	Eintritt	-	6:13 15°	-	-	-	-	-	-	-	-	-	-
21.11	103 Tau 5,5 mag	Austritt	-	6:34 339°	-	-	-	-	-	-	-	-	-	-
21.11	SAO 77375 7,1 mag	Eintritt	18:49 154°	-	-	18:46 151°	18:47 143°	18:47 146°	18:45 145°	18:49 157°	-	-	18:49 161°	-
21.11	SAO 77375 7,1 mag	Austritt	19:02 181°	-	-	19:02 185°	19:10 192°	19:07 190°	19:07 191°	18:59 178°	-	-	18:55 175°	-
21.11	SAO 77513 7,7 mag	Eintritt	21:01 66°	20:50 69°	20:59 69°	20:56 65°	21:03 61°	21:01 63°	20:58 62°	20:59 67°	20:53 72°	20:55 69°	20:54 68°	20:54 77°

Datum	Stern	Vorgang	Berlin	Bern	Dresden	Frankfurt	Hamburg	Hannover	Koeln	Leipzig	Muenchen	Nuernberg	Stuttgart	Wien
21.11	SAO 77513 7,7 mag	Austritt	22:07 265°	21:54 261°	22:05 262°	22:00 266°	22:07 271°	22:05 269°	22:01 269°	22:05 264°	21:59 258°	22:01 262°	21:58 263°	22:02 253°
22.11	SAO 77800 6,6 mag	Eintritt	-	5:10 40°	-	5:20 18°	-	-	5:20 13°	-	5:20 28°	5:24 18°	5:17 28°	5:34 13°
22.11	SAO 77800 6,6 mag	Austritt	-	5:58 323°	-	5:42 345°	-	-	5:36 349°	-	5:52 337°	5:45 345°	5:50 336°	5:47 352°
22.11	SAO 77918 7,0 mag	Eintritt	7:42 93°	7:51 111°	7:44 95°	7:46 102°	7:40 94°	7:42 97°	7:44 102°	7:44 96°	-	7:47 101°	7:48 105°	-
22.11	SAO 77918 7,0 mag	Austritt	8:41 274°	8:49 257°	8:44 271°	8:45 265°	8:40 272°	8:42 270°	8:44 265°	8:43 271°	-	8:46 266°	8:47 263°	-
23.11	SAO 78795 6,9 mag	Eintritt	4:25 131°	4:42 168°	4:29 137°	4:27 145°	4:18 130°	4:21 134°	4:22 143°	4:27 137°	4:38 153°	4:32 146°	4:33 152°	4:41 146°
23.11	SAO 78795 6,9 mag	Austritt	5:30 242°	5:10 206°	5:30 237°	5:21 227°	5:24 242°	5:24 238°	5:18 229°	5:28 237°	5:24 222°	5:25 227°	5:20 221°	5:34 230°
23.11	SAO 78813 6,6 mag	Eintritt	5:13 156°	-	5:21 164°	-	5:07 155°	5:13 163°	-	5:19 165°	-	-	-	-
23.11	SAO 78813 6,6 mag	Austritt	5:53 220°	-	5:52 212°	-	5:48 219°	5:45 212°	-	5:49 211°	-	-	-	-
23.11	SAO 78824 7,5 mag	Eintritt	5:28 117°	5:37 142°	5:31 122°	5:29 129°	5:22 117°	5:24 121°	5:25 128°	5:29 122°	5:37 133°	5:33 129°	5:33 134°	5:40 127°
23.11	SAO 78824 7,5 mag	Austritt	6:37 259°	6:33 235°	6:39 256°	6:34 247°	6:32 258°	6:33 255°	6:31 248°	6:37 255°	6:39 245°	6:37 248°	6:36 244°	6:44 252°
26.11	SAO 80800 7,8 mag	Eintritt	1:08 76°	0:54 92°	1:05 81°	1:00 82°	1:08 71°	1:05 75°	1:01 78°	1:05 80°	0:59 90°	1:00 86°	0:58 87°	1:02 92°
26.11	SAO 80800 7,8 mag	Austritt	2:11 314°	2:04 295°	2:12 308°	2:06 306°	2:07 318°	2:07 314°	2:04 309°	2:10 310°	2:09 298°	2:09 303°	2:06 301°	2:15 298°
27.11	SAO 99019 7,3 mag	Eintritt	1:26 107°	1:18 123°	1:25 112°	1:21 113°	1:25 102°	1:24 106°	1:21 110°	1:24 110°	1:21 120°	1:22 116°	1:20 117°	1:24 122°
27.11	SAO 99019 7,3 mag	Austritt	2:35 293°	2:24 275°	2:34 289°	2:28 285°	2:32 297°	2:31 293°	2:28 288°	2:33 290°	2:29 279°	2:30 283°	2:28 281°	2:34 279°
27.11	SAO 99091 7,4 mag	Eintritt	6:38 83°	6:30 106°	6:39 86°	6:30 96°	6:32 84°	6:32 88°	6:27 96°	6:37 87°	6:36 97°	6:35 95°	6:32 99°	6:45 90°
27.11	SAO 99091 7,4 mag	Austritt	7:38 338°	7:46 317°	7:42 335°	7:41 326°	7:34 336°	7:37 332°	7:38 325°	7:41 334°	7:48 325°	7:44 328°	7:44 323°	7:51 333°
28.11	SAO 99392 6,4 mag	Austritt	0:18 317°	-	0:17 312°	-	-	-	-	0:17 313°	-	-	-	0:16 301°

Datum	Stern	Vorgang	Berlin	Bern	Dresden	Frankfurt	Hamburg	Hannover	Koeln	Leipzig	Muenchen	Nuernberg	Stuttgart	Wien
3.12	SAO 159402 6,8 mag	Eintritt	7:31 143°	7:34 171°	7:31 146°	7:31 156°	7:31 144°	7:31 148°	7:31 156°	7:31 147°	7:32 158°	7:31 155°	7:32 160°	7:32 150°
3.12	SAO 159402 6,8 mag	Austritt	8:27 270°	8:10 243°	8:25 267°	8:18 257°	8:24 268°	8:22 264°	8:17 256°	8:24 266°	8:19 256°	8:20 259°	8:16 254°	8:25 264°
3.12	SAO 159421 6,9 mag	Eintritt	8:01 81°	7:49 104°	7:59 84°	7:53 94°	7:59 83°	7:57 86°	7:53 94°	7:58 85°	7:54 95°	7:55 92°	7:52 96°	-
3.12	SAO 159421 6,9 mag	Austritt	8:53 332°	8:50 311°	8:53 329°	8:51 320°	8:51 329°	8:51 326°	8:50 319°	8:52 328°	8:53 319°	8:52 322°	8:51 318°	-
4.12	SAO 184892 5,9 mag	Eintritt	-	15:49 107°	-	-	-	-	-	-	-	-	-	-
4.12	26 Oph 5,8 mag	Eintritt	-	15:53 85°	-	-	-	-	-	-	-	-	-	-
6.12	SAO 187848 7,0 mag	Eintritt	15:29 33°	-	15:29 36°	15:24 33°	15:26 29°	15:26 30°	-	15:28 34°	15:26 38°	15:26 36°	-	15:31 42°
6.12	SAO 187848 7,0 mag	Austritt	16:15 310°	-	16:18 307°	16:10 312°	16:08 316°	16:09 314°	-	16:15 309°	16:18 305°	16:16 308°	-	16:27 299°
7.12	SAO 189151 7,0 mag	Eintritt	15:31 77°	15:21 79°	15:31 79°	15:24 76°	15:27 75°	15:26 75°	15:22 75°	15:29 78°	15:28 80°	15:27 78°	15:24 78°	15:36 83°
7.12	SAO 189151 7,0 mag	Austritt	16:43 251°	16:36 250°	16:44 249°	16:38 252°	16:38 255°	16:38 254°	16:35 255°	16:42 250°	16:42 247°	16:41 249°	16:39 250°	16:48 242°
8.12	SAO 190337 7,3 mag	Eintritt	19:14 20°	19:10 25°	19:13 24°	19:12 18°	19:15 10°	19:14 13°	19:13 12°	19:13 21°	19:12 29°	19:12 24°	19:12 23°	19:13 36°
8.12	SAO 190337 7,3 mag	Austritt	19:59 290°	20:03 282°	20:02 285°	19:58 290°	19:52 300°	19:55 296°	19:54 296°	20:00 288°	20:05 279°	20:03 284°	20:02 285°	20:10 272°
8.12	35 Cap 6,0 mag	Eintritt	19:18 81°	19:17 85°	19:20 85°	19:16 80°	19:14 75°	19:15 77°	19:13 76°	19:18 82°	19:21 89°	19:19 85°	19:18 84°	19:26 96°
8.12	35 Cap 6,0 mag	Austritt	20:19 228°	20:19 221°	20:20 224°	20:19 228°	20:17 235°	20:18 232°	20:18 232°	20:19 227°	20:20 219°	20:19 223°	20:19 224°	20:20 212°
9.12	SAO 164998 7,4 mag	Eintritt	18:07 19°	17:58 20°	18:06 22°	18:02 16°	18:07 11°	18:05 13°	18:03 11°	18:06 20°	18:02 25°	18:03 21°	18:01 19°	18:06 32°
9.12	SAO 164998 7,4 mag	Austritt	19:01 281°	18:57 278°	19:04 277°	18:56 283°	18:54 290°	18:55 287°	18:51 289°	19:01 280°	19:03 273°	19:01 277°	18:58 279°	19:11 266°
10.12	SAO 165578 6,4 mag	Eintritt	-	-	-	-	-	-	-	-	21:31 336°	-	-	21:24 353°
10.12	SAO 165578 6,4 mag	Austritt	-	-	-	-	-	-	-	-	21:40 320°	-	-	21:52 303°

Datum	Stern	Vorgang	Berlin	Bern	Dresden	Frankfurt	Hamburg	Hannover	Koeln	Leipzig	Muenchen	Nuernberg	Stuttgart	Wien
11.12	SAO 147017 6,8 mag	Eintritt	18:57 50°	18:44 51°	18:56 53°	18:49 48°	18:54 44°	18:53 45°	18:48 44°	18:55 51°	18:51 55°	18:52 52°	18:49 50°	18:58 62°
11.12	SAO 147017 6,8 mag	Austritt	20:12 239°	20:04 235°	20:13 235°	20:06 240°	20:08 246°	20:08 244°	20:04 244°	20:11 238°	20:09 232°	20:09 235°	20:07 237°	20:15 225°
15.12	SAO 92941 7,5 mag	Eintritt	3:01 14°	2:56 41°	03:00 21°	2:57 28°	3:01 10°	03:00 17°	2:57 25°	03:00 20°	2:57 35°	2:58 29°	2:57 33°	2:59 31°
15.12	SAO 92941 7,5 mag	Austritt	3:34 307°	3:49 279°	3:38 300°	3:42 292°	3:32 309°	3:36 303°	3:41 294°	3:38 300°	3:46 287°	3:43 291°	3:45 287°	3:43 291°
15.12	SAO 93169 7,8 mag	Eintritt	15:17 61°	-	15:15 63°	15:14 61°	15:20 59°	15:18 60°	15:16 60°	15:16 62°	15:10 64°	15:13 63°	-	15:09 66°
15.12	SAO 93169 7,8 mag	Austritt	16:17 246°	-	16:14 245°	16:12 248°	16:19 249°	16:16 249°	16:14 249°	16:15 246°	16:08 244°	16:11 245°	-	16:09 240°
15.12	SAO 93188 7,7 mag	Eintritt	-	-	16:57 335°	-	-	-	-	-	16:46 343°	-	-	16:40 357°
15.12	SAO 93188 7,7 mag	Austritt	-	-	17:01 328°	-	-	-	-	-	16:59 320°	-	-	17:09 305°
15.12	SAO 93260 6,6 mag	Eintritt	22:47 16°	22:28 30°	22:44 22°	22:37 20°	22:48 6°	22:44 12°	22:38 14°	22:43 20°	22:35 31°	22:38 26°	22:34 26°	22:41 36°
15.12	SAO 93260 6,6 mag	Austritt	23:40 292°	23:40 274°	23:44 286°	23:37 285°	23:31 301°	23:34 295°	23:32 291°	23:41 288°	23:46 275°	23:43 281°	23:41 280°	23:53 273°
16.12	SAO 93331 7,6 mag	Eintritt	2:58 108°	3:17 140°	3:02 113°	3:04 121°	2:55 106°	2:58 110°	3:01 118°	3:01 113°	3:11 128°	3:07 122°	3:09 127°	3:10 123°
16.12	SAO 93331 7,6 mag	Austritt	3:50 220°	3:42 187°	3:50 215°	3:48 206°	3:49 221°	3:49 216°	3:47 208°	3:50 214°	3:48 200°	3:49 206°	3:47 200°	3:50 206°
16.12	SAO 93335 7,3 mag	Eintritt	3:28 32°	3:26 55°	3:28 37°	3:26 44°	3:27 30°	3:26 35°	3:25 42°	3:27 37°	3:27 49°	3:27 45°	3:26 48°	3:29 45°
16.12	SAO 93335 7,3 mag	Austritt	4:12 297°	4:25 274°	4:16 292°	4:19 285°	4:11 298°	4:14 293°	4:18 286°	4:15 292°	4:22 281°	4:20 284°	4:21 281°	4:20 285°
17.12	SAO 76393 6,8 mag	Eintritt	3:48 84°	3:56 105°	3:50 88°	3:50 94°	3:45 83°	3:47 87°	3:48 93°	3:49 88°	3:54 98°	3:52 94°	3:53 98°	3:55 94°
17.12	SAO 76393 6,8 mag	Austritt	4:49 254°	4:53 234°	4:51 251°	4:51 244°	4:48 254°	4:49 251°	4:50 245°	4:50 251°	4:53 241°	4:52 244°	4:52 241°	4:53 246°
17.12	SAO 76618 5,7 mag	Eintritt	14:51 63°	-	-	-	14:55 61°	-	-	-	-	-	-	-
17.12	SAO 76618 5,7 mag	Austritt	15:43 262°	-	-	-	15:46 265°	-	-	-	-	-	-	-

Datum	Stern	Vorgang	Berlin	Bern	Dresden	Frankfurt	Hamburg	Hannover	Koeln	Leipzig	Muenchen	Nuernberg	Stuttgart	Wien
17.12	SAO 76720 7,8 mag	Eintritt	22:44 36°	22:24 48°	22:41 41°	22:33 39°	22:43 28°	22:40 32°	22:33 34°	22:40 39°	22:32 49°	22:34 44°	22:30 44°	22:39 53°
17.12	SAO 76720 7,8 mag	Austritt	23:50 290°	23:44 273°	23:53 284°	23:44 284°	23:42 296°	23:44 292°	23:40 288°	23:50 286°	23:51 275°	23:49 280°	23:46 278°	24:00 273°
17.12	Tau Tau 4,3 mag	Eintritt	22:48 32°	22:27 45°	22:45 38°	22:37 36°	22:48 25°	22:44 29°	22:37 31°	22:44 36°	22:35 46°	22:38 41°	22:34 41°	22:42 50°
17.12	Tau Tau 4,3 mag	Austritt	23:51 293°	23:45 276°	23:54 287°	23:45 287°	23:43 300°	23:44 295°	23:41 291°	23:51 289°	23:53 278°	23:51 283°	23:48 281°	24:02 276°
17.12	SAO 76729 7,4 mag	Eintritt	23:39 65°	23:25 79°	23:38 70°	23:29 70°	23:35 60°	23:33 63°	23:27 66°	23:36 68°	23:33 78°	23:33 73°	23:29 74°	23:42 80°
18.12	SAO 76729 7,4 mag	Austritt	01:00 266°	0:52 248°	1:01 262°	0:54 259°	0:54 270°	0:54 266°	0:51 262°	0:59 263°	0:59 252°	0:58 256°	0:55 254°	1:06 252°
18.12	SAO 76812 6,6 mag	Eintritt	5:13 63°	5:18 83°	5:14 66°	5:14 73°	5:11 64°	5:12 67°	5:13 73°	5:14 67°	5:17 76°	5:15 73°	5:16 76°	5:17 71°
18.12	SAO 76812 6,6 mag	Austritt	6:07 287°	6:17 269°	6:09 285°	6:12 278°	6:06 287°	6:08 284°	6:12 278°	6:09 284°	6:14 276°	6:13 279°	6:14 275°	6:12 281°
18.12	SAO 76853 7,7 mag	Eintritt	6:32 82°	6:32 82°	6:34 85°	6:36 91°	6:31 83°	6:33 86°	6:36 91°	6:34 85°	6:38 92°	6:36 90°	6:38 93°	-
18.12	SAO 76853 7,7 mag	Austritt	7:25 269°	7:25 269°	7:27 266°	7:30 260°	7:26 268°	7:27 265°	7:30 260°	7:27 266°	-	-	7:31 258°	-
18.12	SAO 77252 6,9 mag	Eintritt	22:42 162°	22:42 162°	-	-	22:24 141°	22:27 149°	22:26 155°	-	-	-	-	-
18.12	SAO 77252 6,9 mag	Austritt	22:49 172°	22:49 172°	-	-	22:59 193°	22:52 184°	22:41 177°	-	-	-	-	-
19.12	SAO 77513 7,7 mag	Eintritt	5:19 80°	5:19 80°	5:21 83°	5:21 83°	5:17 81°	5:18 84°	5:19 90°	5:21 84°	5:25 92°	5:23 90°	5:24 93°	5:26 87°
19.12	SAO 77513 7,7 mag	Austritt	6:19 282°	6:19 282°	6:21 279°	6:21 279°	6:18 281°	6:20 278°	6:22 272°	6:21 279°	6:26 271°	6:24 274°	6:25 270°	6:25 276°
19.12	SAO 78146 7,5 mag	Eintritt	16:50 106°	-	16:49 108°	16:49 108°	16:53 102°	16:51 103°	16:51 103°	16:49 106°	16:47 110°	16:48 108°	16:48 107°	16:45 114°
19.12	SAO 78146 7,5 mag	Austritt	17:39 237°	17:33 234°	17:37 235°	17:37 235°	17:43 241°	17:41 240°	17:40 241°	17:38 236°	17:33 232°	17:35 235°	17:35 235°	17:30 227°
19.12	SAO 78207 7,9 mag	Eintritt	18:23 138°	18:18 143°	18:23 143°	18:20 136°	18:22 130°	18:21 132°	18:19 132°	18:22 139°	18:21 149°	18:21 143°	18:19 141°	-
19.12	SAO 78207 7,9 mag	Austritt	18:55 203°	18:44 197°	18:50 198°	18:52 205°	19:00 211°	18:57 209°	18:55 210°	18:52 201°	18:43 191°	18:48 198°	18:48 200°	-

221

Datum	Stern	Vorgang	Berlin	Bern	Dresden	Frankfurt	Hamburg	Hannover	Koeln	Leipzig	Muenchen	Nuernberg	Stuttgart	Wien
19.12	SAO 78250 7,9 mag	Eintritt	19:04 86°	18:56 89°	19:02 89°	19:00 85°	19:06 81°	19:04 82°	19:02 82°	19:02 87°	18:58 91°	18:59 89°	18:58 88°	18:59 97°
19.12	SAO 78250 7,9 mag	Austritt	20:08 255°	19:56 250°	20:05 251°	20:02 255°	20:08 260°	20:06 258°	20:03 258°	20:05 253°	19:59 248°	20:01 251°	19:59 252°	20:00 242°
20.12	SAO 78653 7,8 mag	Eintritt	7:13 141°	7:13 141°	7:17 144°	7:17 144°	7:13 144°	7:16 147°	7:16 147°	7:17 145°	7:26 155°	7:23 152°	7:23 152°	7:21 147°
20.12	SAO 78653 7,8 mag	Austritt	7:53 232°	7:53 232°	7:55 230°	7:55 230°	7:52 230°	7:53 227°	7:53 227°	7:54 229°	7:55 220°	7:55 222°	7:55 222°	7:57 227°
20.12	SAO 79121 7,0 mag	Eintritt	-	-	-	-	-	-	-	-	-	-	-	17:36 6°
20.12	SAO 79121 7,0 mag	Austritt	-	-	-	-	-	-	-	-	-	-	-	17:45 347°
20.12	49 Gem 6,9 mag	Eintritt	-	18:57 7°	19:06 359°	19:06 359°					18:54 15°	19:03 2°	19:03 2°	18:48 27°
20.12	49 Gem 6,9 mag	Austritt	-	19:09 344°	19:09 353°	19:09 353°					19:13 337°	19:09 350°	19:09 350°	19:18 325°
22.12	Lam Cnc 5,9 mag	Eintritt	-	2:30 57°	-	2:44 36°	-	-	2:44 31°	-	2:43 46°	2:47 38°	2:39 46°	2:58 36°
22.12	Lam Cnc 5,9 mag	Austritt	-	3:27 335°	-	3:13 356°	-	-	3:06 360°	-	3:25 348°	3:17 356°	3:20 347°	3:24 360°
22.12	SAO 80195 7,9 mag	Eintritt	6:45 116°	6:45 116°	6:48 118°	6:49 126°	6:42 118°	6:44 121°	6:44 121°	6:47 119°	6:54 126°	6:51 124°	6:52 128°	6:55 120°
22.12	SAO 80195 7,9 mag	Austritt	7:48 282°	7:48 282°	7:50 280°	7:51 274°	7:45 280°	7:47 278°	7:47 278°	7:50 279°	7:55 274°	7:52 275°	7:53 272°	7:55 279°
24.12	SAO 98894 7,9 mag	Eintritt	-	1:05 57°	-	1:28 24°	-	-	-	-	1:15 48°	1:23 36°	1:15 44°	1:24 44°
24.12	SAO 98894 7,9 mag	Austritt	-	1:49 346°	-	1:31 19°	-	-	-	-	1:49 356°	1:41 8°	1:44 359°	1:52 2°
24.12	Eta Leo 3,6 mag	Eintritt	-	5:41 65°	-	5:50 45°	-	-	5:45 47°	-	5:56 46°	6:02 33°	5:48 52°	-
24.12	Eta Leo 3,6 mag	Austritt	-	6:25 356°	-	6:09 15°	-	-	6:07 13°	-	6:16 16°	6:05 28°	6:16 9°	-
24.12	SAO 99280 6,8 mag	Eintritt	23:43 154°	23:43 154°	23:45 161°	23:43 164°	23:41 149°	23:42 154°	23:42 154°	23:44 160°	23:50 179°	23:46 169°	23:46 169°	23:53 181°
25.12	SAO 99280 6,8 mag	Austritt	0:32 250°	0:32 250°	0:28 243°	0:22 239°	0:33 255°	0:30 250°	0:30 250°	0:28 245°	0:15 224°	0:21 234°	0:21 234°	0:18 224°

Datum	Stern	Vorgang	Berlin	Bern	Dresden	Frankfurt	Hamburg	Hannover	Koeln	Leipzig	Muenchen	Nuernberg	Stuttgart	Wien
24.12	SAO 99287 7,6 mag	Eintritt	23:47 76°	23:36 94°	23:44 82°	23:41 84°	23:44 82°	23:46 76°	23:42 80°	23:44 80°	23:38 92°	23:40 87°	23:39 89°	23:40 93°
25.12	SAO 99287 7,6 mag	Austritt	0:41 329°	0:37 308°	0:42 323°	0:38 319°	0:42 323°	0:38 328°	0:37 323°	0:40 324°	0:41 312°	0:40 317°	0:39 314°	0:44 313°
27.12	SAO 119381 7,9 mag	Eintritt	1:22 154°	1:22 154°	1:24 160°	1:24 166°	1:21 151°	1:22 156°	1:22 156°	1:23 159°	1:28 176°	1:25 169°	1:26 173°	1:28 173°
27.12	SAO 119381 7,9 mag	Austritt	2:14 265°	2:14 265°	2:12 259°	2:05 251°	2:14 267°	2:11 262°	2:11 262°	2:11 259°	2:02 242°	2:06 249°	2:02 244°	2:07 247°
28.12	SAO 139304 6,7 mag	Eintritt	7:20 183°	7:20 183°	7:23 187°	7:23 187°	7:18 189°	7:22 194°	7:22 194°	7:23 189°	-	7:32 204°	7:32 204°	7:30 188°
28.12	SAO 139304 6,7 mag	Austritt	7:57 246°	7:57 246°	7:58 243°	7:58 243°	7:49 240°	7:47 235°	7:47 235°	7:54 240°	-	7:46 227°	7:46 227°	8:04 242°
29.12	SAO 158439 6,9 mag	Eintritt	6:20 124°	6:16 145°	6:20 127°	6:16 135°	6:16 135°	6:16 135°	6:14 136°	6:19 128°	6:19 136°	6:18 134°	6:16 138°	6:23 129°
29.12	SAO 158439 6,9 mag	Austritt	7:30 301°	7:23 284°	7:31 300°	7:24 291°	7:24 291°	7:24 291°	7:22 290°	7:29 298°	7:29 292°	7:28 293°	7:25 290°	7:36 299°
30.12	SAO 158995 7,9 mag	Austritt	-	-	-	-	-	-	-	-	-	-	-	4:24 305°
30.12	SAO 159094 7,0 mag	Eintritt	-	-	-	-	8:40 178°	8:40 178°	8:40 178°	-	-	-	-	-
30.12	SAO 159094 7,0 mag	Austritt	-	-	-	-	9:14 236°	9:14 236°	9:14 236°	-	-	-	-	-
31.12	SAO 184188 6,9 mag	Eintritt	6:57 98°	6:48 118°	6:48 118°	6:48 118°	6:48 118°	6:48 118°	6:48 118°	6:51 109°	6:51 109°	6:52 107°	6:50 111°	6:56 103°
31.12	SAO 184188 6,9 mag	Austritt	8:01 309°	7:53 292°	7:53 292°	7:53 292°	7:53 292°	7:53 292°	7:53 292°	7:56 299°	7:56 299°	7:58 301°	7:56 297°	8:03 305°

Position von Merkur und Venus relativ zur Sonne

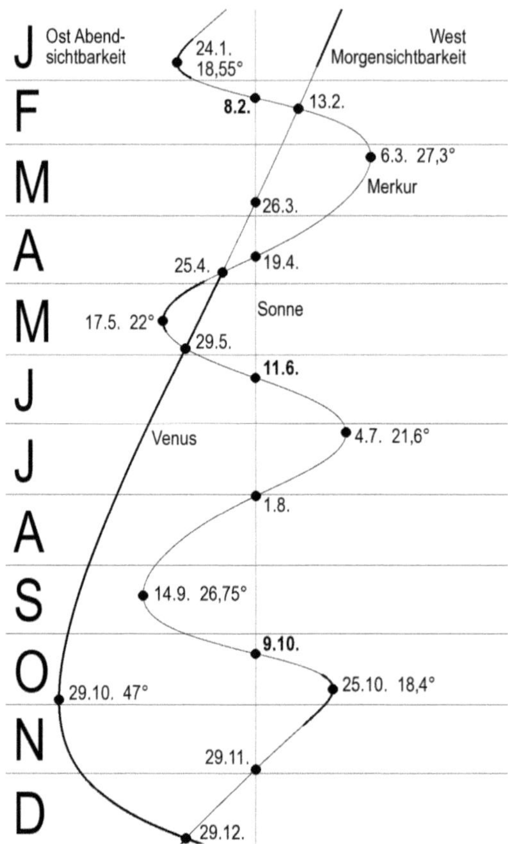

Position von Merkur und Venus in Bezug zur Sonne im Lauf des Jahres 2021. Die Datumswerte geben die Zeitpunkte der größten Elongationen (mit Elongationswert) und der oberen und unterern Konjunktionen zur Sonne an. Daten der unteren Konjunktionen sind fett, die der Elongationen und oberen Konjunktionen normal gedruckt. Eine dicke Linie bedeutet freiäugige Sichtbarkeit in Mitteleuropa.

Helligkeiten und Scheibchendurchmesser der Planeten 2021

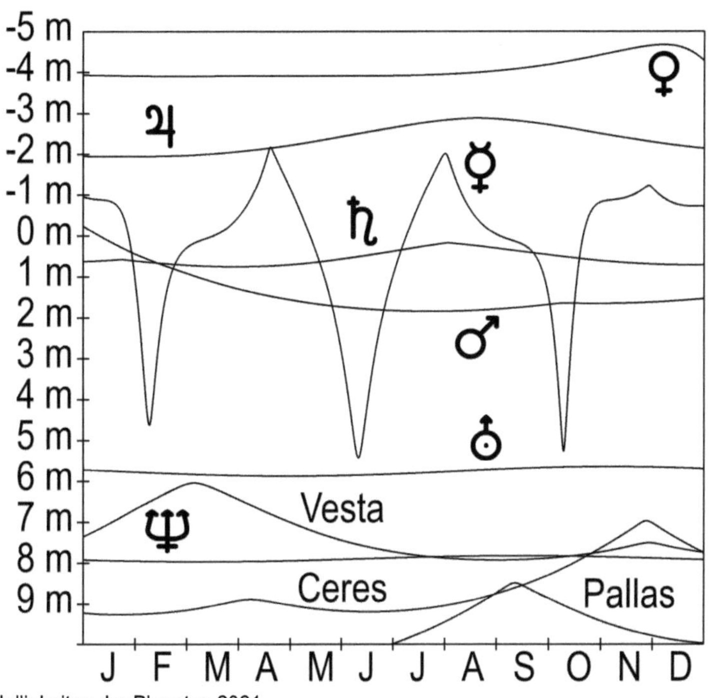

Helligkeiten der Planeten 2021

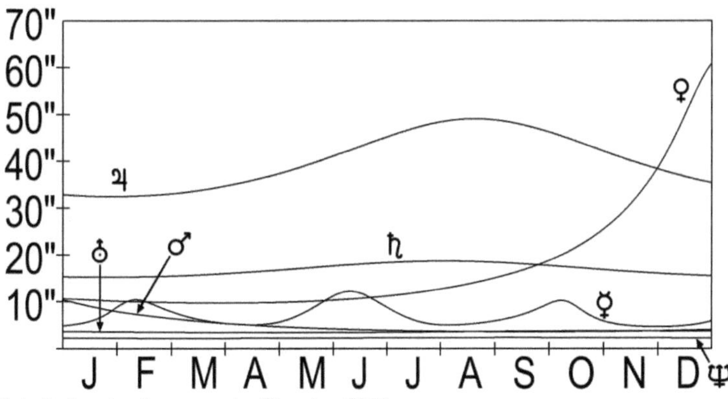

Scheibchendurchmesser der Planeten 2021

Ephemeriden

Sonne

Datum	Rektaszension	Deklination	Scheibchen-durchmesser	Zentral-meridian	B	P
1.1.	18h46,7m	-23,00°	32,6'	280,9°	-3,1°	1,8°
6.1.	19h08,7m	-22,50°	32,6'	215,1°	-3,6°	-0,6°
11.1.	19h30,5m	-21,81°	32,6'	149,3°	-4,2°	-3,0°
16.1.	19h52,1m	-20,94°	32,6'	83,4°	-4,7°	-5,3°
21.1.	20h13,4m	-19,91°	32,5'	17,6°	-5,2°	-7,6°
26.1.	20h34,3m	-18,72°	32,5'	311,8°	-5,6°	-9,8°
31.1.	20h54,9m	-17,39°	32,5'	245,9°	-6,0°	-11,9°
5.2.	21h15,2m	-15,94°	32,5'	180,1°	-6,3°	-13,9°
10.2.	21h35,2m	-14,36°	32,5'	114,3°	-6,6°	-15,8°
15.2.	21h54,8m	-12,69°	32,4'	48,4°	-6,8°	-17,5°
20.2.	22h14,2m	-10,93°	32,4'	342,6°	-7,0°	-19,1°
25.2.	22h33,2m	-9,11°	32,4'	276,7°	-7,2°	-20,6°
2.3.	22h52,0m	-7,22°	32,3'	210,9°	-7,2°	-21,9°
7.3.	23h10,6m	-5,29°	32,3'	145,0°	-7,3°	-23,0°
12.3.	23h29,1m	-3,34°	32,2'	79,1°	-7,2°	-24,0°
17.3.	23h47,4m	-1,36°	32,2'	13,2°	-7,1°	-24,8°
22.3.	0h05,7m	0,61°	32,1'	307,3°	-7,0°	-25,4°
27.3.	0h23,9m	2,58°	32,1'	241,4°	-6,8°	-25,9°
1.4.	0h42,1m	4,52°	32,0'	175,4°	-6,5°	-26,2°
6.4.	1h00,3m	6,43°	32,0'	109,4°	-6,2°	-26,3°
11.4.	1h18,7m	8,30°	32,0'	43,5°	-5,9°	-26,2°
16.4.	1h37,1m	10,11°	31,9'	337,4°	-5,5°	-25,9°
21.4.	1h55,8m	11,85°	31,9'	271,4°	-5,1°	-25,5°
26.4.	2h14,5m	13,50°	31,8'	205,4°	-4,6°	-24,9°
1.5.	2h33,5m	15,06°	31,8'	139,3°	-4,1°	-24,0°
6.5.	2h52,8m	16,52°	31,7'	73,2°	-3,6°	-23,1°
11.5.	3h12,2m	17,87°	31,7'	7,1°	-3,1°	-21,9°
16.5.	3h31,9m	19,09°	31,7'	301,0°	-2,5°	-20,6°
21.5.	3h51,8m	20,18°	31,6'	234,8°	-1,9°	-19,1°
26.5.	4h12,0m	21,12°	31,6'	168,7°	-1,4°	-17,4°
31.5.	4h32,3m	21,91°	31,6'	102,5°	-0,8°	-15,6°
5.6.	4h52,8m	22,54°	31,6'	36,3°	-0,2°	-13,7°
10.6.	5h13,5m	23,00°	31,5'	330,2°	0,5°	-11,7°
15.6.	5h34,3m	23,30°	31,5'	264,0°	1,1°	-9,6°
20.6.	5h55,1m	23,43°	31,5'	197,8°	1,6°	-7,4°
25.6.	6h15,8m	23,38°	31,5'	131,6°	2,2°	-5,2°
30.6.	6h36,6m	23,17°	31,5'	65,4°	2,8°	-2,9°
5.7.	6h57,2m	22,78°	31,5'	359,3°	3,3°	-0,7°
10.7.	7h17,7m	22,23°	31,5'	293,1°	3,9°	1,6°

Datum	Rektaszension	Deklination	Scheibchendurchmesser	Zentralmeridian	B	P
15.7.	7h38,1m	21,52°	31,5'	226,9°	4,4°	3,8°
20.7.	7h58,2m	20,66°	31,5'	160,8°	4,8°	6,0°
25.7.	8h18,1m	19,65°	31,5'	94,6°	5,3°	8,1°
30.7.	8h37,7m	18,51°	31,5'	28,5°	5,7°	10,2°
4.8.	8h57,1m	17,24°	31,6'	322,3°	6,0°	12,1°
9.8.	9h16,2m	15,86°	31,6'	256,2°	6,3°	14,0°
14.8.	9h35,1m	14,37°	31,6'	190,1°	6,6°	15,8°
19.8.	9h53,8m	12,78°	31,6'	124,0°	6,8°	17,4°
24.8.	10h12,3m	11,11°	31,7'	58,0°	7,0°	19,0°
29.8.	10h30,5m	9,37°	31,7'	351,9°	7,1°	20,4°
3.9.	10h48,7m	7,56°	31,7'	285,8°	7,2°	21,6°
8.9.	11h06,7m	5,70°	31,8'	219,8°	7,3°	22,8°
13.9.	11h24,7m	3,80°	31,8'	153,8°	7,2°	23,8°
18.9.	11h42,6m	1,88°	31,9'	87,8°	7,2°	24,6°
23.9.	12h00,5m	-0,06°	31,9'	21,8°	7,0°	25,3°
28.9.	12h18,5m	-2,01°	32,0'	315,8°	6,8°	25,8°
3.10.	12h36,6m	-3,95°	32,0'	249,8°	6,6°	26,1°
8.10.	12h54,8m	-5,87°	32,0'	183,8°	6,3°	26,2°
13.10.	13h13,2m	-7,76°	32,1'	117,9°	6,0°	26,2°
18.10.	13h31,9m	-9,60°	32,1'	51,9°	5,6°	26,0°
23.10.	13h50,7m	-11,39°	32,2'	346,0°	5,2°	25,6°
28.10.	14h09,9m	-13,10°	32,2'	280,0°	4,8°	25,0°
2.11.	14h29,3m	-14,73°	32,3'	214,1°	4,3°	24,2°
7.11.	14h49,1m	-16,26°	32,3'	148,2°	3,7°	23,2°
12.11.	15h09,3m	-17,68°	32,3'	82,3°	3,2°	22,1°
17.11.	15h29,8m	-18,97°	32,4'	16,3°	2,6°	20,7°
22.11.	15h50,7m	-20,12°	32,4'	310,4°	2,0°	19,1°
27.11.	16h11,8m	-21,11°	32,5'	244,5°	1,4°	17,4°
2.12.	16h33,3m	-21,94°	32,5'	178,6°	0,7°	15,5°
7.12.	16h55,1m	-22,60°	32,5'	112,7°	0,1°	13,5°
12.12.	17h17,0m	-23,07°	32,5'	46,9°	-0,6°	11,3°
17.12.	17h39,1m	-23,35°	32,5'	341,0°	-1,2°	9,1°
22.12.	18h01,3m	-23,44°	32,6'	275,1°	-1,8°	6,8°
27.12.	18h23,5m	-23,33°	32,6'	209,2°	-2,4°	4,4°
1.1.	18h45,6m	-23,02°	32,6'	143,4°	-3,0°	1,9°

Änderung des Zentralmeridian: 0,55°/Stunde, B = Neigung der Sonnenachse zur Erde, P = Positionswinkel des Sonnen-Nordpols

Beginn der synodischen Sonnenrotation nach Carrington 2021

Rotation	Datum
2240	22.1. 7h36m
2241	18.2. 15h46m
2242	17.3. 23h34m
2243	14.4. 6h31m
2244	11.5. 12h24m
2245	7.6. 17h26m

Rotation	Datum
2246	4.7. 22h10m
2247	1.8. 3h10m
2248	28.8. 8h48m
2249	24.9. 15h08m
2250	21.10. 22h00m
2251	18.11. 5h15m
2252	15.12. 12h52m
2240	22.1. 7h36m

Merkur

Datum	Rektaszension	Deklination	Kulmination	Auf-/Untergang	Phase	Helligkeit	Scheibchendurchmesser
1.1.	19h17,7m	-24,36°	13:00	16:56U	0,98	-1,0 mag	4,8"
6.1.	19h53,0m	-23,08°	13:16	17:20U	0,95	-0,9 mag	5,0"
11.1.	20h27,4m	-21,16°	13:30	17:47U	0,90	-0,9 mag	5,3"
16.1.	20h59,6m	-18,66°	13:42	18:14U	0,82	-0,9 mag	5,7"
21.1.	21h27,5m	-15,78°	13:50	18:37U	0,68	-0,8 mag	6,4"
26.1.	21h46,9m	-12,97°	13:48	18:50U	0,47	-0,4 mag	7,3"
31.1.	21h52,4m	-10,99°	13:32	18:42U	0,23	0,7 mag	8,6"
5.2.	21h40,9m	-10,61°	12:59	18:09U	0,05	3,0 mag	9,8"
10.2.	21h18,6m	-11,81°	12:17	7:14A	0,01	4,3 mag	10,4"
15.2.	20h59,2m	-13,63°	11:39	6:44A	0,11	2,2 mag	10,1"
20.2.	20h51,4m	-15,12°	11:13	6:25A	0,25	1,0 mag	9,3"
25.2.	20h55,6m	-15,95°	10:59	6:15A	0,38	0,5 mag	8,4"
2.3.	21h08,7m	-16,08°	10:53	6:09A	0,49	0,3 mag	7,7"
7.3.	21h27,7m	-15,55°	10:52	6:05A	0,57	0,1 mag	7,1"
12.3.	21h50,7m	-14,40°	10:56	6:03A	0,65	0,1 mag	6,6"
17.3.	22h16,2m	-12,67°	11:02	5:59A	0,71	-0,0 mag	6,2"
22.3.	22h43,7m	-10,40°	11:10	5:56A	0,76	-0,1 mag	5,8"
27.3.	23h12,7m	-7,62°	11:19	5:51A	0,81	-0,3 mag	5,6"
1.4.	23h43,2m	-4,36°	11:30	5:46A	0,86	-0,5 mag	5,3"
6.4.	0h15,3m	-0,64°	11:43	5:41A	0,91	-0,8 mag	5,2"
11.4.	0h49,4m	3,46°	11:57	5:36A	0,96	-1,2 mag	5,1"
16.4.	1h25,7m	7,86°	12:14		0,99	-1,7 mag	5,0"
21.4.	2h04,4m	12,35°	12:34	19:43U	1,00	-2,0 mag	5,1"
26.4.	2h44,8m	16,60°	12:54	20:26U	0,95	-1,6 mag	5,3"
1.5.	3h25,2m	20,21°	13:15	21:08U	0,83	-1,2 mag	5,7"
6.5.	4h03,0m	22,87°	13:33	21:42U	0,69	-0,7 mag	6,2"
11.5.	4h36,2m	24,50°	13:46	22:04U	0,54	-0,2 mag	6,9"
16.5.	5h03,1m	25,20°	13:52	22:13U	0,40	0,3 mag	7,8"
21.5.	5h22,7m	25,12°	13:51	22:10U	0,28	0,9 mag	8,8"
26.5.	5h34,1m	24,42°	13:42	21:55U	0,18	1,7 mag	10,0"
31.5.	5h36,8m	23,25°	13:24	21:29U	0,09	2,6 mag	11,0
5.6.	5h31,7m	21,78°	12:58	20:53U	0,03	3,9 mag	11,9"
10.6.	5h21,5m	20,26°	12:28		0,00	5,4 mag	12,2"
15.6.	5h10,4m	19,01°	11:58		0,02	4,4 mag	12,0"
20.6.	5h03,0m	18,33°	11:31	3:56A	0,07	3,0 mag	11,2"

Datum	Rektaszen-sion	Deklina-tion	Kulmina-tion	Auf-/Untergang	Phase	Helligkeit	Scheibchen-durchmesser
25.6.	5h02,3m	18,36°	11:12	3:35A	0,15	1,9 mag	10,2"
30.6.	5h09,6m	19,03°	11:00	3:19A	0,25	1,1 mag	9,0"
5.7.	5h25,2m	20,13°	10:57	3:09A	0,37	0,5 mag	8,0"
10.7.	5h48,9m	21,38°	11:01	3:05A	0,51	-0,1 mag	7,0"
15.7.	6h20,5m	22,42°	11:14	3:11A	0,66	-0,6 mag	6,3"
20.7.	6h59,0m	22,86°	11:33	3:27A	0,81	-1,1 mag	5,7"
25.7.	7h42,3m	22,34°	11:57	3:54A	0,93	-1,5 mag	5,3"
30.7.	8h26,9m	20,73°	12:22	20:13U	0,99	-1,9 mag	5,1"
4.8.	9h09,8m	18,18°	12:45	20:19U	0,99	-1,8 mag	5,0"
9.8.	9h49,1m	14,99°	13:04	20:20U	0,96	-1,2 mag	5,0"
14.8.	10h24,7m	11,44°	13:20	20:17U	0,92	-0,8 mag	5,1"
19.8.	10h56,9m	7,74°	13:32	20:10U	0,87	-0,5 mag	5,2"
24.8.	11h26,1m	4,03°	13:41	20:02U	0,82	-0,3 mag	5,4"
29.8.	11h52,9m	0,43°	13:48	19:51U	0,77	-0,1 mag	5,7"
3.9.	12h17,3m	-3,00°	13:52	19:40U	0,72	0,0 mag	6,0"
8.9.	12h39,5m	-6,16°	13:55	19:27U	0,66	0,1 mag	6,4"
13.9.	12h58,9m	-8,95°	13:54	19:12U	0,59	0,2 mag	6,9"
18.9.	13h14,8m	-11,25°	13:50	18:57U	0,50	0,3 mag	7,4"
23.9.	13h25,5m	-12,83°	13:40	18:39U	0,39	0,5 mag	8,2"
28.9.	13h28,7m	-13,34°	13:22	18:20U	0,26	1,0 mag	9,0"
3.10.	13h21,7m	-12,32°	12:55	17:58U	0,12	2,1 mag	9,8"
8.10.	13h05,0m	-9,53°	12:18		0,01	4,4 mag	10,2"
13.10.	12h46,6m	-5,87°	11:40	6:06A	0,04	3,4 mag	9,7"
18.10.	12h38,6m	-3,32°	11:14	5:27A	0,21	0,9 mag	8,6"
23.10.	12h46,0m	-3,03°	11:03	5:15A	0,45	-0,3 mag	7,3"
28.10.	13h05,3m	-4,66°	11:04	5:23A	0,67	-0,7 mag	6,4"
2.11.	13h31,2m	-7,35°	11:10	5:43A	0,81	-0,8 mag	5,7"
7.11.	14h00,2m	-10,46°	11:20	6:07A	0,90	-0,9 mag	5,3"
12.11.	14h30,6m	-13,57°	11:31	6:34A	0,95	-0,9 mag	5,0"
17.11.	15h01,8m	-16,50°	11:42	7:01A	0,98	-1,0 mag	4,8"
22.11.	15h33,7m	-19,12°	11:54	7:28A	0,99	-1,1 mag	4,7"
27.11.	16h06,1m	-21,35°	12:07	7:54A	1,00	-1,2 mag	4,6"
2.12.	16h39,3m	-23,15°	12:21		1,00	-1,1 mag	4,6"
7.12.	17h13,2m	-24,46°	12:35	16:27U	0,99	-0,9 mag	4,7"
12.12.	17h47,6m	-25,24°	12:50	16:38U	0,98	-0,8 mag	4,8"
17.12.	18h22,4m	-25,43°	13:05	16:52U	0,96	-0,8 mag	4,9"
22.12.	18h57,1m	-25,02°	13:20	17:11U	0,93	-0,7 mag	5,1"
27.12.	19h30,9m	-23,97°	13:34	17:32U	0,87	-0,7 mag	5,4"
1.1.	20h02,5m	-22,32°	13:45	17:55U	0,78	-0,7 mag	5,9"

Venus

Datum	Rektaszen-sion	Deklina-tion	Kulmina-tion	Auf-/Untergang	Phase	Helligkeit	Scheibchen-durchmesser
1.1.	17h18,3m	-22,43°	11:00	6:53A	0,94	-3,9 mag	10,7"
6.1.	17h45,3m	-22,94°	11:07	7:04A	0,95	-3,9 mag	10,6"
11.1.	18h12,6m	-23,17°	11:15	7:13A	0,95	-3,9 mag	10,5"

Datum	Rektaszension	Deklination	Kulmination	Auf-/Untergang	Phase	Helligkeit	Scheibchendurchmesser
16.1.	18h39,9m	-23,10°	11:22	7:20A	0,96	-3,9 mag	10,4"
21.1.	19h07,0m	-22,73°	11:30	7:25A	0,97	-3,9 mag	10,3"
26.1.	19h34,0m	-22,08°	11:37	7:28A	0,97	-3,9 mag	10,2"
31.1.	20h00,7m	-21,14°	11:44	7:29A	0,98	-3,9 mag	10,1"
5.2.	20h27,0m	-19,94°	11:50	7:28A	0,98	-3,9 mag	10,0"
10.2.	20h52,8m	-18,50°	11:56	7:26A	0,98	-3,9 mag	10,0"
15.2.	21h18,2m	-16,83°	12:02	7:22A	0,99	-3,9 mag	9,9"
20.2.	21h43,0m	-14,97°	12:07	7:17A	0,99	-3,9 mag	9,9"
25.2.	22h07,4m	-12,94°	12:12	7:11A	0,99	-3,9 mag	9,8"
2.3.	22h31,3m	-10,76°	12:16	7:04A	0,99	-3,9 mag	9,8"
7.3.	22h54,9m	-8,46°	12:20		1,00	-3,9 mag	9,8"
12.3.	23h18,1m	-6,07°	12:23		1,00	-3,9 mag	9,7"
17.3.	23h41,1m	-3,61°	12:26		1,00	-3,9 mag	9,7"
22.3.	0h03,9m	-1,11°	12:30		1,00	-3,9 mag	9,7"
27.3.	0h26,6m	1,41°	12:33		1,00	-3,9 mag	9,7"
1.4.	0h49,4m	3,92°	12:36	19:00U	1,00	-3,9 mag	9,7"
6.4.	1h12,2m	6,40°	12:39	19:15U	1,00	-3,9 mag	9,7"
11.4.	1h35,3m	8,82°	12:42	19:31U	1,00	-3,9 mag	9,7"
16.4.	1h58,5m	11,16°	12:46	19:46U	1,00	-3,9 mag	9,7"
21.4.	2h22,2m	13,38°	12:50	20:01U	0,99	-3,9 mag	9,7"
26.4.	2h46,2m	15,47°	12:54	20:17U	0,99	-3,9 mag	9,8"
1.5.	3h10,6m	17,40°	12:59	20:32U	0,99	-3,9 mag	9,8"
6.5.	3h35,5m	19,14°	13:04	20:48U	0,98	-3,9 mag	9,9"
11.5.	4h00,9m	20,67°	13:10	21:03U	0,98	-3,9 mag	9,9"
16.5.	4h26,7m	21,97°	13:16	21:17U	0,97	-3,9 mag	10,0"
21.5.	4h52,9m	23,01°	13:22	21:30U	0,97	-3,9 mag	10,1"
26.5.	5h19,4m	23,77°	13:29	21:42U	0,96	-3,9 mag	10,2"
31.5.	5h46,1m	24,25°	13:36	21:52U	0,95	-3,9 mag	10,3"
5.6.	6h12,9m	24,43°	13:43	22:00U	0,95	-3,9 mag	10,4"
10.6.	6h39,7m	24,31°	13:50	22:05U	0,94	-3,9 mag	10,5"
15.6.	7h06,4m	23,90°	13:57	22:09U	0,93	-3,9 mag	10,7"
20.6.	7h32,7m	23,20°	14:04	22:10U	0,92	-3,9 mag	10,8"
25.6.	7h58,7m	22,22°	14:10	22:10U	0,91	-3,9 mag	11,0"
30.6.	8h24,3m	20,97°	14:16	22:08U	0,90	-3,9 mag	11,1"
5.7.	8h49,3m	19,49°	14:21	22:04U	0,89	-3,9 mag	11,3"
10.7.	9h13,8m	17,79°	14:26	21:58U	0,88	-3,9 mag	11,5"
15.7.	9h37,7m	15,89°	14:30	21:52U	0,87	-3,9 mag	11,8"
20.7.	10h01,1m	13,82°	14:34	21:44U	0,85	-3,9 mag	12,0"
25.7.	10h24,0m	11,61°	14:37	21:36U	0,84	-3,9 mag	12,3"
30.7.	10h46,4m	9,28°	14:39	21:26U	0,83	-3,9 mag	12,6"
4.8.	11h08,4m	6,85°	14:42	21:16U	0,81	-4,0 mag	12,9"
9.8.	11h30,1m	4,35°	14:44	21:06U	0,80	-4,0 mag	13,2"
14,8.	11h51,6m	1,80°	14:45	20:55U	0,78	-4,0 mag	13,5"
19.8.	12h12,9m	-0,78°	14:47	20:45U	0,77	-4,0 mag	13,9
24.8.	12h34,1m	-3,35°	14:49	20:34U	0,75	-4,0 mag	14,3"
29.8.	12h55,3m	-5,90°	14:50	20:23U	0,74	-4,0 mag	14,8"
3.9.	13h16,6m	-8,41°	14:52	20:12U	0,72	-4,0 mag	15,3"
8.9.	13h38,0m	-10,86°	14:53	20:02U	0,71	-4,1 mag	15,8"

Datum	Rektaszen-sion	Deklina-tion	Kulmina-tion	Auf-/Untergang	Phase	Helligkeit	Scheibchen-durchmesser
13.9.	13h59,5m	-13,21°	14:55	19:52U	0,69	-4,1 mag	16,3"
18.9.	14h21,3m	-15,46°	14:57	19:43U	0,67	-4,1 mag	16,9"
23.9.	14h43,4m	-17,56°	15:00	19:33U	0,65	-4,1 mag	17,6"
28.9.	15h05,7m	-19,51°	15:02	19:25U	0,63	-4,2 mag	18,3"
3.10.	15h28,3m	-21,27°	15:05	19:17U	0,61	-4,2 mag	19,1"
8.10.	15h51,1m	-22,84°	15:08	19:11U	0,59	-4,2 mag	20,0"
13.10.	16h14,1m	-24,19°	15:12	19:06U	0,57	-4,3 mag	20,9"
18.10.	16h37,1m	-25,30°	15:15	19:01U	0,55	-4,3 mag	22,0"
23.10.	17h00,0m	-26,17°	15:18	18:59U	0,53	-4,3 mag	23,2"
28.10.	17h22,7m	-26,78°	15:21	18:58U	0,50	-4,4 mag	24,5"
2.11.	17h44,9m	-27,14°	15:23	18:58U	0,48	-4,4 mag	25,9"
7.11.	18h06,4m	-27,24°	15:25	18:59U	0,45	-4,5 mag	27,5"
12.11.	18h26,9m	-27,11°	15:26	19:01U	0,42	-4,5 mag	29,4"
17.11.	18h46,2m	-26,76°	15:25	19:03U	0,39	-4,6 mag	31,4"
22.11.	19h03,9m	-26,20°	15:23	19:05U	0,36	-4,6 mag	33,8"
27.11.	19h19,6m	-25,48°	15:19	19:06U	0,32	-4,6 mag	36,4"
2.12.	19h32,9m	-24,62°	15:12	19:05U	0,28	-4,7 mag	39,4"
7.12.	19h43,5m	-23,65°	15:02	19:02U	0,24	-4,7 mag	42,7"
12.12.	19h50,7m	-22,62°	14:49	18:55U	0,19	-4,7 mag	46,4"
17.12.	19h54,1m	-21,57°	14:33	18:45U	0,15	-4,6 mag	50,3"
22.12.	19h53,2m	-20,53°	14:12	18:30U	0,10	-4,6 mag	54,3"
27.12.	19h47,9m	-19,52°	13:46	18:10U	0,06	-4,4 mag	58,0"
1.1.	19h38,6m	-18,60°	13:17	17:46U	0,02	-4,3 mag	60,9"

Mars

Datum	Rektaszen-sion	Deklina-tion	Kulmina-tion	Auf-/Untergang	Phase	Helligkeit	Scheibchen-durchmesser
1.1.	1h40,2m	11,34°	19:19	2:20U	0,89	-0,2 mag	10,4"
6.1.	1h48,5m	12,21°	19:08	2:13U	0,89	-0,1 mag	9,9"
11.1.	1h57,3m	13,10°	18:57	2:07U	0,89	0,0 mag	9,5"
16.1.	2h06,6m	14,00°	18:47	2:01U	0,89	0,1 mag	9,0"
21.1.	2h16,2m	14,89°	18:37	1:56U	0,89	0,2 mag	8,6"
26.1.	2h26,2m	15,78°	18:27	1:51U	0,89	0,3 mag	8,3"
31.1.	2h36,6m	16,65°	18:18	1:47U	0,89	0,4 mag	7,9"
5.2.	2h47,2m	17,50°	18:09	1:42U	0,89	0,5 mag	7,6"
10.2.	2h58,2m	18,32°	18:00	1:38U	0,89	0,6 mag	7,3"
15.2.	3h09,4m	19,12°	17:51	1:35U	0,89	0,7 mag	7,0"
20.2.	3h20,9m	19,88°	17:43	1:31U	0,89	0,8 mag	6,8"
25.2.	3h32,7m	20,60°	17:35	1:27U	0,89	0,9 mag	6,6"
2.3.	3h44,7m	21,28°	17:28	1:24U	0,90	0,9 mag	6,3"
7.3.	3h56,8m	21,91°	17:20	1:20U	0,90	1,0 mag	6,1"
12.3.	4h09,2m	22,49°	17:13	1:17U	0,90	1,1 mag	6,0"
17.3.	4h21,8m	23,01°	17:06	1:13U	0,90	1,1 mag	5,8"
22.3.	4h34,5m	23,48°	16:59	1:09U	0,91	1,2 mag	5,6"
27.3.	4h47,3m	23,88°	16:52	1:05U	0,91	1,2 mag	5,5"
1.4.	5h00,3m	24,22°	16:45	1:00U	0,91	1,3 mag	5,3"

Datum	Rektaszension	Deklination	Kulmination	Auf-/Untergang	Phase	Helligkeit	Scheibchendurchmesser
6.4.	5h13,4m	24,49°	16:39	0:56U	0,92	1,3 mag	5,2"
11.4.	5h26,6m	24,69°	16:32	0:51U	0,92	1,4 mag	5,1"
16.4.	5h39,9m	24,83°	16:26	0:45U	0,92	1,4 mag	4,9"
21.4.	5h53,2m	24,89°	16:19	0:39U	0,93	1,5 mag	4,8"
26.4.	6h06,6m	24,88°	16:13	0:33U	0,93	1,5 mag	4,7"
1.5.	6h20,0m	24,80°	16:07	0:26U	0,93	1,6 mag	4,6"
6.5.	6h33,3m	24,65°	16:00	0:18U	0,94	1,6 mag	4,5"
11.5.	6h46,7m	24,43°	15:54	0:10U	0,94	1,6 mag	4,5"
16.5.	7h00,0m	24,14°	15:48	0:02U	0,94	1,7 mag	4,4"
21.5.	7h13,3m	23,77°	15:41	23:52U	0,95	1,7 mag	4,3"
26.5.	7h26,6m	23,34°	15:35	23:42U	0,95	1,7 mag	4,2"
31.5.	7h39,7m	22,84°	15:28	23:32U	0,95	1,7 mag	4,2"
5.6.	7h52,8m	22,28°	15:22	23:22U	0,96	1,7 mag	4,1"
10.6.	8h05,8m	21,65°	15:15	23:11U	0,96	1,8 mag	4,1"
15.6.	8h18,7m	20,97°	15:08	23:00U	0,96	1,8 mag	4,0"
20.6.	8h31,5m	20,22°	15:01	22:48U	0,97	1,8 mag	4,0"
25.6.	8h44,1m	19,42°	14:54	22:36U	0,97	1,8 mag	3,9"
30.6.	8h56,7m	18,57°	14:47	22:24U	0,97	1,8 mag	3,9"
5.7.	9h09,2m	17,66°	14:40	22:11U	0,97	1,8 mag	3,8"
10.7.	9h21,6m	16,71°	14:32	21:59U	0,98	1,8 mag	3,8"
15.7.	9h33,9m	15,71°	14:25	21:46U	0,98	1,8 mag	3,8"
20.7.	9h46,1m	14,67°	14:17	21:33U	0,98	1,8 mag	3,7"
25.7.	9h58,2m	13,59°	14:10	21:19U	0,98	1,8 mag	3,7"
30.7.	10h10,2m	12,48°	14:02	21:06U	0,99	1,8 mag	3,7"
4.8.	10h22,1m	11,33°	13:54	20:52U	0,99	1,8 mag	3,7"
9.8.	10h34,0m	10,15°	13:46	20:38U	0,99	1,8 mag	3,6"
14.8.	10h45,9m	8,94°	13:39	20:24U	0,99	1,8 mag	3,6"
19.8.	10h57,7m	7,71°	13:31	20:10U	0,99	1,8 mag	3,6"
24.8.	11h09,4m	6,46°	13:23	19:56U	0,99	1,8 mag	3,6"
29.8.	11h21,2m	5,19°	13:15	19:42U	1,00	1,8 mag	3,6"
3.9.	11h32,9m	3,90°	13:07	19:28U	1,00	1,8 mag	3,6"
8.9.	11h44,7m	2,60°	12:59	19:14U	1,00	1,8 mag	3,6"
13.9.	11h56,5m	1,29°	12:51	18:59U	1,00	1,8 mag	3,6"
18.9.	12h08,3m	-0,03°	12:43	18:45U	1,00	1,7 mag	3,6"
23.9.	12h20,1m	-1,35°	12:35	18:31U	1,00	1,7 mag	3,6"
28.9.	12h32,0m	-2,67°	12:27	18:17U	1,00	1,7 mag	3,6"
3.10.	12h44,0m	-3,98°	12:20	18:03U	1,00	1,7 mag	3,6"
8.10.	12h56,1m	-5,29°	12:12	17:49U	1,00	1,6 mag	3,6"
13.10.	13h08,3m	-6,59°	12:05	6:33A	1,00	1,6 mag	3,6"
18.10.	13h20,6m	-7,87°	11:57	6:32A	1,00	1,6 mag	3,6"
23.10.	13h33,0m	-9,14°	11:50	6:31A	1,00	1,7 mag	3,6"
28.10.	13h45,6m	-10,38°	11:43	6:30A	1,00	1,7 mag	3,6"
2.11.	13h58,4m	-11,60°	11:36	6:29A	1,00	1,7 mag	3,6"
7.11.	14h11,3m	-12,79°	11:29	6:29A	1,00	1,6 mag	3,6"
12.11.	14h24,4m	-13,94°	11:23	6:28A	1,00	1,6 mag	3,7"
17.11.	14h37,6m	-15,05°	11:16	6:27A	1,00	1,6 mag	3,7"
22.11.	14h51,1m	-16,12°	11:10	6:27A	0,99	1,6 mag	3,7"
27.11.	15h04,8m	-17,14°	11:04	6:26A	0,99	1,6 mag	3,7"

Datum	Rektaszension	Deklination	Kulmination	Auf-/Untergang	Phase	Helligkeit	Scheibchendurchmesser
2.12.	15h18,7m	-18,10°	10:58	6:26A	0,99	1,6 mag	3,8"
7.12.	15h32,8m	-19,01°	10:53	6:26A	0,99	1,6 mag	3,8"
12.12.	15h47,1m	-19,85°	10:47	6:25A	0,99	1,6 mag	3,8"
17.12.	16h01,7m	-20,63°	10:42	6:25A	0,98	1,6 mag	3,9"
22.12.	16h16,4m	-21,33°	10:37	6:24A	0,98	1,6 mag	3,9"
27.12.	16h31,4m	-21,95°	10:32	6:23A	0,98	1,6 mag	4,0"
1.1.	16h46,5m	-22,50°	10:28	6:22A	0,98	1,5 mag	4,0"

Jupiter

Datum	Rektaszension	Deklination	Kulmination	Auf-/Untergang	Helligkeit	Scheibchendurchmesser
1.1.	20h20,7m	-20,01°	14:00	18:20U	-2,0 mag	32,9"
6.1.	20h25,5m	-19,75°	13:45	18:07U	-2,0 mag	32,7"
11.1.	20h30,3m	-19,48°	13:30	17:54U	-1,9 mag	32,6"
16.1.	20h35,1m	-19,20°	13:15	17:41U	-1,9 mag	32,5"
21.1.	20h39,9m	-18,91°	13:00	17:28U	-1,9 mag	32,5"
26.1.	20h44,8m	-18,61°	12:45	17:15U	-1,9 mag	32,4"
31.1.	20h49,6m	-18,30°	12:30		-2,0 mag	32,4"
5.2.	20h54,4m	-17,98°	12:16	7:43A	-2,0 mag	32,5"
10.2.	20h59,2m	-17,66°	12:01	7:27A	-2,0 mag	32,5"
15.2.	21h04,0m	-17,34°	11:46	7:10A	-2,0 mag	32,6"
20.2.	21h08,7m	-17,01°	11:31	6:53A	-2,0 mag	32,7"
25.2.	21h13,3m	-16,68°	11:16	6:36A	-2,0 mag	32,9"
2.3.	21h17,8m	-16,34°	11:01	6:19A	-2,0 mag	33,1"
7.3.	21h22,3m	-16,01°	10:45	6:02A	-2,0 mag	33,3"
12.3.	21h26,7m	-15,68°	10:30	5:45A	-2,0 mag	33,5"
17.3.	21h31,0m	-15,35°	10:15	5:28A	-2,0 mag	33,7"
22.3.	21h35,2m	-15,02°	9:59	5:11A	-2,0 mag	34,0"
27.3.	21h39,2m	-14,71°	9:44	4:53A	-2,0 mag	34,4"
1.4.	21h43,1m	-14,39°	9:28	4:35A	-2,1 mag	34,7"
6.4.	21h46,9m	-14,09°	9:12	4:18A	-2,1 mag	35,1"
11.4.	21h50,5m	-13,79°	8:56	4:01A	-2,1 mag	35,5"
16.4.	21h53,9m	-13,51°	8:39	3:43A	-2,1 mag	35,9"
21.4.	21h57,2m	-13,24°	8:23	3:25A	-2,2 mag	36,4"
26.4.	22h00,2m	-12,99°	8:06	3:07A	-2,2 mag	36,9"
1.5.	22h03,1m	-12,75°	7:50	2:49A	-2,2 mag	37,4"
6.5.	22h05,7m	-12,53°	7:33	2:31A	-2,2 mag	37,9"
11.5.	22h08,2m	-12,33°	7:15	2:12A	-2,3 mag	38,5"
16.5.	22h10,4m	-12,15°	6:58	1:54A	-2,3 mag	39,1"
21.5.	22h12,3m	-11,99°	6:40	1:36A	-2,3 mag	39,7"
26.5.	22h14,0m	-11,86°	6:22	1:17A	-2,4 mag	40,4"
31.5.	22h15,4m	-11,75°	6:04	0:58A	-2,4 mag	41,0"
5.6.	22h16,5m	-11,67°	5:45	0:39A	-2,5 mag	41,7"
10.6.	22h17,3m	-11,61°	5:26	0:20A	-2,5 mag	42,4"
15.6.	22h17,9m	-11,59°	5:07	0:01A	-2,5 mag	43,1"
20.6.	22h18,1m	-11,59°	4:48	23:38A	-2,6 mag	43,7"

Datum	Rektaszension	Deklination	Kulmination	Auf-/Untergang	Helligkeit	Scheibchendurchmesser
25.6.	22h18,0m	-11,62°	4:28	23:18A	-2,6 mag	44,4"
30.6.	22h17,6m	-11,68°	4:08	22:58A	-2,6 mag	45,1"
5.7.	22h16,9m	-11,77°	3:48	22:38A	-2,7 mag	45,7"
10.7.	22h16,0m	-11,89°	3:27	22:18A	-2,7 mag	46,3"
15.7.	22h14,7m	-12,03°	3:06	21:58A	-2,7 mag	46,9"
20.7.	22h13,2m	-12,20°	2:45	21:38A	-2,8 mag	47,4"
25.7.	22h11,4m	-12,38°	2:23	21:17A	-2,8 mag	47,9"
30.7.	22h09,4m	-12,58°	2:02	20:56A	-2,8 mag	48,3"
4.8.	22h07,2m	-12,80°	1:40	20:36A	-2,8 mag	48,6"
9.8.	22h04,9m	-13,03°	1:18	20:15A	-2,9 mag	48,8"
14.8.	22h02,4m	-13,26°	0:56	19:54A	-2,9 mag	49,0"
19.8.	21h59,9m	-13,50°	0:34		-2,9 mag	49,1"
24.8.	21h57,4m	-13,73°	0:12	5:07U	-2,9 mag	49,1"
29.8.	21h54,9m	-13,95°	23:45	4:43U	-2,9 mag	48,9"
3.9.	21h52,5m	-14,17°	23:23	4:20U	-2,8 mag	48,7"
8.9.	21h50,2m	-14,37°	23:01	3:57U	-2,8 mag	48,5"
13.9.	21h48,1m	-14,55°	22:39	3:35U	-2,8 mag	48,1"
18.9.	21h46,1m	-14,71°	22:18	3:12U	-2,8 mag	47,7"
23.9.	21h44,4m	-14,85°	21:56	2:50U	-2,8 mag	47,2"
28.9.	21h43,0m	-14,97°	21:35	2:28U	-2,7 mag	46,6"
3.10.	21h41,9m	-15,05°	21:15	2:07U	-2,7 mag	46,0"
8.10.	21h41,0m	-15,12°	20:54	1:46U	-2,7 mag	45,4"
13.10.	21h40,5m	-15,15°	20:34	1:26U	-2,6 mag	44,7"
18.10.	21h40,3m	-15,15°	20:14	1:06U	-2,6 mag	44,1"
23.10.	21h40,4m	-15,13°	19:55	0:46U	-2,6 mag	43,4"
28.10.	21h40,9m	-15,08°	19:36	0:27U	-2,5 mag	42,7"
2.11.	21h41,7m	-15,00°	19:17	0:09U	-2,5 mag	42,0"
7.11.	21h42,8m	-14,90°	18:58	23:48U	-2,5 mag	41,3"
12.11.	21h44,2m	-14,77°	18:40	23:30U	-2,4 mag	40,7"
17.11.	21h45,9m	-14,61°	18:22	23:13U	-2,4 mag	40,0"
22.11.	21h47,8m	-14,43°	18:05	22:56U	-2,4 mag	39,4"
27.11.	21h50,1m	-14,23°	17:47	22:40U	-2,3 mag	38,8"
2.12.	21h52,6m	-14,00°	17:30	22:24U	-2,3 mag	38,2"
7.12.	21h55,3m	-13,75°	17:13	22:08U	-2,3 mag	37,7"
12.12.	21h58,2m	-13,48°	16:56	21:53U	-2,2 mag	37,2"
17.12.	22h01,4m	-13,19°	16:40	21:39U	-2,2 mag	36,7"
22.12.	22h04,7m	-12,88°	16:24	21:24U	-2,2 mag	36,2"
27.12.	22h08,2m	-12,56°	16:07	21:09U	-2,2 mag	35,8"
1.1.	22h11,9m	-12,21°	15:51	20:55U	-2,1 mag	35,4"

Saturn

Datum	Rektaszension	Deklination	Kulmination	Auf-/Untergang	Helligkeit	Scheibchendurchmesser	Ringöffnung
1.1.	20h15,8m	-20,18°	13:55	18:14U	0,6 mag	15,3"	20,9°
6.1.	20h18,2m	-20,05°	13:37	17:58U	0,6 mag	15,3"	20,7°
11.1.	20h20,6m	-19,92°	13:20	17:41U	0,6 mag	15,2"	20,5°

Datum	Rektaszen-sion	Deklina-tion	Kulmina-tion	Auf-/Untergang	Helligkeit	Scheibchen-durchmesser	Ring-öffnung
16.1.	20h23,1m	-19,79°	13:03	17:25U	0,6 mag	15,2"	20,3°
21.1.	20h25,5m	-19,66°	12:46	17:08U	0,6 mag	15,2"	20,1°
26.1.	20h28,0m	-19,52°	12:28		0,6 mag	15,2"	19,9°
31.1.	20h30,5m	-19,39°	12:11	7:47A	0,6 mag	15,2"	19,7°
5.2.	20h32,9m	-19,25°	11:54	7:29A	0,6 mag	15,2"	19,5°
10.2.	20h35,3m	-19,11°	11:37	7:11A	0,7 mag	15,3"	19,3°
15.2.	20h37,7m	-18,97°	11:19	6:53A	0,7 mag	15,3"	19,1°
20.2.	20h40,0m	-18,83°	11:02	6:34A	0,7 mag	15,3"	18,9°
25.2.	20h42,3m	-18,70°	10:45	6:16A	0,7 mag	15,4"	18,7°
2.3.	20h44,5m	-18,57°	10:27	5:58A	0,7 mag	15,4"	18,5°
7.3.	20h46,6m	-18,44°	10:10	5:40A	0,7 mag	15,5"	18,3°
12.3.	20h48,7m	-18,31°	9:52	5:22A	0,7 mag	15,6"	18,1°
17.3.	20h50,6m	-18,19°	9:34	5:03A	0,7 mag	15,7"	17,9°
22.3.	20h52,5m	-18,07°	9:16	4:44A	0,7 mag	15,8"	17,8°
27.3.	20h54,3m	-17,97°	8:59	4:26A	0,8 mag	15,9"	17,6°
1.4.	20h55,9m	-17,86°	8:40	4:07A	0,8 mag	16,0"	17,5°
6.4.	20h57,4m	-17,77°	8:22	3:49A	0,7 mag	16,1"	17,3°
11.4.	20h58,8m	-17,68°	8:04	3:30A	0,7 mag	16,2"	17,2°
16.4.	21h00,1m	-17,61°	7:46	3:11A	0,7 mag	16,3"	17,1°
21.4.	21h01,2m	-17,54°	7:27	2:52A	0,7 mag	16,5"	17,0°
26.4.	21h02,2m	-17,48°	7:08	2:33A	0,7 mag	16,6"	16,9°
1.5.	21h03,0m	-17,44°	6:50	2:14A	0,7 mag	16,7"	16,9°
6.5.	21h03,6m	-17,40°	6:30	1:55A	0,7 mag	16,9"	16,8°
11.5.	21h04,2m	-17,38°	6:11	1:36A	0,7 mag	17,0"	16,8°
16.5.	21h04,5m	-17,37°	5:52	1:16A	0,6 mag	17,2"	16,7°
21.5.	21h04,7m	-17,37°	5:33	0:57A	0,6 mag	17,3"	16,7°
26.5.	21h04,7m	-17,38°	5:13	0:37A	0,6 mag	17,5"	16,8°
31.5.	21h04,5m	-17,40°	4:53	0:17A	0,6 mag	17,6"	16,8°
5.6.	21h04,2m	-17,43°	4:33	23:54A	0,5 mag	17,7"	16,8°
10.6.	21h03,8m	-17,48°	4:13	23:34A	0,5 mag	17,9"	16,9°
15.6.	21h03,1m	-17,54°	3:53	23:14A	0,5 mag	18,0"	17,0°
20.6.	21h02,4m	-17,60°	3:32	22:54A	0,5 mag	18,1"	17,0°
25.6.	21h01,5m	-17,68°	3:12	22:33A	0,4 mag	18,2"	17,1°
30.6.	21h00,4m	-17,76°	2:51	22:13A	0,4 mag	18,3"	17,3°
5.7.	20h59,3m	-17,85°	2:30	21:53A	0,4 mag	18,4"	17,4°
10.7.	20h58,1m	-17,95°	2:09	21:33A	0,3 mag	18,5"	17,5°
15.7.	20h56,7m	-18,05°	1:48	21:13A	0,3 mag	18,6"	17,6°
20.7.	20h55,3m	-18,15°	1:27	20:52A	0,3 mag	18,6"	17,8°
25.7.	20h53,9m	-18,26°	1:06	20:31A	0,2 mag	18,6"	17,9°
30.7.	20h52,4m	-18,37°	0:45	20:11A	0,2 mag	18,7"	18,1°
4.8.	20h50,9m	-18,48°	0:24	4:53U	0,2 mag	18,7"	18,2°
9.8.	20h49,4m	-18,58°	0:03	4:31U	0,2 mag	18,6"	18,4°
14.8.	20h47,9m	-18,69°	23:37	4:10U	0,2 mag	18,6"	18,5°
19.8.	20h46,5m	-18,78°	23:16	3:48U	0,2 mag	18,6"	18,7°
24.8.	20h45,1m	-18,88°	22:55	3:27U	0,3 mag	18,5"	18,8°
29.8.	20h43,8m	-18,96°	22:34	3:05U	0,3 mag	18,4"	18,9°
3.9.	20h42,6m	-19,04°	22:14	2:44U	0,3 mag	18,4"	19,0°
8.9.	20h41,6m	-19,12°	21:53	2:22U	0,3 mag	18,3"	19,1°

235

Datum	Rektaszension	Deklination	Kulmination	Auf-/Untergang	Helligkeit	Scheibchendurchmesser	Ringöffnung
13.9.	20h40,6m	-19,18°	21:32	2:02U	0,4 mag	18,2"	19,2°
18.9.	20h39,8m	-19,23°	21:12	1:41U	0,4 mag	18,0"	19,3°
23.9.	20h39,1m	-19,27°	20:51	1:21U	0,4 mag	17,9"	19,3°
28.9.	20h38,6m	-19,31°	20:31	1:00U	0,5 mag	17,8"	19,4°
3.10.	20h38,2m	-19,33°	20:11	0:40U	0,5 mag	17,7"	19,4°
8.10.	20h38,0m	-19,34°	19:52	0:20U	0,5 mag	17,5"	19,4°
13.10.	20h38,0m	-19,34°	19:32	0:00U	0,5 mag	17,4"	19,4°
18.10.	20h38,1m	-19,33°	19:12	23:37U	0,5 mag	17,2"	19,4°
23.10.	20h38,5m	-19,31°	18:53	23:18U	0,6 mag	17,1"	19,4°
28.10.	20h38,9m	-19,28°	18:34	22:59U	0,6 mag	16,9"	19,4°
2.11.	20h39,6m	-19,24°	18:15	22:40U	0,6 mag	16,8"	19,3°
7.11.	20h40,4m	-19,19°	17:56	22:21U	0,6 mag	16,7"	19,2°
12.11.	20h41,4m	-19,13°	17:37	22:03U	0,6 mag	16,5"	19,1°
17.11.	20h42,6m	-19,05°	17:19	21:45U	0,7 mag	16,4"	19,0°
22.11.	20h43,8m	-18,97°	17:01	21:28U	0,7 mag	16,3"	18,9°
27.11.	20h45,3m	-18,88°	16:42	21:10U	0,7 mag	16,1"	18,8°
2.12.	20h46,8m	-18,78°	16:24	20:52U	0,7 mag	16,0"	18,6°
7.12.	20h48,5m	-18,67°	16:06	20:35U	0,7 mag	15,9"	18,5°
12.12.	20h50,3m	-18,55°	15:48	20:17U	0,7 mag	15,8"	18,3°
17.12.	20h52,2m	-18,43°	15:31	20:01U	0,7 mag	15,7"	18,1°
22.12.	20h54,2m	-18,30°	15:13	19:44U	0,7 mag	15,7"	18,0°
27.12.	20h56,2m	-18,16°	14:55	19:27U	0,7 mag	15,6"	17,8°
1.1.	20h58,4m	-18,01°	14:38	19:10U	0,7 mag	15,5"	17,6°

Uranus

Datum	Rektaszension	Deklination	Kulmination	Auf-/Untergang	Helligkeit	Scheibchendurchmesser
1.1.	2h18,5m	13,36°	19:56	3:08U	5,7 mag	3,6"
11.1.	2h18,2m	13,34°	19:16	2:28U	5,7 mag	3,6"
21.1.	2h18,2m	13,35°	18:37	1:49U	5,8 mag	3,6"
31.1.	2h18,6m	13,39°	17:58	1:11U	5,8 mag	3,5"
10.2.	2h19,3m	13,45°	17:20	0:32U	5,8 mag	3,5"
20.2.	2h20,4m	13,54°	16:41	23:51U	5,8 mag	3,5"
2.3.	2h21,7m	13,66°	16:03	23:13U	5,8 mag	3,5"
12.3.	2h23,3m	13,79°	15:26	22:36U	5,8 mag	3,4"
22.3.	2h25,0m	13,94°	14:48	22:00U	5,9 mag	3,4"
1.4.	2h27,0m	14,11°	14:11	21:23U	5,9 mag	3,4"
11.4.	2h29,1m	14,28°	13:33	20:47U	5,9 mag	3,4"
21.4.	2h31,3m	14,46°	12:56	20:11U	5,9 mag	3,4"
1.5.	2h33,6m	14,64°	12:19		5,9 mag	3,4"
11.5.	2h35,9m	14,82°	11:42	4:26A	5,9 mag	3,4"
21.5.	2h38,1m	15,00°	11:05	3:48A	5,9 mag	3,4"
31.5.	2h40,2m	15,16°	10:28	3:10A	5,9 mag	3,4"
10.6.	2h42,2m	15,32°	9:51	2:31A	5,9 mag	3,4"
20.6.	2h44,1m	15,46°	9:13	1:53A	5,8 mag	3,4"
30.6.	2h45,7m	15,58°	8:35	1:15A	5,8 mag	3,5"

Datum	Rektaszension	Deklination	Kulmination	Auf-/Untergang	Helligkeit	Scheibchendurchmesser
10.7.	2h47,1m	15,68°	7:57	0:36A	5,8 mag	3,5"
20.7.	2h48,3m	15,77°	7:19	23:54A	5,8 mag	3,5"
30.7.	2h49,1m	15,83°	6:41	23:15A	5,8 mag	3,5"
9.8.	2h49,6m	15,86°	6:02	22:36A	5,8 mag	3,6"
19.8.	2h49,8m	15,88°	5:23	21:57A	5,7 mag	3,6"
29.8.	2h49,7m	15,86°	4:43	21:18A	5,7 mag	3,6"
8.9.	2h49,3m	15,83°	4:04	20:38A	5,7 mag	3,7"
18.9.	2h48,5m	15,77°	3:24	19:58A	5,7 mag	3,7"
28.9.	2h47,5m	15,69°	2:43	19:18A	5,7 mag	3,7"
8.10.	2h46,2m	15,60°	2:03	18:38A	5,7 mag	3,7"
18.10.	2h44,8m	15,49°	1:22	17:58A	5,7 mag	3,7"
28.10.	2h43,2m	15,37°	0:41	17:18A	5,7 mag	3,7"
7.11.	2h41,6m	15,25°	23:56	7:19U	5,7 mag	3,7"
17.11.	2h39,9m	15,12°	23:15	6:37U	5,7 mag	3,7"
27.11.	2h38,4m	15,01°	22:34	5:56U	5,7 mag	3,7"
7.12.	2h37,0m	14,90°	21:54	5:14U	5,7 mag	3,7"
17.12.	2h35,9m	14,82°	21:13	4:33U	5,7 mag	3,7"
27.12.	2h35,0m	14,75°	20:33	3:53U	5,7 mag	3,7"
1.1.	2h34,6m	14,73°	20:13	3:33U	5,7 mag	3,7"

Neptun

Datum	Rektaszension	Deklination	Kulmination	Auf-/Untergang	Helligkeit	Scheibchendurchmesser
1.1.	23h19,3m	-5,55°	16:57	22:33U	7,9 mag	2,2"
11.1.	23h20,1m	-5,47°	16:19	21:55U	7,9 mag	2,2"
21.1.	23h21,0m	-5,36°	15:40	21:18U	7,9 mag	2,2"
31.1.	23h22,1m	-5,25°	15:02	20:40U	7,9 mag	2,2"
10.2.	23h23,3m	-5,11°	14:24	20:02U	8,0 mag	2,2"
20.2.	23h24,6m	-4,97°	13:46	19:25U	8,0 mag	2,2"
2.3.	23h26,0m	-4,83°	13:08	18:48U	8,0 mag	2,2"
12.3.	23h27,4m	-4,68°	12:30		8,0 mag	2,2"
22.3.	23h28,8m	-4,53°	11:52	6:11A	8,0 mag	2,2"
1.4.	23h30,2m	-4,39°	11:14	5:33A	8,0 mag	2,2"
11.4.	23h31,5m	-4,26°	10:36	4:54A	8,0 mag	2,2"
21.4.	23h32,7m	-4,13°	9:58	4:15A	7,9 mag	2,2"
1.5.	23h33,8m	-4,02°	9:20	3:37A	7,9 mag	2,2"
11.5.	23h34,7m	-3,92°	8:42	2:58A	7,9 mag	2,2"
21.5.	23h35,5m	-3,85°	8:03	2:18A	7,9 mag	2,2"
31.5.	23h36,1m	-3,79°	7:24	1:40A	7,9 mag	2,2"
10.6.	23h36,5m	-3,75°	6:45	1:01A	7,9 mag	2,2"
20.6.	23h36,8m	-3,73°	6:06	0:21A	7,9 mag	2,3"
30.6.	23h36,8m	-3,74°	5:27	23:39A	7,9 mag	2,3"
10.7.	23h36,6m	-3,77°	4:47	22:59A	7,9 mag	2,3"
20.7.	23h36,3m	-3,81°	4:08	22:19A	7,8 mag	2,3"
30.7.	23h35,7m	-3,88°	3:28	21:40A	7,8 mag	2,3"
9.8.	23h35,0m	-3,96°	2:48	21:00A	7,8 mag	2,3"

Datum	Rektaszen-sion	Deklina-tion	Kulmina-tion	Auf-/Untergang	Helligkeit	Scheibchen-durchmesser
19.8.	23h34,2m	-4,05°	2:08	20:20A	7,8 mag	2,3"
29.8.	23h33,3m	-4,15°	1:28	19:41A	7,8 mag	2,3"
8.9.	23h32,3m	-4,26°	0:47	19:01A	7,8 mag	2,3"
18.9.	23h31,3m	-4,37°	0:07	5:49U	7,8 mag	2,3"
28.9.	23h30,3m	-4,48°	23:23	5:08U	7,8 mag	2,3"
8.10.	23h29,4m	-4,58°	22:42	4:27U	7,8 mag	2,3"
18.10.	23h28,5m	-4,67°	22:02	3:47U	7,8 mag	2,3"
28.10.	23h27,8m	-4,75°	21:22	3:06U	7,8 mag	2,3"
7.11.	23h27,2m	-4,80°	20:42	2:26U	7,8 mag	2,3"
17.11.	23h26,8m	-4,84°	20:03	1:46U	7,9 mag	2,3"
27.11.	23h26,6m	-4,86°	19:23	1:06U	7,9 mag	2,3"
7.12.	23h26,6m	-4,85°	18:44	0:27U	7,9 mag	2,3"
17.12.	23h26,8m	-4,83°	18:05	23:44U	7,9 mag	2,2"
27.12.	23h27,2m	-4,77°	17:26	23:06U	7,9 mag	2,2"
1.1.	23h27,5m	-4,74°	17:06	22:46U	7,9 mag	2,2"

Pluto

Datum	Rektaszen-sion	Deklinat-ion	Kulmina-tion	Auf-/Untergang	Helligkeit
1.1.	19h45,2m	-22,45°	13:24	17:30U	14,4 mag
11.1.	19h46,6m	-22,40°	12:46	16:52U	14,4 mag
21.1.	19h48,1m	-22,36°	12:08	8:02A	14,4 mag
31.1.	19h49,5m	-22,32°	11:30	7:24A	14,4 mag
10.2.	19h50,8m	-22,27°	10:52	6:45A	14,4 mag
20.2.	19h52,1m	-22,24°	10:14	6:07A	14,4 mag
2.3.	19h53,2m	-22,21°	9:36	5:29A	14,4 mag
12.3.	19h54,2m	-22,18°	8:58	4:50A	14,4 mag
22.3.	19h55,1m	-22,16°	8:19	4:11A	14,4 mag
1.4.	19h55,7m	-22,16°	7:40	3:33A	14,4 mag
11.4.	19h56,2m	-22,16°	7:02	2:54A	14,4 mag
21.4.	19h56,5m	-22,17°	6:22	2:15A	14,3 mag
1.5.	19h56,5m	-22,19°	5:43	1:36A	14,3 mag
11.5.	19h56,4m	-22,22°	5:04	0:57A	14,3 mag
21.5.	19h56,1m	-22,25°	4:24	0:17A	14,3 mag
31.5.	19h55,5m	-22,30°	3:44	23:34A	14,3 mag
10.6.	19h54,9m	-22,35°	3:04	22:54A	14,3 mag
20.6.	19h54,1m	-22,41°	2:24	22:14A	14,3 mag
30.6.	19h53,1m	-22,46°	1:44	21:35A	14,3 mag
10.7.	19h52,2m	-22,53°	1:04	20:54A	14,3 mag
20.7.	19h51,2m	-22,59°	0:23	4:28U	14,3 mag
30.7.	19h50,2m	-22,64°	23:39	3:48U	14,3 mag
9.8.	19h49,2m	-22,70°	22:59	3:07U	14,3 mag
19.8.	19h48,3m	-22,75°	22:18	2:26U	14,3 mag
29.8.	19h47,6m	-22,79°	21:38	1:46U	14,3 mag
8.9.	19h46,9m	-22,83°	20:58	1:06U	14,3 mag
18.9.	19h46,5m	-22,85°	20:19	0:26U	14,3 mag

Datum	Rektaszen-sion	Deklinat-ion	Kulmina-tion	Auf-/Untergang	Helligkeit
28.9.	19h46,2m	-22,87°	19:39	23:42U	14,3 mag
8.10.	19h46,1m	-22,88°	19:00	23:03U	14,4 mag
18.10.	19h46,3m	-22,88°	18:21	22:23U	14,4 mag
28.10.	19h46,6m	-22,88°	17:42	21:45U	14,4 mag
7.11.	19h47,2m	-22,86°	17:03	21:06U	14,4 mag
17.11.	19h47,9m	-22,84°	16:24	20:27U	14,4 mag
27.11.	19h48,8m	-22,81°	15:46	19:50U	14,4 mag
7.12.	19h49,9m	-22,77°	15:08	19:12U	14,4 mag
17.12.	19h51,1m	-22,73°	14:30	18:33U	14,4 mag
27.12.	19h52,4m	-22,68°	13:52	17:56U	14,4 mag
1.1.	19h53,1m	-22,66°	13:33	17:37U	14,4 mag

Ceres

Datum	Rektaszen-sion	Deklina-tion	Kulmina-tion	Auf-/Untergang	Helligkeit
1.1.	23h08,3m	-15,73°	16:47	21:31U	9,2 mag
6.1.	23h13,9m	-14,94°	16:33	21:21U	9,2 mag
11.1.	23h19,7m	-14,13°	16:19	21:12U	9,3 mag
16.1.	23h25,7m	-13,32°	16:05	21:02U	9,3 mag
21.1.	23h31,8m	-12,49°	15:51	20:53U	9,3 mag
26.1.	23h38,0m	-11,65°	15:39	20:43U	9,3 mag
31.1.	23h44,4m	-10,81°	15:25	20:34U	9,3 mag
5.2.	23h50,8m	-9,96°	15:12	20:25U	9,3 mag
10.2.	23h57,4m	-9,11°	14:59	20:16U	9,2 mag
15.2.	0h04,0m	-8,25°	14:45	20:08U	9,2 mag
20.2.	0h10,8m	-7,39°	14:32	19:59U	9,2 mag
25.2.	0h17,6m	-6,53°	14:19	19:51U	9,2 mag
2.3.	0h24,5m	-5,67°	14:06	19:42U	9,2 mag
7.3.	0h31,4m	-4,81°	13:54	19:33U	9,1 mag
12.3.	0h38,4m	-3,95°	13:41	19:25U	9,1 mag
17.3.	0h45,5m	-3,10°	13:29	19:16U	9,0 mag
22.3.	0h52,5m	-2,26°	13:16	19:08U	9,0 mag
27.3.	0h59,7m	-1,43°	13:03	18:59U	9,0 mag
1.4.	1h06,8m	-0,60°	12:51		8,9 mag
6.4.	1h14,0m	0,22°	12:38		8,9 mag
11.4.	1h21,2m	1,02°	12:26		8,9 mag
16.4.	1h28,5m	1,81°	12:13		8,9 mag
21.4.	1h35,7m	2,59°	12:01		9,0 mag
26.4.	1h43,0m	3,36°	11:49		9,0 mag
1.5.	1h50,3m	4,10°	11:36		9,0 mag
6.5.	1h57,6m	4,84°	11:24		9,1 mag
11.5.	2h04,9m	5,55°	11:11	4:42A	9,1 mag
16.5.	2h12,2m	6,24°	10:59	4:26A	9,1 mag
21.5.	2h19,4m	6,91°	10:46	4:10A	9,1 mag
26.5.	2h26,7m	7,56°	10:34	3:55A	9,2 mag
31.5.	2h33,9m	8,19°	10:21	3:40A	9,2 mag

Datum	Rektaszension	Deklination	Kulmination	Auf-/Untergang	Helligkeit
5.6.	2h41,1m	8,80°	10:09	3:24A	9,2 mag
10.6.	2h48,3m	9,38°	9:57	3:09A	9,2 mag
15.6.	2h55,4m	9,94°	9:44	2:53A	9,2 mag
20.6.	3h02,4m	10,48°	9:32	2:38A	9,2 mag
25.6.	3h09,4m	10,99°	9:19	2:22A	9,2 mag
30.6.	3h16,3m	11,47°	9:06	2:07A	9,2 mag
5.7.	3h23,1m	11,93°	8:53	1:52A	9,2 mag
10.7.	3h29,8m	12,36°	8:40	1:37A	9,2 mag
15.7.	3h36,4m	12,76°	8:27	1:22A	9,1 mag
20.7.	3h42,8m	13,14°	8:14	1:07A	9,1 mag
25.7.	3h49,1m	13,49°	8:01	0:51A	9,1 mag
30.7.	3h55,2m	13,81°	7:47	0:36A	9,1 mag
4.8.	4h01,1m	14,11°	7:33	0:20A	9,0 mag
9.8.	4h06,8m	14,39°	7:19	0:05A	9,0 mag
14.8.	4h12,2m	14,64°	7:05	23:46A	8,9 mag
19.8.	4h17,3m	14,86°	6:50	23:30A	8,9 mag
24.8.	4h22,2m	15,07°	6:35	23:14A	8,8 mag
29.8.	4h26,7m	15,25°	6:20	22:58A	8,8 mag
3.9.	4h30,8m	15,41°	6:04	22:41A	8,7 mag
8.9.	4h34,5m	15,56°	5:49	22:24A	8,7 mag
13.9.	4h37,7m	15,68°	5:32	22:07A	8,6 mag
18.9.	4h40,5m	15,79°	5:16	21:50A	8,5 mag
23.9.	4h42,8m	15,89°	4:58	21:32A	8,4 mag
28.9.	4h44,4m	15,98°	4:40	21:14A	8,3 mag
3.10.	4h45,5m	16,05°	4:21	20:54A	8,3 mag
8.10.	4h46,0m	16,12°	4:02	20:35A	8,2 mag
13.10.	4h45,7m	16,19°	3:43	20:14A	8,1 mag
18.10.	4h44,8m	16,25°	3:22	19:54A	7,9 mag
23.10.	4h43,2m	16,31°	3:01	19:32A	7,8 mag
28.10.	4h41,0m	16,36°	2:39	19:10A	7,7 mag
2.11.	4h38,1m	16,42°	2:16	18:47A	7,6 mag
7.11.	4h34,6m	16,48°	1:53	18:23A	7,5 mag
12.11.	4h30,5m	16,54°	1:29	17:59A	7,4 mag
17.11.	4h26,0m	16,61°	1:05	17:35A	7,2 mag
22.11.	4h21,2m	16,69°	0:41	17:10A	7,1 mag
27.11.	4h16,2m	16,77°	0:16	7:43U	7,0 mag
2.12.	4h11,2m	16,86°	23:48	7:19U	7,0 mag
7.12.	4h06,3m	16,97°	23:24	6:55U	7,2 mag
12.12.	4h01,6m	17,09°	22:59	6:31U	7,3 mag
17.12.	3h57,3m	17,23°	22:35	6:08U	7,4 mag
22.12.	3h53,4m	17,39°	22:11	5:45U	7,5 mag
27.12.	3h50,2m	17,58°	21:49	5:24U	7,6 mag
1.1.	3h47,6m	17,79°	21:27	5:02U	7,7 mag

Pallas

Datum	Rektaszension	Deklination	Kulmination	Auf-/Untergang	Helligkeit
1.1.	20h22,4m	-0,52°	14:01	20:01U	10,5 mag
6.1.	20h28,9m	-0,51°	13:48	19:48U	10,5 mag
11.1.	20h35,5m	-0,46°	13:35	19:35U	10,5 mag
16.1.	20h42,1m	-0,38°	13:22	19:22U	10,5 mag
21.1.	20h48,6m	-0,26°	13:09	19:10U	10,5 mag
26.1.	20h55,2m	-0,11°	12:55	18:57U	10,4 mag
31.1.	21h01,8m	0,07°	12:42	18:45U	10,4 mag
5.2.	21h08,4m	0,28°	12:29	18:33U	10,4 mag
10.2.	21h14,9m	0,52°	12:16	18:21U	10,4 mag
15.2.	21h21,5m	0,78°	12:03	18:09U	10,4 mag
20.2.	21h27,9m	1,07°	11:50	17:57U	10,4 mag
25.2.	21h34,4m	1,38°	11:37	5:27A	10,4 mag
2.3.	21h40,7m	1,70°	11:23	5:12A	10,4 mag
7.3.	21h47,0m	2,04°	11:10	4:57A	10,4 mag
12.3.	21h53,3m	2,40°	10:56	4:42A	10,5 mag
17.3.	21h59,4m	2,76°	10:43	4:27A	10,5 mag
22.3.	22h05,5m	3,14°	10:29	4:11A	10,5 mag
27.3.	22h11,5m	3,53°	10:15	3:56A	10,5 mag
1.4.	22h17,3m	3,92°	10:02	3:41A	10,5 mag
6.4.	22h23,1m	4,31°	9:48	3:25A	10,5 mag
11.4.	22h28,7m	4,71°	9:34	3:09A	10,5 mag
16.4.	22h34,2m	5,10°	9:20	2:52A	10,5 mag
21.4.	22h39,6m	5,49°	9:05	2:36A	10,5 mag
26.4.	22h44,8m	5,87°	8:51	2:20A	10,5 mag
1.5.	22h49,8m	6,25°	8:37	2:03A	10,5 mag
6.5.	22h54,7m	6,61°	8:22	1:47A	10,5 mag
11.5.	22h59,4m	6,95°	8:07	1:31A	10,5 mag
16.5.	23h03,9m	7,28°	7:51	1:14A	10,4 mag
21.5.	23h08,2m	7,59°	7:36	0:57A	10,4 mag
26.5.	23h12,2m	7,87°	7:20	0:39A	10,4 mag
31.5.	23h16,0m	8,12°	7:05	0:22A	10,3 mag
5.6.	23h19,5m	8,35°	6:49	0:05A	10,3 mag
10.6.	23h22,7m	8,53°	6:32	23:44A	10,2 mag
15.6.	23h25,7m	8,67°	6:15	23:27A	10,2 mag
20.6.	23h28,3m	8,77°	5:58	23:09A	10,1 mag
25.6.	23h30,5m	8,82°	5:41	22:51A	10,1 mag
30.6.	23h32,4m	8,81°	5:23	22:33A	10,0 mag
5.7.	23h33,8m	8,74°	5:05	22:15A	9,9 mag
10.7.	23h34,8m	8,61°	4:46	21:58A	9,9 mag
15.7.	23h35,4m	8,40°	4:27	21:40A	9,8 mag
20.7.	23h35,6m	8,12°	4:08	21:22A	9,7 mag
25.7.	23h35,2m	7,75°	3:47	21:03A	9,6 mag
30.7.	23h34,4m	7,30°	3:28	20:45A	9,5 mag
4.8.	23h33,1m	6,75°	3:06	20:26A	9,4 mag
9.8.	23h31,3m	6,12°	2:45	20:08A	9,3 mag

Datum	Rektaszension	Deklination	Kulmination	Auf-/Untergang	Helligkeit
14.8.	23h29,1m	5,39°	2:23	19:50A	9,2 mag
19.8.	23h26,4m	4,57°	2:01		9,1 mag
24.8.	23h23,4m	3,67°	1:38		8,9 mag
29.8.	23h20,1m	2,69°	1:16		8,8 mag
3.9.	23h16,6m	1,65°	0:53		8,7 mag
8.9.	23h12,8m	0,56°	0:29		8,5 mag
13.9.	23h09,1m	-0,57°	0:01		8,5 mag
18.9.	23h05,3m	-1,71°	23:38	5:36U	8,6 mag
23.9.	23h01,7m	-2,85°	23:15	5:07U	8,7 mag
28.9.	22h58,3m	-3,96°	22:52	4:38U	8,8 mag
3.10.	22h55,2m	-5,04°	22:29	4:10U	8,9 mag
8.10.	22h52,5m	-6,07°	22:06	3:43U	9,0 mag
13.10.	22h50,2m	-7,03°	21:45	3:17U	9,1 mag
18.10.	22h48,5m	-7,91°	21:23	2:51U	9,2 mag
23.10.	22h47,2m	-8,72°	21:02	2:26U	9,3 mag
28.10.	22h46,5m	-9,44°	20:42	2:02U	9,4 mag
2.11.	22h46,3m	-10,07°	20:22	1:39U	9,4 mag
7.11.	22h46,7m	-10,62°	20:02	1:17U	9,5 mag
12.11.	22h47,6m	-11,09°	19:44	0:56U	9,6 mag
17.11.	22h49,0m	-11,47°	19:26	0:35U	9,6 mag
22.11.	22h51,0m	-11,77°	19:08	0:16U	9,7 mag
27.11.	22h53,4m	-12,00°	18:51	23:54U	9,8 mag
2.12.	22h56,2m	-12,17°	18:34	23:37U	9,8 mag
7.12.	22h59,5m	-12,26°	18:17	23:20U	9,8 mag
12.12.	23h03,2m	-12,29°	18:01	23:03U	9,9 mag
17.12.	23h07,3m	-12,27°	17:46	22:48U	9,9 mag
22.12.	23h11,7m	-12,20°	17:30	22:33U	9,9 mag
27.12.	23h16,4m	-12,07°	17:16	22:18U	10,0 mag
1.1.	23h21,4m	-11,91°	17:01	22:05U	10,0 mag

Juno

Datum	Rektaszension	Deklination	Kulmination	Auf-/Untergang	Helligkeit
1.1.	16h16,2m	-11,55°	9:56	4:49A	11,5 mag
6.1.	16h22,5m	-11,65°	9:42	4:36A	11,5 mag
11.1.	16h28,7m	-11,72°	9:29	4:23A	11,5 mag
16.1.	16h34,7m	-11,75°	9:15	4:09A	11,5 mag
21.1.	16h40,6m	-11,76°	9:01	3:56A	11,5 mag
26.1.	16h46,3m	-11,73°	8:47	3:42A	11,5 mag
31.1.	16h51,8m	-11,67°	8:33	3:27A	11,5 mag
5.2.	16h57,1m	-11,58°	8:18	3:12A	11,5 mag
10.2.	17h02,2m	-11,45°	8:04	2:57A	11,4 mag
15.2.	17h07,0m	-11,30°	7:49	2:41A	11,4 mag
20.2.	17h11,6m	-11,12°	7:34	2:25A	11,4 mag
25.2.	17h15,8m	-10,91°	7:19	2:09A	11,3 mag
2.3.	17h19,8m	-10,67°	7:03	1:52A	11,3 mag

Datum	Rektaszension	Deklination	Kulmination	Auf-/ Untergang	Helligkeit
7.3.	17h23,4m	-10,40°	6:47	1:35A	11,3 mag
12.3.	17h26,6m	-10,11°	6:30	1:17A	11,2 mag
17.3.	17h29,4m	-9,79°	6:13	0:58A	11,2 mag
22.3.	17h31,8m	-9,46°	5:57	0:39A	11,1 mag
27.3.	17h33,8m	-9,10°	5:39	0:19A	11,0 mag
1.4.	17h35,3m	-8,73°	5:21	23:56A	11,0 mag
6.4.	17h36,3m	-8,34°	5:02	23:35A	10,9 mag
11.4.	17h36,8m	-7,95°	4:42	23:14A	10,8 mag
16.4.	17h36,7m	-7,54°	4:23	22:52A	10,8 mag
21.4.	17h36,1m	-7,14°	4:02	22:30A	10,7 mag
26.4.	17h35,0m	-6,74°	3:42	22:07A	10,6 mag
1.5.	17h33,4m	-6,34°	3:21	21:44A	10,5 mag
6.5.	17h31,2m	-5,96°	2:59	21:21A	10,5 mag
11.5.	17h28,6m	-5,60°	2:36	20:57A	10,4 mag
16.5.	17h25,5m	-5,26°	2:14	20:32A	10,3 mag
21.5.	17h22,1m	-4,96°	1:51		10,2 mag
26.5.	17h18,3m	-4,69°	1:27		10,2 mag
31.5.	17h14,2m	-4,47°	1:04		10,1 mag
5.6.	17h10,0m	-4,29°	0:40		10,1 mag
10.6.	17h05,7m	-4,16°	0:15		10,1 mag
15.6.	17h01,5m	-4,09°	23:49		10,1 mag
20.6.	16h57,3m	-4,07°	23:25		10,2 mag
25.6.	16h53,4m	-4,11°	23:01		10,2 mag
30.6.	16h49,7m	-4,21°	22:38		10,3 mag
5.7.	16h46,4m	-4,35°	22:15	4:00U	10,3 mag
10.7.	16h43,5m	-4,55°	21:53	3:37U	10,4 mag
15.7.	16h41,0m	-4,79°	21:30	3:13U	10,5 mag
20.7.	16h39,0m	-5,07°	21:09	2:50U	10,5 mag
25.7.	16h37,6m	-5,39°	20:47	2:27U	10,6 mag
30.7.	16h36,7m	-5,73°	20:27	2:05U	10,7 mag
4.8.	16h36,3m	-6,11°	20:07	1:44U	10,7 mag
9.8.	16h36,4m	-6,51°	19:48	1:22U	10,8 mag
14.8.	16h37,1m	-6,92°	19:28	1:01U	10,8 mag
19.8.	16h38,2m	-7,35°	19:10	0:40U	10,9 mag
24.8.	16h39,9m	-7,78°	18:52	0:20U	10,9 mag
29.8.	16h42,0m	-8,22°	18:34	0:00U	11,0 mag
3.9.	16h44,6m	-8,66°	18:16	23:37U	11,0 mag
8.9.	16h47,5m	-9,10°	18:00	23:19U	11,1 mag
13.9.	16h50,9m	-9,54°	17:44	23:00U	11,1 mag
18.9.	16h54,7m	-9,96°	17:28	22:42U	11,1 mag
23.9.	16h58,9m	-10,38°	17:12	22:24U	11,1 mag
28.9.	17h03,3m	-10,78°	16:57	22:07U	11,2 mag
3.10.	17h08,1m	-11,17°	16:42	21:50U	11,2 mag
8.10.	17h13,2m	-11,55°	16:27	21:34U	11,2 mag
13.10.	17h18,6m	-11,90°	16:13	21:18U	11,2 mag
18.10.	17h24,3m	-12,23°	15:59	21:02U	11,2 mag
23.10.	17h30,2m	-12,54°	15:46	20:47U	11,2 mag
28.10.	17h36,3m	-12,83°	15:32	20:31U	11,2 mag

Datum	Rektaszension	Deklination	Kulmination	Auf-/Untergang	Helligkeit
2.11.	17h42,7m	-13,08°	15:19	20:17U	11,2 mag
7.11.	17h49,3m	-13,32°	15:05	20:03U	11,2 mag
12.11.	17h56,0m	-13,52°	14:52	19:49U	11,2 mag
17.11.	18h02,9m	-13,70°	14:40	19:35U	11,2 mag
22.11.	18h10,0m	-13,84°	14:27	19:22U	11,2 mag
27.11.	18h17,2m	-13,95°	14:14	19:09U	11,2 mag
2.12.	18h24,6m	-14,03°	14:02	18:56U	11,2 mag
7.12.	18h32,1m	-14,08°	13:50	18:43U	11,1 mag
12.12.	18h39,7m	-14,10°	13:38	18:31U	11,1 mag
17.12.	18h47,3m	-14,08°	13:26	18:19U	11,1 mag
22.12.	18h55,1m	-14,03°	13:14	18:08U	11,0 mag
27.12.	19h02,9m	-13,94°	13:02	17:56U	11,0 mag
1.1.	19h10,8m	-13,82°	12:50	17:45U	10,9 mag

Vesta

Datum	Rektaszension	Deklination	Kulmination	Auf-/Untergang	Helligkeit
1.1.	11h33,8m	9,71°	5:14	22:20A	7,4 mag
6.1.	11h36,5m	9,81°	4:57	22:03A	7,3 mag
11.1.	11h38,7m	10,00°	4:39	21:44A	7,2 mag
16.1.	11h40,1m	10,27°	4:21	21:25A	7,0 mag
21.1.	11h40,9m	10,62°	4:02	21:04A	6,9 mag
26.1.	11h41,0m	11,05°	3:43	20:42A	6,8 mag
31.1.	11h40,3m	11,56°	3:22	20:19A	6,7 mag
5.2.	11h38,9m	12,15°	3:01	19:55A	6,6 mag
10.2.	11h36,8m	12,79°	2:39	19:30A	6,5 mag
15.2.	11h33,9m	13,48°	2:17	19:04A	6,4 mag
20.2.	11h30,5m	14,20°	1:54	18:37A	6,2 mag
25.2.	11h26,5m	14,92°	1:30	18:09A	6,1 mag
2.3.	11h22,1m	15,63°	1:06		6,1 mag
7.3.	11h17,5m	16,31°	0:42		6,0 mag
12.3.	11h12,8m	16,92°	0:17		6,1 mag
17.3.	11h08,2m	17,46°	23:50		6,2 mag
22.3.	11h03,8m	17,90°	23:26		6,3 mag
27.3.	10h59,8m	18,24°	23:02		6,4 mag
1.4.	10h56,4m	18,48°	22:39		6,4 mag
6.4.	10h53,5m	18,60°	22:17		6,5 mag
11.4.	10h51,4m	18,63°	21:55	5:36U	6,6 mag
16.4.	10h50,0m	18,55°	21:34	5:14U	6,7 mag
21.4.	10h49,4m	18,37°	21:14	4:53U	6,8 mag
26.4.	10h49,5m	18,11°	20:54	4:32U	6,9 mag
1.5.	10h50,3m	17,77°	20:35	4:11U	7,0 mag
6.5.	10h51,8m	17,35°	20:17	3:51U	7,1 mag
11.5.	10h54,0m	16,87°	20:00	3:31U	7,2 mag
16.5.	10h56,8m	16,33°	19:43	3:11U	7,2 mag
21.5.	11h00,2m	15,73°	19:27	2:51U	7,3 mag

Datum	Rektaszen-sion	Deklina-tion	Kulmina-tion	Auf-/Untergang	Helligkeit
26.5.	11h04,1m	15,08°	19:11	2:31U	7,4 mag
31.5.	11h08,4m	14,38°	18:55	2:12U	7,4 mag
5.6.	11h13,3m	13,65°	18:40	1:54U	7,5 mag
10.6.	11h18,5m	12,87°	18:26	1:35U	7,5 mag
15.6.	11h24,1m	12,06°	18:12	1:17U	7,6 mag
20.6.	11h30,0m	11,22°	17:59	0:59U	7,6 mag
25.6.	11h36,2m	10,34°	17:45	0:41U	7,7 mag
30.6.	11h42,7m	9,44°	17:32	0:23U	7,7 mag
5.7.	11h49,4m	8,52°	17:19	0:05U	7,7 mag
10.7.	11h56,4m	7,58°	17:05	23:44U	7,8 mag
15.7.	12h03,6m	6,61°	16:53	23:27U	7,8 mag
20.7.	12h11,1m	5,63°	16:41	23:10U	7,8 mag
25.7.	12h18,7m	4,63°	16:28	22:53U	7,8 mag
30.7.	12h26,5m	3,62°	16:16	22:36U	7,9 mag
4.8.	12h34,4m	2,60°	16:05	22:19U	7,9 mag
9.8.	12h42,5m	1,57°	15:54	22:03U	7,9 mag
14.8.	12h50,8m	0,54°	15:42	21:47U	7,9 mag
19.8.	12h59,3m	-0,50°	15:31	21:31U	7,9 mag
24.8.	13h07,8m	-1,54°	15:20	21:15U	7,9 mag
29.8.	13h16,6m	-2,57°	15:09	20:59U	7,9 mag
3.9.	13h25,4m	-3,61°	14:58	20:43U	7,9 mag
8.9.	13h34,5m	-4,64°	14:47	20:27U	7,9 mag
13.9.	13h43,6m	-5,65°	14:37	20:12U	7,9 mag
18.9.	13h52,9m	-6,66°	14:26	19:57U	7,9 mag
23.9.	14h02,3m	-7,66°	14:16	19:42U	7,9 mag
28.9.	14h11,9m	-8,64°	14:06	19:27U	7,9 mag
3.10.	14h21,6m	-9,60°	13:56	19:12U	7,9 mag
8.10.	14h31,5m	-10,54°	13:46	18:58U	7,9 mag
13.10.	14h41,5m	-11,46°	13:37	18:43U	7,8 mag
18.10.	14h51,6m	-12,35°	13:27	18:29U	7,8 mag
23.10.	15h01,8m	-13,21°	13:18	18:15U	7,8 mag
28.10.	15h12,2m	-14,04°	13:08	18:02U	7,8 mag
2.11.	15h22,7m	-14,84°	12:59	17:48U	7,7 mag
7.11.	15h33,4m	-15,60°	12:50	17:35U	7,7 mag
12.11.	15h44,1m	-16,33°	12:41	17:22U	7,6 mag
17.11.	15h55,0m	-17,01°	12:32	17:10U	7,6 mag
22.11.	16h06,0m	-17,65°	12:23	16:57U	7,5 mag
27.11.	16h17,0m	-18,25°	12:15	16:45U	7,5 mag
2.12.	16h28,2m	-18,80°	12:06	16:33U	7,5 mag
7.12.	16h39,4m	-19,30°	11:58	7:33A	7,6 mag
12.12.	16h50,8m	-19,76°	11:50	7:28A	7,6 mag
17.12.	17h02,1m	-20,16°	11:41	7:22A	7,6 mag
22.12.	17h13,5m	-20,51°	11:33	7:15A	7,7 mag
27.12.	17h25,0m	-20,82°	11:25	7:09A	7,7 mag
1.1.	17h36,5m	-21,07°	11:17	7:02A	7,7 mag

Saturnmonde

April

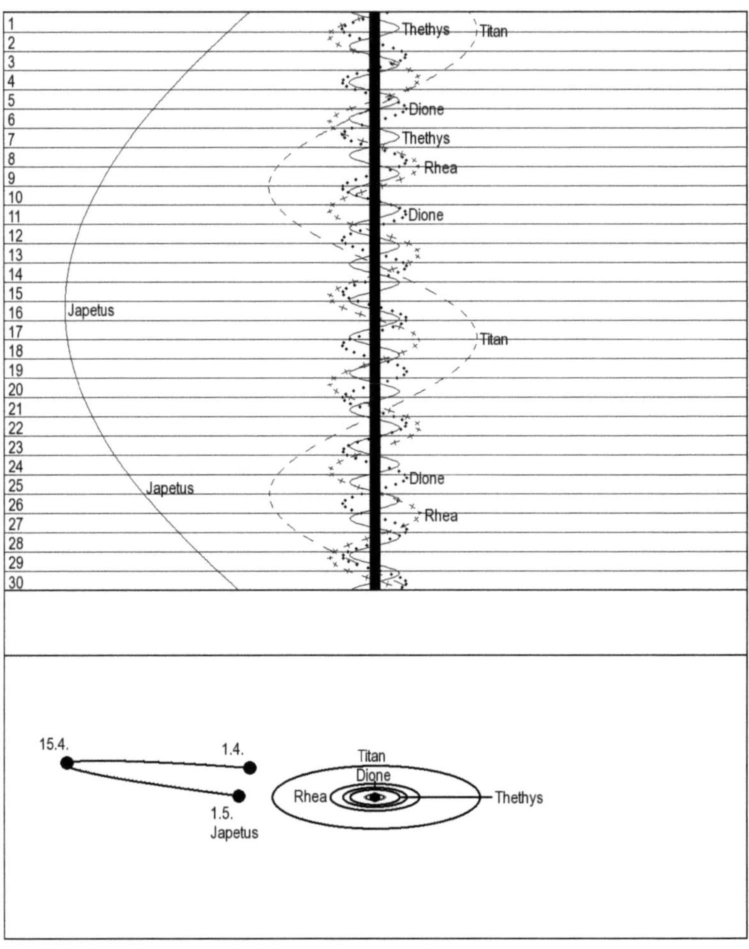

Mai

Titan
Thethys
Thethys
Titan
Thethys
Dione
Thethys
Rhea
Dione
Japetus
Titan
Dione
Rhea
Thethys
Japetus
1.6.
1.5.
15.5.

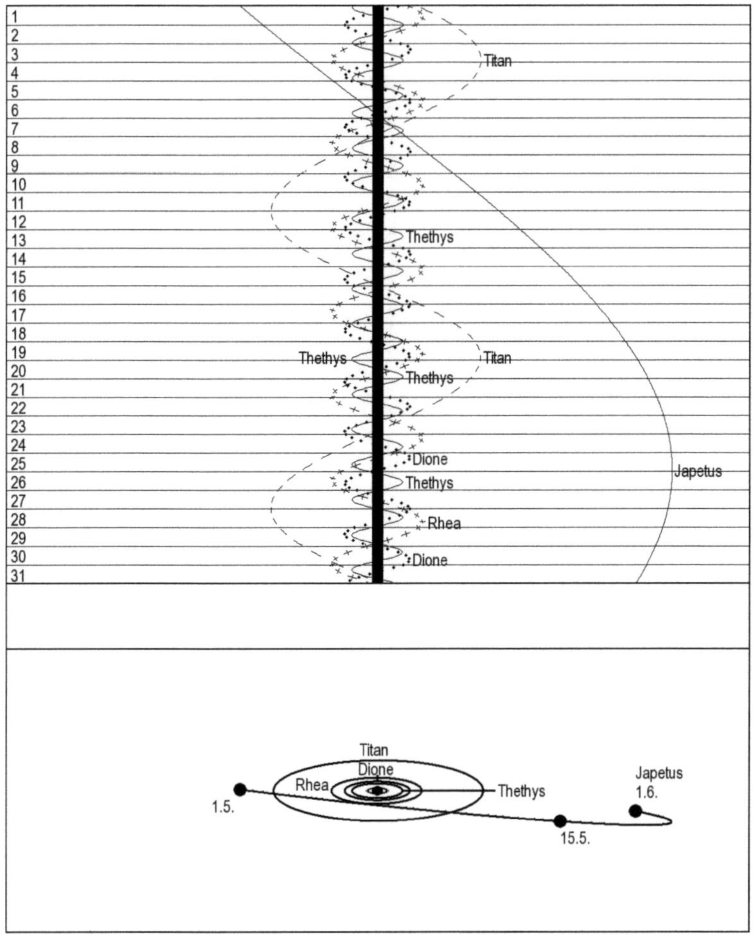

Juni

Thethys
Japetus
Titan
Thethys
Dione
Thethys
Rhea
Thethys
Titan
Dione
Japetus
1.7.
15.6.
Rhea
Dione
Titan
Thethys
1.6.

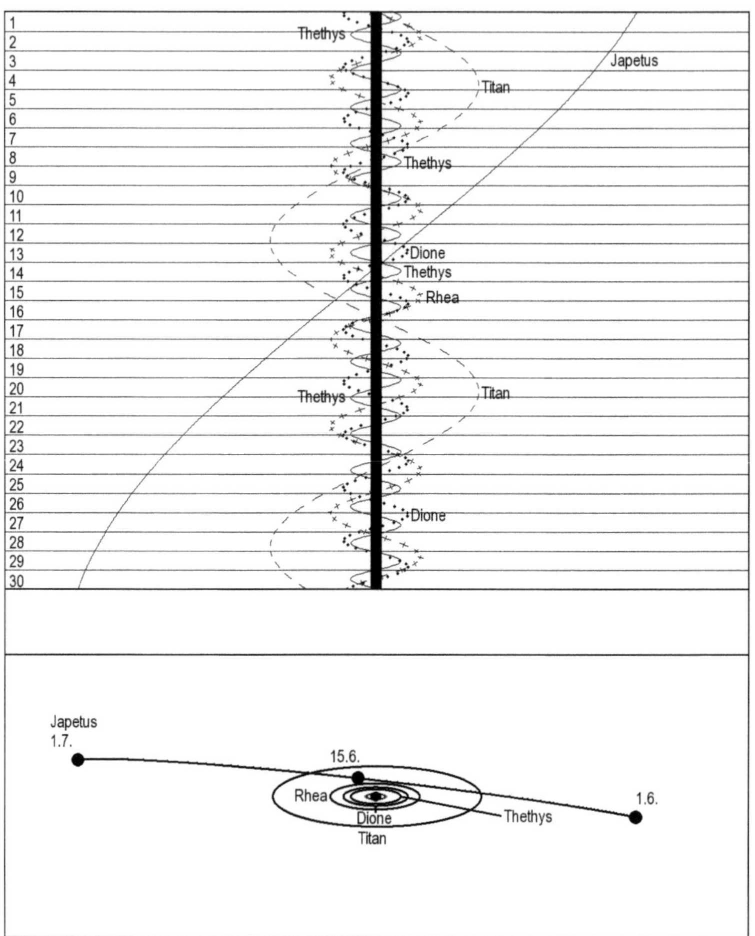

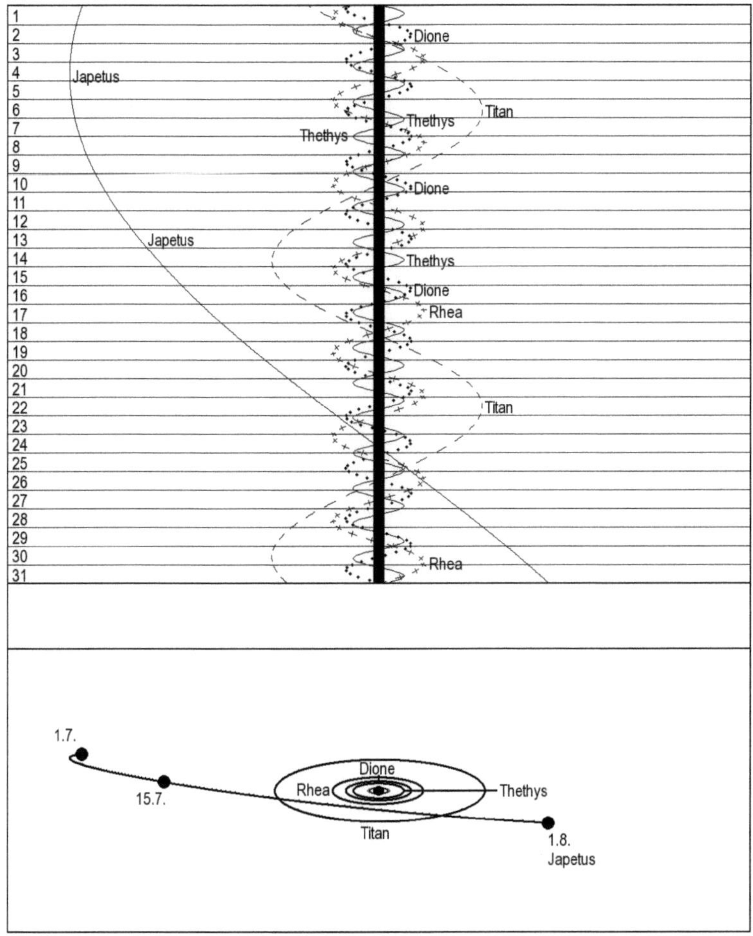

Dione
Japetus
Titan
Thethys
Thethys
Dione
Japetus
Thethys
Dione
Rhea
Titan
Rhea
1.7.
15.7.
Dione
Rhea
Thethys
Titan
1.8.
Japetus

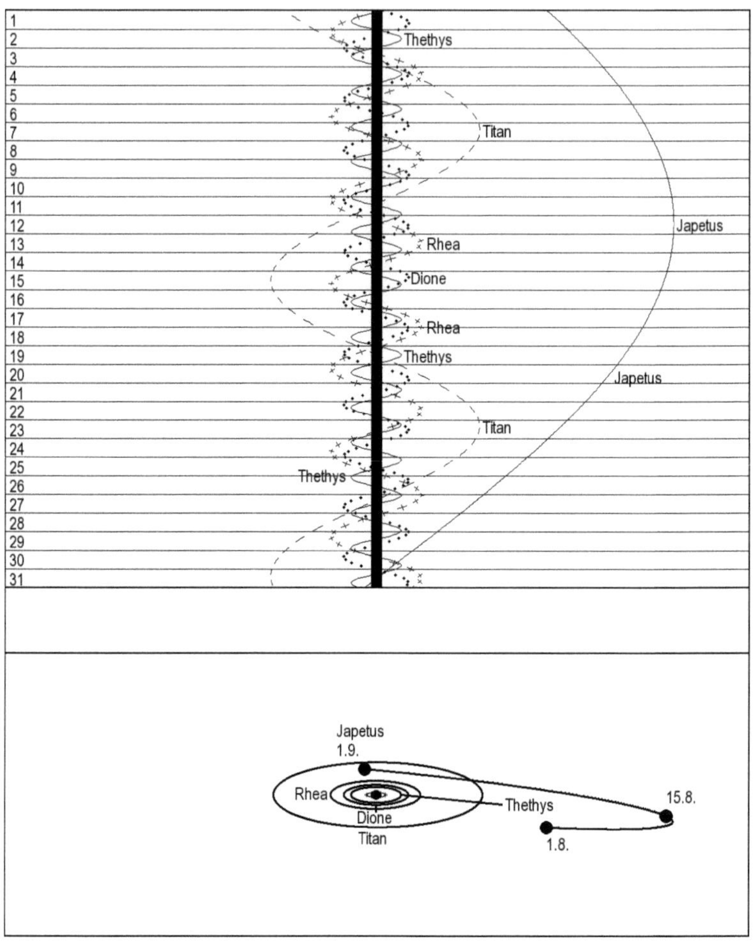

Thethys
Titan
Japetus
Rhea
Dione
Rhea
Thethys
Japetus
Titan
Thethys
Japetus
1.9.
Rhea
Dione
Thethys
15.8.
Titan
1.8.

September

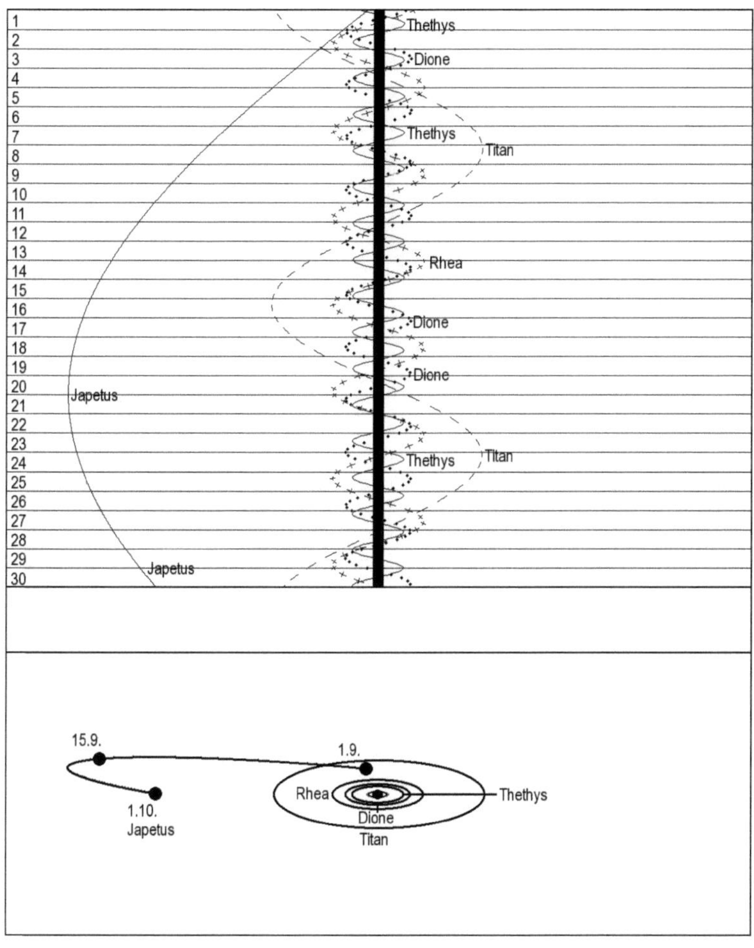

251

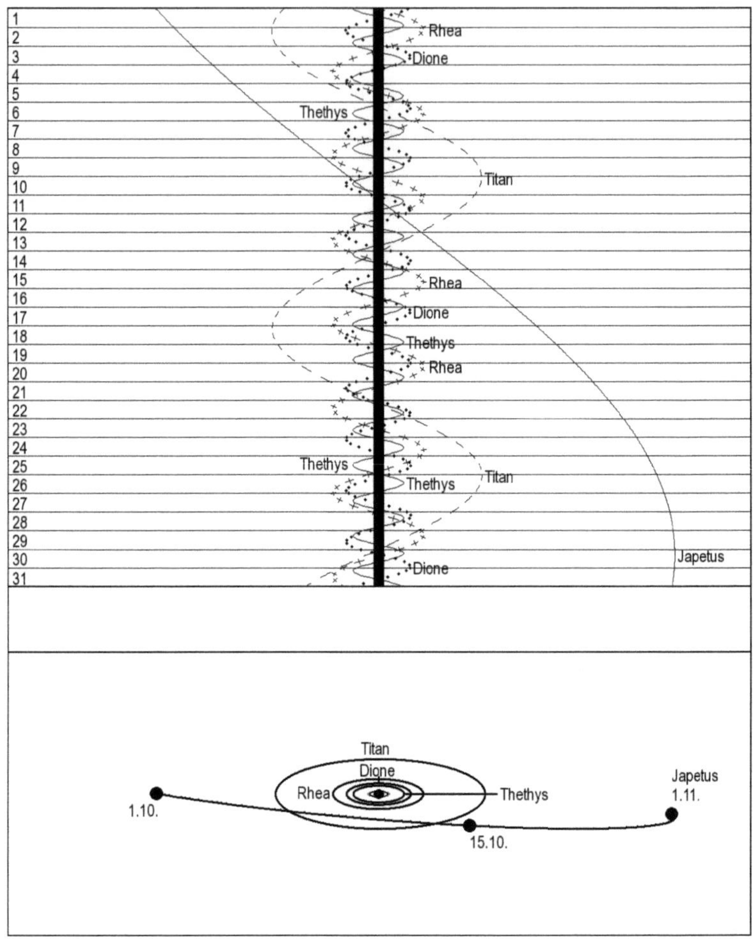

Rhea
Dione
Thethys
Titan
Rhea
Dione
Thethys
Rhea
Thethys
Titan
Thethys
Japetus
Dione
Titan
Dione
Rhea
Thethys
Japetus
1.11.
1.10.
15.10.

November

Dione
Thethys
Japetus
Titan
Dione
Rhea
Dione
Thethys
Titan
Japetus
1.12.
15.11.
1.11.
Rhea
Dione
Titan
Thethys

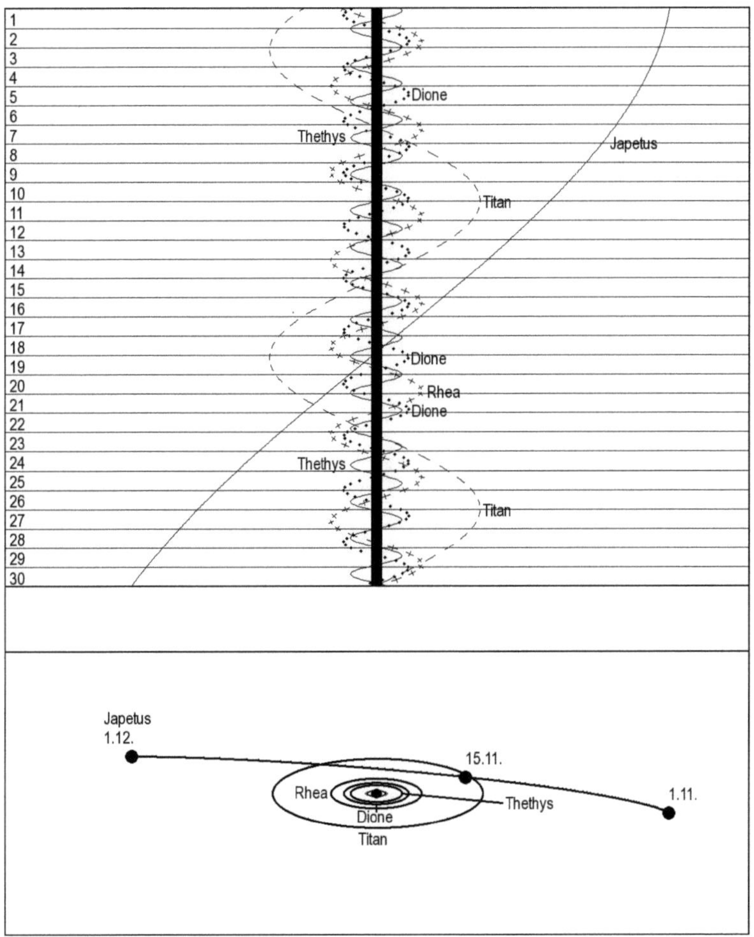

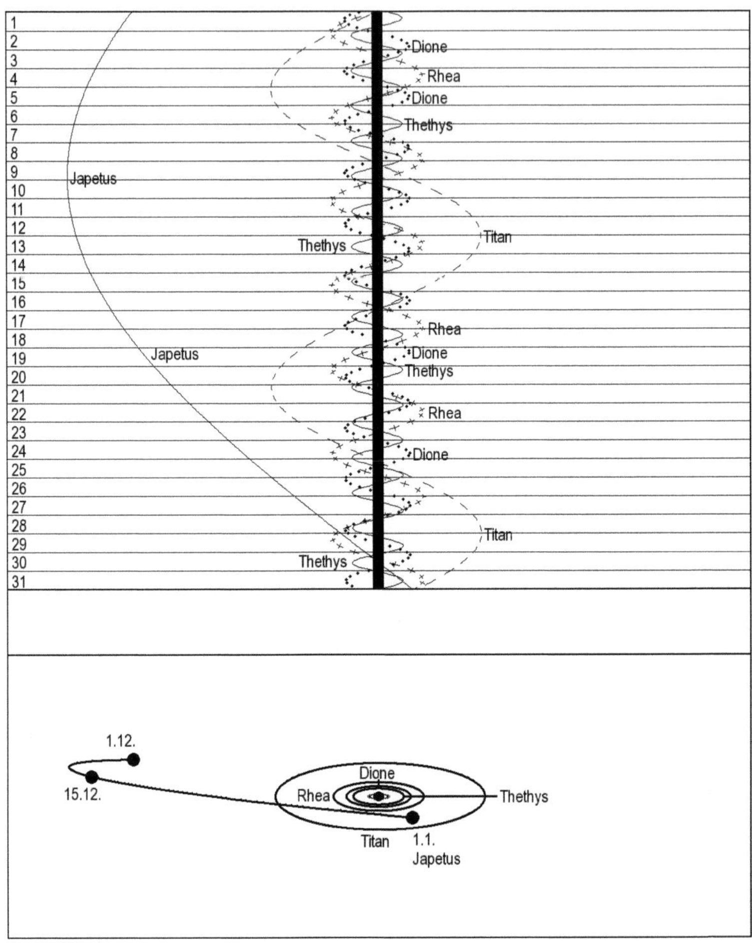

1
2
3
4
5
6
7
8
9
10
11
12
13
14
15
16
17
18
19
20
21
22
23
24
25
26
27
28
29
30
31
Dione
Rhea
Dione
Thethys
Japetus
Thethys
Titan
Rhea
Dione
Thethys
Japetus
Rhea
Dione
Titan
Thethys
1.12.
15.12.
Dione
Rhea
Thethys
Titan
1.1.
Japetus

Sternzeit für 0 Uhr MEZ und 9° östlicher Länge

	J	F	M	A	M	J	J	A	S	O	N	D
1	6:19	8:22	10:12	12:14	14:12	16:15	18:13	20:15	22:17	0:16	2:18	4:16
2	6:23	8:25	10:16	12:18	14:16	16:19	18:17	20:19	22:21	0:20	2:22	4:20
3	6:27	8:29	10:20	12:22	14:20	16:23	18:21	20:23	22:25	0:24	2:26	4:24
4	6:31	8:33	10:24	12:26	14:24	16:26	18:25	20:27	22:29	0:27	2:30	4:28
5	6:35	8:37	10:28	12:30	14:28	16:30	18:29	20:31	22:33	0:31	2:34	4:32
6	6:39	8:41	10:32	12:34	14:32	16:34	18:33	20:35	22:37	0:35	2:38	4:36
7	6:43	8:45	10:36	12:38	14:36	16:38	18:37	20:39	22:41	0:39	2:42	4:40
8	6:47	8:49	10:40	12:42	14:40	16:42	18:41	20:43	22:45	0:43	2:45	4:44
9	6:51	8:53	10:43	12:46	14:44	16:46	18:44	20:47	22:49	0:47	2:49	4:48
10	6:55	8:57	10:47	12:50	14:48	16:50	18:48	20:51	22:53	0:51	2:53	4:52
11	6:59	9:01	10:51	12:54	14:52	16:54	18:52	20:55	22:57	0:55	2:57	4:56
12	7:03	9:05	10:55	12:58	14:56	16:58	18:56	20:59	23:01	0:59	3:01	5:00
13	7:07	9:09	10:59	13:01	15:00	17:02	19:00	21:02	23:05	1:03	3:05	5:03
14	7:11	9:13	11:03	13:05	15:04	17:06	19:04	21:06	23:09	1:07	3:09	5:07
15	7:15	9:17	11:07	13:09	15:08	17:10	19:08	21:10	23:13	1:11	3:13	5:11
16	7:18	9:21	11:11	13:13	15:12	17:14	19:12	21:14	23:16	1:15	3:17	5:15
17	7:22	9:25	11:15	13:17	15:16	17:18	19:16	21:18	23:20	1:19	3:21	5:19
18	7:26	9:29	11:19	13:21	15:19	17:22	19:20	21:22	23:24	1:23	3:25	5:23
19	7:30	9:32	11:23	13:25	15:23	17:26	19:24	21:26	23:28	1:27	3:29	5:27
20	7:34	9:36	11:27	13:29	15:27	17:30	19:28	21:30	23:32	1:31	3:33	5:31
21	7:38	9:40	11:31	13:33	15:31	17:33	19:32	21:34	23:36	1:34	3:37	5:35
22	7:42	9:44	11:35	13:37	15:35	17:37	19:36	21:38	23:40	1:38	3:41	5:39
23	7:46	9:48	11:39	13:41	15:39	17:41	19:40	21:42	23:44	1:42	3:45	5:43
24	7:50	9:52	11:43	13:45	15:43	17:45	19:44	21:46	23:48	1:46	3:49	5:47
25	7:54	9:56	11:47	13:49	15:47	17:49	19:48	21:50	23:52	1:50	3:52	5:51
26	7:58	10:00	11:50	13:53	15:51	17:53	19:51	21:54	23:56	1:54	3:56	5:55
27	8:02	10:04	11:54	13:57	15:55	17:57	19:55	21:58	24:00	1:58	4:00	5:59
28	8:06	10:08	11:58	14:01	15:59	18:01	19:59	22:02	0:04	2:02	4:04	6:03
29	8:10		12:02	14:05	16:03	18:05	20:03	22:06	0:08	2:06	4:08	6:07
30	8:14		12:06	14:08	16:07	18:09	20:07	22:09	0:12	2:10	4:12	6:10
31	8:18		12:10		16:11		20:11	22:13		2:14		6:14

- Änderung: 60,164 min/h
- Korrektur für Orte anderer geographischer Länge:
  (Länge des Orts − 9)* 4 min

Mittelmeridiane

Mars

	J	F
1	149	211
2	140	201
3	130	191
4	120	182
5	111	172
6	101	162
7	92	153

	J	F
8	82	143
9	72	133
10	63	124
11	53	114
12	44	104
13	34	95
14	24	85
15	15	75
16	5	66
17	355	56
18	346	46
19	336	37
20	326	27
21	317	17
22	307	8
23	298	358
24	288	348
25	278	339
26	269	329
27	259	319
28	249	310
29	240	
30	230	
31	220	

Neigung der Marsachse zur Erde

	J	F
1	-22,7	-18,2
2	-22,6	-18,0
3	-22,5	-17,8
4	-22,4	-17,7
5	-22,3	-17,5
6	-22,1	-17,3
7	-22,0	-17,1
8	-21,9	-16,9
9	-21,8	-16,7
10	-21,7	-16,5
11	-21,5	-16,3
12	-21,4	-16,1
13	-21,3	-15,9
14	-21,1	-15,6
15	-21,0	-15,4
16	-20,8	-15,2
17	-20,7	-15,0
18	-20,6	-14,8
19	-20,4	-14,6
20	-20,3	-14,3

	J	F
21	-20,1	-14,1
22	-19,9	-13,9
23	-19,8	-13,7
24	-19,6	-13,4
25	-19,5	-13,2
26	-19,3	-13,0
27	-19,1	-12,7
28	-18,9	-12,5
29	-18,8	
30	-18,6	
31	-18,4	

Jupiter, System I

	A	M	J	J	A	S	O	N	D
1	161	215	69	127	346	205	264	117	169
2	318	12	227	285	144	3	62	275	327
3	116	170	25	83	302	161	220	72	124
4	274	328	182	241	100	319	18	230	282
5	72	126	340	39	258	117	176	28	80
6	229	284	138	197	56	275	333	186	237
7	27	82	296	355	214	73	131	344	35
8	185	239	94	153	13	231	289	141	193
9	343	37	252	311	171	29	87	299	350
10	141	195	50	110	329	187	245	97	148
11	298	353	208	268	127	345	43	255	306
12	96	151	6	66	285	143	201	52	103
13	254	309	164	224	83	301	358	210	261
14	52	107	322	22	241	99	156	8	59
15	210	264	120	180	39	257	314	165	216
16	7	62	278	338	197	55	112	323	14
17	165	220	76	136	355	213	270	121	172
18	323	18	234	294	153	11	68	279	329
19	121	176	32	92	311	169	225	76	127
20	279	334	190	250	109	327	23	234	285
21	76	132	348	48	267	125	181	32	82
22	234	290	146	206	65	283	339	190	240
23	32	88	304	4	223	81	137	347	38
24	190	245	102	162	21	239	295	145	195
25	348	43	260	320	179	36	92	303	353
26	145	201	57	118	337	194	250	100	151
27	303	359	215	276	135	352	48	258	308
28	101	157	13	74	293	150	206	56	106
29	259	315	171	232	91	308	4	213	263
30	57	113	329	30	249	106	161	11	61
31		271		188	47		319		219

Änderung: +36,58°/Stunde

Jupiter, System II

	A	M	J	J	A	S	O	N	D
1	325	150	127	317	299	282	112	88	271
2	115	300	278	108	90	72	262	238	61
3	265	90	68	258	240	223	52	28	211
4	55	240	218	48	31	13	203	179	1
5	205	31	9	199	181	163	353	329	151
6	355	181	159	349	331	314	143	119	301
7	146	331	309	139	122	104	293	269	92
8	296	121	99	290	272	254	84	59	242
9	86	272	250	80	63	45	234	209	32
10	236	62	40	231	213	195	24	359	182
11	26	212	190	21	4	346	174	149	332
12	176	2	341	171	154	136	324	300	122
13	327	152	131	322	304	286	115	90	272
14	117	303	281	112	95	77	265	240	62
15	267	93	72	263	245	227	55	30	212
16	57	243	222	53	36	17	205	180	2
17	207	33	12	203	186	168	356	330	152
18	357	184	163	354	336	318	146	120	302
19	148	334	313	144	127	108	296	270	92
20	298	124	103	295	277	259	86	60	242
21	88	274	254	85	68	49	236	210	32
22	238	65	44	235	218	199	27	1	182
23	28	215	194	26	8	349	177	151	332
24	178	5	345	176	159	140	327	301	122
25	329	155	135	327	309	290	117	91	272
26	119	306	285	117	100	80	267	241	62
27	269	96	76	267	250	231	57	31	212
28	59	246	226	58	40	21	208	181	2
29	209	37	16	208	191	171	358	331	152
30	360	187	167	359	341	321	148	121	302
31		337		149	132		298		92

Änderung: 36,26°/Stunde

Neigung der Jupiterachse zur Erde

	A	M	J	J	A	S	O	N	D
1	0,1	0,4	0,6	0,8	0,8	0,7	0,6	0,5	0,6
2	0,1	0,4	0,6	0,8	0,8	0,7	0,6	0,5	0,6
3	0,1	0,4	0,6	0,8	0,8	0,7	0,6	0,5	0,6
4	0,1	0,4	0,6	0,8	0,8	0,7	0,6	0,5	0,6
5	0,1	0,4	0,6	0,8	0,8	0,7	0,6	0,5	0,6
6	0,1	0,4	0,7	0,8	0,8	0,7	0,6	0,5	0,6
7	0,1	0,4	0,7	0,8	0,8	0,7	0,6	0,5	0,6
8	0,2	0,4	0,7	0,8	0,8	0,7	0,6	0,5	0,6
9	0,2	0,4	0,7	0,8	0,8	0,7	0,6	0,5	0,6
10	0,2	0,5	0,7	0,8	0,8	0,7	0,6	0,5	0,6
11	0,2	0,5	0,7	0,8	0,8	0,7	0,6	0,5	0,6

	A	M	J	J	A	S	O	N	D
12	0,2	0,5	0,7	0,8	0,8	0,7	0,6	0,5	0,6
13	0,2	0,5	0,7	0,8	0,8	0,7	0,6	0,5	0,6
14	0,2	0,5	0,7	0,8	0,8	0,7	0,6	0,5	0,6
15	0,2	0,5	0,7	0,8	0,8	0,7	0,5	0,5	0,6
16	0,2	0,5	0,7	0,8	0,8	0,7	0,5	0,5	0,6
17	0,2	0,5	0,7	0,8	0,8	0,7	0,5	0,5	0,6
18	0,2	0,5	0,7	0,8	0,8	0,6	0,5	0,5	0,6
19	0,3	0,5	0,7	0,8	0,8	0,6	0,5	0,5	0,6
20	0,3	0,5	0,7	0,8	0,8	0,6	0,5	0,5	0,6
21	0,3	0,5	0,7	0,8	0,8	0,6	0,5	0,5	0,6
22	0,3	0,5	0,7	0,8	0,8	0,6	0,5	0,5	0,6
23	0,3	0,6	0,7	0,8	0,8	0,6	0,5	0,5	0,7
24	0,3	0,6	0,7	0,8	0,8	0,6	0,5	0,5	0,7
25	0,3	0,6	0,8	0,8	0,7	0,6	0,5	0,5	0,7
26	0,3	0,6	0,8	0,8	0,7	0,6	0,5	0,5	0,7
27	0,3	0,6	0,8	0,8	0,7	0,6	0,5	0,5	0,7
28	0,3	0,6	0,8	0,8	0,7	0,6	0,5	0,5	0,7
29	0,4	0,6	0,8	0,8	0,7	0,6	0,5	0,6	0,7
30	0,4	0,6	0,8	0,8	0,7	0,6	0,5	0,6	0,7
31		0,6		0,8	0,7		0,5		0,7

Korrektur der Auf- und Untergangszeiten

Korrektur für geographische Länge:
(Geographische Länge des Orts – 9°)*4 Minuten

Korrektur für geographische Breite:
Deklinationabhängiger Korrekturwert für die geographische Breite des
Beobachtungsorts von der Aufgangszeit für 50° nördliche Breite subtrahieren und
zur Untergangszeit zu addieren.

Deklination / Geographische Breite	47°	48°	49°	50°	51°	52°	53°	54°
-30°	21	15	8	0	-8	-17	-27	-38
-29°	20	14	7	0	-8	-16	-25	-34
-28°	19	13	7	0	-7	-15	-23	-32
-27°	18	12	6	0	-7	-14	-21	-29
-26°	16	11	6	0	-6	-13	-20	-27
-25°	15	11	5	0	-6	-12	-18	-25
-24°	15	10	5	0	-5	-11	-17	-24
-23°	14	9	5	0	-5	-10	-16	-22

Deklination / Geographische Breite	47°	48°	49°	50°	51°	52°	53°	54°
-22°	13	9	4	0	-5	-10	-15	-21
-21°	12	8	4	0	-4	-9	-14	-19
-20°	11	8	4	0	-4	-9	-13	-18
-19°	11	7	4	0	-4	-8	-12	-17
-18°	10	7	3	0	-4	-7	-11	-16
-17°	9	6	3	0	-3	-7	-11	-15
-16°	9	6	3	0	-3	-6	-10	-14
-15°	8	5	3	0	-3	-6	-9	-13
-14°	7	5	3	0	-3	-6	-9	-12
-13°	7	5	2	0	-3	-5	-8	-11
-12°	6	4	2	0	-2	-5	-7	-10
-11°	6	4	2	0	-2	-4	-7	-9
-10°	5	4	2	0	-2	-4	-6	-8
-9°	5	3	2	0	-2	-4	-5	-7
-8°	4	3	1	0	-2	-3	-5	-7
-7°	4	3	1	0	-1	-3	-4	-6
-6°	3	2	1	0	-1	-2	-4	-5
-5°	3	2	1	0	-1	-2	-3	-4
-4°	2	2	1	0	-1	-2	-3	-3
-3°	2	1	1	0	-1	-1	-2	-3
-2°	1	1	0	0	0	-1	-1	-2
-1°	1	1	0	0	0	-1	-1	-1
0°	0	0	0	0	0	0	0	-1
1°	0	0	0	0	0	0	0	0
2°	-1	0	0	0	0	0	1	1
3°	-1	-1	0	0	0	1	1	2
4°	-2	-1	-1	0	1	1	2	2
5°	-2	-1	-1	0	1	2	2	3
6°	-3	-2	-1	0	1	2	3	4
7°	-3	-2	-1	0	1	2	3	5
8°	-4	-2	-1	0	1	3	4	6
9°	-4	-3	-1	0	1	3	5	6

Deklination / Geographische Breite	47°	48°	49°	50°	51°	52°	53°	54°
10°	-5	-3	-2	0	2	3	5	7
11°	-5	-3	-2	0	2	4	6	8
12°	-6	-4	-2	0	2	4	6	9
13°	-6	-4	-2	0	2	5	7	10
14°	-7	-5	-2	0	2	5	8	11
15°	-7	-5	-3	0	3	5	8	11
16°	-8	-5	-3	0	3	6	9	12
17°	-9	-6	-3	0	3	6	10	13
18°	-9	-6	-3	0	3	7	11	14
19°	-10	-7	-3	0	4	7	11	16
20°	-11	-7	-4	0	4	8	12	17
21°	-11	-8	-4	0	4	8	13	18
22°	-12	-8	-4	0	4	9	14	19
23°	-13	-9	-4	0	5	10	15	21
24°	-14	-9	-5	0	5	10	16	22
25°	-15	-10	-5	0	5	11	17	24
26°	-15	-11	-5	0	6	12	19	26
27°	-17	-11	-6	0	6	13	20	28
28°	-18	-12	-6	0	7	14	21	30
29°	-19	-13	-7	0	7	15	23	32
30°	-20	-14	-7	0	8	16	25	35

Veränderliche Sterne

Algol

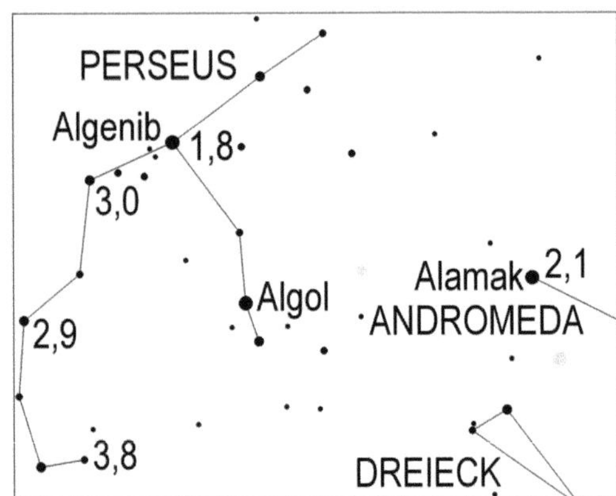

Aufsuchkarte für Algol. Die Dezimalzahlen bezeichnen die Helligkeitswerte (in mag) von Vergleichssternen zur Helligkeitsbestimmung.

Algol ist der bekannteste bedeckungsveränderliche Stern. Er hat eine Helligkeit von 2,1 mag. Alle 2,8673 Tage wird der hellere der beiden Sterne vom schwächeren bedeckt, wobei seine Helligkeit innerhalb von 5 Stunden auf 3,4 mag zurückgeht, um anschließend wieder im gleichen Zeitraum auf den ursprünglichen Wert anzusteigen. Nach einer halben Periode bedeckt die hellere Komponente des Algol-Systems die schwächere, wodurch ein Nebenminimum entsteht. Dieses hat einen Betrag von unter 0,1 mag und kann mit bloßem Auge nicht erkannt werden.

Algol-Minima 2021

Es sind nur diejenigen Minima aufgeführt, die während der Nachtstunden stattfinden und bei denen Algol eine Höhe von mehr als 15° über dem Horizont hat. Alle aufgeführten Minima sind Hauptminima (Zeiten in MEZ).

1.1.2021 0:05, 3.1.2021 20:54, 6.1.2021 17:44, 21.1.2021 1:50, 23.1.2021 22:39, 26.1.2021 19:29

13.2.2021 0:25, 15.2.2021 21:14, 18.2.2021 18:03

7.3.2021 22:59, 10.3.2021 19:49, 30.3.2021 21:33

22.4.2021 20:07

7.5.2021 4:12, 30.5.2021 2:43

22.6.2021 1:14

12.7.2021 2:55, 14.7.2021 23:43

4.8.2021 1:24, 6.8.2021 22:12, 24.8.2021 3:04, 26.8.2021 23:52, 29.8.2021 20:41

13.9.2021 4:44, 16.9.2021 1:33, 18.9.2021 22:21, 21.9.2021 19:10

6.10.2021 3:13, 9.10.2021 0:02, 11.10.2021 20:51, 14.10.2021 17:39, 26.10.2021 4:54, 29.10.2021 1:43, 31.10.2021 22:32

3.11.2021 19:21, 6.11.2021 16:10, 15.11.2021 6:36, 18.11.2021 3:25, 21.11.2021 0:14, 23.11.2021 21:03, 26.11.2021 17:52

8.12.2021 5:08, 11.12.2021 1:57, 13.12.2021 22:47, 16.12.2021 19:36, 19.12.2021 16:25, 31.12.2021 3:42

β (Beta) Lyrae

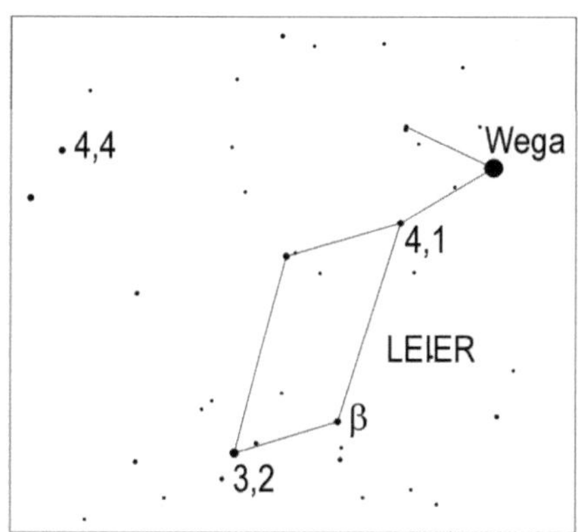

Aufsuchkarte für β Lyrae. Die Dezimalzahlen bezeichnen die Helligkeitswerte (in mag) von Vergleichssternen zur Helligkeitsbestimmung.

Die Helligkeit des bedeckungsveränderlichen Sterns β Lyrae schwankt mit einer Periode von 12,9075 Tagen zwischen 3,4 mag und 4,6 mag. Im Unterschied zu Algol ist bei β Lyrae das Nebenminimum, bei dem die Helligkeit auf 3,9 mag zurückgeht, gut beobachtbar. Die Haupt- und Nebenminima von β Lyrae folgen direkt aufeinander und es gibt keinen Zeitraum konstanter Helligkeit bei diesem Stern.

Das System von β Lyrae besteht nicht nur aus den beiden, sich gegenseitig bedeckenden Sternen, sondern auch noch aus zwei Sternen, die im Fernglas bzw. Fernrohr beobachtet werden können. Ersterer hat eine Helligkeit von 7,1 mag und befindet sich in südsüdöstlicher Richtung vom Hauptsystem in 45,7" Abstand, letzterer steht 85,8" nordnordöstlich des Hauptsystems und hat eine Helligkeit von 10,6 mag.

Hauptminima von β Lyrae 2021

Es sind nur diejenigen Hauptminima aufgeführt, die während der Nachtstunden stattfinden und bei denen β Lyrae eine Höhe von mehr als 15° über dem Horizont hat. (Zeiten in MEZ).

31.3.2021 5:59

13.4.2021 4:35, 26.4.2021 3:11

9.5.2021 1:47, 22.5.2021 0:23

3.6.2021 23:00, 16.6.2021 21:36

Nebenminima von β Lyrae 2021

Es sind nur diejenigen Nebenminima aufgeführt, die während der Nachtstunden stattfinden und bei denen • Lyrae eine Höhe von mehr als 15° über dem Horizont hat. (Zeiten in MEZ).

1.8.2021 4:45, 14.8.2021 3:22, 27.8.2021 2:00

9.9.2021 0:38, 21.9.2021 23:16

4.10.2021 21:53, 17.10.2021 20:31, 30.10.2021 19:09

12.11.2021 17:47

δ (Delta) Cephei

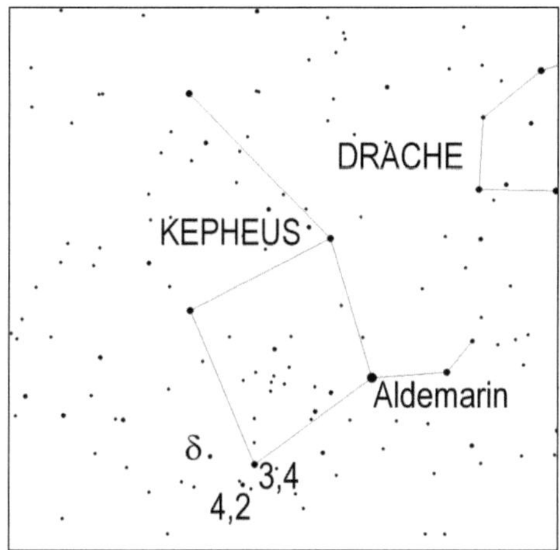

Aufsuchkarte für δ Cephei. Die Dezimalzahlen bezeichnen die Helligkeitswerte (in mag) von Vergleichssternen zur Helligkeitsbestimmung.

Die Helligkeit des physikalisch-veränderlichen Sterns δ Cephei, welcher der Prototyp einer Klasse veränderlicher Sterne ist, schwankt zwischen 3,5 mag und 4,4 mag mit einer Periode von 5,36643 Tagen. Seine Lichtkurve ist stark asymmetrisch: der Abfall von der Maximalhelligkeit zur Minimalhelligkeit dauert 4 Tage, während der Anstieg zum Maximalwert nur 1,36 Tage lang andauert.
δ Cephei hat einen 6,4 mag hellen Begleiter in 41" Abstand, der schon im Feldstecher gesehen werden kann.

Maxima von δ Cephei 2021

Es sind nur diejenigen Maxima aufgeführt, die während der Nachtstunden stattfinden. Für Beobachter in Mitteleuropa hat δ Cephei immer eine zur Beobachtung ausreichende Höhe über dem Horizont (Zeiten in MEZ).

5.1.2021 23:18, 16.1.2021 16:54, 22.1.2021 1:42

1.2.2021 19:18, 7.2.2021 4:06, 17.2.2021 21:41

6.3.2021 0:05, 16.3.2021 17:40, 22.3.2021 2:28

1.4.2021 20:03, 7.4.2021 4:50, 17.4.2021 22:25

4.5.2021 0:48, 20.5.2021 3:10, 30.5.2021 20:44

15.6.2021 23:06

2.7.2021 1:27, 28.7.2021 21:23

13.8.2021 23:45, 30.8.2021 2:06

9.9.2021 19:41, 15.9.2021 4:28, 25.9.2021 22:03

12.10.2021 0:26, 22.10.2021 18:01, 28.10.2021 2:48

7.11.2021 20:24, 13.11.2021 5:11, 23.11.2021 22:47

4.12.2021 16:23, 10.12.2021 1:11, 20.12.2021 18:46, 26.12.2021 3:34

Mira

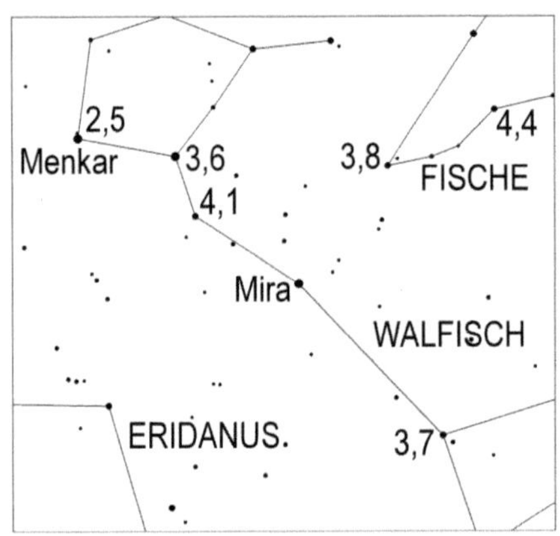

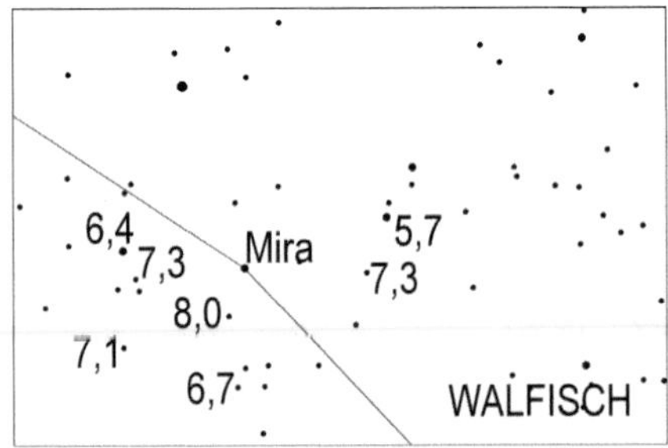

Aufsuchkarte für Mira. Die Dezimalzahlen bezeichnen die Helligkeitswerte (in mag) von Vergleichssternen zur Helligkeitsbestimmung.

Miras Helligkeit schwankt mit einer Periode von 332 Tagen zwischen 2,0 mag und 10,1 mag. Sie ist somit im Maximum mit bloßem Auge als auffälliger Stern zu sehen, während es im Minimum ein Fernrohr benötigt, um sie zu sehen. Allerdings erreicht Mira nicht in jedem Maximum 2,0 mag. Es wurden schon Maxima mit einer Helligkeit von nur 4,9 mag registriert. Miras Minimalhelligkeit fällt manchmal auch größer als der Maximalwert aus und erreichte in manchen Jahren nur 8,6 mag. Mira erreicht ihr Minimum am 15.4.2021 und ihr Maximum am 19.8.2021.

χ (Chi) Cygni

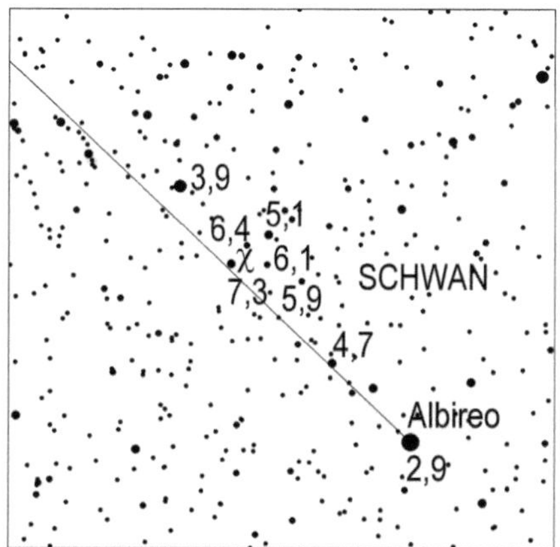

Aufsuchkarte für χ Cygni. Die Dezimalzahlen bezeichnen die Helligkeitswerte (in mag) von Vergleichssternen zur Helligkeitsbestimmung.

χ Cygni gehört zu den pulsationsveränderlichen Sternen mit dem größten Lichtwechsel, denn dieser Veränderliche vom Mira-Typ mit einer Periode von 408,7 Tagen kann im Maximum eine Helligkeit von 3,4 mag erreichen, während im Minimum seine Helligkeit auf 14,2 mag zurückgehen kann. Man kann diesen Stern somit im Maximum gut mit freiem Auge sehen, während zu seiner Beobachtung im Minimum ein Fernrohr von 30 cm-Durchmesser erforderlich ist. Wie bei Mira erreicht auch χ Cygni nicht in jedem Minimum und jedem Maximum die oben genannten Werte. Die mittlere Maximalhelligkeit von χ Cygni beträgt 4,8 mag, die mittlere Minimalhelligkeit 13,4 mag. Es wurden schon Maxima mit einer Helligkeit von 6,5 mag registriert. χ Cygni erreicht sein Maximum am 4.3.2021 und sein Minimum am 31.10.2021.

R Hydrae

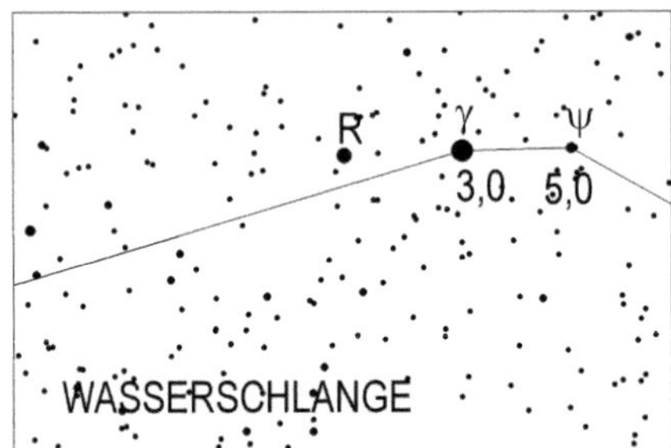

Aufsuchkarte für R Hydrae. Die Dezimalzahlen bezeichnen die Helligkeitswerte (in mag) von Vergleichssternen zur Helligkeitsbestimmung.

R Hydrae ist ein weiterer leicht beobachtbarer Mirastern, dessen Helligkeit mit einer leicht veränderlichen Periode von 389 Tagen zwischen 3,5 mag und 10,9 mag schwankt. R Hydrae erreicht sein Maximum am 18.4.2021 und sein Minimum am 29.10.2021.

R Leonis

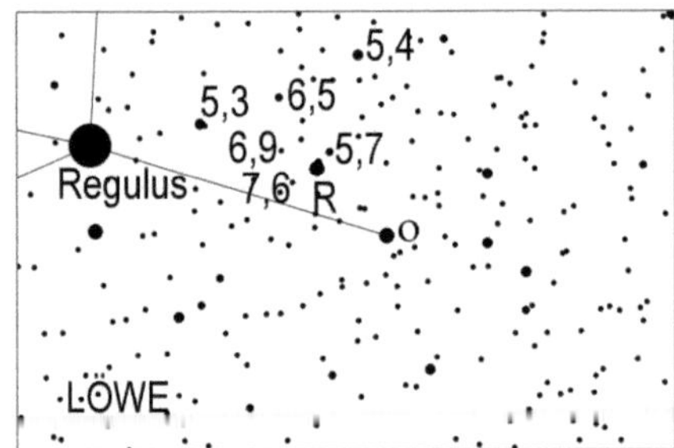

Aufsuchkarte für R Leonis. Die Dezimalzahlen bezeichnen die Helligkeitswerte (in mag) von Vergleichssternen zur Helligkeitsbestimmung.

R Leonis ist ein Mirastern im westlichen Teil des Sternbildes Löwe. Seine Helligkeit schwankt mit einer Periode von 312 Tagen zwischen 4,3 mag und 11,7 mag. R Leonis erreicht sein Maximum am 15.5.2021 und sein Minimum am 22.10.2021.

FSC
www.fsc.org
MIX
Papier aus ver-
antwortungsvollen
Quellen
Paper from
responsible sources
FSC® C105338